普通高等教育自动化类特色专业系列教材

自动控制原理

（第二版）

主　编　孟庆松

副主编　袁丽英　黄　玲

参　编　李　巍　孙晓波

U0296536

科学出版社

北　京

内 容 简 介

本书系统地介绍了分析与设计反馈控制系统的经典控制理论部分。全书共 8 章，内容包括自动控制的一般概念，控制系统的数学模型，线性系统的时域分析、根轨迹分析、频域分析、综合与校正，非线性系统分析，线性离散系统的分析与综合等。第 2~8 章后面都介绍了一些应用 MATLAB 对控制系统进行计算机辅助分析与设计的实例，并提供了一定数量的习题。

本书可作为高等院校自动化、测控技术与仪器、机器人工程、电气工程及其自动化、通信工程等专业本科生的教材或参考书，也可供控制工程领域的专业技术人员自学和参考。

图书在版编目（CIP）数据

自动控制原理 / 孟庆松主编. -- 2 版. -- 北京：科学出版社，2024.10. --（普通高等教育自动化类特色专业系列教材）. -- ISBN 978-7-03-079681-3

Ⅰ. TP13

中国国家版本馆 CIP 数据核字第 2024T1V085 号

责任编辑：余　江　陈　琪 / 责任校对：王　瑞
责任印制：赵　博 / 封面设计：马晓敏

科学出版社 出版
北京东黄城根北街 16 号
邮政编码：100717
http://www.sciencep.com

三河市骏杰印刷有限公司印刷
科学出版社发行　各地新华书店经销
*

2006 年 8 月第 一 版　　开本：787×1092　1/16
2024 年 10 月第 二 版　　印张：21 1/4
2024 年 10 月第九次印刷　字数：504 000

定价：79.00 元

前　言

自动控制原理是高等工科院校自动化类或电气信息类专业的一门重要的专业基础课，其应用几乎遍及工程技术学科的各个领域。为了适应国家级一流本科专业建设需求，加强素质教育、淡化专业、夯实基础、促进学科与专业的交叉渗透已成为高等教育的主流。本书根据我国当前自动化类学科的课程设置、国家级一流本科以及新工科专业建设的要求，在《自动控制原理》(孙晓波，2006)的基础上编写而成，凝聚了作者30多年的教学经验。本书在编写过程中融入教学设计，根据课程的教学特点，按照"概念-原理-方法-仿真-应用"的理念组织各章节内容，具有如下几方面的特色。

(1)由浅入深，轻理论推导而重基本概念与应用，尽量避免烦琐的证明与推导，注重物理概念和工程应用背景；概念清晰，重难点突出，层次分明，配有精选的例题与习题，便于读者轻松自学与练习。

(2)优化了应用MATLAB对控制系统进行辅助分析与设计的内容，更新了仿真实例，目的在于强化读者的工程意识和应用能力。

(3)为便于读者随时随地开展自主学习，本书新增微课视频作为辅助资源，主要讲解教材内容的重难点，读者可扫描二维码观看。

(4)弱化第一版教材中的系统分析与设计方法，提高重点内容的深度与广度，使读者对本书内容的理解更高效精准。

全书共8章，参考学时为60～90学时。参加本书编写的有李巍(第1、3章)、黄玲(第2、6章)、袁丽英(第4、5章)、孟庆松(第7、8章)、孙晓波(附录及参考文献)。本书由孟庆松、孙晓波统稿，孟庆松定稿。

作者在本书编写过程中，得到了哈尔滨理工大学及其自动化学院相关领导的大力支持，课程组的张鹏、李文龙、邓立为、李双全等教师提出了修改建议。同时，武俊峰教授作为本书第一版的主审，提出了许多宝贵的意见。此外，作者也借鉴了国内外不少的经典教材，在此对以上所有人员表示衷心感谢。最后感谢哈尔滨理工大学产业学院合作单位——汇川技术股份有限公司(苏州)、国家级一流本科专业(自动化)建设点对本书出版提供的支持。

由于作者水平有限，书中难免存在疏漏之处，恳请读者批评指正。

电子邮箱：mqs0530@163.com。

作　者

2024年1月

目　　录

第 1 章 概   论

随着电子计算机技术的发展和应用，自动控制技术广泛地应用于现代的工业、农业、国防等国民经济的各个领域中。从最初的机械转速、位置的控制到工业过程中温度、压力、流量的控制，从远洋巨轮的控制到深水潜艇的控制，从飞机自动驾驶到宇宙航行、机器人控制、导弹制导，自动控制技术的应用几乎无所不在。不仅如此，自动控制技术的应用范围已经扩展到生物、医学、环境、经济管理和其他许多社会生活领域中，自动控制已成为现代社会活动中不可缺少的重要组成部分。

自动控制是指在无人直接参与的情况下，通过控制装置使被控对象或生产过程自动地按照预定的规律运行。自动控制理论是研究自动控制问题共同规律的技术科学，主要讲述自动控制技术的基本理论、自动控制系统分析与设计的基本方法等内容。根据自动控制理论发展的不同历史阶段，其内容可分为经典控制理论、现代控制理论、大系统和智能控制理论。

1.1 控制理论的发展历史

自动控制理论作为一门年轻的学科，是从 20 世纪中叶开始形成的。在这以前，是自动控制理论的萌芽时期。

工业生产和军事技术的需求促进了经典控制理论的产生与发展。18 世纪欧洲工业革命以后，由于生产力的发展，蒸汽机被广泛用作原动力。1765 年俄国机械师波尔祖诺夫发明了蒸汽机锅炉水位调节器，1788 年英国人瓦特(Watt)发明了蒸汽机离心式调速器。在蒸汽机的控制中，人们希望转速恒定，因此判定系统稳定性、设计稳定可靠的调节器成为重要课题。1877 年劳斯(Routh)和赫尔维茨(Hurwitz)提出判定系统稳定性的代数判据。19 世纪前半叶，生产中开始使用发电机和电动机，促进了水利的发展，出现了电压和电流的自动调整技术。19 世纪末到 20 世纪前半叶，内燃机的使用促进了船舶、汽车、飞机制造业及石油工业的发展，同时对自动化技术提出了新的要求，由此产生了伺服控制、过程控制等技术。第二次世界大战中，为了设计和生产飞机、雷达和火炮上的各种伺服机构，人们把过去的自动调节技术和反馈放大器技术进行总结，搭起了经典控制理论的框架，战后这些理论被公开，并应用于一般的工业生产过程中。

经典控制理论：1932 年奈奎斯特(Nyquist)的《再生理论》一文，开辟了频域法的新途径；1945 年伯德(Bode)的《网络分析和反馈放大器设计》一文，奠定了经典控制理论的理论基础，在西方开始形成自动控制学科；1947 年美国出版了第一本自动控制教材《伺服机构理论》，1948 年美国麻省理工学院出版了另一本《伺服机构理论》教材，建立了现在广泛使用的频域法；1948 年维纳(Wiener)在他的名著《控制论：关于在动物和机器中控制和通信的科学》中基于信息的观点给控制论(Cybernetics)下了一个广义的定义，而在控制工程中其又称为控制理论(Control Theory)。经典控制理论中以拉普拉斯变换(简称为拉氏变换)为数学工具,以传递函数为数学模型,分析与设计方法采用频率法、根轨迹法、相平面法、描述函数法,稳定判据有代数判据和几何判据。这些理论基本解决了单输入单输出、线性、定常自动控制系统的分析与设计问题。20 世纪 50 年代是经典控制理论发展和成熟的时期。

现代控制理论:科学技术和生产的发展,特别是空间技术的发展与电子计算机的出现及应用,推动了现代控制理论的产生和发展。20 世纪 50 年代末到 60 年代初,空间技术开始发展,苏联和美国都竞相进行了大量研究。随着宇航技术和生产的发展,控制系统日趋复杂,传统的研究方法也难以适应其发展,迫切要求对多输入多输出、参数时变系统进行分析与设计。1960 年第一届全美自动控制联合会议上"现代控制理论"这个名词被首次提出。现代控制理论与状态空间法几乎是同义的,并一直沿用至今。现代控制理论以矩阵理论为数学基础,以状态空间描述为数学模型,研究多输入多输出、线性或非线性、定常或时变系统的分析与设计。在状态空间法发展初期,具有重要意义的是庞特里亚金(Pontryagin)的极大值原理、贝尔曼(Bellman)的动态规划理论和卡尔曼(Kalman)的最佳滤波理论,有人把它们作为现代控制理论的起点,主要研究系统辨识、最优控制、最佳滤波及自适应控制等内容。现代控制理论主要研究具有高性能、高精度和多耦合回路的多变量系统的分析和设计问题。

大系统理论和智能控制理论:20 世纪 70 年代后期,控制理论朝着"大系统理论"和"智能控制理论"方向发展。大系统是指规模庞大、结构复杂、变量众多的信息与控制系统,它涉及生产过程、交通运输、计划管理、环境保护、空间技术等多方面的控制和信息处理问题。"大系统理论"是用控制和信息的观点,研究各种大系统的结构方案、总体设计中的分解方法和协调等问题的技术理论基础,其主导思想是研究系统结构的能通性、可控性、可观性、可协调性,以求大系统的最优化、稳定化。"智能控制理论"是研究与模拟人类智能活动及其控制与信息传递过程的规律,研究具有某些仿人智能功能的工程控制与信息处理系统,它的目标是提高控制系统自寻优、自适应、自学习、自组织等方面的智能水平。60 年代初期,Smith 提出采用性能模式识别器来学习最优控制法以解决复杂系统的控制问题。1965 年 Zadeh 创立模糊集合论,为解决负载系统的控制问题提供了强有力的数学工具。1966 年,Mendel 提出了"人工智能控制"的概念。1967 年,Leondes 和 Mendel 正式使用"智能控制",标志着智能控制思路已经形成。70 年代初期,傅京孙、Gloriso 和 Saridis 提出分级递阶智能控制,并成功将其应用于核反应、城市交通控制领域。70 年代中期,Mamdani 创建基于模糊语言描述控制规则的模糊控制器,并成功将其用于工业控制。80 年代以来,专家系统、神经网络理论及应用对智能控制有着促进作用。

自动控制理论和技术已经向多学科的综合应用方向发展。自动控制理论的建立和发展不仅推动了自动控制技术的发展,也推动了其他相关学科技术的发展,自动控制理论和技术已经成为现代社会必不可少的组成部分。

1.2　自动控制系统的基本控制方式

系统是由一些相互依存和相互作用的事物组成的具有特定功能的整体。能够实现自动控制的系统即可称为自动控制系统，自动控制系统的构成形式多种多样，一般可由控制装置和被控对象构成。对于具体的系统，采用何种控制方式，要视具体问题而定。自动控制系统中最常见的控制方式为开环控制和闭环控制，以及由这两种控制方式组合而成的复合控制。

1. 开环控制

开环控制是指控制装置与被控对象之间只有正向作用而没有反向联系的控制过程。在开环控制系统中，系统的输出量不会对控制量产生影响，因此不需要对输出量进行测量。开环控制系统结构简单，容易实现。

直流电动机调速系统开环控制原理图如图 1-2-1 所示。当电位器 R_W 给出一定的电压 u_r 时，相应可控硅功率放大器输出电压为 u_a。电动机 D 激磁绕组为恒定的激磁电流 i_j，因此随着电枢电压 u_a 的变化，电动机会以不同的角速度 ω 带动负载运转。如果要求负载以某一恒定的角速度转动，只要给定一个相应的恒定输入电压 u_r 即可。定义用以控制电动机转速的给定电压 u_r 为系统的参考输入，即系统的输入量；电枢电压 u_a 作用于被控对象，为系统的控制量；而将需要控制的负载角速度 ω 定义为系统的被控量，即系统的输出量。此外，定义凡妨碍控制量对被控量进行正常控制的物理量为扰动量，如负载力矩的变化、电源电压的波动、元器件参数的漂移等，也是系统的输入量。对于控制系统来说，被控量是一个比较重要的物理量，其变化规律在系统运行时应受到严格控制。

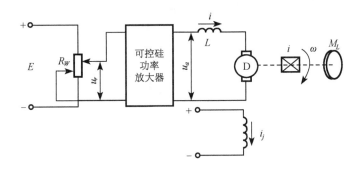

图 1-2-1　直流电动机调速系统开环控制原理图

开环控制系统是根据给定的参考输入进行控制的，而被控量在全部控制过程中对控制量不产生任何影响，因此开环控制系统不具备自动修正偏差的能力。当系统精度要求不高或干扰对系统的影响不大时，可以采用开环控制方式，如交通指挥的红绿灯转换、自动控制生产线等。开环控制系统的方框图如图 1-2-2 所示。

图 1-2-2　开环控制系统的方框图

2. 闭环控制

若将系统的输出量反馈到其输入端，与参考输入进行比较，则构成反馈系统。反馈控制指控制装置与被控对象之间既有正向的作用，又有反向联系的控制过程。把取出的输出量送回输入端，并与输入信号相比较产生偏差信号的过程称为反馈。根据反馈极性的不同，反馈可分为通过反馈使偏差增大的正反馈和通过反馈使偏差减小的负反馈，一般用"+"表示正反馈，用"−"表示负反馈。反馈控制就是采用负反馈并利用偏差进行控制的过程，由于引入了被控量的反馈信息，整个控制过程成为闭合过程，因此反馈控制也称为闭环控制。一般无特殊说明，本书所讲的反馈系统均为负反馈系统。

在工程实践中，为了实现对被控对象的反馈控制，系统需要对被控量进行连续地测量、反馈和比较，并按偏差进行控制，这些任务由相应的设备如测量元件、比较元件和执行元件等来完成，统称为控制装置。

直流电动机调速系统闭环控制原理图如图 1-2-3 所示。测速发电机 CF 测量电动机的角速度 ω 并将其转化为电压信号 u_{CF}，然后将 u_{CF} 反馈到输入端与给定电压 u_r 进行比较，经过前置放大器、伺服电机、减速器、可控硅功率放大器放大后得到电枢电压 u_a，以实现对电动机的角速度 ω 的自动控制。该闭环控制系统的方框图如图 1-2-4 所示，其中 Δu 为偏差电压。

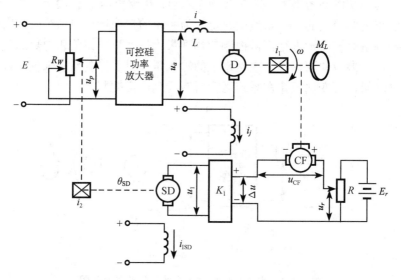

图 1-2-3　直流电动机调速系统闭环控制原理图

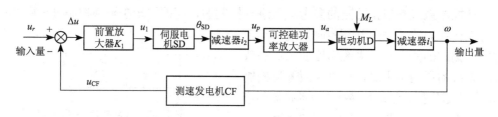

图 1-2-4　闭环控制系统的方框图

闭环控制就是采用负反馈不断减小偏差量的控制过程，可以实现自动控制，因此自动控制原理亦称为反馈控制原理。工程中的自动控制系统多数为闭环控制系统，如舰船操舵系统、火炮发射系统、雷达跟踪系统等。

3. 开环控制与闭环控制的比较

开环控制系统中信号由输入到输出是单方向传递的，不必对输出信号进行测量，因此这种系统结构简单、调整方便、成本较低。开环控制可分为按给定量进行控制与按扰动量进行控制。按给定量进行控制的开环控制系统(图 1-2-1)，其控制作用直接由系统的输入量产生，给定一个输入量，就有一个输出量与之相对应，控制精度完全取决于所用的元件及校准的精度。这种开环控制系统抗扰动性较差。但由于其结构简单、调整方便、成本较低，在精度要求不高或干扰影响较小的情况下，还有一定的实用价值；按扰动量进行控制的开环控制系统是利用可测量的扰动量，产生一种补偿作用，以降低或抵消扰动对输出量的影响，这种控制系统也称为前馈控制系统。这种按扰动量进行控制的开环控制系统直接从扰动取得信息，并据此改变被控量，因此，其抗干扰性好，控制精度也较高，但只适用于扰动量可测量的场合。

闭环控制系统由于引入了反馈机制，可以抑制内部参数变化和外部扰动对系统输出产生的影响。因此，可以采用成本较低、精度不太高的元器件构成高精度的控制系统。闭环控制系统的精度主要取决于测量元件的精度。闭环控制系统应用比较广泛，但稳定性是闭环控制系统设计中要考虑的主要问题。

一般来说，当系统的控制规律能预先确知，并可以对系统可能出现的干扰做到有效抑制时，应采用开环控制系统。只有在系统的扰动量无法预知的情况下，闭环控制系统才有明确的优越性。值得注意的是，控制系统的干扰往往是未知的，闭环控制系统具有自动修正偏差的能力及较强的抗干扰能力等，所以，常见的控制系统大多是闭环控制系统。本书主要介绍闭环控制系统。

4. 复合控制

将按偏差控制与按前馈控制结合起来，对于主要扰动采用适当的补偿装置以实现按扰动量进行控制，同时，再组成反馈控制系统以实现按偏差控制，从而消除其余扰动产生的偏差。这种按偏差控制与按前馈控制相结合的控制方式称为复合控制。例如，轿车的自动点火装置一般采用复合控制。

1.3　控制系统的分类

控制系统的种类繁多，应用范围很广。从不同的角度出发，可以有不同的分类方法。为了更好地了解控制系统，下面介绍一些比较常见的分类方法。

1. 开环控制系统与闭环控制系统

按控制方式和策略的不同，控制系统可分为开环控制系统与闭环控制系统(以下分别简称为开环系统与闭环系统)。由于前面已经详细介绍，这里不再讨论。

2. 线性控制系统与非线性控制系统

按组成控制系统的各元件的输入输出关系是否为线性的，可将控制系统分为线性控制系统(以下简称为线性系统)与非线性控制系统。

在线性系统中，组成控制系统的元件都具有线性特性，系统的输入输出关系一般可以用线性微分方程描述。线性系统满足叠加原理。

若在组成控制系统的元件中，至少有一个元件具有非线性特性，则称该系统为非线性控制系统。非线性控制系统不满足叠加原理。

严格地讲，所有实际的物理系统或元件都具有一定的非线性。在一定的条件下，将其视为线性系统进行研究，可以简化系统的分析与设计。

3. 定常系统与时变系统

按控制系统的结构参数在系统工作过程是否随时间而变化，可将控制系统分为定常(时不变)系统与时变系统。

如果控制系统的结构参数在系统工作过程中不随时间而变化，则称这类系统为时不变系统或定常系统。严格地说，大多数实际系统的参数在不同程度上都随时间而变化，不过当这种变化对系统的影响很小，可以忽略时，也将其视为定常系统。线性定常系统的结构参数不随时间而变化，又可以应用叠加原理，因此在数学上比较容易处理。如果在系统工作过程中其结构参数随时间的变化显得很重要，不能忽略它对系统的影响，则称这类系统为时变系统。本书主要讨论线性定常系统。

4. 连续时间系统与离散时间系统

按控制系统中传递的信号是否为时间的连续函数，可将控制系统分为连续时间系统与离散时间系统。如果控制系统中传递的信号都是时间的连续函数，则称其为连续时间系统，简称为连续系统。如果控制系统中有一处或几处传递的信号是时间上断续的信号，即信号只定义在离散的时间间隔上，则称其为离散时间系统，简称为离散系统或采样系统。若控制装置采用数字控制器，则称其为数字控制系统。工程中比较常见的离散系统，其被控对象的输出信号一般是连续的，而控制器的输出信号为数字的，属于数字控制系统。图 1-2-1 和图 1-2-3 所示的系统为连续系统，而计算机控制系统一定是离散系统。

5. 恒值控制系统、随动系统与程序控制系统

按输入信号分类，控制系统可分为恒值控制系统、随动系统与程序控制系统。

恒值控制系统的输入信号为恒值，输出量以一定精度跟踪给定值，而给定值一般不变或变化很缓慢，这类系统的任务是减小或消除扰动对系统的影响。这类系统分析与设计的重点是研究各种扰动对被控对象的影响以及抗干扰的措施。在生产过程中，这类系统非常多。例如，在冶金部门，要保持退火炉温度为某一个恒定值；在石油化工中，为保证反应正常进行，气罐需保持压力不变。一般像温度、压力、流量、湿度、黏度等热工参量的控制，多数采用恒值控制系统。

随动系统的输入信号是变化规律未知的任意时间函数，这类系统的任务是使输出量能以尽可能小的误差跟踪输入量的变化。这类系统分析与设计的重点是研究被控量(输出量)跟踪的快速性和准确性，而扰动的影响是次要的。这类系统在航天、军工、机械、造船、冶金等部门得到广泛应用。例如，导弹发射架控制系统、雷达天线控制系统都是典型的随动系统。当被控量为机械位置或其导数时，随动系统又称为伺服系统。

程序控制系统的输入信号是按预定规律随时间变化的函数，这类系统的任务是使输出量迅速、准确地加以复现。在对化工、军事、冶金、造纸等生产过程进行控制时，常用到程序控制系统。例如，加热炉的温度控制是在微机中按预定的温度曲线编好程序而进行的。又如，按事先给定轨道飞行的洲际弹道导弹的程序控制系统。

应当指出，上述的分类方法只是一些比较常见的分类方法，此外还有其他的分类方法。例如，从其他角度出发可将系统分为确定性系统与不确定性系统、有静差系统与无静差系统、单输入单输出系统与多输入多输出系统、集总参数系统与分布参数系统等。

1.4　控制系统的组成与对控制系统的基本要求

1.4.1　控制系统的组成

尽管控制系统种类繁多，复杂各异，但基本组成是相同的。反馈控制系统一般由下述各类基本元件组成。

被控对象：系统中需要控制的对象，如图 1-2-3 中的带载直流电动机 D、减速器 i_1 以及负载。

测量元件：为测量被控量，系统中需有测量元件。由于控制系统的精度主要取决于测量元件的精度，因此应该尽可能选用合理的测量线路和精度较高的测量元件，如图 1-2-3 中的测速发电机 CF。

给定元件：给出与期望的被控量相对应的系统输入量，如给定电压 u_r 的电位器 R_W (图 1-2-1)、电位器 R(图 1-2-3)。

比较元件：为产生偏差信号以实现负反馈，系统中需有比较元件。在反馈控制系统中，比较元件一般不是独立的元件，经常与测量元件一起使用。例如，图 1-2-3 中，由于 u_r 与 u_{CF} 都是直流电压，故只需将它们反向串联便可得到偏差电压 Δu。

放大元件：由于偏差信号比较弱，系统中需有放大元件，以使控制量有足够的功率带动执行机构，如图 1-2-3 中的前置放大器 K_1 及可控硅功率放大器。

执行元件：为了实施控制作用，直接驱动被控对象而使被控量发生变化，系统中需有执行元件，如图 1-2-3 中的伺服电机 SD、减速器 i_2 以及电位器 R_W。

校正元件：一般来说，由上述各类基本元件组成的反馈控制系统往往不能完成规定的控制任务，需要加入用以提高系统控制性能的元件，这类元件称为校正元件。校正元件可以加在前向通道(从偏差信号沿箭头方向到输出信号的传输通道)，也可以加在内反馈通道。前者称为串联校正元件，而后者称为反馈校正元件。为了提高系统的控制性能，系统中可同时加入串联校正元件与反馈校正元件。

由上述各类基本元件组成的闭环控制系统方框图如图 1-4-1 所示。

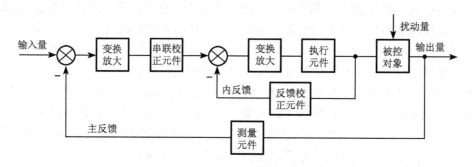

图 1-4-1　闭环控制系统的一般组成

顺便指出，对于一个具体的控制系统而言，并不一定具备上面所说的所有元件。例如，气罐压力控制系统就没有放大元件，一般简单的系统就没有校正元件。另外，一个具体的物理元件有时也可以起到上述几个元件的作用。尽管反馈控制系统的控制任务不尽相同，系统结构和使用的元器件也不完全一样，但就信号的传递、变换过程来说，这类系统均可抽象为图 1-4-1 所示的方框图形式。

1.4.2　对控制系统的基本要求

为了提高控制质量，必须对控制系统的性能提出一定的具体要求。对一个闭环控制系统而言，输入与扰动均不变时，系统输出也应恒定不变，这种状态称为平衡状态、静态或稳态。当输入或扰动发生变化时，若系统稳定，系统可由一种平衡状态过渡到另一种平衡状态。由于实际系统各环节间有惯性，因此存在过渡过程。系统到达新的平衡状态时的精度也是人们所关心的。也就是说，对于不同类型的控制系统，在已知其结构和参数时，感兴趣的都是在某种典型输入信号作用下，其被控量变化的全过程。但是，对每一类系统被控量变化的全过程所提出的基本要求都是一样的，且可归结为平稳性、快速性和准确性，即稳、快、准的要求，而稳定性是暗含其中最基本的要求。

(1)稳定性。稳定性是指系统重新恢复平衡状态的能力。对恒值控制系统，要求当系统受到扰动后，经过一定时间的调整，被控量能够回到原来的期望值。对随动系统，被控量要始终跟踪输入量的变化。

稳定性是对系统最基本的要求，不稳定的系统不能完成控制任务。稳定性通常由系统的结构与参数决定，与外界因素无关。当系统受到扰动或有输入量时，因系统含有储能元件或惯性元件，控制过程不会立即完成，而是有一定的延缓，这就使得被控量恢复期望值或跟踪输入量有一个时间过程，称为过渡过程。若该过渡过程呈现衰减振荡形式，则系统最后可以达到平衡状态，称为稳定系统；反之，若呈现发散振荡形式，则被控量将失控，称为不稳定系统。

(2)快速性与平稳性。为了高质量完成控制任务，控制系统仅仅满足稳定性要求是不够的，还必须对其过渡过程的形式和快慢提出要求。例如，过渡过程中响应速度过慢或过快、振荡的幅度过大等都可能导致控制质量的下降。因此，对控制系统过渡过程的时间(即快速性)和最大振荡幅度(即超调量，也称为平稳性)一般都有具体要求，即动态性能要求。

(3)准确性。理想情况下，当过渡过程结束后，被控量达到的稳态值应与期望值一致。但实际上，由于系统结构、输入信号形式以及输入作用类型(给定量或扰动量)的不同，控制系统的稳态输出不可能在任何情况下都与输入量一致或相当，也不可能在任何形式的扰动作用下都能准确地恢复到原平衡状态。这样，被控量的稳态值与期望值之间就会有误差，称为原理性稳态误差；此外，控制系统中不可避免地存在摩擦、间隙、不灵敏区以及零位输出等非线性因素，这些也都会造成附加的稳态误差，称为附加稳态误差或结构性稳态误差。本书主要讨论原理性稳态误差，它是衡量系统控制精度的重要指标，一般都有具体要求，属于稳态性能。

由于被控对象具体情况的不同，各种系统对上述三方面的性能要求的侧重点也有所不同。例如，随动系统对快速性和准确性的要求较高，而恒值控制系统一般侧重于稳定性与准确性。在同一个系统中，上述三方面的性能要求通常是相互制约的。例如，为了提高系统动态响应的快速性和准确性，就需要提高系统的放大倍数，而放大倍数的提高必然促使系统稳定性变差，甚至会使系统变为不稳定。反之，若强调系统稳定性的要求，系统的放大倍数就应较小，从而导致系统动态响应的快速性和准确性降低。由此可见，系统响应的快速性、准确性与系统的稳定性之间存在一些矛盾。如何分析和解决这些矛盾将是本书讨论的重要内容。

习　　题

1-1　试列举日常生活中开环控制与闭环控制的例子，并简述其工作原理。

1-2　试比较开环控制与闭环控制的优缺点。

1-3　试说明控制系统是如何分类的。

1-4　闭环系统的基本组成是什么?对控制系统的一般要求是什么?

1-5　题 1-5 图为液位自动控制系统。

(1)试叙述它的工作原理。

(2)指出给定输入、被控量和误差。

(3)指出系统可能存在的扰动。

(4)画出系统的方框图。

1-6　题 1-6 图是液位自动控制系统的另一种原理示意图，在系统运行过程中，希望液面高度 H 维持不变。

(1)试叙述它的工作原理。

(2)画出系统的方框图，并指出被控对象、给定值、被控量和干扰信号。

1-7　什么是反馈控制？在题 1-6 图中系统是怎样实现负反馈控制的？在什么情况下反馈极性会误接为正？此时对系统工作有何影响？

1-8　某仓库大门自动控制系统的原理图如题 1-8 图所示，试说明其自动控制大门开启和关闭的工作原理并画出系统方框图。

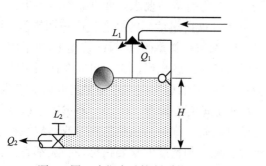

题 1-5 图　液位自动控制系统(一)

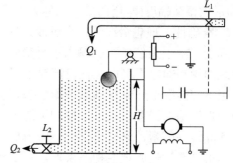

题 1-6 图　液位自动控制系统(二)

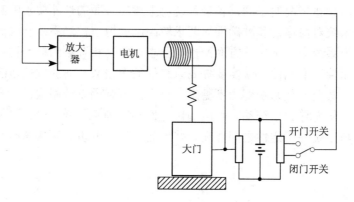

题 1-8 图　大门自动控制系统

1-9　题 1-9 图为导弹发射控制系统,试说明其工作过程,并指出给定输入、被控量、被控对象、执行元件、放大元件和比较元件。

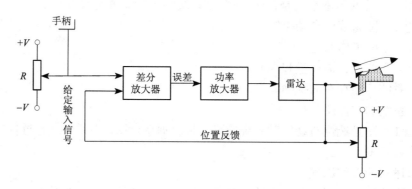

题 1-9 图　导弹发射控制系统

第 2 章 控制系统的数学模型

在定性地介绍了控制系统的基本概念及工作原理之后，本章将讨论控制系统的数学建模问题。

在对控制系统进行分析与设计时，首先要建立控制系统的数学模型。控制系统的数学模型就是描述系统内部物理量(或变量)之间的关系的数学表达式。在静态条件下(即变量各阶导数为零)，描述变量之间的关系的代数方程称为静态数学模型，描述变量各阶导数之间的关系的微分方程称为动态数学模型。对于许多系统，无论它们是机械的、电气的、热力学的，还是经济学的、生物学的，其动态特性都可以用微分方程来描述。对微分方程求解，就可以得到系统输出量的表达式，并由此对系统进行性能分析。因此，建立合理的数学模型是分析与设计控制系统的首要工作。

建立控制系统数学模型的方法有分析法和实验法两种。分析法是对组成系统的各环节的运动机理进行分析，根据各环节所遵循的物理学定律、化学定律等来列写系统的微分方程，如机械系统的牛顿定律、电气系统的基尔霍夫定律和热力学系统中的热力学定律等。实验法是根据实际系统的输入输出数据，用适当的数学模型去拟合这些数据，这种方法称为系统辨识。本章介绍用分析法建立控制系统数学模型的过程。

在自动控制理论中，数学模型有多种形式。时域中常用的数学模型有微分方程、差分方程和状态方程；复数域中有传递函数、方框图；频域中有频率特性等。对于具体的系统或研究方法，一种数学模型可能比另一种数学模型更为合适。例如，在单输入、单输出、线性、定常系统的时域分析或频域分析中，采用传递函数则更为方便。本章主要介绍控制系统的运动方程、传递函数、方框图和信号流图这几种数学模型。

2.1 运 动 方 程

2.1.1 控制系统的运动方程

控制系统的运动方程用微分方程的形式描述系统运动过程中各变量之间的相互关系，它既定性又定量地描述整个系统的运动过程。

一般情况下，列写控制系统运动方程的步骤为：首先分析系统的工作原理及各变量之间的关系，找出系统的输入变量和输出变量；其次根据描述系统运动特性的基本定律，从系统的输入端开始依次写出各元件的运动方程，并要考虑各相连元件之间的负载效应；最后在上述方程中消去中间变量，求取只含有系统输入、输出变量及其各阶导数的方程，并将其化为标准形式。标准形式是指在系统运动方程中将系统输出变量及其各阶导数置于等号左边，将输入变量及其各阶导数置于等号右边，且各阶导数均按降幂排列。

下面举例说明如何列写控制系统的运动方程。

【例 2-1-1】　　机械系统：设有由弹簧、质量块、阻尼器构成的机械平移系统，如图 2-1-1 所示，试列写以力 $F(t)$ 为输入变量，以位移 $y(t)$ 为输出变量的系统运动方程。

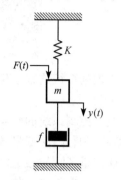

解　对于机械平移系统，根据牛顿第二定律有

$$ma = \sum F_i$$

即

$$m\frac{d^2 y}{dt^2} = F(t) - f\frac{dy}{dt} - Ky$$

式中，$\dfrac{d^2 y}{dt^2} = a$ 为质量块运动的加速度；$f\dfrac{dy}{dt}$ 为阻尼器的黏性摩擦阻力，与质量块运动的速度 $\dfrac{dy}{dt}$ 成正比；Ky 为弹簧的弹性阻力，与质量块运动的位移 y 成正比。

图 2-1-1　机械平移系统

将上式写成标准形式，得系统运动方程为

$$m\frac{d^2 y}{dt^2} + f\frac{dy}{dt} + Ky = F(t)$$

若记算子 $p = d/dt$，$p^2 = d^2/dt^2$，则上式可改写为

$$(mp^2 + fp + K)y = F(t)$$

【例 2-1-2】　　RLC 电路如图 2-1-2 所示，试列写以电源电压 u 为输入变量，以电容两端电压 u_C 为输出变量的系统运动方程。

解　根据电学中的基尔霍夫定律，可得

$$Ri + L\frac{di}{dt} + u_C = u$$

$$i = C\frac{du_C}{dt}$$

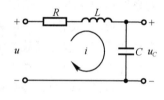

图 2-1-2　RLC 电路

消去中间变量 i，得

$$LC\frac{d^2 u_C}{dt^2} + RC\frac{du_C}{dt} + u_C = u$$

写成算子形式为

$$(LCp^2 + RCp + 1)u_C = u$$

　　对于例 2-1-1 和例 2-1-2，若适当选择系统参数，从数学角度来说，可以得到完全相同的运动方程。如果对系统施加相同的输入信号，会得到相同的输出响应。这种性质称为机械系统与电气系统在数学描述上的相似性。

【例 2-1-3】　　无源校正网络如图 2-1-3 所示，试列写以电源电压 u_1 为输入变量，以电阻 R_2 两端电压 u_2 为输出变量的系统运动方程。

解　根据电学中的基尔霍夫定律，可得

$$u_1 = R_1\left[-C\frac{d(u_1 - u_2)}{dt} + \frac{u_2}{R_2} \right] + u_2$$

经整理得

$$R_1C\frac{du_2}{dt} + \frac{R_1+R_2}{R_2}u_2 = R_1C\frac{du_1}{dt} + u_1$$

定义变量　$T = \frac{R_1R_2}{R_1+R_2}C$，$\alpha = \frac{R_1+R_2}{R_2}$，则

$$\alpha(Tp+1)u_2 = (\alpha Tp+1)u_1$$

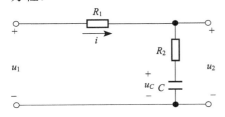

图 2-1-3　无源校正网络(一)

【例 2-1-4】　无源校正网络如图 2-1-4 所示，试列写以电源电压 u_1 为输入变量，以电容 C 与电阻 R_2 两端电压 u_2 为输出变量的系统运动方程。

图 2-1-4　无源校正网络(二)

解　根据电学中的基尔霍夫定律，可得

$$C\frac{d\left[u_1 - (R_1+R_2)\dfrac{u_1-u_2}{R_1}\right]}{dt} = \frac{u_1-u_2}{R_1}$$

经整理得

$$(R_2+R_1)C\frac{du_2}{dt} + u_2 = R_2C\frac{du_1}{dt} + u_1$$

定义变量 $T = (R_1+R_2)C$，$\beta = \dfrac{R_2}{R_1+R_2}$，则有

$$T\frac{du_2}{dt} + u_2 = \beta T\frac{du_1}{dt} + u_1$$

写成算子形式为

$$(Tp+1)u_2 = (\beta Tp+1)u_1$$

【例 2-1-5】　机电系统：设有带载直流电动机控制系统，如图 2-1-5 所示，假设电动机空载。试列写：

(1)以电动机力矩 M 为输入变量，分别以电动机输出轴角速度 ω 及角位移 θ 为输出变量时系统的运动方程；

(2)以电枢电压 u 为输入变量，分别以电动机输出轴角速度 ω 及角位移 θ 为输出变量时系统的运动方程。

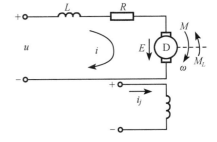

图 2-1-5　带载直流电动机控制系统

解　(1)对于机械转动系统，根据牛顿第二定律，有

$$J\frac{d\omega}{dt} = \sum M_i$$

电动机空载时，有

$$J\frac{d\omega}{dt} = M - f\omega$$

式中，$f\omega$ 为阻尼器的黏性摩擦阻力矩，与角速度 ω 成正比。

将上式写成标准形式，得系统运动方程为

$$J\frac{\mathrm{d}\omega}{\mathrm{d}t} + f\omega = M$$

写成算子形式为

$$(Jp + f)\omega = M$$

若以角位移 θ 为输出变量，考虑到 $\omega = \mathrm{d}\theta/\mathrm{d}t$，得

$$J\frac{\mathrm{d}^2\theta}{\mathrm{d}t^2} + f\frac{\mathrm{d}\theta}{\mathrm{d}t} = M$$

或

$$(Jp^2 + fp)\theta = M$$

(2)对于直流电动机电枢回路，根据基尔霍夫定律，有

$$L\frac{\mathrm{d}i}{\mathrm{d}t} + Ri + E = u$$

而电动机的反电动势 E 与输出角速度 ω 成正比，即

$$E = C_e\omega$$

式中，C_e 为比例系数。

电枢电流 i 在恒定外磁场中产生的力矩为

$$M = C_M i$$

式中，C_M 为比例系数。

在以上各式中消去中间变量，求得以电枢电压 u 为输入变量和以电动机输出轴角速度 ω 为输出变量，且直流电动机空载时的运动方程为

$$JL\frac{\mathrm{d}^2\omega}{\mathrm{d}t^2} + (JR + fL)\frac{\mathrm{d}\omega}{\mathrm{d}t} + (fR + C_M C_e)\omega = C_M u$$

若忽略电枢回路的电感 L，直流电动机空载时的运动方程为

$$JR\frac{\mathrm{d}\omega}{\mathrm{d}t} + (fR + C_M C_e)\omega = C_M u$$

若进一步忽略电动机输出轴的黏性摩擦，则直流电动机空载时的运动方程为

$$JR\frac{\mathrm{d}\omega}{\mathrm{d}t} + C_M C_e\omega = C_M u$$

记 $T_M = JR/(C_M C_e)$，$K_M = 1/C_e$，可由上式求得直流电动机空载时简化运动方程的标准形式为

$$T_M\frac{\mathrm{d}\omega}{\mathrm{d}t} + \omega = K_M u$$

或

$$(T_M p + 1)\omega = K_M u$$

式中，T_M 为电动机的机电时间常数，量纲为秒。

　　若以电动机输出轴的角位移 θ 为输出变量，可求得直流电动机空载时简化运动方程的标准形式为

$$T_M \frac{\mathrm{d}^2\theta}{\mathrm{d}t^2} + \frac{\mathrm{d}\theta}{\mathrm{d}t} = K_M u$$

或

$$(T_M p + 1)p\theta = K_M u$$

直流电动机带载时的运动方程建立留作习题 2-6。

　　【例 2-1-6】　根据图 1-2-3 所示电动机调速系统，试列写以参考输入电压 u_r 为输入变量，以电动机输出角速度 ω 为输出变量时控制系统的运动方程。

　　解　在列写实际控制系统的运动方程时，一般应从产生偏差的元件开始，按信号流通方向依次写出组成该系统的各元件的运动方程。

　　给定元件：给出系统的参考输入电压 u_r，它与电动机期望输出角速度 ω_r 成正比，即

$$u_r = K_r \omega_r$$

　　测量元件：为测速发电机，它将电动机的实际输出角速度 ω 转换成相应的反馈电压 u_{CF}，即

$$u_{CF} = K_C \omega$$

　　比较元件：将参考输入信号(电压) u_r 与反馈信号(电压) u_{CF} 进行比较并产生偏差信号，实现负反馈，即

$$\Delta u = u_r - u_{CF}$$

　　放大元件：一般情况下，偏差信号比较弱，必须经过相应的放大元件放大后才能驱动执行机构，即

$$u_1 = K_1 \Delta u$$

　　执行元件：在电压 u_1 的作用下，执行元件伺服电机 SD 的输出轴通过减速器带动电位器 R_W 的滑臂以改变取自 R_W 的电压 u_p。

　　由图 1-2-3 可知，伺服电机的输入变量为电枢电压 u_1，输出变量为其输出轴的角位移 θ_{SD}。由于带动电位器 R_W 的滑臂所需的力矩很小，可认为伺服电机工作在空载状态，因此，根据例 2-1-5 的结果，伺服电机的运动方程为

$$(T_{MS} p + 1)p\theta_{SD} = K_{MS} u_1$$

式中，T_{MS} 为伺服电机的机电时间常数；K_{MS} 为输入 u_1 与输出 θ_{SD} 的传递系数。

　　若记电位器 R_W 滑臂的位移为 $\alpha = \theta_{SD} / i_2$，则伺服电机的运动方程为

$$(T_{MS} p + 1)p\alpha = \frac{K_{MS}}{i_2} u_1$$

式中，i_2 为伺服电机与电位器 R_W 之间的减速比。

　　而电位器的输出电压为

$$u_p = K_2 \alpha$$

式中，K_2 为位移 α 与输出电压 u_p 的传递系数。

可控硅功率放大器：若忽略可控硅功率放大器的非线性和时滞，可将其看成一个比例放大器，其运动方程为

$$u_a = K_3 u_p$$

式中，K_3 为可控硅功率放大器的增益。

被控对象：本例中被控对象为带载直流电动机，其运动方程(令 $L=0$，$f=0$)为

$$(T_M p + 1)\omega = K_M u_a - K_f M_L$$

式中，ω 为带载直流电动机的输出角速度；M_L 为负载力矩；$K_f = R/(C_M C_e)$。

在以上各式中消去中间变量，求得以参考输入电压 u_r 为输入变量和以电动机输出角速度 ω 为输出变量时，电动机调速系统的运动方程为

$$(T_M p + 1)(T_{MS} p + 1) p \omega + (K_1 K_2 K_3 K_M K_{MS} / i_2) K_C \omega$$
$$= (K_1 K_2 K_3 K_M K_{MS} / i_2) u_r - (T_{MS} p + 1) p K_f M_L$$

记 $K_0 = K_1 K_2 K_3 K_M K_{MS} / i_2$，则上式可写成

$$[(T_M p + 1)(T_{MS} p + 1) p + K_0 K_C] \omega = K_0 u_r - (T_{MS} p + 1) p K_f M_L$$

式中，K_0 为偏差信号 Δu 与被控信号 ω 之间的传递系数。

根据各元件运动方程可绘制出电动机调速系统的方框图，如图 2-1-6 所示。

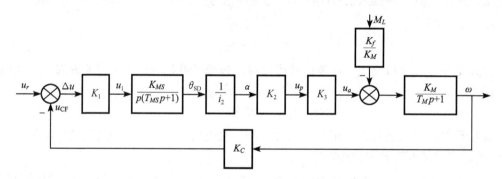

图 2-1-6　电动机调速系统的方框图

2.1.2　线性系统的特性

用线性微分方程描述的元件或系统称为线性元件或线性系统。线性系统的重要性质是满足叠加原理。叠加原理有两重含义，即系统的可叠加性和均匀性(或齐次性)。

线性系统的叠加原理表明，几个外输入信号同时作用于系统所产生的总输出等于各个外输入信号单独作用时分别产生的输出之和，且外输入信号的幅值增大若干倍时，其输出亦相应增大同样的倍数。因此，对线性系统进行分析和设计时，如果有几个外输入信号同时作用于系统，则可以将它们分别处理，依次求出各个外输入信号单独作用时的输出，然后将它们叠加。此外，每个外输入信号在数值上可只取单位值，从而大大简化线性系统的研究工作。

2.2　传　递　函　数

控制系统的运动方程是用微分方程形式描述系统动态特性的时域数学模型。在给定初始条件和外输入信号的情况下,求解系统的微分方程可以得到系统输出响应的表达式,这种方法的优点是比较直观、易于理解。但当系统阶次较高时,微分方程计算复杂甚至不可能求解,特别是当系统结构参数发生变化时,需要重新求解系统的微分方程,不便于对控制系统进行分析与设计。

应用拉氏变换求解线性定常系统的微分方程时,可以得到控制系统在复数域中的数学模型——传递函数。传递函数不仅能表征系统动态性能,而且可以用来研究系统结构参数发生变化时系统动态性能的变化情况。经典控制理论中的分析与设计的方法,如频率法、根轨迹法,均以拉氏变换为数学工具,以传递函数为数学模型。因此,传递函数是经典控制理论中最重要的基本概念。

2.2.1　传递函数的定义及性质

1. 传递函数的定义

传递函数是基于拉氏变换引入的描述线性定常系统输入输出关系的一种常用数学模型,为系统的外部描述。传递函数只适用于线性定常系统或元件。

设线性定常系统的运动方程可由线性常系数 n 阶微分方程

$$a_0 c^{(n)}(t) + a_1 c^{(n-1)}(t) + \cdots + a_{n-1}\dot{c}(t) + a_n c(t)$$
$$= b_0 r^{(m)}(t) + b_1 r^{(m-1)}(t) + \cdots + b_{m-1}\dot{r}(t) + b_m r(t), \quad n \geqslant m \tag{2-2-1}$$

来描述。式中, $c(t)$ 为系统输出变量; $r(t)$ 为系统输入变量; $a_0, a_1, \cdots, a_n$ 及 $b_0, b_1, \cdots, b_m$ 是由系统结构参数决定的常系数。

假设系统的初始条件为零,即

$$c^{(i)}(0) = 0, \quad i = 0, 1, \cdots, n-1$$
$$r^{(i)}(0) = 0, \quad i = 0, 1, \cdots, m-1$$

对式(2-2-1)两端取拉氏变换,得

$$N(s)C(s) = M(s)R(s) \tag{2-2-2}$$

式中

$$N(s) = a_0 s^n + a_1 s^{n-1} + \cdots + a_{n-1}s + a_n$$
$$M(s) = b_0 s^m + b_1 s^{m-1} + \cdots + b_{m-1}s + b_m$$

将式(2-2-2)改写成

$$\frac{C(s)}{R(s)} = \frac{M(s)}{N(s)} = \frac{b_0 s^m + b_1 s^{m-1} + \cdots + b_{m-1}s + b_m}{a_0 s^n + a_1 s^{n-1} + \cdots + a_{n-1}s + a_n} \tag{2-2-3}$$

下面给出传递函数的定义。

在零初始条件下,线性定常系统输出变量的拉氏变换 $C(s)$ 与输入变量的拉氏变换 $R(s)$

之比称为该系统的传递函数。

传递函数通常记为

$$G(s) = \frac{C(s)}{R(s)}$$

如图 2-2-1 所示。上述定义也适用于线性元件。

下面举例说明如何求取控制系统的传递函数。

【例 2-2-1】 试求取图 2-1-1 所示机械平移系统的传递函数 $\dfrac{Y(s)}{F(s)}$。

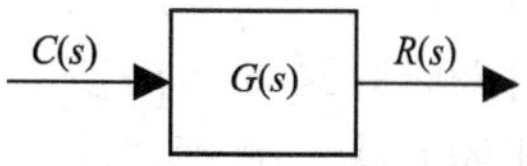

解 由例 2-1-1 可知，控制系统的运动方程为

$$m\frac{\mathrm{d}^2 y}{\mathrm{d}t^2} + f\frac{\mathrm{d}y}{\mathrm{d}t} + Ky = F(t)$$

图 2-2-1 传递函数

对上式两端取拉氏变换，得

$$m[s^2 Y(s) - sy(0) - \dot{y}(0)] + f[sY(s) - y(0)] + KY(s) = F(s)$$

令初始条件为零，得

$$(ms^2 + fs + K)Y(s) = F(s)$$

求得输出量的拉氏变换 $Y(s)$ 与输入量的拉氏变换 $F(s)$ 之比，即

$$G(s) = \frac{Y(s)}{F(s)} = \frac{1}{ms^2 + fs + K}$$

【例 2-2-2】 设有二级 RC 滤波网络，如图 2-2-2 所示。以电压 u 为输入变量，以电容器 C_2 两端电压 u_{C_2} 为输出变量，试求该滤波网络的传递函数 $\dfrac{U_{C_2}(s)}{U(s)}$。

解 根据电学中的基尔霍夫定律，有

$$R_1 i_1 + u_{C_1} = u$$

$$i_1 - i_2 = C_1 \frac{\mathrm{d}u_{C_1}}{\mathrm{d}t}$$

$$R_2 i_2 + u_{C_2} = u_{C_1}$$

$$i_2 = C_2 \frac{\mathrm{d}u_{C_2}}{\mathrm{d}t}$$

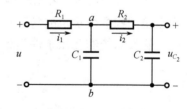

图 2-2-2 二级 RC 滤波网络

在以上各式中消去中间变量，求得系统的运动方程为

$$R_1 R_2 C_1 C_2 \frac{\mathrm{d}^2 u_{C_2}}{\mathrm{d}t^2} + (R_1 C_1 + R_2 C_2 + R_1 C_2)\frac{\mathrm{d}u_{C_2}}{\mathrm{d}t} + u_{C_2} = u$$

对上式两端取拉氏变换，整理得

$$\frac{U_{C_2}(s)}{U(s)} = \frac{1}{R_1 R_2 C_1 C_2 s^2 + (R_1 C_1 + R_2 C_2 + R_1 C_2)s + 1}$$

另外，由复阻抗的概念，有

$$G_1(s) = \frac{U_{ab}(s)}{U(s)} = \frac{\dfrac{1}{C_1 s} \Big/\!\!\Big/ \left(R_2 + \dfrac{1}{C_2 s}\right)}{R_1 + \dfrac{1}{C_1 s} \Big/\!\!\Big/ \left(R_2 + \dfrac{1}{C_2 s}\right)} = \frac{R_2 C_2 s + 1}{R_1 R_2 C_1 C_2 s^2 + (R_1 C_1 + R_2 C_2 + R_1 C_2)s + 1}$$

$$G_2(s) = \frac{U_{C_2}(s)}{U_{ab}(s)} = \frac{\dfrac{1}{C_2 s}}{R_2 + \dfrac{1}{C_2 s}} = \frac{1}{R_2 C_2 s + 1}$$

$$G(s) = \frac{U_{C_2}(s)}{U(s)} = G_1(s) G_2(s) = \frac{1}{R_1 R_2 C_1 C_2 s^2 + (R_1 C_1 + R_2 C_2 + R_1 C_2)s + 1}$$

【例 2-2-3】　求如图 2-2-3 所示有源网络的传递函数 $\dfrac{U_2(s)}{U_1(s)}$。

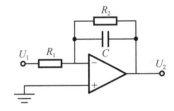

图 2-2-3　有源网络电路图

解　由复阻抗的概念，有

$$Z = R_2 \Big/\!\!\Big/ \frac{1}{Cs} = \frac{R_2 \cdot \dfrac{1}{Cs}}{R_2 + \dfrac{1}{Cs}} = \frac{R_2}{R_2 Cs + 1}$$

根据理想运算放大器反向输入端的性质，得

$$\frac{U_2(s)}{U_1(s)} = -\frac{Z}{R_1} = -\frac{R_2}{R_1(R_2 Cs + 1)}$$

【例 2-2-4】　求如图 2-1-5 所示带载直流电动机控制系统的传递函数 $\dfrac{\theta(s)}{U(s)}$ 及 $\dfrac{\theta(s)}{M_L(s)}$。

解　带载直流电动机控制系统的运动方程为

$$(T_M p + 1)p\theta = K_M u - K_f M_L$$

设初始条件为零，对上式两端取拉氏变换，得

$$(T_M s + 1)s\theta(s) = K_M U(s) - K_f M_L(s)$$

在上式中求取输出信号 $\theta(t)$ 对输入信号 $u(t)$ 的传递函数时，需设扰动信号 $M_L(t) = 0$；同理，求取输出信号 $\theta(t)$ 对扰动信号 $M_L(t)$ 的传递函数时，需设输入信号 $u(t) = 0$，得

$$\frac{\theta(s)}{U(s)} = \frac{K_M}{s(T_M s + 1)}$$

$$\frac{\theta(s)}{M_L(s)} = -\frac{K_f}{s(T_M s + 1)}$$

2. 传递函数的性质

从上面的讨论和举例不难看出，传递函数具有以下性质。

(1)传递函数是在复数域中描述系统运动特性的数学模型，适用于线性定常系统。它与

作为时域数学模型的控制系统运动方程一一对应。

(2)传递函数是系统的固有特性，它取决于系统的结构和参数，而与输入信号的形式和大小无关；但与输入信号的作用位置和输出信号的取出位置有关。

(3)传递函数不能反映实际系统的物理结构。系统只要具有相同的运动特性，就可以具有相同的传递函数。

(4)传递函数是复变量 s 的有理分式，其分子多项式 $M(s)$ 与分母多项式 $N(s)$ 的各项系数均为实数。它们与系统参数有关。传递函数分子多项式 $M(s)$ 的阶次 m 不大于分母多项式 $N(s)$ 的阶次 n ，即 $m \leqslant n$ 。这是因为实际系统能量有限。

(5)将传递函数写成

$$G(s) = \frac{M(s)}{N(s)} = K^* \frac{(s - z_1)(s - z_2)\cdots(s - z_m)}{(s - p_1)(s - p_2)\cdots(s - p_n)} \qquad (2\text{-}2\text{-}4)$$

的形式。式中， $z_1, z_2, \cdots, z_m$ 及 $p_1, p_2, \cdots, p_n$ 分别定义为传递函数 $G(s)$ 的零点与极点，传递函数的零点和极点可以是实数，也可以是共轭复数；系数 $K^* = b_0 / a_0$ 称为根轨迹增益。这种用零点和极点表示传递函数的方法在根轨迹中使用较多，而根轨迹将在第 4 章进行介绍。

(6)传递函数的分子多项式和分母多项式经因式分解后也可写为如下因子连乘积的形式：

$$G(s) = \frac{M(s)}{D(s)} = \frac{K(\tau_1 s + 1)(\tau_2^2 s^2 + 2\zeta\tau_2 s + 1)\cdots(\tau_i s + 1)}{(T_1 s + 1)(T_2^2 s^2 + 2\zeta T_2 s + 1)\cdots(T_j s + 1)} \qquad (2\text{-}2\text{-}5)$$

式中，一次因子对应于实零极点；二次因子对应于共轭复零极点 $(0 < \zeta < 1)$ ； τ_i 和 T_j 称为时间常数； $K = \dfrac{b_m}{a_n} = K^* \dfrac{\prod\limits_{i=1}^{m}(-z_i)}{\prod\limits_{j=1}^{n}(-p_i)}$ 称为增益。传递函数的这种表示形式在第 5 章的频域分析中使用较多。

由于控制系统是由若干个环节按一定的连接方式组合而成的，所以在研究控制系统的运动特性时，首先研究系统环节的连接关系是必要的。下面介绍控制系统中常用到的环节典型连接方式及等效传递函数的求取。

2.2.2　环节典型连接时等效传递函数的求取

1. 串联环节等效传递函数的求取

设有三个环节，其传递函数分别为 $G_1(s)$ 、 $G_2(s)$ 、 $G_3(s)$ ，串联后系统的方框图如图 2-2-4 所示。

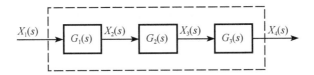

图 2-2-4　串联环节的方框图

由传递函数定义，得

$$G_1(s) = \frac{X_2(s)}{X_1(s)}$$

$$G_2(s) = \frac{X_3(s)}{X_2(s)}$$

$$G_3(s) = \frac{X_4(s)}{X_3(s)}$$

则串联后等效传递函数为

$$G(s) = \frac{X_4(s)}{X_1(s)} = \frac{X_4(s)}{X_3(s)} \cdot \frac{X_3(s)}{X_2(s)} \cdot \frac{X_2(s)}{X_1(s)} = G_1(s)G_2(s)G_3(s)$$

同理，当有 n 个环节串联时，若其传递函数分别为 $G_1(s)$、$G_2(s)$、$\cdots$、$G_n(s)$，则串联后等效传递函数为

$$G(s) = G_1(s)G_2(s)\cdots G_n(s) \tag{2-2-6}$$

结论：串联环节的等效传递函数等于其中每个环节的传递函数的乘积。

2. 同向并联环节等效传递函数的求取

设有三个环节，其传递函数分别为 $G_1(s)$、$G_2(s)$、$G_3(s)$，同向并联后系统的方框图如图 2-2-5 所示。

由传递函数定义，得

$$G_1(s) = \frac{X_2(s)}{X_1(s)}$$

$$G_2(s) = \frac{X_3(s)}{X_1(s)}$$

$$G_3(s) = \frac{X_4(s)}{X_1(s)}$$

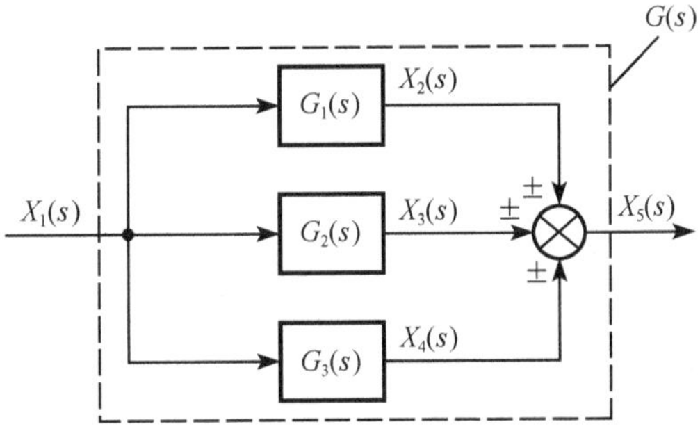

则同向并联后等效传递函数为

图 2-2-5　并联环节的方框图

$$G(s) = \frac{X_5(s)}{X_1(s)} = \frac{\pm X_2(s) \pm X_3(s) \pm X_4(s)}{X_1(s)} = \pm \frac{X_2(s)}{X_1(s)} \pm \frac{X_3(s)}{X_1(s)} \pm \frac{X_4(s)}{X_1(s)}$$

$$= \pm G_1(s) \pm G_2(s) \pm G_3(s)$$

同理，当有 n 个环节同向并联时，若其传递函数分别为 $G_1(s)$、$G_2(s)$、$\cdots$、$G_n(s)$，则并联后等效传递函数为

$$G(s) = \pm G_1(s) \pm G_2(s) \pm \cdots \pm G_n(s) \tag{2-2-7}$$

结论：同向并联环节的等效传递函数等于其中每个环节的传递函数的代数和。

3. 反馈回路等效传递函数的求取

负反馈回路的方框图如图 2-2-6 所示。其中，$R(s)$ 和 $C(s)$ 分别为输入信号和输出信号的拉氏变换；$B(s)$ 和 $E(s)$ 分别为反馈信号和误差信号的拉氏变换；$G(s)$ 为由误差信号至输出信号的传递函数，称为前向通道传递函数；$H(s)$ 为由输出信号至反馈信号的传递函数，称为反馈通道传递函数。

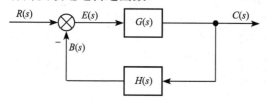

图 2-2-6　负反馈回路的方框图

根据传递函数定义，由图 2-2-6 得
$$C(s) = G(s)E(s)$$
$$B(s) = H(s)C(s)$$
$$E(s) = R(s) - B(s)$$

由以上各式可求得负反馈回路的传递函数为

$$\Phi(s) = \frac{C(s)}{R(s)} = \frac{G(s)}{1 + G(s)H(s)} \tag{2-2-8}$$

对于正反馈回路，考虑到 $E(s) = R(s) + B(s)$，有

$$\Phi(s) = \frac{C(s)}{R(s)} = \frac{G(s)}{1 - G(s)H(s)} \tag{2-2-9}$$

结论：负(正)反馈回路的等效传递函数为一分式，其分子为前向通道的传递函数，其分母为 1 加上(减去)前向通道传递函数和反馈通道传递函数的乘积。

2.2.3　控制系统的传递函数

控制系统方框图的一般形式如图 2-2-7 所示。图中 $R(s)$ 为参考输入信号的拉氏变换，$N(s)$ 为扰动信号的拉氏变换，$C(s)$ 为输出信号的拉氏变换，$E(s)$ 为误差信号的拉氏变换。$G_1(s)$、$G_2(s)$ 为前向通道的传递函数，$H(s)$ 为反馈通道的传递函数。

在反馈控制系统中，定义前向通道传递函数与反馈通道传递函数的乘积为系统的开环传递函数，等效于主反馈断开时，从输入信号 $R(s)$ 到反馈信号 $B(s)$ 的传递函数，用 $G(s)H(s)$ 表示，图 2-2-7 所示系统的开环传递函数为

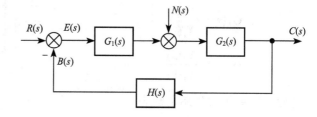

图 2-2-7　控制系统方框图

$$G(s)H(s) = G_1(s)G_2(s)H(s) \tag{2-2-10}$$

1. 输出信号 $c(t)$ 对于输入信号 $r(t)$ 的闭环传递函数

令 $n(t) = 0$，定义系统输出信号 $c(t)$ 的拉氏变换 $C(s)$ 与输入信号 $r(t)$ 的拉氏变换 $R(s)$ 之比为输出信号 $c(t)$ 对于输入信号 $r(t)$ 的闭环传递函数，记为 $\Phi(s)$，即

$$\Phi(s) = \frac{C(s)}{R(s)} \tag{2-2-11}$$

注意：一个时域信号的拉氏变换也称为信号，如 $R(s)$ 为输入信号。

由图 2-2-7 和式(2-2-8)得

$$\Phi(s) = \frac{C(s)}{R(s)} = \frac{G_1(s)G_2(s)}{1 + G_1(s)G_2(s)H(s)} = \frac{G_1(s)G_2(s)}{1 + G(s)H(s)}$$

对于单位反馈系统，由于 $H(s) = 1$，所以系统的开环传递函数为 $G(s)H(s) = G_1(s)$ $G_2(s)$，则

$$\Phi(s) = \frac{G(s)H(s)}{1 + G(s)H(s)} \tag{2-2-12}$$

2. 输出信号 $c(t)$ 对于干扰信号 $n(t)$ 的闭环传递函数

令 $r(t) = 0$，定义系统输出信号 $c(t)$ 的拉氏变换 $C(s)$ 与干扰信号 $n(t)$ 的拉氏变换 $N(s)$ 之比为输出信号 $c(t)$ 对于干扰信号 $n(t)$ 的闭环传递函数，记为 $\Phi_n(s)$，即

$$\Phi_n(s) = \frac{C(s)}{N(s)} \tag{2-2-13}$$

在这种情况下，图 2-2-7 可变形为图 2-2-8。

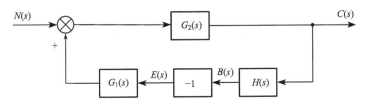

图 2-2-8　$r(t) = 0$ 时闭环系统方框图(一)

由图 2-2-8 和式(2-2-9)得

$$\Phi_n(s) = \frac{C(s)}{N(s)} = \frac{G_2(s)}{1 - (-1)G_1(s)G_2(s)H(s)} = \frac{G_2(s)}{1 + G(s)H(s)}$$

当 $r(t) \neq 0$，$n(t) \neq 0$，即输入信号和干扰信号同时作用于系统时，可以求得系统输出为

$$C(s) = \frac{G_1(s)G_2(s)}{1 + G(s)H(s)} R(s) + \frac{G_2(s)}{1 + G(s)H(s)} N(s) = \Phi(s)R(s) + \Phi_n(s)N(s) \tag{2-2-14}$$

式(2-2-14)是根据线性系统叠加原理推导得出的。其等效系统方框图如图 2-2-9 所示。

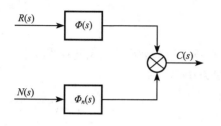

图 2-2-9　等效系统方框图(一)

3. 误差信号 $e(t)$ 对于输入信号 $r(t)$ 的闭环传递函数

令 $n(t)=0$，定义误差信号 $e(t)$ 的拉氏变换 $E(s)$ 与输入信号 $r(t)$ 的拉氏变换 $R(s)$ 之比为误差信号 $e(t)$ 对于输入信号 $r(t)$ 的闭环传递函数，记为 $\Phi_e(s)$，即

$$\Phi_e(s) = \frac{E(s)}{R(s)} \tag{2-2-15}$$

在这种情况下，图 2-2-7 可以变形为图 2-2-10。

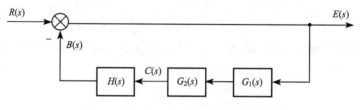

图 2-2-10　　$n(t)=0$ 时闭环系统方框图

由图 2-2-10 和式(2-2-8)得

$$\Phi_e(s) = \frac{E(s)}{R(s)} = \frac{1}{1+G_1(s)G_2(s)H(s)} = \frac{1}{1+G(s)H(s)}$$

对于单位反馈系统，有

$$\Phi(s) = 1 - \Phi_e(s) \tag{2-2-16}$$

4. 误差信号 $e(t)$ 对干扰信号 $n(t)$ 的闭环传递函数

令 $r(t)=0$，定义误差信号 $e(t)$ 的拉氏变换 $E(s)$ 与干扰信号 $n(t)$ 的拉氏变换 $N(s)$ 之比为误差信号 $e(t)$ 对于干扰信号 $n(t)$ 的闭环传递函数，记为

$$\Phi_{en}(s) = \frac{E(s)}{N(s)} \tag{2-2-17}$$

在这种情况下，图 2-2-7 可以变形为图 2-2-11。

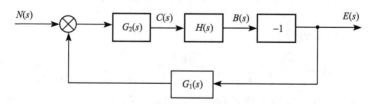

图 2-2-11　　$r(t)=0$ 时闭环系统方框图(二)

由图 2-2-11 和式(2-2-9)得

$$\Phi_{en}(s) = \frac{E(s)}{N(s)} = \frac{(-1)G_2(s)H(s)}{1-(-1)G_1(s)G_2(s)H(s)} = -\frac{G_2(s)H(s)}{1+G(s)H(s)}$$

同理，当 $r(t) \neq 0$，$n(t) \neq 0$ 时，有

$$E(s) = \frac{1}{1 + G(s)H(s)} R(s) - \frac{G_2(s)H(s)}{1 + G(s)H(s)} N(s)$$
$$= \Phi_e R(s) + \Phi_{en}(s) N(s)$$

其等效系统方框图如图 2-2-12 所示。

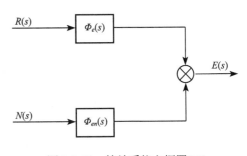

图 2-2-12　等效系统方框图(二)

由上述求取的闭环传递函数的结论可知，负
(正)反馈系统的闭环传递函数为一分式，分子为
前向通道的传递函数的乘积，分母为 1 加上(减去)
开环传递函数。方程 $1 \pm G(s)H(s) = 0$ 称为负(正)反馈系统的特征方程。

2.3　方框图及其简化

方框图是控制理论中广泛采用的一种数学模型，是从具体系统中抽象出来的图形化的
数学模型。用方框图表示控制系统，可以直观地了解系统的构成及信号的传递方向，并且
可以清楚地表明信号在传递过程中的数学关系。

2.3.1　方框图的构成

控制系统的方框图又称为方块图或结构图，是将系统中的所有环节用函数方框来表示，
方框内标明环节的传递函数，方框的一端为环节的输入信号，另一端为环节的输出信号，
如图 2-3-1 所示。按照各个环节在系统中的相互关系，用信号线将其连接起来就构成了控
制系统的方框图，如图 2-3-2 所示。

图 2-3-1　环节方框图

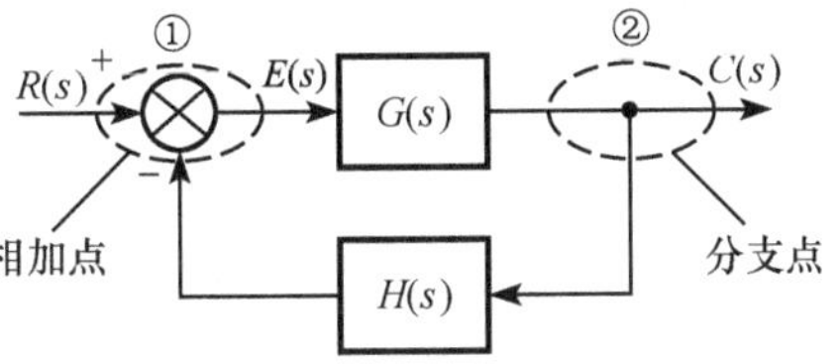

图 2-3-2　控制系统方框图

控制系统的方框图一般由四种基本单元组成。

函数方框：表示元件或环节的输入信号与输出信号的函数关系，对信号起运算、变换
的作用。从图 2-3-1 可以表示出，函数方框的输出信号是输入信号与方框内的传递函数相
乘的结果，即 $X_2(s) = G(s) X_1(s)$。

信号线：用有向线段来表示，箭头方向代表信号的传递方向，在信号线上标明信号或
变量。在图 2-3-1 中，$X_1(s)$ 是输入信号，$X_2(s)$ 是输出信号，输入信号的箭头指向函数方
框，输出信号的箭头背离函数方框。

相加点：在方图图中，对信号求代数和的点称为相加点，用符号"$\otimes$"表示，如图 2-3-2
所示，①表示相加点，"+"号表示相加，"−"号表示相减，"+"号可以省略不写。

　　分支点：在方框图中，由函数方框或相加点引出的信号同时进入两个以上方框、相加点或直接输出时的分离点称为分支点，用符号"·"表示，如图 2-3-2 所示，②表示分支点。

2.3.2　方框图的绘制

　　绘制控制系统方框图的步骤如下：

　　(1)写出组成系统的各环节的微分方程；

　　(2)求取各环节的传递函数，绘制各环节的方框图；

　　(3)从输入端入手，按信号流向依次将各环节的方框图用信号线连接成整体，即得到控制系统方框图。

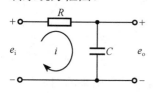

图 2-3-3　RC 电路

　　【例 2-3-1】　绘制如图 2-3-3 所示 RC 电路的方框图。

　　解　(1)写出组成系统的各环节的微分方程，即

$$i = \frac{e_i - e_o}{R} \tag{2-3-1}$$

$$e_o = \frac{1}{C} \int i \mathrm{d}t \tag{2-3-2}$$

　　(2)求取各环节的传递函数，绘制方框图：

$$I(s) = \frac{E_i(s) - E_o(s)}{R} \tag{2-3-3}$$

$$E_o(s) = \frac{I(s)}{Cs} \tag{2-3-4}$$

式(2-3-3)的方框图如图 2-3-4 所示，式(2-3-4)的方框图如图 2-3-5 所示。

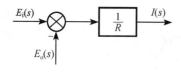

图 2-3-4　式(2-3-3)的方框图

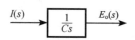

图 2-3-5　式(2-3-4)的方框图

　　(3)从输入端入手，按信号流向将各环节的方框图依次连接成完整的方框图，如图 2-3-6 所示。

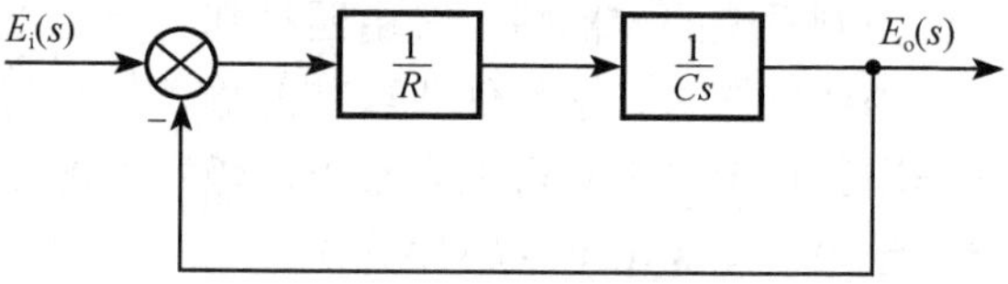

　　控制系统方框图的特点如下。

　　(1)方框图是从实际系统抽象出来的数学模型，不代表实际系统的物理结构。

　　(2)方框图能更直观、更形象地表示系统中各环节的功能和相互关系，以及信号的流向和每个环节对系统性能的影响。

图 2-3-6　方框图

　　(3)方框图的信号流向是单向不可逆的。

　　(4)方框图不唯一。由于研究问题的角度不一样，列写出来的传递函数就不一样，方框图也就不一样。

(5)研究方便。对于一个复杂的系统，可以画出它的方框图，通过方框图简化，不难求得系统的输入输出关系，在此基础上，无论是研究整个系统的性能，还是评价每一个环节的作用，都是很方便的。

2.3.3　方框图的简化

控制系统方框图往往比较复杂，具有多条反馈回路。为了便于对系统进行分析，经常需要根据等效原则进行适当变换，使复杂的方框图得到简化。下面介绍用以简化控制系统方框图的基本规则。

(1)分支点的移动规则。

根据分支点移动前后所得的分支信号保持不变的等效原则，可将分支点顺着信号流向或逆着信号流向移动。

①前移(图 2-3-7)。

图 2-3-7　分支点前移规则

②后移(图 2-3-8)。

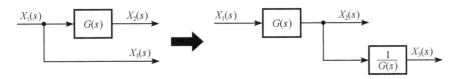

图 2-3-8　分支点后移规则

不难验算，分支点移动前后，分支支路信号是保持不变的。

结论：分支点前移时，必须在移动的分支支路中串入具有与原传递函数相同的传递函数的函数方框；分支点后移时，必须在移动的分支支路中串入具有原传递函数倒数的传递函数的函数方框。

(2)相加点移动规则。

根据相加点移动前后总的输出信号保持不变的等效原则，可以将相加点前后移动。

①前移(图 2-3-9)。

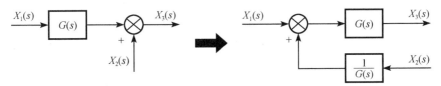

图 2-3-9　相加点前移规则

②后移(图 2-3-10)。

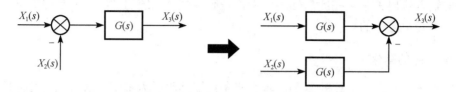

图 2-3-10　相加点后移规则

不难验算，相加点移动前后，总的输出信号保持不变。

结论：相加点前移时，必须在移动的相加支路中串入具有原传递函数倒数的传递函数的函数方框；相加点后移时，必须在移动的相加支路中串入具有与原传递函数相同的传递函数的函数方框。

(3)等效单位反馈变换规则(图 2-3-11)。

$$\frac{C(s)}{R(s)} = \frac{1}{H(s)} \cdot \frac{G(s)H(s)}{1+G(s)H(s)}$$

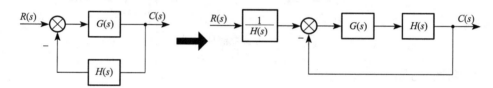

图 2-3-11　等效单位反馈变换规则

(4)交换或合并相加点规则(图 2-3-12)。

$$C(s) = E_1(s) \pm R_3(s) = [R_1(s) \pm R_2(s)] \pm R_3(s) = R_1(s) \pm R_3(s) \pm R_2(s)$$

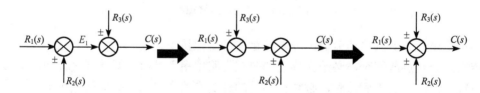

图 2-3-12　交换或合并相加点规则

(5)内反馈线消除规则。

控制系统方框图的简化关键在于消除内反馈线(不是主反馈线)，而分支点、相加点的移动都是为消除内反馈线服务的。因此，在应用方框图的简化规则时，首先要着眼于消除内反馈线，并且最终要落实于消除内反馈线。

内反馈线消除的规则是保证消除内反馈线前后输入信号与输出信号的关系不变。

应用上述各项基本规则，可将包含许多反馈回路的复杂方框图进行简化，但在简化过程中，一定要记住闭环系统中的下列两条原则：①前向通道中传递函数的乘积保持不变；②反馈回路中传递函数的乘积保持不变。

【例 2-3-2】　试简化图 2-3-13(a)所示系统方框图，并求系统的闭环传递函数 $\dfrac{C(s)}{R(s)}$。

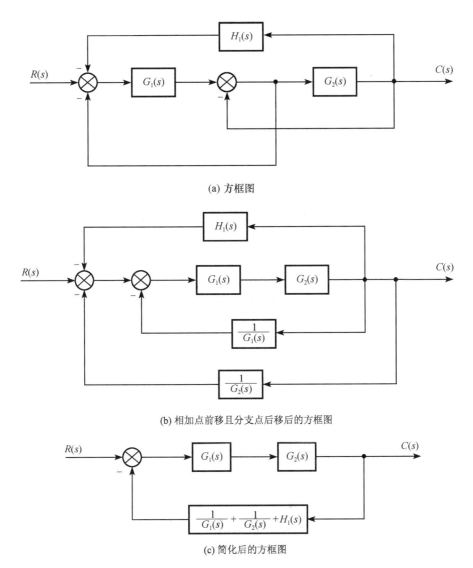

(a) 方框图

(b) 相加点前移且分支点后移后的方框图

(c) 简化后的方框图

图 2-3-13　方框图简化过程

解　在图 2-3-13(a)中，由于 $G_1(s)$ 与 $G_2(s)$ 之间有交叉的相加点和分支点，不能直接进行运算，但也不可简单地互换其位置。最简便的方法是先将相加点前移，并将分支点后移，如图 2-3-13(b)所示；然后进一步简化，如图 2-3-13(c)所示；最后求得系统的闭环传递函数为

$$\frac{C(s)}{R(s)} = \frac{G_1(s)G_2(s)}{1 + G_1(s) + G_2(s) + G_1(s)G_2(s)H_1(s)}$$

【例 2-3-3】　二级 RC 滤波网络的方框图如图 2-3-14 所示，试将其加以简化，并求 $\Phi(s)$、$\Phi_e(s)$。

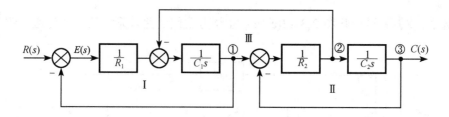

图 2-3-14 二级 RC 滤波网络的方框图

解 先将②点移到③点，得图 2-3-15。

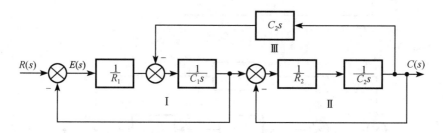

图 2-3-15 将②点移到③点后的方框图

回路Ⅱ的等效传递函数为

$$\Phi_{\mathrm{II}}(s) = \frac{\dfrac{1}{R_2} \cdot \dfrac{1}{C_2 s}}{1 + \dfrac{1}{R_2 C_2 s}} = \frac{1}{1 + R_2 C_2 s}$$

图 2-3-15 进一步简化为图 2-3-16。

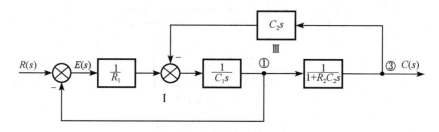

图 2-3-16 图 2-3-15 进一步简化后的方框图

再将①点移到③点，得图 2-3-17。
回路Ⅲ的等效传递函数为

$$\Phi_{\mathrm{III}}(s) = \frac{\dfrac{1}{C_1 s} \cdot \dfrac{1}{1 + R_2 C_2 s}}{1 + \dfrac{1}{C_1 s} \cdot \dfrac{1}{1 + R_2 C_2 s} \cdot C_2 s} = \frac{1}{C_1 s(1 + R_2 C_2 s) + C_2 s}$$

图 2-3-17 进一步简化为图 2-3-18。

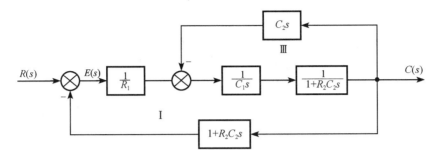

图 2-3-17 将①点移到③点后的方框图

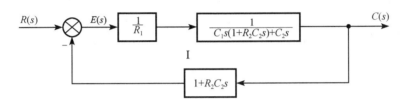

图 2-3-18 图 2-3-17 进一步简化后的方框图

因此

$$\Phi(s) = \frac{\dfrac{1}{R_1} \cdot \dfrac{1}{C_1 s(1 + R_2 C_2 s) + C_2 s}}{1 + \dfrac{1}{R_1} \cdot \dfrac{1 + R_2 C_2 s}{C_1 s(1 + R_2 C_2 s) + C_2 s}} = \frac{1}{R_1 R_2 C_1 C_2 s^2 + (R_1 C_1 + R_2 C_2 + R_1 C_2)s + 1}$$

$$\Phi_e(s) = \frac{1}{1 + \dfrac{1}{R_1} \cdot \dfrac{1 + R_2 C_2 s}{C_1 s(1 + R_2 C_2 s) + C_2 s}} = \frac{R_1 R_2 C_1 C_2 s^2 + (R_1 C_1 + R_1 C_2)s}{R_1 R_2 C_1 C_2 s^2 + (R_1 C_1 + R_2 C_2 + R_1 C_2)s + 1}$$

2.4 信 号 流 图

控制系统方框图对于用图形表示控制系统是很有用的方法，但当系统较复杂时，方框图的简化很烦琐。信号流图是一种表示代数方程的方法，是表示控制系统的另一种图示方法，也是一种数学模型。

信号流图属于网络拓扑结构，可以根据统一的公式直接求出系统的传递函数，特别适合用于对结构复杂的控制系统进行分析。

2.4.1 信号流图及其运算规则

1. 信号流图中的术语

信号流图是由节点、支路和传输三种基本要素组成的信号传递网络。下面介绍信号流图中所使用的术语。

节点：用以表示变量或信号的点称为节点，用符号"。"表示。

传输：两个节点之间的增益或传递函数称为传输。

支路：联系两个节点并标有信号流向的定向线段称为支路。

源点：只有输出支路，没有输入支路的节点称为源点，它对应于系统的输入信号，又称为输入节点。

阱点：只有输入支路，没有输出支路的节点称为阱点，它对应于系统的输出信号，又称为输出节点。

混合节点：既有输入支路，又有输出支路的节点称为混合节点。

通道：沿支路箭头方向穿过各相连支路的途径称为通道。如果通道与任一节点相交不多于一次，称为开通道；如果通道的终点就是通道的起点，并且与任何其他节点相交的次数不多于一次，称为闭通道或回路；如果通道通过某一节点多于一次，那么这条通道既不是开通道，又不是闭通道。

回路增益：回路中各支路传输的乘积称为回路增益。

不接触回路：如果一些回路间没有任何公共节点，称为不接触回路。

自回路：只与一个节点相交的回路称为自回路。

前向通道：如果在从源点到阱点的通道上，通过任何节点不多于一次，则该通道称为前向通道。前向通道中各支路传输的乘积称为前向通道增益。

上述术语在信号流图中的表示如图 2-4-1 所示。

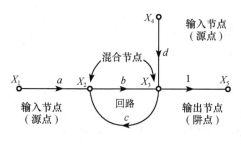

图 2-4-1　信号流图(一)

2. 信号流图的性质

(1)信号流图只能表示代数方程。

(2)支路表示一个信号对另一个信号的函数关系。信号只能沿着支路上由箭头规定的方向流通，如图 2-4-2(a)所示。

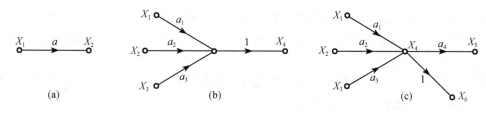

图 2-4-2　信号流图(二)

(3)混合节点一般是信号或变量求代数和的点，它表示所有流向该节点的信号的代数和，如图 2-4-2(b)、(c)所示，有

$$X_5 = a_4X_4, \quad X_6 = X_4$$

而

$$X_4 = a_1X_1 + a_2X_2 + a_3X_3$$

(4)对于具有输入和输出支路的混合节点，通过增加一个具有单位传输的支路，可以把它变成输出节点来处理，使它相当于阱点，但用这种方法不能将混合节点变成源点，如图 2-4-2(c)所示。

(5)对于给定的系统，信号流图不唯一。因为系统方程可以写成多种形式，所以可以得到多个信号流图。

3. 信号流图的运算规则

1)加法规则

并联支路可以通过传输相加的方法合并为单一支路，见图 2-4-3，这时 $X_2 = (a_1 + a_2)X_1$。

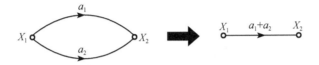

图 2-4-3　加法规则

2)乘法规则

串联支路的总传输等于所有支路传输的总乘积，见图 2-4-4，这时 $X_4 = a_1 a_3 X_1 + a_2 a_3 X_2$。

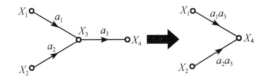

图 2-4-4　乘法规则

3)分配规则

利用分配规则，可以将混合节点消除掉，如图 2-4-5 所示。

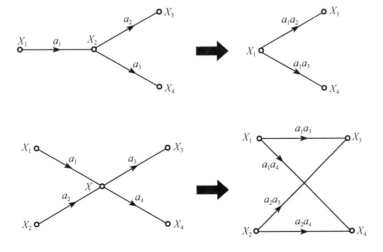

图 2-4-5　分配规则

4)自回路简化规则

自回路简化规则如图 2-4-6 所示。从图中可得

$$a_1 X_1 + a_2 X_2 = X_2$$

$$\frac{X_2}{X_1} = \frac{a_1}{1 - a_2}$$

5)反馈回路简化规则

反馈回路简化规则如图 2-4-7 所示。从图中可得

$$(a_1 X_1 + a_3 X_3) a_2 = X_3$$

$$\frac{X_3}{X_1} = \frac{a_1 a_2}{1 - a_2 a_3}$$

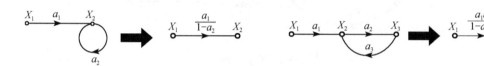

图 2-4-6　自回路简化规则　　　　　图 2-4-7　反馈回路简化规则

2.4.2　信号流图的绘制

信号流图广泛用于线性控制系统中。信号流图可以根据系统的方程绘制，也可以通过方框图得到。利用上述规则，可以对系统的信号流图进行通常的简化，然后就可以得到输入变量和输出变量之间的关系。

例如，设有一线性系统，其动态特性可由下列公式描述：

$$y_2 = a_{12} y_1 + a_{32} y_3 \tag{2-4-1}$$

$$y_3 = a_{23} y_2 + a_{43} y_4 \tag{2-4-2}$$

$$y_4 = a_{24} y_2 + a_{34} y_3 + a_{44} y_4 \tag{2-4-3}$$

$$y_5 = a_{25} y_2 + a_{45} y_4 \tag{2-4-4}$$

绘制上述系统信号流图的步骤是：

(1)分别绘制各公式的信号流图，如图 2-4-8(a)～(d)所示；

(2)将图 2-4-8(a)～(d)沿信号流向由系统输入 y_1 至系统输出 y_5 连接起来，便得到整个控制系统的信号流图，如图 2-4-8(e)所示。

图 2-4-9 表示了一些简单控制系统的信号流图。在这些信号流图中，利用直观的方法容易求得闭环传递函数 $C(s)/R(s)$ 或 $C(s)/N(s)$。对于比较复杂的控制系统，可先绘制信号流图，然后用梅森公式求出其传递函数。

综上，方框图中传递的信号标记在信号线上，函数方框则是对变量进行变换或运算的算子。因此从方框图绘制信号流图时，只需在信号线上用小圆圈标记出传递的信号，便是节点；用标有传递函数的线段代替方框图中的函数方框，便是支路，于是方框图就变换为

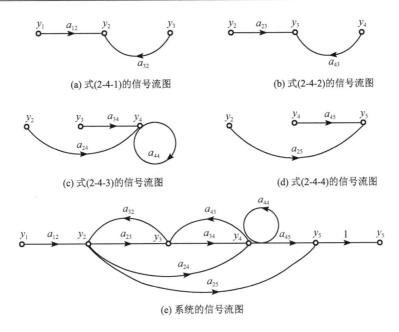

图 2-4-8　各公式及系统的信号流图

信号流图。需要注意的是，为了精减节点数目，支路增益为 1 的相邻两个节点一般会合并为一个节点，但源点或阱点不能合并。方框图中相加点之前没有分支点(相加点之后可以有分支点)时，只需在相加点之后设置一个节点；但若在相加点之前有分支点，就需在分支点和相加点各设置一个节点，分别标记两个变量，这两个变量之间的增益为 1。

2.4.3　梅森公式

计算信号流图总增益的梅森公式为

$$P = \frac{1}{\Delta}\sum_k P_k \Delta_k$$

式中，P 为总增益；P_k 为第 k 条前向通道的增益或传输；Δ 为信号流图的特征式，其表达式为

$$\Delta = 1 - \sum_a L_a + \sum_{bc} L_b L_c - \sum_{def} L_d L_e L_f + \cdots$$

式中，$\sum_a L_a$ 为所有回路的增益之和；$\sum_{bc} L_b L_c$ 为两条互不接触的回路的增益乘积之和；$\sum_{def} L_d L_e L_f$ 为三条互不接触的回路的增益乘积之和；Δ_k 为在 Δ 中除去与第 k 条前向通道 P_k 相接触的回路后的特征式，称为第 k 条前向通道特征式的余因子。

下面通过两个例子说明梅森公式的应用。

【例 2-4-1】　设控制系统方框图如图 2-4-10 所示，试应用梅森公式，求取系统的闭环传递函数 $\dfrac{\theta_{sc}(s)}{\theta_{sr}(s)}$。

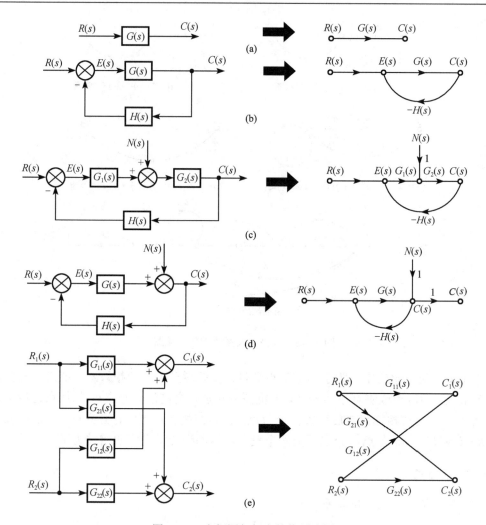

图 2-4-9　方框图与相应的信号流图

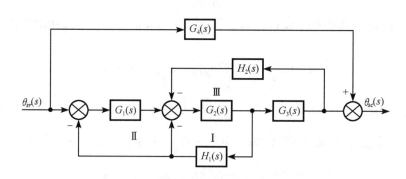

图 2-4-10　控制系统方框图

解　根据图 2-4-10 所示控制系统方框图可绘制信号流图，如图 2-4-11 所示。

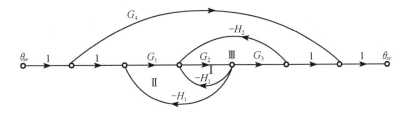

图 2-4-11　图 2-4-10 的信号流图

从图 2-4-11 可以看出，该信号流图中有两条前向通道，则 $k = 2$，通道增益分别为

$$P_1 = G_1 G_2 G_3$$

$$P_2 = G_4$$

有三条回路，各回路的增益分别为

$$L_1 = -G_2 H_1$$

$$L_2 = -G_1 G_2 H_1$$

$$L_3 = -G_2 G_3 H_2$$

不存在互不接触的回路。因此，该信号流图的特征式为

$$\Delta = 1 - \sum_a L_a = 1 - (L_1 + L_2 + L_3)$$

$$= 1 + G_2 H_1 + G_1 G_2 H_1 + G_2 G_3 H_2$$

由 Δ_k 的定义，得

$$\Delta_1 = 1$$

$$\Delta_2 = 1 - (L_1 + L_2 + L_3)$$

最后，根据梅森公式，求得控制系统的闭环传递函数为

$$\frac{\theta_{sc}(s)}{\theta_{sr}(s)} = \frac{P_1 \Delta_1 + P_2 \Delta_2}{\Delta} = \frac{G_1 G_2 G_3 + G_4 [1 - (L_1 + L_2 + L_3)]}{1 - (L_1 + L_2 + L_3)}$$

$$= \frac{G_1 G_2 G_3}{1 + G_2 H_1 + G_1 G_2 H_1 + G_2 G_3 H_2} + G_4$$

【例 2-4-2】　设滤波网络如图 2-4-12 所示，试应用梅森公式，求取滤波网络的传递函数 $\dfrac{U_2(s)}{U_1(s)}$。

解　根据图 2-4-12 所示滤波网络，可得如下代数方程及图 2-4-13(a)～(e)所示各环节的信号流图。

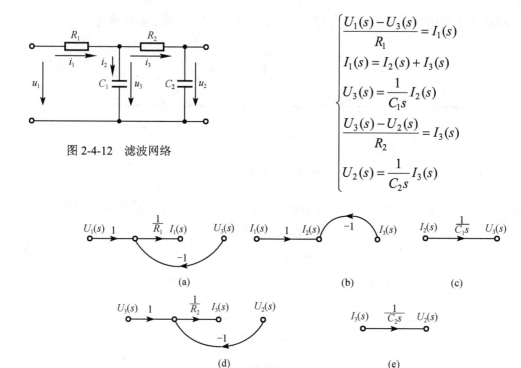

图 2-4-12 滤波网络

$$\begin{cases} \dfrac{U_1(s) - U_3(s)}{R_1} = I_1(s) \\ I_1(s) = I_2(s) + I_3(s) \\ U_3(s) = \dfrac{1}{C_1 s} I_2(s) \\ \dfrac{U_3(s) - U_2(s)}{R_2} = I_3(s) \\ U_2(s) = \dfrac{1}{C_2 s} I_3(s) \end{cases}$$

图 2-4-13　图 2-4-12 的信号流图

将图 2-4-13(a)～(e)所示各环节的信号流图沿信号流向由系统输入至系统输出连接起来，合并 $I_1(s)$，$I_2(s)$ 节点，便得到整个控制系统的信号流图，如图 2-4-14 所示。

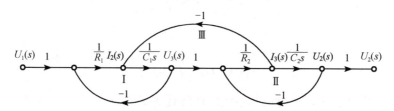

图 2-4-14　系统的信号流图

由图 2-4-14 可知，该信号流图中只有一条前向通道，其增益为

$$P_1 = \frac{1}{R_1} \cdot \frac{1}{C_1 s} \cdot \frac{1}{R_2} \cdot \frac{1}{C_2 s} = \frac{1}{R_1 R_2 C_1 C_2 s^2}$$

有三条单独的回路，其增益分别为

$$L_1 = \frac{1}{R_1} \cdot \frac{1}{C_1 s} \cdot (-1) = -\frac{1}{R_1 C_1 s}$$

$$L_2 = \frac{1}{R_2} \cdot \frac{1}{C_2 s} \cdot (-1) = -\frac{1}{R_2 C_2 s}$$

$$L_3 = \frac{1}{C_1 s} \cdot \frac{1}{R_2} \cdot (-1) = -\frac{1}{R_2 C_1 s}$$

有两条互不接触的回路，其增益为

$$L_1 \cdot L_2 = \frac{1}{R_1 R_2 C_1 C_2 s^2}$$

则该信号流图的特征式为

$$\Delta = 1 - \sum_a L_a + \sum_{bc} L_b \cdot L_c$$

$$= 1 + \frac{1}{R_1 C_1 s} + \frac{1}{R_2 C_2 s} + \frac{1}{R_2 C_1 s} + \frac{1}{R_1 R_2 C_1 C_2 s^2}$$

根据 Δ_k 的定义，有

$$\Delta_1 = 1$$

由梅森公式，求得滤波网络的传递函数为

$$\frac{U_2(s)}{U_1(s)} = \frac{P_1 \Delta_1}{\Delta} = \frac{1/(R_1 R_2 C_1 C_2 s^2)}{1 + \frac{1}{R_1 C_1 s} + \frac{1}{R_2 C_2 s} + \frac{1}{R_2 C_1 s} + \frac{1}{R_1 R_2 C_1 C_2 s^2}}$$

$$= \frac{1}{R_1 R_2 C_1 C_2 s^2 + (R_1 C_1 + R_2 C_2 + R_1 C_2) s + 1}$$

该结果与例 2-2-2、例 2-3-3 的结果完全相同。

2.5 应用 MATLAB 建立控制系统的数学模型

本节首先介绍控制系统数学模型的 MATLAB 描述，然后介绍数学模型之间的连接和相互转换。

2.5.1 模型的建立

1. 传递函数模型 tf

函数及调用格式：$\qquad$ sys=tf(num, den)

功能说明：建立系统的传递函数模型。设系统的传递函数为

$$G(s) = \frac{C(s)}{R(s)} = \frac{b_0 s^m + b_1 s^{m-1} + \cdots + b_{m-1} s + b_m}{s^n + a_1 s^{n-1} + \cdots + a_{n-1} s + a_n}$$

$\text{num} = [b_0, b_1, \cdots, b_m]$ 为分子多项式的系数向量，$\text{den} = [1, a_1, \cdots, a_n]$ 为分母多项式的系数向量。

2. 零极点增益模型 zpk

函数及调用格式：$\qquad$ sys=zpk(z, p, k)

功能说明：建立零极点形式的数学模型。系统的零极点增益模型一般为

$$G(s) = K^* \frac{(s-z_1)(s-z_2)\cdots(s-z_m)}{(s-p_1)(s-p_2)\cdots(s-p_n)}$$

其中，$z_j(j=1,2,\cdots,m)$ 和 $p_i(i=1,2,\cdots,n)$ 分别为系统的零点和极点，$z=[z_1,z_2,\cdots,z_m]$ 为系统的零点向量，$p=[p_1,p_2,\cdots,p_n]$ 为系统的极点向量，$k=[K^*]$ 为系统的根轨迹增益。

【例 2-5-1】 已知系统的传递函数为

$$G(s) = \frac{2s+9}{s^4+3s^3+2s^2+4s+6}$$

应用 MATLAB 建立系统的传递函数模型。

解 运行 MATLAB Program 21，得到系统的传递函数模型。

```
MATLAB Program 21.m
num=[2  9];
den=[1  3  2  4  6];
model=tf(num,den)
```

运行结果：

```
Transfer function:

             2 s + 9
    -------------------------------
    s^4 + 3 s^3 + 2 s^2 + 4 s + 6
```

【例 2-5-2】 已知系统的传递函数为

$$\frac{7(2s+3)}{s^2(3s+1)(s+2)^2(5s^3+3s+8)}$$

应用 MATLAB 建立系统的传递函数模型。

解 运行 MATLAB Program 22，得到系统的传递函数模型。

```
MATLAB Program 22.m
num=7*[2 3];
den=conv(conv(conv([1 0 0],[3 1]),conv([1 2],[1 2])),[5 0 3 8]);
model=tf(num,den)
```

运行结果：

```
Transfer function:

                        14 s + 21
--------------------------------------------------------------
15 s^8 + 65 s^7 + 89 s^6 + 83 s^5 + 152 s^4 + 140 s^3 + 32 s^2
```

3. 系统的典型连接

系统连接就是将两个或多个子系统按一定方式加以连接形成新的系统。这种连接的典型方式有串联、并联和反馈等。下面介绍这三种系统连接函数。

1)串联 series

函数及调用格式： sys=series(sys1, sys2)

功能说明：将两个线性系统串联形成新的系统，即 sys=sys1*sys2。

2)并联 parallel

函数及调用格式： sys=parallel(sys1, sys2)

功能说明：将两个线性系统以并联方式进行连接形成新的系统，即 sys=sys1+sys2。

3)反馈 feedback

函数及调用格式： sys=feedback(sys1, sys2, sign)

功能说明：实现两个系统的反馈连接。其中 sys1 表示前向通道的数学模型，sys2 表示反馈通道的数学模型，sign 缺省时为负反馈，sign=1 时为正反馈。

【例 2-5-3】 已知两个线性系统的传递函数分别为

$$G_1(s) = \frac{12s+4}{s^2+5s+2}, \quad G_2(s) = \frac{s+6}{s^2+7s+1}$$

分别应用 series、parallel、feedback 三个函数进行系统的串联、并联和负反馈连接。

解 运行 MATLAB Program 23，得到系统的传递函数模型。

```
MATLAB Program 23.m
num1=[12 4]; den1=[1 5 2];
num2=[1 6]; den2=[1 7 1];
sys1=tf(num1,den1);
sys2=tf(num2,den2);
sys=series(sys1,sys2)
sys=parallel(sys1,sys2)
sys= feedback(sys1,sys2)
```

串联运行结果：

Transfer function:

```
        12 s^2 + 76 s + 24
-----------------------------------
s^4 + 12 s^3 + 38 s^2 + 19 s + 2
```

并联运行结果：

Transfer function:

```
     13 s^3 + 99 s^2 + 72 s + 16
-----------------------------------
s^4 + 12 s^3 + 38 s^2 + 19 s + 2
```

负反馈运行结果：

Transfer function:

```
     12 s^3 + 88 s^2 + 40 s + 4
-----------------------------------
s^4 + 12 s^3 + 50 s^2 + 95 s + 26
```

2.5.2　模型的转换

进行系统分析研究时，往往根据不同的要求选择不同形式的系统数学模型，因此经常要在不同形式的数学模型之间相互转换，下面介绍几种模型转换函数。

1)tf2zp

函数及调用格式：　　　　　　　　　　[z,p,k]=tf2zp(num, den)

功能说明：将系统的传递函数模型转换为零极点增益模型。

2)zp2tf

函数及调用格式：　　　　　　　　　　[num, den]=zp2tf(z, p, k)

功能说明：将系统的零极点增益模型转换为传递函数模型。

【例 2-5-4】　已知系统的传递函数为

$$G(s) = \frac{18s + 36}{s^3 + 40.4s^2 + 391s + 150}$$

应用 MATLAB 的模型转换函数将其转换为零极点形式的模型。

解　运行 MATLAB Program 24，得到系统零极点增益形式的模型。

```
MATLAB Program 24.m
num=[18 36];
den=[1 40.4 391 150];
[z,p,k]=tf2zp(num,den);
sys=zpk(z,p,k)
```

运行结果：

```
zero/pole/gain:
              18(s+2)
     ---------------------
     (s+25)(s+15)(s+0.4)
```

习　　题

2-1　求下列函数的拉氏变换。式中 A、a、ω 为常量。

(1) $f(t) = Ae^{-at}$　　　(2) $f(t) = 1$　　　(3) $f(t) = t$

(4) $f(t) = 1/2\, t^2$　　　(5) $f(t) = e^{-at}\sin\omega t$

2-2　若 $L[Af(t)] = AF(s)$，证明 $L[Atf(t)] = -A\dfrac{\mathrm{d}F(s)}{\mathrm{d}s}$。

2-3　求下列函数的拉氏反变换。式中 A、a、ω 为常量。

(1) $\dfrac{1}{s}$　　(2) $\dfrac{1}{s^2}$　　(3) $\dfrac{A}{s+a}$　　(4) $\dfrac{A}{s(s+a)}$　　(5) $\dfrac{\omega}{(s+a)^2+\omega^2}$

2-4　题 2-4 图所为传动系统，其中 M_i 为主动轮上的外作用力矩，M_1 为齿轮 1 承受的阻力矩，M_2 为齿轮 2 的传动力矩。试求取传递函数 $\theta_2(s)/M_i(s)$。

2-5　设有二级 RC 滤波网络，如题 2-5 图所示，试列写以输入电压 u 为输入变量，以电容器 C_2 两端电压 u_{C_2} 为输出变量时系统的运动方程。

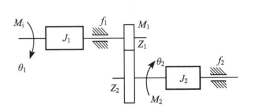

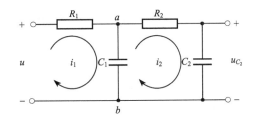

题 2-4 图　二级齿轮传动系统示意图　　　　　题 2-5 图　二级 RC 滤波网络

2-6　设有带载直流电动机控制系统，如题 2-6 图所示，试列写电动机带载情况下，以电枢电压为 u 输入变量，分别以电动机输出轴角速度 ω 及角位移 θ 为输出变量时系统的运动方程。

2-7　通过方框图变换，求如题 2-7 图所示系统的传递函数 $C(s)/R(s)$。

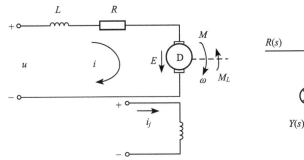

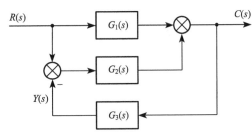

题 2-6 图　带载直流电动机控制系统　　　　题 2-7 图　系统方框图(一)

2-8　求如题 2-8 图所示系统的传递函数。

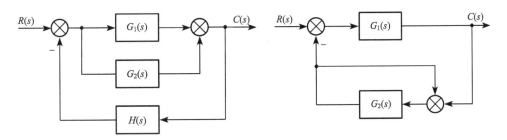

题 2-8 图　系统方框图(二)

2-9　通过方框图变换，求如题 2-9 图所示系统的传递函数 $C(s)/R(s)$。

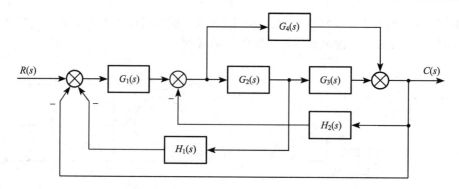

题 2-9 图　系统方框图(三)

2-10　试应用梅森公式求取如题 2-10 图所示方框图的传递函数 $C(s)/R(s)$ 与 $C(s)/N(s)$ 。

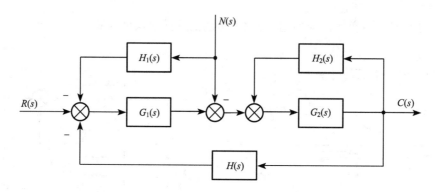

题 2-10 图　系统方框图(四)

2-11　试应用梅森公式求取如题 2-11 图所示方框图的传递函数 $C(s)/R(s)$ 。

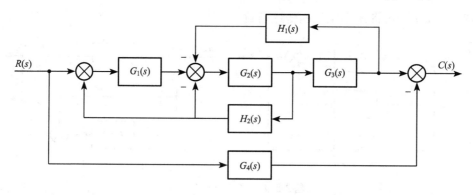

题 2-11 图　系统方框图(五)

2-12　试应用梅森公式求取如题 2-12 图所示信号流图的传递函数 $C(s)/R(s)$ 。

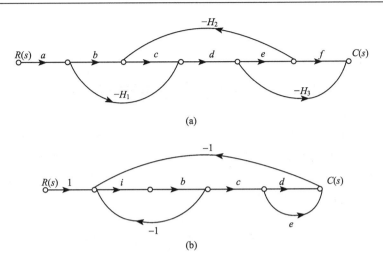

(a)

(b)

题 2-12 图　系统的信号流图

第3章 线性系统的时域分析

确定了控制系统的数学模型后，就可以对其动态性能与稳态性能进行定性分析和定量分析。经典控制理论中经常使用的分析方法有时域法、根轨迹法和频域法。而时域法具有直观、准确的特点，可以提供时间响应的详细信息。本章介绍线性系统的时域分析，包括系统的时域响应、稳定性及稳态误差。

3.1 系统时间响应的性能指标

控制系统的动态性能与稳态性能可以通过系统对输入信号的响应过程来评价。系统的响应过程不仅取决于系统本身的特性，还与外加输入信号的形式有关。如果输入信号能够预知，就可以针对输入信号设计控制系统。一般情况下，控制系统的外加输入信号因具有随机性而无法预先确定。例如，在火炮控制系统跟踪目标的过程中，由于目标可以进行任意机动飞行，所以其飞行规律事先无法确定，于是火炮控制系统的输入信号具有了随机性。只有在一些特殊情况下，控制系统的输入信号才是确定的。因此，在分析和设计控制系统时，需要有一个对控制系统的性能进行比较的基准，这个基准就是系统对预先规定的具有典型意义的实验信号即典型输入信号的响应。选取典型输入信号时，必须考虑所选输入信号在形式上应尽可能简单，以便于对系统响应进行分析；再者应考虑选取那些能使系统工作在最不利情况下的输入信号作为典型输入信号。

3.1.1 典型输入信号

在控制工程中，通常选用的典型输入信号如图 3-1-1 所示。

1. 阶跃函数

阶跃函数定义为

$$r(t) = \begin{cases} R, & t \geqslant 0 \\ 0, & t < 0 \end{cases}$$

式中，R 为常量。当 $R = 1$ 时，称为单位阶跃函数，记作 $1(t)$，如图 3-1-1(a)所示。

2. 理想单位脉冲函数

理想单位脉冲函数定义为

$$\delta(t) = \begin{cases} \infty, & t = 0 \\ 0, & t \neq 0 \end{cases}, \quad \int_{-\infty}^{\infty} \delta(t)\mathrm{d}t = 1$$

理想单位脉冲函数如图 3-1-1(b)所示，记作 $\delta(t)$，图中(1)表示脉冲强度。

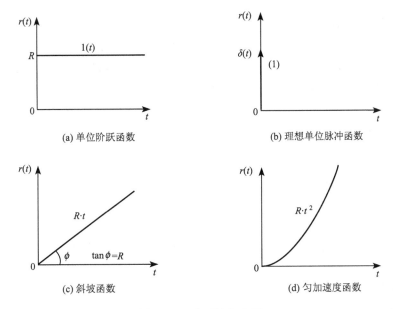

图 3-1-1　典型输入信号

3. 斜坡函数(或速度函数、匀速函数)

斜坡函数定义为

$$r(t)=\begin{cases} R\cdot t, & t\geqslant 0 \\ 0, & t<0 \end{cases}$$

式中，R 为常量，如图 3-1-1(c)所示。当 $R=1$ 时，称为单位斜坡函数，记作 $r(t)=t$。

4. 匀加速度函数(或加速度函数、抛物线函数)

匀加速度函数定义为

$$r(t)=\begin{cases} R\cdot t^{2}, & t\geqslant 0 \\ 0, & t<0 \end{cases}$$

式中，R 为常量，如图 3-1-1(d)所示。当 $R=\dfrac{1}{2}$ 时，称为单位抛物线函数，记作 $r(t)=\dfrac{1}{2}t^{2}$。

5. 正弦函数

正弦函数 $r(t)=A\sin(\omega t+\varphi)$ 也是典型的输入信号，其中 A 为振幅，是常数，ω 为角频率，φ 为初始相位。

从上述各时间函数可以看出，它们都具有形式简单的特点，若选它们作为系统的输入信号，则对系统响应的数学分析和实验研究都将是很容易的。

还有一个问题需要加以考虑，那就是在分析、设计控制系统时，究竟应该选取哪一种形式的典型输入信号作为实验信号较为合适。一般来说，如果控制系统的实际输入是随时间逐渐增加的信号，则选用斜坡函数作为实验信号较为合适；如果是工作在舰船上的一类控制系统，由于其经常受到海浪的干扰，且海浪的特性接近正弦，所以选取正弦函数作为实验信号较为合适；如果作用到系统的输入端的信号大多为阶跃形式，则选用阶跃函数作为实验信号较为合适。综上所述，根据系统的实际情况来选取一种合适的典型输入信号是一条正确的途径。

注意：不论选用何种典型输入信号，对同一系统来说，其响应过程所表征的系统特性应是一致的。

3.1.2　时域响应的性能指标

1. 动态过程与稳态过程

在典型输入信号作用下，任何一个控制系统的时间响应都由动态过程与稳态过程两部分组成。

1)动态过程

动态过程又称为过渡过程或瞬态过程，指在典型输入信号作用下，系统输出量从初始状态到最终状态的响应过程。由于实际控制系统具有惯性、摩擦以及其他一些原因，系统输出量不可能完全复现输入量的变化。根据系统结构和参数选择情况，动态过程表现为衰减、发散或等幅振荡形式。显然，一个可以实际运行的控制系统，其动态过程必须是衰减的，换句话说，系统必须是稳定的。动态过程除提供系统稳定性的信息外，还可以提供响应速度及阻尼情况等信息，这些信息用动态性能描述。

2)稳态过程

稳态过程指在典型输入信号作用下，当时间 t 趋于无穷大时，系统输出量的表现方式。稳态过程又称为稳态响应，表征系统输出量最终复现输入量的程度，提供有关系统稳态误差的信息，这些信息用稳态性能描述。

由此可见，控制系统在典型输入信号作用下的性能指标通常由动态性能和稳态性能两部分组成。

2. 动态性能与稳态性能

稳定是控制系统能够运行的首要条件，因此只有当动态过程收敛时，研究系统的动态性能才有意义。

1)动态性能

通常在阶跃函数作用下测定或计算系统的动态性能。一般认为，阶跃输入对系统来说是最严峻的工作状态。如果系统在阶跃函数作用下的动态性能满足要求，那么在其他形式的函数作用下，其动态性能也是令人满意的。

描述在单位阶跃函数作用下，稳定系统的动态过程随时间 t 的变化状况的指标称为动态性能指标。为了便于分析和比较，假定系统在单位阶跃输入信号作用前处于静止状态，而且系统输出量及其各阶导数均等于零。对于大多数控制系统来说，这种假设是符合实际情况的。对于图 3-1-2 所示单位阶跃响应 $c(t)$，其动态性能指标通常定义如下。

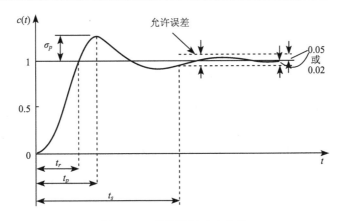

图 3-1-2　单位阶跃响应曲线

上升时间 t_r：对于有振荡的系统，将单位阶跃响应 $c(t)$ 第一次达到稳态值 $c(\infty)=1$ 所需的时间定义为上升时间；对于没有振荡的系统，上升时间是指响应从稳态值的 10% 上升到稳态值的 90% 所需的时间。

峰值时间 t_p：将单位阶跃响应 $c(t)$ 超过其稳态值达到第一个峰值所需的时间定义为峰值时间。

超调量 σ_p：将响应的最大偏离量与稳态值的差和稳态值之比的百分数定义为超调量，即

$$\sigma_p = \frac{c(t_p) - c(\infty)}{c(\infty)} \times 100\%$$

若 $c(t_p) < c(\infty)$，则响应无超调。

调节时间 t_s：将单位阶跃响应 $c(t)$ 使下式成立所需的时间定义为调节时间或过渡过程时间，即

$$\left| c(t) - c(\infty) \right| \leqslant \Delta c(\infty), \quad t \geqslant t_s$$

式中，Δ 为指定的微量，一般取 Δ 为 0.02 或 0.05。根据定义，调节时间是系统单位阶跃响应达到 $c(\infty) \pm \Delta c(\infty)$ 后而不再超出由 $c(\infty) \pm \Delta c(\infty)$ 限制的范围所需的最短时间。显然，调节时间与允许的稳态响应误差 $\Delta c(\infty)$ 有关。

振荡次数 N：在调节时间内，将单位阶跃响应 $c(t)$ 穿越其稳态值 $c(\infty)$ 次数的一半定义为振荡次数。

上述五个动态性能指标基本上可以体现系统动态过程的特征。在实际应用中，常用的动态性能指标多为上升时间、调节时间和超调量。通常，用 t_r 或 t_p 评价系统的响应速度；σ_p 和 N 可以评价系统的阻尼程度；而 t_s 是同时反映响应速度和阻尼程度的综合性指标。应当指出，除简单的一、二阶系统外，要精确确定这些动态性能指标的解析表达式是很困难的。

2)稳态性能

稳态误差是描述系统稳态性能的一种性能指标，通常在阶跃函数、斜坡函数或加速度函数作用下进行测定或计算。若时间趋于无穷大，系统的输出量不等于输入量或输入量的确定函数，则系统存在稳态误差。稳态误差是系统控制精度或抗干扰能力的一种度量。

本章将讨论的主要问题是控制系统在典型输入信号作用下的响应过程及基于这种响应

过程分析系统的特性。与控制系统响应正弦类典型输入信号有关的问题将在第 5 章中讨论。

3.2　一阶系统的时域分析

凡以一阶微分方程作为运动方程的控制系统都称为一阶系统。一阶系统在控制工程中应用广泛。有些高阶系统的特性在一定的条件下可以用一阶系统的特性来近似表征。

图 3-2-1 所示 RC 电路是最常见的一种一阶系统，它的运动方程是下列一阶微分方程：

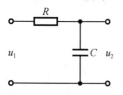

$$RC\frac{\mathrm{d}u_2(t)}{\mathrm{d}t} + u_2(t) = u_1(t)$$

直流电动机空载时的运动方程为

$$T_M\frac{\mathrm{d}\omega(t)}{\mathrm{d}t} + \omega(t) = K_M u(t)$$

图 3-2-1　RC 电路图

因此，其也是一个一阶系统。

描述一阶系统动态特性的微分方程的标准形式是

$$T\frac{\mathrm{d}c(t)}{\mathrm{d}t} + c(t) = r(t) \tag{3-2-1}$$

式中，T 为时间常数，代表系统的惯性，故一阶系统又称为惯性环节；$r(t)$ 及 $c(t)$ 分别为系统的输入及输出信号，求得一阶系统的传递函数为

$$G(s) = \frac{C(s)}{R(s)} = \frac{1}{Ts+1}$$

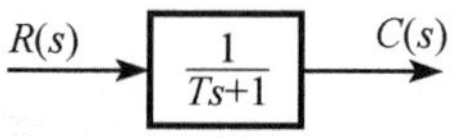

一阶系统的方框图如图 3-2-2 所示。

下面分析初始条件为零时，一阶系统在典型输入信号作用下的响应过程。

图 3-2-2　一阶系统方框图

3.2.1　一阶系统的单位阶跃响应

当系统的输入信号 $r(t)=1(t)$ 时，系统的响应 $c(t)$ 称为单位阶跃响应，其拉氏变换为

$$C(s) = G(s)R(s) = \frac{1}{Ts+1} \cdot \frac{1}{s}$$

取 $C(s)$ 的拉氏反变换，得到一阶系统的单位阶跃响应：

$$c(t) = L^{-1}[C(s)] = L^{-1}\left[\frac{1}{s} - \frac{T}{Ts+1}\right] = 1 - \mathrm{e}^{-\frac{t}{T}}, \quad t \geqslant 0 \tag{3-2-2}$$

由式(3-2-2)求得 $c(0)=0$、$c(\infty)=1$ 以及单位阶跃响应是单调上升的指数曲线。一阶系统的单位阶跃响应如图 3-2-3 所示。

当 $t=T$ 时，从一阶系统的单位阶跃响应求得 $c(T)=1-\mathrm{e}^{-1}=0.632$，对应单位阶跃响应曲线上的点 A。这说明，当时间从 $t=0$ 过了一个时间常数 T 后，系统输出已达到响应过程全部变化量的 63.2%。一阶系统单位阶跃响应的这一特性为用实验法测定一阶系统的时间

常数 T 提供了理论依据。

一阶系统单位阶跃响应的另一重要特性是在 $t = 0$ 处其切线的斜率等于 $1/T$，即

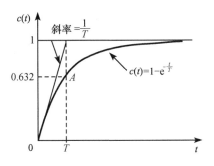

图 3-2-3　一阶系统的单位阶跃响应

$$\frac{\mathrm{d}c(t)}{\mathrm{d}t}\bigg|_{t=0} = \frac{1}{T}\mathrm{e}^{-\frac{t}{T}}\bigg|_{t=0} = \frac{1}{T} \qquad (3\text{-}2\text{-}3)$$

这说明，若一阶系统单位阶跃响应的速度能保持 $t = 0$ 时刻的初始响应速度 $1/T$ 不变，则在 $0 \sim T$ 时间里响应过程便可以完成其全部的变化量，即有 $c(T) = 1$。但从图 3-2-3 可以看出，一阶系统单位阶跃响应的实际速度并不是保持 $1/T$ 不变，而是随着时间的推移下降，这表现为单位阶跃响应 $c(t)$ 的斜率在随时间的推移而单调下降，即

$$\frac{\mathrm{d}c(t)}{\mathrm{d}t}\bigg|_{t=0} = \frac{1}{T}$$

$$\frac{\mathrm{d}c(t)}{\mathrm{d}t}\bigg|_{t=T} = 0.368\frac{1}{T}$$

$$\frac{\mathrm{d}c(t)}{\mathrm{d}t}\bigg|_{t=\infty} = 0$$

从而使单位阶跃响应完成其全部变化量所需的时间为无限长，即有 $c(t)\big|_{t=\infty} = 1$。

从式(3-2-2)可计算出

$$c(t)\big|_{t=3T} = 0.95$$

$$c(t)\big|_{t=4T} = 0.982$$

这些数据说明，当 $t \geqslant 4T$ 时，一阶系统的单位阶跃响应已完成其全部变化量的 98% 以上。这时的响应曲线在数值上与稳态值的误差不超出 2%。从工程实际角度看，2% 的误差是允许的，因此 $t = 4T$ 时可以认为响应过程已基本结束。于是在工程实际上认为一阶系统单位阶跃响应的过渡过程时间(t_s)等于 4 倍的时间常数，即 $t_s = 4T$。若上述允许误差扩大到 5%，则一阶系统单位阶跃响应的调节时间 $t_s = 3T$。由于时间常数 T 反映一阶系统的惯性，所以一阶系统的惯性越小，其响应过程进行得越快；反之，惯性越大，响应过程进行得越慢。

注意：根据一阶系统的单位阶跃响应求取其传递函数 $\dfrac{1}{Ts+1}$ 时，只需确定时间常数 T。时间常数 T 可直接从单位阶跃响应的 $0.632c(\infty)$ 所对应的时间求得，或从 $t = 0$ 处单位阶跃响应的切线斜率 $1/T$ 计算。

3.2.2　一阶系统的理想单位脉冲响应

当输入信号是理想单位脉冲函数时，系统的输出响应称为理想单位脉冲响应。由于理想单位脉冲函数的拉氏变换为 1，所以此时系统输出信号的拉氏变换与系统的传递函数相同，即

$$C(s) = \frac{1}{Ts+1}$$

因此，一阶系统的理想单位脉冲响应为

$$c(t) = L^{-1}[C(s)] = L^{-1}\left[\frac{1}{Ts+1}\right] = \frac{1}{T}e^{-\frac{t}{T}}, \quad t \geqslant 0 \tag{3-2-4}$$

由(3-2-4)计算出

$$c(t)\big|_{t=0} = \frac{1}{T}, \qquad \frac{dc(t)}{dt}\bigg|_{t=0} = -\frac{1}{T^2}$$

$$c(t)\big|_{t=T} = 0.368\frac{1}{T}, \qquad \frac{dc(t)}{dt}\bigg|_{t=T} = -0.368\frac{1}{T^2}$$

$$c(t)\big|_{t=\infty} = 0, \qquad \frac{dc(t)}{dt}\bigg|_{t=\infty} = 0$$

式(3-2-4)所描述的一阶系统的理想单位脉冲响应如图 3-2-4 所示。

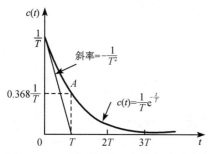

图 3-2-4 一阶系统的理想单位脉冲响应

图 3-2-4 表明，一阶系统的理想单位脉冲响应为一单调下降的指数曲线。如果定义上述指数曲线衰减到其初值的 2%所需的时间为过渡过程时间 t_s，则 $t_s = 4T$，因此系统的惯性越小(即时间常数越小)，其过渡过程(即理想单位脉冲响应函数)的持续时间便越短，也就是说，系统反映输入信号的快速性便越好。

鉴于工程上理想单位脉冲函数不可能得到，而是用具有一定脉宽和有限幅度的脉冲函数来近似代替，因此，为了得到近似精度较高的脉冲响应函数，要求实际脉冲函数的宽度 h 与系统的时间常数 T 之比应足够小，一般要求 $h < 0.1T$。

3.2.3 一阶系统的单位斜坡响应

设系统的输入信号为单位速度函数，即 $r(t) = t$。这时系统输出信号的拉氏变换为

$$C(s) = \frac{1}{Ts+1} \cdot \frac{1}{s^2} = \frac{1}{s^2} - \frac{T}{s} + \frac{T^2}{Ts+1}$$

对上式进行拉氏反变换，便得到系统的响应为

$$c(t) = L^{-1}[C(s)] = t - T(1 - e^{-\frac{t}{T}}), \quad t \geqslant 0 \tag{3-2-5}$$

由式(3-2-5)描述的响应示于图 3-2-5。

根据式(3-2-5)，可以求得系统的输入信号与输出信号的误差为

$$e(t) = r(t) - c(t) = T(1 - e^{-\frac{t}{T}})$$

从上式可见，当时间 t 趋于无穷大时，误差 $e(\infty) = T$ 趋于常值。这说明，在一阶系统跟踪单位速度函数时，在系统输出信号过渡过程结束后，在输出、输入信号间仍有差值(或称跟踪误差)，其值等于时间常数 T，显然，

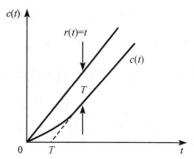

图 3-2-5 一阶系统的单位速度响应

系统的惯性越小，跟踪误差便越小。

3.2.4 一阶系统的单位匀加速度响应

设系统的输入信号为单位匀加速度函数 $r(t) = \dfrac{1}{2}t^2$，则系统输出信号 $c(t)$ 的拉氏变换为

$$C(s) = \frac{1}{Ts+1} \cdot \frac{1}{s^3} = \frac{1}{s^3} - \frac{T}{s^2} + \frac{T^2}{s} - \frac{T^3}{Ts+1}$$

对上式取拉氏反变换，可以求得一阶系统在单位匀加速度函数作用下的响应，即

$$c(t) = L^{-1}[C(s)] = \frac{1}{2}t^2 - Tt + T^2(1 - e^{-\frac{t}{T}}), \quad t \geqslant 0 \tag{3-2-6}$$

根据式(3-2-6)求得一阶系统跟踪单位匀加速度函数的误差为

$$e(t) = Tt - T^2(1 - e^{-\frac{t}{T}})$$

上式说明，跟踪误差随时间的推移而增大，当时间 t 趋于无穷大时，跟踪误差 $e(\infty)$ 将增大至无穷大。这意味着，对于一阶系统来说，不能实现对单位匀加速度函数的跟踪。

表 3-2-1 列出了一阶系统对 4 类典型输入信号的响应。从表 3-2-1 可以看出，输入信号 $\delta(t)$ 和 $1(t)$ 分别是 $1(t)$ 和 t 的导数，与之对应的系统的理想单位脉冲响应及单位阶跃响应也分别是系统的单位阶跃响应及单位斜坡响应的导数。同时还可以看出，输入信号间呈现积分关系时，相应的系统响应间也呈现积分关系。由此得出只有线性定常系统所具有的重要特性：系统对输入信号导数的响应可以通过系统对输入信号响应的导数来确定；系统对输入信号积分的响应可由系统对输入信号响应的积分求取，其中积分常数由系统的初始条件确定。

表 3-2-1 一阶系统对 4 类典型输入信号的响应

$r(t)$	$c(t)$	$r(t)$	$c(t)$
$\delta(t)$	$\dfrac{1}{T}e^{-\frac{t}{T}}$	t	$t - T(1 - e^{-\frac{t}{T}})$
$1(t)$	$1 - e^{-\frac{t}{T}}$	$\dfrac{1}{2}t^2$	$\dfrac{1}{2}t^2 - Tt + T^2(1 - e^{-\frac{t}{T}})$

3.3 二阶系统的时域分析

运动方程具有二阶微分方程形式的控制系统称为二阶系统。二阶系统在控制工程中的应用极为广泛，例如，弹簧-质量块-阻尼器系统、RLC 网络、忽略电枢电感后的空载直流电动机控制系统等均属于典型的二阶系统。

在控制工程中，不仅二阶系统的典型应用极为普遍，而且还有为数众多的高阶系统，其在一定条件下可近似作为二阶系统来处理。因此，深入分析二阶系统的特性具有极为重

要的实际意义。

3.3.1 二阶系统的标准形式

设有随动系统,其方框图如图 3-3-1 所示。由图 3-3-1 求得随动系统的闭环传递函数为

$$\Phi(s) = \frac{C(s)}{R(s)} = \frac{K}{T_M s^2 + s + K} \tag{3-3-1}$$

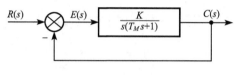

图 3-3-1 随动系统方框图

式中,T_M 为机电时间常数;K 为开环增益。

由式(3-3-1)求得随动系统的运动方程为

$$T_M \frac{\mathrm{d}^2 c}{\mathrm{d}t^2} + \frac{\mathrm{d}c}{\mathrm{d}t} + Kc = Kr$$

这是一个二阶微分方程,所以图 3-3-1 对应的随动系统是一个二阶系统。

以下分析零初始条件下二阶系统的单位阶跃响应,即系统响应单位阶跃函数之前处于静止或平衡状态。为分析方便,将式(3-3-1)改写成如下标准形式:

$$\Phi(s) = \frac{\omega_n^2}{s^2 + 2\zeta\omega_n s + \omega_n^2} \tag{3-3-2}$$

式中,$\omega_n = \sqrt{\dfrac{K}{T_M}}$ 为无阻尼自振角频率;$\zeta = \dfrac{1}{2\sqrt{T_M K}}$ 为相对阻尼系数(阻尼比)。ζ、ω_n 是描述二阶系统的两个结构参数。

令式(3-3-2)的分母多项式等于 0,即得二阶系统的特征方程:

$$s^2 + 2\zeta\omega_n s + \omega_n^2 = 0$$

考虑 ω_n 的非负性,它的两个根是

$$s_{1,2} = -\zeta\omega_n \pm \omega_n \sqrt{\zeta^2 - 1} \tag{3-3-3}$$

式(3-3-3)说明,随着阻尼比 ζ 取值的不同,二阶系统的闭环极点(特征根)也各不相同。下面简单介绍二阶系统的闭环极点在 s 平面上的分布情况。

(1)当 $0 < \zeta < 1$ 时,称为欠阻尼,两个特征根为一对共轭复根,即 $s_{1,2} = -\zeta\omega_n \pm j\omega_n\sqrt{1-\zeta^2}$,它们是位于 s 平面左半部的共轭复极点,如图 3-3-2(a)所示。

(2)当 $\zeta = 0$ 时,称为无阻尼,特征方程的两个根为共轭纯虚根,即 $s_{1,2} = \pm j\omega_n$,它们是位于 s 平面虚轴上的一对共轭复极点,如图 3-3-2(b)所示。

(3)当 $\zeta = 1$ 时,称为临界阻尼,特征方程具有两个相等的负实根,即 $s_{1,2} = -\omega_n$,它们是位于 s 平面负实轴上的相等实极点,如图 3-3-2(c)所示。

(4)当 $\zeta > 1$,称为过阻尼,特征方程具有两个不相等的负实根,即 $s_1 = -\zeta\omega_n - \omega_n\sqrt{\zeta^2-1}$ 及 $s_2 = -\zeta\omega_n + \omega_n\sqrt{\zeta^2-1}$,它们是位于 s 平面负实轴上的两个不相等实极点,如图 3-3-2(d)所示。

(5)当 $-1 < \zeta < 0$ 时,称为负阻尼,特征方程的两个根为具有正实部的共轭复根,即

$s_{1,2} = -\zeta\omega_n \pm j\omega_n\sqrt{1-\zeta^2}$，它们是位于 s 平面右半部的共轭复极点，如图 3-3-2(e)所示。

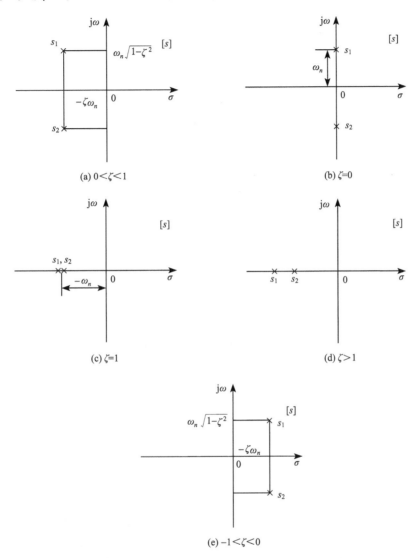

图 3-3-2　二阶系统的闭环极点在 s 平面上的分布情况

3.3.2　二阶系统的单位阶跃响应

由式(3-3-2)求得二阶系统单位阶跃响应的拉氏变换为

$$C(s) = \frac{\omega_n^2}{s^2 + 2\zeta\omega_n s + \omega_n^2} \cdot \frac{1}{s} \tag{3-3-4}$$

对式(3-3-4)两端取拉氏反变换，即可得到二阶系统的单位阶跃响应 $c(t)$。

下面按阻尼比 ζ 取值的不同来分析二阶系统的单位阶跃响应。

1. $0 < \zeta < 1$(欠阻尼)时二阶系统的单位阶跃响应

在 $0 < \zeta < 1$ 时，式(3-3-4)改写成

$$C(s) = \frac{\omega_n^2}{s^2 + 2\zeta\omega_n s + \omega_n^2} \cdot \frac{1}{s} = \frac{1}{s} - \frac{s + 2\zeta\omega_n}{s^2 + 2\zeta\omega_n s + \omega_n^2}$$

$$= \frac{1}{s} - \frac{s + 2\zeta\omega_n}{(s + \zeta\omega_n + \mathrm{j}\omega_d)(s + \zeta\omega_n - \mathrm{j}\omega_d)} \tag{3-3-5}$$

$$= \frac{1}{s} - \frac{s + \zeta\omega_n}{(s + \zeta\omega_n)^2 + \omega_d^2} - \frac{\zeta\omega_n}{(s + \zeta\omega_n)^2 + \omega_d^2}$$

式中，$\omega_d = \omega_n\sqrt{1 - \zeta^2}$ 为有阻尼自振角频率。

对式(3-3-5)取拉氏反变换，求得单位阶跃响应为

$$c(t) = 1 - \mathrm{e}^{-\zeta\omega_n t}\cos\omega_d t - \frac{\zeta\omega_n}{\omega_d}\mathrm{e}^{-\zeta\omega_n t}\sin\omega_d t$$

$$= 1 - \mathrm{e}^{-\zeta\omega_n t}\left(\cos\omega_d t + \frac{\zeta}{\sqrt{1 - \zeta^2}}\sin\omega_d t\right) \tag{3-3-6}$$

$$= 1 - \mathrm{e}^{-\zeta\omega_n t}\frac{1}{\sqrt{1 - \zeta^2}}\sin(\omega_d t + \theta), \quad t \geqslant 0$$

式中，$\theta = \arctan\dfrac{\sqrt{1 - \zeta^2}}{\zeta}$ 或 $\theta = \arccos\zeta$。

根据式(3-3-6)可求得二阶系统单位阶跃响应的误差为

$$e(t) = r(t) - c(t) = \mathrm{e}^{-\zeta\omega_n t}\frac{1}{\sqrt{1 - \zeta^2}}\sin(\omega_d t + \theta), \quad t \geqslant 0 \tag{3-3-7}$$

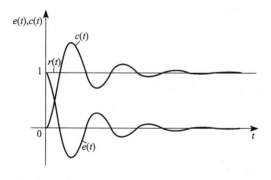

图 3-3-3　二阶系统的单位阶跃响应和其误差曲线

由式(3-3-6)及式(3-3-7)可以看出，$0 < \zeta < 1$ 时的单位阶跃响应 $c(t)$ 和其误差 $e(t)$ 均为衰减的正弦振荡过程，如图 3-3-3 所示。二阶系统所具有的衰减正弦振荡形式的响应称为欠阻尼响应。由式(3-3-6)可知，欠阻尼响应的衰减速度取决于共轭复极点实部的绝对值 $\zeta\omega_n$，该值越大，即共轭复极点距虚轴越远，欠阻尼响应的衰减越快，故该值称为衰减系数；欠阻尼响应的振荡角频率为 ω_d，其值总小于无阻尼自振角频率 ω_n，只有在阻尼比 $\zeta = 0$ 时，ω_d 才等于 ω_n。欠阻尼响应的误差随时间的推移而减小，在 t 趋于无穷大时趋于零。

2. $\zeta = 0$(无阻尼)时二阶系统的单位阶跃响应

在式(3-3-6)中，令 $\zeta = 0$，求得二阶系统的单位阶跃响应为

$$c(t) = 1 - \cos\omega_n t, \quad t \geqslant 0 \tag{3-3-8}$$

式(3-3-8)说明，无阻尼时二阶系统的单位阶跃响应是一个正弦形式的等幅振荡，如图 3-3-4 所示，无阻尼等幅振荡的角频率是 ω_n，这是无阻尼自振角频率这一名称的由来。

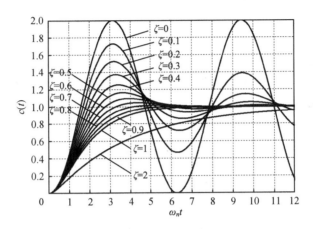

图 3-3-4　二阶系统的单位阶跃响应曲线

3. $\zeta = 1$(临界阻尼)时二阶系统的单位阶跃响应

在 $\zeta = 1$ 时，式(3-3-4)可改写成

$$C(s) = \frac{\omega_n^2}{(s+\omega_n)^2} \cdot \frac{1}{s} = \frac{1}{s} - \frac{\omega_n}{(s+\omega_n)^2} - \frac{1}{s+\omega_n} \tag{3-3-9}$$

对式(3-3-9)两端取拉氏反变换，求得 $\zeta = 1$ 时二阶系统的单位阶跃响应为

$$c(t) = 1 - e^{-\omega_n t}(1 + \omega_n t), \quad t \geqslant 0 \tag{3-3-10}$$

式(3-3-10)说明，具有临界阻尼比的二阶系统的单位阶跃响应是一个无超调的单调上升过程，其变化率为

$$\frac{dc(t)}{dt} = \omega_n^2 t e^{-\omega_n t}$$

由上式可知，$\left.\dfrac{dc(t)}{dt}\right|_{t=0} = 0$，即响应过程在 $t = 0$ 时的变化率为零，随着时间的推移，响应过程的变化率为正，响应过程单调上升；当时间趋于无穷大时，变化率 $dc(t)/dt$ 趋于零，响应过程趋于常值 1。

二阶系统在临界阻尼($\zeta = 1$)时的单位阶跃响应称为临界阻尼响应，其响应过程如图 3-3-4 所示。

4. $\zeta > 1$(过阻尼)时二阶系统的单位阶跃响应

在 $\zeta > 1$ 时，式(3-3-4)可写成

$$C(s) = \frac{\omega_n^2}{(s + \zeta\omega_n + \omega_n\sqrt{\zeta^2-1})(s + \zeta\omega_n - \omega_n\sqrt{\zeta^2-1})} \cdot \frac{1}{s}$$

对上式两端取拉氏反变换，求得单位阶跃响应为

$$c(t) = 1 - \frac{1}{2\sqrt{\zeta^2-1}(\zeta - \sqrt{\zeta^2-1})}e^{-(\zeta-\sqrt{\zeta^2-1})\omega_n t} + \frac{1}{2\sqrt{\zeta^2-1}(\zeta + \sqrt{\zeta^2-1})}e^{-(\zeta+\sqrt{\zeta^2-1})\omega_n t}, \quad t \geqslant 0$$

$$(3\text{-}3\text{-}11)$$

由式(3-3-11)可见，$\zeta > 1$ 时，二阶系统的单位阶跃响应含有两个衰减指数项。当阻尼比 ζ 远大于 1 时，闭环极点 $s_1 = -(\zeta + \sqrt{\zeta^2-1})\omega_n$ 将比 $s_2 = -(\zeta - \sqrt{\zeta^2-1})\omega_n$ 距虚轴远得多，从而由 s_1 决定的指数项要比由 s_2 决定的指数项衰减得快，而且与 s_1 有关的指数项的系数也小于与 s_2 有关的指数项的系数，因此可以忽略与 s_1 有关的指数项对单位阶跃响应的影响，将二阶系统近似作为一阶系统来处理，其近似单位阶跃响应是

$$c(t) \approx 1 - \frac{1}{2\sqrt{\zeta^2-1}(\zeta - \sqrt{\zeta^2-1})}e^{-(\zeta-\sqrt{\zeta^2-1})\omega_n t}, \quad t \geqslant 0 \qquad (3\text{-}3\text{-}12)$$

阻尼比 $\zeta > 2$ 时，式(3-3-12)能够满意地逼近式(3-3-11)所示二阶系统的单位阶跃响应。$\zeta = 2$ 时的单位阶跃响应如图 3-3-4 所示。

阻尼比 $\zeta > 1$ 时，二阶系统的单位阶跃响应称为过阻尼响应。

5. $-1 < \zeta < 0$(负阻尼)时二阶系统的单位阶跃响应

$-1 < \zeta < 0$ 时，二阶系统的单位阶跃响应为

$$c(t) = 1 - \frac{e^{-\zeta\omega_n t}}{\sqrt{1-\zeta^2}}\sin(\omega_d t + \theta), \quad t \geqslant 0 \qquad (3\text{-}3\text{-}13)$$

式中，$\theta < 0$。

从形式上看，式(3-3-13)与式(3-3-6)相同，但由于式(3-3-13)中阻尼比 ζ 为负，因此指数因子 $e^{-\zeta\omega_n t}$ 的幂指数为正，从而决定了其单位阶跃响应具有发散正弦振荡的形式。

由图 3-3-4 可以看出，二阶系统的单位阶跃响应在过阻尼($\zeta > 1$)及临界阻尼($\zeta = 1$)情况下具有单调上升的特性。就响应的过渡过程来说，在无振荡、单调上升的特性中，$\zeta = 1$ 时的调节时间 t_s 最短。对于欠阻尼($0 < \zeta < 1$)响应来说，随着阻尼比 ζ 减小，单位阶跃响应的振荡性将加强，当 $\zeta = 0$ 时为等幅振荡，在负阻尼($-1 < \zeta < 0$)时出现发散正弦振荡。在欠阻尼响应中，ζ 为 0.4～0.8 时的响应过程不仅具有较 $\zeta = 1$ 时更短的调节时间，而且振荡特性也不严重。因此，工程中一般希望二阶系统工作在 ζ 为 0.4～0.8 的欠阻尼状态，因为在这种状态下将获得一个振荡特性适度、调节时间较短的响应过程。

3.3.3 二阶系统欠阻尼响应过程分析

通常，控制系统的性能指标是通过其单位阶跃响应的特征量来定义的。因此，为了按性能指标定量地评价二阶系统的性能，必须进一步分析 ζ 和 ω_n 对系统单位阶跃响应的影响，欠阻尼二阶系统各特征参量之间的关系如图 3-3-5 所示。由图可见，衰减系数 $\zeta\omega_n$ 是闭环极点到虚轴的距离；有阻尼自振角频率 ω_d 是闭环极点到实轴的距离；无阻尼自振角频率 ω_n 是闭环极点到坐标原点的距离；ω_n 与负实轴夹角的余弦是阻尼比，即

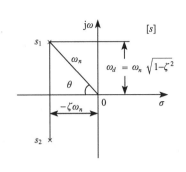

图 3-3-5 欠阻尼二阶系统各特征参量之间的关系

$$\zeta = \cos\theta$$

故 θ 称为阻尼角。

下面推导欠阻尼二阶系统的动态性能指标计算公式。

1. 上升时间 t_r 的计算

根据定义，当 $t = t_r$ 时，$c(t_r) = 1$。由式(3-3-6)可得

$$c(t_r) = 1 - e^{-\zeta\omega_n t_r}\frac{1}{\sqrt{1-\zeta^2}}\sin(\omega_d t_r + \theta) = 1$$

$$e^{-\zeta\omega_n t_r}\frac{1}{\sqrt{1-\zeta^2}}\sin(\omega_d t_r + \theta) = 0$$

由于 $e^{-\zeta\omega_n t_r} \neq 0$，所以

$$\sin(\omega_d t_r + \theta) = 0$$

由于上升时间 t_r 按定义应是 $c(t)$ 第一次达到稳态值所需的时间，所以取

$$\omega_d t_r + \theta = \pi$$

求得
$$t_r = \frac{\pi - \theta}{\omega_d} = \frac{\pi - \theta}{\omega_n\sqrt{1-\zeta^2}} \qquad (3\text{-}3\text{-}14)$$

由式(3-3-14)可知，当阻尼比 ζ 一定时，欲使上升时间 t_r 短，要求系统具有较高的无阻尼自振角频率 ω_n。也就是说，当 ζ 一定时，系统的响应速度与 ω_n 成反比。而当有阻尼自振角频率 ω_d 一定时，阻尼比越小，上升时间越短。

2. 峰值时间 t_p 的计算

将式(3-3-6)对时间 t 求导，根据定义有 $\left.\dfrac{dc(t)}{dt}\right|_{t=t_p} = 0$，求得

$$e^{-\zeta\omega_n t_p} \frac{1}{\sqrt{1-\zeta^2}} [\zeta\omega_n \sin(\omega_d t_p + \theta) - \omega_d \cos(\omega_d t_p + \theta)]$$

$$= e^{-\zeta\omega_n t_p} \frac{\omega_n}{\sqrt{1-\zeta^2}} [\zeta \sin(\omega_d t_p + \theta) - \sqrt{1-\zeta^2} \cos(\omega_d t_p + \theta)]$$

$$= e^{-\zeta\omega_n t_p} \frac{\omega_n}{\sqrt{1-\zeta^2}} \sin(\omega_d t_p + \theta - \theta) = 0$$

即　　　　　　　　　　　　　　　$$\sin\omega_d t_p = 0$$

因为峰值时间 t_p 按定义应是 $c(t)$ 达到第一个峰值所需的时间，所以取

$$\omega_d t_p = \pi$$

则　　　　　　　　　　　$$t_p = \frac{\pi}{\omega_d} = \frac{\pi}{\omega_n\sqrt{1-\zeta^2}} \qquad (3\text{-}3\text{-}15)$$

从式(3-3-15)可以看出，峰值时间等于有阻尼振荡周期的一半；或者说，峰值时间与闭环极点的虚部数值成反比，闭环极点距负实轴的距离越远，系统的峰值时间越短。

3. 超调量 σ_p 的计算

按定义，考虑到 $c(\infty) = 1$，可得

$$\sigma_p = \frac{c(t_p) - c(\infty)}{c(\infty)} \times 100\% = \left[-e^{-\zeta\omega_n t_p} \frac{1}{\sqrt{1-\zeta^2}} \sin(\omega_d t_p + \theta) \right] \times 100\%$$

将式(3-3-15)代入上式求得超调量 σ_p 的计算式为

$$\sigma_p = e^{-\frac{\zeta}{\sqrt{1-\zeta^2}}\pi} \times 100\% \qquad (3\text{-}3\text{-}16)$$

式(3-3-16)表明，超调量 σ_p 只是阻尼比 ζ 的函数，与无阻尼自振角频率 ω_n 无关。超调量与阻尼比的关系曲线如图 3-3-6 所示。由图可见，阻尼比越大，超调量越小，反之亦然。一般地，当 ζ 为 0.4～0.8 时，相应的超调量 σ_p 为 25.4%～1.5%。

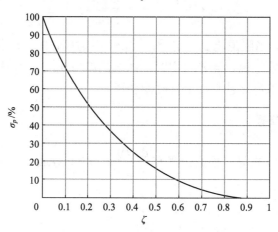

图 3-3-6　欠阻尼二阶系统 σ_p 与 ζ 的关系曲线

4. 调节时间 t_s 的计算

由 $\left|c(t)-c(\infty)\right| \leqslant \Delta c(\infty)\ (t \geqslant t_s)$ 的定义，并考虑到

$$c(t)=1-\mathrm{e}^{-\zeta \omega_n t}\frac{1}{\sqrt{1-\zeta^2}}\sin\left(\omega_d t+\arctan\frac{\sqrt{1-\zeta^2}}{\zeta}\right)$$

$$c(\infty)=1$$

可得

$$\left|\frac{\mathrm{e}^{-\zeta \omega_n t}}{\sqrt{1-\zeta^2}}\sin\left(\omega_d t+\arctan\frac{\sqrt{1-\zeta^2}}{\zeta}\right)\right| \leqslant \Delta, \quad t \geqslant t_s$$

由于 $\left|\sin\left(\omega_d t+\arctan\dfrac{\sqrt{1-\zeta^2}}{\zeta}\right)\right| \leqslant 1$，因此可将上列不等式所表达的条件改写成

$$\left|\frac{\mathrm{e}^{-\zeta \omega_n t}}{\sqrt{1-\zeta^2}}\right| \leqslant \Delta, \quad t \geqslant t_s$$

由上式求得调节时间 t_s 的计算式为

$$t_s \geqslant \frac{1}{\zeta \omega_n}\ln\frac{1}{\Delta\sqrt{1-\zeta^2}} \tag{3-3-17}$$

在式(3-3-17)中若取 $\Delta=0.02$，则得

$$t_s \geqslant \frac{1}{\zeta \omega_n}\left(4+\ln\frac{1}{\sqrt{1-\zeta^2}}\right) \tag{3-3-18}$$

若取 $\Delta=0.05$，则得

$$t_s \geqslant \frac{1}{\zeta \omega_n}\left(3+\ln\frac{1}{\sqrt{1-\zeta^2}}\right) \tag{3-3-19}$$

对于 $0<\zeta<0.9$，式(3-3-18)及式(3-3-19)还可分别近似写成 $t_s \approx \dfrac{4}{\zeta \omega_n}$ 及 $t_s \approx \dfrac{3}{\zeta \omega_n}$。$t_s$ 与 ζ 的关系曲线如图 3-3-7 所示。图中 $T=\dfrac{1}{\zeta \omega_n}$。

从图 3-3-7 中可以看出，当 $\Delta=0.02$ 时，$\zeta=0.76$ 所对应的 t_s 最小；而当 $\Delta=0.05$ 时，$\zeta=0.68$ 对应的 t_s 最小。过了关系曲线的最低点，t_s 将随着 ζ 的增大而增大。从图中还可看出，关系曲线具有不连续性，这是由于 ζ 值的微小变化也可能引起调节时间 t_s 的显著变化。调节时间 t_s 同时与系统参量 ζ、ω_n 及描述允许误差的微量 Δ 有关，对于指定的 Δ 及按超调量 σ_p 要求确定的 ζ，t_s 仅与系统的无阻尼自振角频率 ω_n 有关，且二者

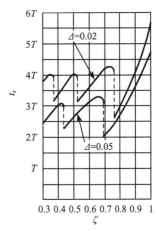

图 3-3-7　t_s 与 ζ 的关系曲线

成反比。

5. 振荡次数 N 的计算

根据定义，振荡次数 N 等于在 $0 \leqslant t \leqslant t_s$ 时间间隔内系统单位阶跃响应 $c(t)$ 穿越其稳态值 $c(\infty)$ 次数的一半。

实际上，振荡次数 N 可根据

$$N \stackrel{\text{def}}{=} \frac{t_s}{T_d}$$

来计算，其中 T_d 为有阻尼自振角频率对应的周期，$T_d = 2\pi / \left(\omega_n \sqrt{1-\zeta^2} \right)$。由于调节时间 t_s $(\Delta = 0.02) \approx \dfrac{4}{\zeta \omega_n}$ 及 $t_s(\Delta = 0.05) \approx \dfrac{3}{\zeta \omega_n}$，欠阻尼响应过程的振荡次数为

$$N = 2\frac{\sqrt{1-\zeta^2}}{\pi\zeta}, \quad \Delta = 0.02 \tag{3-3-20}$$

$$N = 1.5\frac{\sqrt{1-\zeta^2}}{\pi\zeta}, \quad \Delta = 0.05 \tag{3-3-21}$$

从上列各项性能指标的计算式可以看出，欲使二阶系统具有合理的性能指标，必须选取合适的阻尼比 ζ 和无阻尼自振角频率 ω_n。提高 ω_n，可以提高系统的响应速度；增大 ζ，可以提高系统的阻尼程度，从而使超调量降低和振荡次数减少。实际上，在设计系统的过程中，ω_n 的提高一般都是通过加大系统的开环增益 K 来实现的，而对于 ζ 的增大，则往往希望通过减小系统的开环增益 K 来实现。这是因为在图 3-3-1 所示的方框图中，$\omega_n = \sqrt{\dfrac{K}{T_M}}$，$\zeta = \dfrac{1}{2\sqrt{T_M K}}$，其中机电时间常数 T_M 在电动机选定后是一个不可调的确定参数。因此，一般来说，在系统的响应速度和阻尼程度之间存在着一定的矛盾。对于那些既要求提高系统的阻尼程度，又要求其具有较高的响应速度的设计方案，只有通过合理的折中选择或者校正装置的引入来实现。

【例 3-3-1】 已知二阶系统的闭环传递函数为

$$\frac{C(s)}{R(s)} = \frac{25}{s^2 + 6s + 25}$$

试计算该系统单位阶跃响应的特征量 t_r、t_p、t_s、σ_p 和 N。

解 由二阶系统的闭环传递函数可知 $\zeta = 0.6$，$\omega_n = 5 \text{ rad} / \text{s}$，则

$$\theta = \arctan\frac{\sqrt{1-\zeta^2}}{\zeta} = \arctan\frac{0.8}{0.6} = 0.93(\text{rad})$$

根据式(3-3-14)～式(3-3-21)计算得

$$t_r = \frac{\pi - \theta}{\omega_n\sqrt{1-\zeta^2}} = \frac{\pi - 0.93}{4} = 0.55(\text{s})$$

$$t_p = \frac{\pi}{\omega_n\sqrt{1-\zeta^2}} = \frac{\pi}{4} = 0.785(\text{s})$$

$$\sigma_p = \mathrm{e}^{-\frac{\zeta}{\sqrt{1-\zeta^2}}\pi} \times 100\% = \mathrm{e}^{-\frac{0.6}{0.8}\pi} \times 100\% = 9.5\%$$

$$t_s = \frac{4}{\zeta\omega_n} = \frac{4}{3} = 1.33(\text{s}), \quad \Delta = 0.02$$

$$t_s = \frac{3}{\zeta\omega_n} = \frac{3}{3} = 1(\text{s}), \quad \Delta = 0.05$$

$$N = \frac{2\sqrt{1-\zeta^2}}{\pi\zeta} = \frac{2 \times 0.8}{3.14 \times 0.6} = 0.8 \approx 1(\text{次}), \quad \Delta = 0.02$$

$$N = \frac{1.5\sqrt{1-\zeta^2}}{\pi\zeta} = \frac{1.5 \times 0.8}{3.14 \times 0.6} = 0.6 \approx 1(\text{次}), \quad \Delta = 0.05$$

【例 3-3-2】　设单位负反馈二阶系统的单位阶跃响应曲线如图 3-3-8 所示,试确定系统的开环传递函数。

解　根据公式

$$\sigma_p = \mathrm{e}^{-\frac{\zeta}{\sqrt{1-\zeta^2}}\pi} \times 100\% = 30\%$$

$$t_p = \frac{\pi}{\omega_n\sqrt{1-\zeta^2}} = 1$$

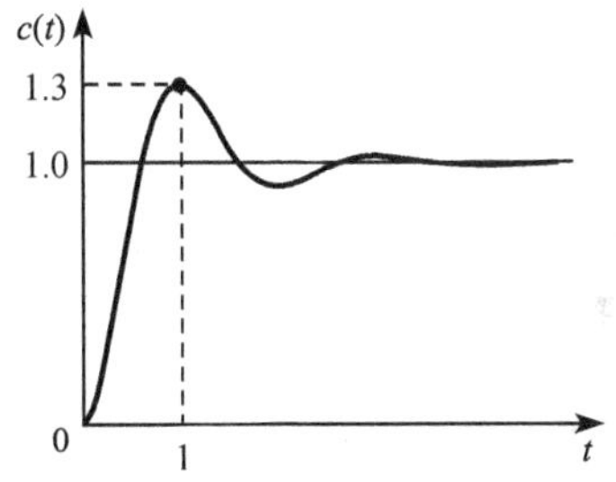

解得

$$\zeta = \sqrt{\frac{\ln^2\sigma_p}{\pi^2 + \ln^2\sigma_p}} = 0.358$$

$$\omega_n = \frac{\pi}{1 \times \sqrt{1-0.358^2}} = 3.36(\text{rad/s})$$

图 3-3-8　单位负反馈二阶系统的单位阶跃响应曲线

单位负反馈二阶系统的闭环传递函数为

$$\Phi(s) = \frac{G(s)}{1+G(s)} = \frac{\omega_n^2}{s^2 + 2\zeta\omega_n s + \omega_n^2}$$

则系统的开环传递函数为

$$G(s) = \frac{\Phi(s)}{1-\Phi(s)} = \frac{\omega_n^2}{s(s+2\zeta\omega_n)} = \frac{11.3}{s^2 + 2.4s}$$

【例 3-3-3】　已知控制系统的方框图如图 3-3-9 所示,要求系统具有性能指标 $\sigma_p = 20\%$, $t_p = 1\text{s}$,试确定系统参数 K 与 A,并计算单位阶跃响应的特征量 t_r 和 $t_s(\Delta=0.02)$。

解　系统的闭环传递函数为

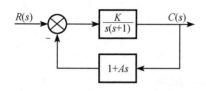

$$\frac{C(s)}{R(s)} = \frac{K}{s^2 + (1+KA)s + K}$$

与具有标准形式的传递函数相比较，得

$$2\zeta\omega_n = 1 + KA, \quad \omega_n = \sqrt{K}$$

图 3-3-9　控制系统的方框图　　　由超调量要求可得

$$\zeta = \sqrt{\frac{\ln^2\sigma_p}{\pi^2 + \ln^2\sigma_p}} = \sqrt{\frac{(\ln0.2)^2}{\pi^2 + (\ln0.2)^2}} = 0.456$$

结合峰值时间的要求，可得

$$\omega_n = \frac{\pi}{t_p\sqrt{1-\zeta^2}} = \frac{\pi}{\sqrt{1-0.456^2}} = 3.53(\text{rad/s})$$

由 $\omega_n = \sqrt{K}$ 解得 $K = \omega_n^2 = 3.53^2 = 12.5$ 。

由 $2\zeta\omega_n = 1 + KA$ 解得 $A = \dfrac{2\zeta\omega_n - 1}{K} = \dfrac{2\times0.456\times3.53 - 1}{12.5} = 0.178$ 。

最后，计算得

$$t_r = \frac{\pi - \theta}{\omega_n\sqrt{1-\zeta^2}} = \frac{\pi - 1.1}{3.53\sqrt{1-0.456^2}} = 0.65(\text{s})$$

$$t_s = \frac{4}{\zeta\omega_n} = \frac{4}{0.456\times3.53} = 2.48(\text{s}), \quad \Delta = 0.02$$

式中

$$\theta = \arctan\frac{\sqrt{1-\zeta^2}}{\zeta} = \arctan\frac{\sqrt{1-0.456^2}}{0.456} = 1.1(\text{rad})$$

3.3.4　二阶系统的理想单位脉冲响应

　　当二阶系统的输入信号为理想单位脉冲函数时，其响应过程称为二阶系统的理想单位脉冲响应 $g(t)$ 。由于理想单位脉冲函数的拉氏变换等于 1，所以此时对于闭环传递函数具有标准形式的二阶系统，输出信号的拉氏变换为

$$C(s) = \frac{\omega_n^2}{s^2 + 2\zeta\omega_n s + \omega_n^2}$$

对上式两端取拉氏反变换，便可求得下列各种情况下的理想单位脉冲响应。

(1)无阻尼($\zeta = 0$)的理想单位脉冲响应：

$$g(t) = \omega_n \sin\omega_n t, \quad t \geqslant 0 \qquad\qquad (3\text{-}3\text{-}22)$$

(2)欠阻尼($0 < \zeta < 1$)的理想单位脉冲响应：

$$g(t) = \mathrm{e}^{-\zeta\omega_n t}\frac{\omega_n}{\sqrt{1-\zeta^2}}\sin\omega_n\sqrt{1-\zeta^2}t, \quad t \geqslant 0 \qquad\qquad (3\text{-}3\text{-}23)$$

(3)临界阻尼($\zeta = 1$)的理想单位脉冲响应：

$$g(t) = \omega_n^2 t e^{-\omega_n t}, \quad t \geqslant 0 \tag{3-3-24}$$

(4)过阻尼($\zeta > 1$)的理想单位脉冲响应：

$$g(t) = \frac{\omega_n}{2\sqrt{\zeta^2 - 1}}\left[e^{-(\zeta - \sqrt{\zeta^2 - 1})\omega_n t} - e^{-(\zeta + \sqrt{\zeta^2 - 1})\omega_n t} \right], \quad t \geqslant 0 \tag{3-3-25}$$

上述前三种阻尼状态下的理想单位脉冲响应示于图 3-3-10。

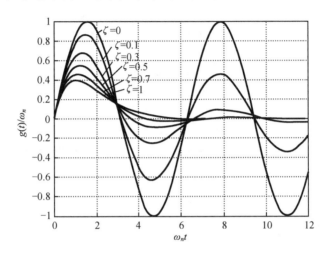

图 3-3-10   二阶系统的理想单位脉冲响应

由图 3-3-10 可见，二阶系统的欠阻尼理想单位脉冲响应是稳态值为零的衰减振荡过程，其瞬时值有正也有负。但临界阻尼理想单位脉冲响应以及由式(3-3-25)描述的过阻尼理想单位脉冲响应不存在超调现象，其瞬时值不改变符号。

对于欠阻尼系统，理想单位脉冲响应的超调发生时刻 t_p'，可应用求极值的办法来确定，即由

$$\left. \frac{\mathrm{d}g(t)}{\mathrm{d}t} \right|_{t=t_p'} = 0$$

求得

$$t_p' = \frac{\arctan \dfrac{\sqrt{1 - \zeta^2}}{\zeta}}{\omega_n \sqrt{1 - \zeta^2}}, \quad 0 < \zeta < 1 \tag{3-3-26}$$

将式(3-3-26)代入式(3-3-23)可求得理想单位脉冲响应的最大峰值 $g(t)_{\max}$，即

$$g(t)_{\max} = \omega_n e^{-\zeta\theta/\sqrt{1-\zeta^2}}, \quad 0 < \zeta < 1 \tag{3-3-27}$$

二阶系统的欠阻尼理想单位脉冲响应如图 3-3-11 所示。

对于图 3-3-11 所示时刻 t_p，有

$$g(t_p) = 0$$

即

$$\sin \omega_n \sqrt{1 - \zeta^2}\, t_p = 0$$

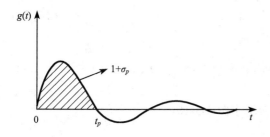

图 3-3-11　二阶系统的欠阻尼理想单位脉冲响应

从而解出

$$\omega_n \sqrt{1-\zeta^2} t_p = \pi$$

$$t_p = \frac{\pi}{\omega_n \sqrt{1-\zeta^2}}$$

由此可见，理想单位脉冲响应 $g(t)$ 在 $t > 0$ 时域内的第一次过零时刻 t_p 与其单位阶跃响应的峰值时间相同，而欠阻尼理想单位脉冲响应 $g(t)$ 在 $0 \sim t_p$ 的积分

$$\int_0^{t_p} g(t)\mathrm{d}t = \int_0^{t_p} \frac{\omega_n}{\sqrt{1-\zeta^2}} \mathrm{e}^{-\zeta \omega_n t} \sin \omega_n \sqrt{1-\zeta^2}\, t \mathrm{d}t$$

$$= 1 + \mathrm{e}^{-\frac{\zeta}{\sqrt{1-\zeta^2}}\pi} = 1 + \sigma_p$$

(3-3-28)

则说明 $g(t)$ 与 $0 \sim t_p$ 段时间轴包围的面积等于 $1 + \sigma_p$，其中 σ_p 为单位阶跃响应的超调量。

注意：图 3-3-11 中的时刻 t_p 及式(3-3-28)揭示了存在于欠阻尼二阶系统的理想单位脉冲响应与单位阶跃响应特征量之间的重要关系。

3.3.5　二阶系统的单位斜坡响应

当二阶系统的输入信号为单位斜坡函数，即 $r(t) = t$ 时，$R(s) = \dfrac{1}{s^2}$，其响应 $c(t)$ 的拉氏变换为

$$C(s) = \frac{\omega_n^2}{s^2 + 2\zeta\omega_n s + \omega_n^2} \cdot \frac{1}{s^2} = \frac{1}{s^2} - \frac{\dfrac{2\zeta}{\omega_n}}{s} + \frac{\dfrac{2\zeta}{\omega_n}(s + \zeta\omega_n) + (2\zeta^2 - 1)}{s^2 + 2\zeta\omega_n s + \omega_n^2}$$

对上式两端取拉氏反变换，便可求得下列各种情况下的单位斜坡响应。

1. 欠阻尼$(0 < \zeta < 1)$的单位斜坡响应

$$c(t) = t - \frac{2\zeta}{\omega_n} + \mathrm{e}^{-\zeta\omega_n t}\left(\frac{2\zeta}{\omega_n}\cos\omega_d t + \frac{2\zeta^2 - 1}{\omega_n\sqrt{1-\zeta^2}}\sin\omega_d t \right)$$

$$= t - \frac{2\zeta}{\omega_n} + \frac{\mathrm{e}^{-\zeta\omega_n t}}{\omega_n\sqrt{1-\zeta^2}}\sin(\omega_d t + 2\theta), \quad t \geqslant 0$$

2. 临界阻尼$(\zeta = 1)$的单位斜坡响应

$$c(t) = t - \frac{2}{\omega_n} + \frac{2}{\omega_n}\mathrm{e}^{-\omega_n t}\left(1 + \frac{\omega_n}{2}t\right), \quad t \geqslant 0$$

3. 过阻尼($\zeta > 1$)的单位斜坡响应

$$c(t) = t - \frac{2\zeta}{\omega_n} - \frac{2\zeta^2 - 1 - 2\zeta\sqrt{\zeta^2 - 1}}{2\omega_n\sqrt{\zeta^2 - 1}}\mathrm{e}^{-(\zeta + \sqrt{\zeta^2 - 1})\omega_n t} + \frac{2\zeta^2 - 1 + 2\zeta\sqrt{\zeta^2 - 1}}{2\omega_n\sqrt{\zeta^2 - 1}}\mathrm{e}^{-(\zeta - \sqrt{\zeta^2 - 1})\omega_n t}, \quad t \geqslant 0$$

二阶系统的单位斜坡响应还可以通过对其单位阶跃响应取积分求得，其中积分常数可根据 $t = 0$ 时的响应 $c(t)$ 的初始条件来确定。

3.3.6　具有闭环负实零点时二阶系统的单位阶跃响应

设二阶系统的闭环传递函数具有如下标准形式：

$$\frac{C(s)}{R(s)} = \frac{\omega_n^2(s + z)}{z(s^2 + 2\zeta\omega_n s + \omega_n^2)} \tag{3-3-29}$$

式中，$s = -z$ 为二阶系统的闭环负实零点。

当 $r(t) = 1(t)$，$R(s) = \dfrac{1}{s}$ 时，式(3-3-29)所示具有闭环负实零点的二阶系统的单位阶跃响应的拉氏变换为

$$C(s) = \frac{\omega_n^2(s + z)}{z(s^2 + 2\zeta\omega_n s + \omega_n^2)} \cdot \frac{1}{s} \tag{3-3-30}$$

由式(3-3-30)可见，对于欠阻尼($0 < \zeta < 1$)情况，二阶系统的闭环极点仍为 $-\zeta\omega_n \pm \mathrm{j}\omega_n\sqrt{1 - \zeta^2}$，将式(3-3-30)按极点 $s_1 = 0$ 及 $s_{2,3} = -\zeta\omega_n \pm \mathrm{j}\omega_n\sqrt{1 - \zeta^2}$ 展开成部分分式和的形式：

$$C(s) = \frac{A_1}{s} + \frac{A_2}{s + \zeta\omega_n + \mathrm{j}\omega_n\sqrt{1 - \zeta^2}} + \frac{A_3}{s + \zeta\omega_n - \mathrm{j}\omega_n\sqrt{1 - \zeta^2}} \tag{3-3-31}$$

式中

$$\begin{cases} A_1 = 1 \\[2mm] A_2 = \dfrac{\dfrac{\omega_n^2}{z}(z - \zeta\omega_n - \mathrm{j}\omega_n\sqrt{1 - \zeta^2})}{(-\zeta\omega_n - \mathrm{j}\omega_n\sqrt{1 - \zeta^2})(-\mathrm{j}2\omega_n\sqrt{1 - \zeta^2})} = -\dfrac{\sqrt{z^2 - 2\zeta\omega_n z + \omega_n^2}}{\mathrm{j}2z\sqrt{1 - \zeta^2}} \cdot \mathrm{e}^{-\mathrm{j}(\varphi + \theta)} \\[5mm] A_3 = \dfrac{\dfrac{\omega_n^2}{z}(z - \zeta\omega_n + \mathrm{j}\omega_n\sqrt{1 - \zeta^2})}{(-\zeta\omega_n + \mathrm{j}\omega_n\sqrt{1 - \zeta^2})(\mathrm{j}2\omega_n\sqrt{1 - \zeta^2})} = \dfrac{\sqrt{z^2 - 2\zeta\omega_n z + \omega_n^2}}{\mathrm{j}2z\sqrt{1 - \zeta^2}} \cdot \mathrm{e}^{\mathrm{j}(\varphi + \theta)} \end{cases} \tag{3-3-32}$$

其中

$$\varphi = \arctan\frac{\omega_n\sqrt{1 - \zeta^2}}{z - \zeta\omega_n} \tag{3-3-33}$$

考虑到式(3-3-32)，对式(3-3-31)取拉氏反变换，便得到二阶系统具有闭环负实零点时的欠阻尼单位阶跃响应为

$$c(t) = 1 - \frac{\sqrt{(z - \zeta\omega_n)^2 + (\omega_n\sqrt{1-\zeta^2})^2}}{z\sqrt{1-\zeta^2}}\mathrm{e}^{-\zeta\omega_n t}\sin(\omega_n\sqrt{1-\zeta^2}t + \varphi + \theta), \quad t \geqslant 0 \quad (3\text{-}3\text{-}34)$$

根据上升时间 t_r、峰值时间 t_p、超调量 σ_p 及调节时间 t_s 的定义，由式(3-3-34)求得二阶系统具有闭环负实零点时的欠阻尼单位阶跃响应的各项性能指标分别为

$$t_r = \frac{\pi - \varphi - \theta}{\omega_d} \tag{3-3-35}$$

$$t_p = \frac{\pi - \varphi}{\omega_d} \tag{3-3-36}$$

$$\sigma_p = \frac{1}{\zeta}\sqrt{\zeta^2(1-2\gamma) + \gamma^2} \cdot \mathrm{e}^{-\frac{\zeta(\pi-\varphi)}{\sqrt{1-\zeta^2}}} \times 100\% \tag{3-3-37}$$

$$t_s \approx \frac{3 + \ln\dfrac{l}{z\sqrt{1-\zeta^2}}}{\zeta\omega_n}, \quad \varDelta = 0.05 \tag{3-3-38}$$

$$t_s \approx \frac{4 + \ln\dfrac{l}{z\sqrt{1-\zeta^2}}}{\zeta\omega_n}, \quad \varDelta = 0.02 \tag{3-3-39}$$

式中

$$l = \sqrt{(z - \zeta\omega_n)^2 + (\omega_n\sqrt{1-\zeta^2})^2} \tag{3-3-40}$$

$$\gamma = \frac{\zeta\omega_n}{z} \tag{3-3-41}$$

【例 3-3-4】　二阶系统的闭环传递函数为

$$\frac{C(s)}{R(s)} = \frac{\omega_n^2(s+z)}{z(s^2 + 2\zeta\omega_n s + \omega_n^2)}$$

已知 $\zeta = 0.6$，$\omega_n = 5\ \mathrm{rad/s}$。试计算 $z = 30, 15, 6, 3, 1.5$ 时该系统单位阶跃响应的 t_r、t_p、σ_p 及 t_s，并与无闭环负实零点时的相应性能指标进行比较，分析闭环负实零点对系统响应过程的影响。

解　(1) $z = 30$，即 $z = 10\zeta\omega_n$。

根据式(3-3-33)、式(3-3-40)、式(3-3-41)分别计算出

$$\varphi = \arctan\frac{5 \times \sqrt{1-0.6^2}}{30 - 0.6 \times 5} = 0.147(\mathrm{rad})$$

$$\theta = \arctan\frac{\sqrt{1-0.6^2}}{0.6} = 0.927(\mathrm{rad})$$

$$\omega_d = 5\sqrt{1-0.6^2} = 4(\mathrm{rad/s})$$

$$\gamma = \frac{0.6 \times 5}{30} = 0.1$$

$$l = \sqrt{(30 - 0.6 \times 5)^2 + (5\sqrt{1 - 0.6^2})^2} = 27.29$$

将上列数据代入式(3-3-35)～式(3-3-39)，分别求得

$$t_r = \frac{\pi - 0.147 - 0.927}{4} = 0.52(s)$$

$$t_p = \frac{\pi - 0.147}{4} = 0.75(s)$$

$$\sigma_p = \frac{1}{0.6}\sqrt{0.6^2 - 2 \times 0.1 \times 0.6^2 + 0.1^2} \cdot e^{-\frac{0.6(\pi - 0.147)}{\sqrt{1 - 0.6^2}}} \times 100\% = 9.6\%$$

$$t_s = \frac{3 + \ln\dfrac{27.29}{30\sqrt{1 - 0.6^2}}}{0.6 \times 5} = 1.04s, \quad \Delta = 0.05$$

$$t_s = \frac{4 + \ln\dfrac{27.29}{30\sqrt{1 - 0.6^2}}}{0.6 \times 5} = 1.38s, \quad \Delta = 0.02$$

(2) $z = 15$，即 $z = 5\zeta\omega_n$。

根据上列计算式求得

$$t_r = 0.47s, \quad t_p = 0.7s, \quad \sigma_p = 10.2\%$$

$$t_s = 1.02s, \quad \Delta = 0.05; \quad t_s = 1.35s, \quad \Delta = 0.02$$

(3) $z = 6$，即 $z = 2\zeta\omega_n$。

根据上列计算式求得

$$t_r = 0.32s, \quad t_p = 0.55s, \quad \sigma_p = 15.8\%$$

$$t_s = 1.01s, \quad \Delta = 0.05; \quad t_s = 1.35s, \quad \Delta = 0.02$$

(4) $z = 3$，即 $z = \zeta\omega_n$。

根据上列计算式求得

$$t_r = 0.16s, \quad t_p = 0.39s, \quad \sigma_p = 41\%$$

$$t_s = 1.17s, \quad \Delta = 0.05; \quad t_s = 1.5s, \quad \Delta = 0.02$$

(5) $z = 1.5$，即 $z = 0.5\zeta\omega_n$。

根据上列计算式求得

$$t_r = 0.07s, \quad t_p = 0.3s, \quad \sigma_p = 114.8\%$$

$$t_s = 1.42s, \quad \Delta = 0.05; \quad t_s = 1.76s, \quad \Delta = 0.02$$

将上列计算的数据与例 3-3-1 中计算的相应数据列入表 3-3-1 中。从表 3-3-1 可以看出，闭环负实零点的主要作用在于加速二阶系统的响应过程，在响应过程的起始阶段，这种加速作用尤为明显，但同时也削弱了系统的阻尼，从而使超调量增大，上述现象随着闭环负实零点向虚轴的靠近而变得越来越明显。但需注意，当 $z \leqslant \zeta\omega_n$ 时，由于超调量的增加过快

而不宜应用；而当 $z \geqslant 10\zeta\omega_n$ 时，闭环负实零点的作用几乎不复存在。当取 $z = (2\sim5)\zeta\omega_n$ 时，闭环负实零点对二阶系统的单位阶跃响应的加速作用表现得比较明显，而超调量的增加又不会过快，因此 $z = (2\sim5)\zeta\omega_n$ 是闭环负实零点的合理取值范围。

表 3-3-1　闭环负实零点的作用

序号	i	$z = i\zeta\omega_n$	t_r/s	t_p/s	$\sigma_p/\%$	t_s/s	
						$\Delta = 0.05$	$\Delta = 0.02$
1	∞	∞	0.55	0.785	9.5	1	1.33
2	10	30	0.52	0.75	9.6	1.04	1.38
3	5	15	0.47	0.7	10.2	1.02	1.35
4	2	6	0.32	0.55	15.8	1.01	1.35
5	1	3	0.16	0.39	41	1.17	1.5
6	0.5	1.5	0.07	0.3	114.8	1.42	1.76

3.3.7　初始条件不为零时二阶系统的输出响应

上面分析二阶系统的响应过程时，曾经假设系统的初始条件为零。然而，实际上在输入信号作用于系统的瞬间，系统的初始条件并不一定为零，这意味着，在输入信号作用于系统之前，系统可能处于非平稳状态。例如，对于电动机调速系统，若在输入信号作用于系统之前，电动机负载曾发生过波动，而在输入信号作用于系统的瞬间，负载波动对系统的影响尚未完全消除，则在研究系统对输入信号的响应过程时，就需要考虑初始条件的影响。

设二阶系统的运动方程为

$$a_0\ddot{c}(t) + a_1\dot{c}(t) + a_2 c(t) = b_2 r(t)$$

考虑初始条件，对上式两端取拉氏变换，得到

$$a_0[s^2 C(s) - sc(0) - \dot{c}(0)] + a_1[sC(s) - c(0)] + a_2 C(s) = b_2 R(s)$$

从而有下式成立：

$$C(s) = \frac{b_2}{a_0 s^2 + a_1 s + a_2} R(s) + \frac{a_0[sc(0) + \dot{c}(0)] + a_1 c(0)}{a_0 s^2 + a_1 s + a_2}$$

若 $b_2 = a_2$，上式可写成标准形式，即

$$C(s) = \frac{\omega_n^2}{s^2 + 2\zeta\omega_n s + \omega_n^2} R(s) + \frac{c(0)[s + 2\zeta\omega_n] + \dot{c}(0)}{s^2 + 2\zeta\omega_n s + \omega_n^2} \tag{3-3-42}$$

其中，$\omega_n^2 = a_2/a_0$，$2\zeta\omega_n = a_1/a_0$。式(3-3-42)等号右边的第二项反映初始条件 $c(0)$ 及 $\dot{c}(0)$ 对系统响应过程的影响。

对式(3-3-42)两端取拉氏反变换，便可得到在输入信号 $r(t)$ 及初始条件共同作用下系统的响应过程，即

$$c(t) = c_1(t) + c_2(t)$$

式中，$c_1(t)$ 为零初始条件下系统响应输入信号的分量，称为零状态响应；$c_2(t)$ 为反映初始条件影响的响应分量，称为零输入响应。关于分量 $c_1(t)$，在前面的分析中已做了详尽的讨论，这里只着重分析分量 $c_2(t)$。对式(3-3-42)求得欠阻尼时的分量 $c_2(t)$ 为

$$c_2(t) = L^{-1}\left[\frac{c(0)[s + 2\zeta\omega_n] + \dot{c}(0)}{s^2 + 2\zeta\omega_n s + \omega_n^2}\right]$$

$$= e^{-\zeta\omega_n t}\left[c(0)\cos\omega_d t + \frac{c(0)\zeta\omega_n + \dot{c}(0)}{\omega_n\sqrt{1-\zeta^2}}\sin\omega_d t\right] \tag{3-3-43}$$

$$= \sqrt{c^2(0) + \left[\frac{c(0)\zeta\omega_n + \dot{c}(0)}{\omega_n\sqrt{1-\zeta^2}}\right]^2}\; e^{-\zeta\omega_n t}\sin(\omega_d t + \theta), \quad t \geqslant 0$$

其中，$\theta = \arctan\left(\dfrac{\omega_n\sqrt{1-\zeta^2}}{\dfrac{\dot{c}(0)}{c(0)} + \zeta\omega_n}\right)$ $(0 < \zeta < 1)$。

对于无阻尼情况，将 $\zeta = 0$ 代入式(3-3-43)求得

$$c_2(t) = \sqrt{c^2(0) + \left[\frac{\dot{c}(0)}{\omega_n}\right]^2}\sin\left[\omega_n t + \arctan\left(\frac{c(0)\omega_n}{\dot{c}(0)}\right)\right], \quad t \geqslant 0 \tag{3-3-44}$$

由式(3-3-43)及式(3-3-44)可以看出，系统响应过程中与初始条件有关的分量 $c_2(t)$ 的振荡特性与分量 $c_1(t)$ 一样取决于系统的阻尼比 ζ。ζ 越大，$c_2(t)$ 的振荡特性表现得越弱；反之，ζ 越小，$c_2(t)$ 的振荡特性表现得越强；而当 $\zeta = 0$ 时，$c_2(t)$ 转变为不再衰减的等幅振荡，其振幅与初始条件有关。对于欠阻尼情况，分量 $c_2(t)$ 具有衰减振荡特性，其衰减速度取决于乘积 $\zeta\omega_n$。当时间 t 趋于无穷大时，分量 $c_2(t)$ 衰减至零。

从上面的分析中可以看出，关于分量 $c_2(t)$ 的各项结论与分析分量 $c_1(t)$ 时所得到的相应结论完全相同。因此，若仅限于分析系统的固有特性，则只需要分析初始条件为零时的响应输入信号的分量 $c_1(t)$，而无须考虑初始条件对响应过程的影响。

3.4　高阶系统的时域分析

闭环主导
极点的概念

严格来说，几乎任何一个控制系统都是由高阶微分方程来描述的高阶系统。但高阶系统的分析一般是比较复杂的。因此，通常要求分析高阶系统时，能抓住主要矛盾，忽略次要因素，使分析过程得到简化。同时希望将分析二阶系统的方法应用于高阶系统的分析中，为此本节将着重建立描述高阶系统响应特性的闭环主导极点概念，并基于这一重要概念对高阶系统的时域响应过程进行定性分析。

3.4.1 闭环主导极点的概念及高阶系统分析

设高阶系统的运动方程为

$$(a_0 p^n + a_1 p^{n-1} + \cdots + a_{n-1} p + a_n) c(t) = (b_0 p^m + b_1 p^{m-1} + \cdots + b_{m-1} p + b_m) r(t)$$

对上式两端取拉氏变换，并设初始条件为零，得

$$(a_0 s^n + a_1 s^{n-1} + \cdots + a_{n-1} s + a_n) C(s) = (b_0 s^m + b_1 s^{m-1} + \cdots + b_{m-1} s + b_m) R(s)$$

由上式求得该系统的闭环传递函数为

$$\frac{C(s)}{R(s)} = \frac{M(s)}{D(s)} = \frac{K^* \cdot \prod\limits_{i=1}^{m} (s - z_i)}{\prod\limits_{i=1}^{n} (s - s_i)} \tag{3-4-1}$$

式中，$D(s) = a_0 s^n + a_1 s^{n-1} + \cdots + a_{n-1} s + a_n$；$M(s) = b_0 s^m + b_1 s^{m-1} + \cdots + b_{m-1} s + b_m$；$K^* = b_0 / a_0$；$z_i$ 为闭环零点；s_i 为闭环极点。

闭环极点与零点可以是实数，也可以是共轭复数。如果系统的所有闭环极点各不相同，且都分布在 s 平面的左半部，则系统单位阶跃响应的拉氏变换具有下列一般形式：

$$C(s) = \frac{K^* \cdot \prod\limits_{i=1}^{m} (s - z_i)}{\prod\limits_{j=1}^{q} (s - s_j) \prod\limits_{k=1}^{r} (s^2 + 2\zeta_k \omega_k s + \omega_k^2)} \cdot \frac{1}{s} \tag{3-4-2}$$

式中，$q + 2r = n$。

对于欠阻尼情况，即 $0 < \zeta_k < 1 (k = 1, 2, \cdots, r)$，式(3-4-2)还可写成如下形式：

$$C(s) = \frac{A_0}{s} + \sum_{j=1}^{q} \frac{A_j}{s - s_j} + \sum_{k=1}^{r} \frac{B_k(s + \zeta_k \omega_k) + C_k \omega_k \sqrt{1 - \zeta_k^2}}{s^2 + 2\zeta_k \omega_k s + \omega_k^2} \tag{3-4-3}$$

式中，A_j、B_k、C_k 为与复变量 s 无关的系数。

为讨论方便，不妨设 $A_0 = 1$，对式(3-4-3)两端取拉氏反变换，求得高阶系统的单位阶跃响应 $c(t)$ 为

$$c(t) = 1 + \sum_{j=1}^{q} A_j e^{s_j t} + \sum_{k=1}^{r} D_k e^{-\zeta_k \omega_k t} \sin\left(\omega_k \sqrt{1 - \zeta_k^2} t + \theta_k\right), \quad t \geqslant 0 \tag{3-4-4}$$

式(3-4-4)表明，高阶系统的单位阶跃响应一般含有指数函数分量和衰减正弦函数分量。

对实际的高阶系统来说，其闭环极点与零点在 s 平面左半部的分布具有多种多样的模式。但就闭环极点距虚轴的距离而言，只有远近之别。闭环极点距虚轴近时，单位阶跃响应中由其决定的响应分量在 $t = 0$ 时刻的初值大，且随时间的推移衰减得缓慢；反之，闭环极点距虚轴远时，单位阶跃响应中由其决定的响应分量在 $t = 0$ 时刻的初值小，且随时间的推移衰减得迅速。另外，上述响应分量在 $t = 0$ 时刻的初值还和闭环零点的分布有关，闭环

零点越靠近闭环极点，由该闭环极点决定的响应分量的初值便越小；若闭环零点与闭环极点相互抵消，则上述响应分量的初值等于零，这时与该闭环极点对应的响应分量便不复存在。因此，无闭环零点靠近而又距离虚轴最近的闭环极点在单位阶跃响应中的对应分量既在 $t=0$ 时刻具有最大的初值，又在全部响应分量中衰减得最慢，从而在系统的响应过程中起主导作用，故称这样的闭环极点为闭环主导极点，而所有其他闭环极点则统称为非主导极点。

　　设有高阶系统，其闭环极点在复变量 s 平面上的分布如图 3-4-1(a)所示，构成该系统单位阶跃响应的各个分量如图 3-4-1(b)所示。由图 3-4-1(b)可见，由共轭复极点 s_1、s_2 决定的响应分量在单位阶跃响应的诸分量中起主导作用，因为这个分量的初值最大而又衰减得最慢。而由其他远离虚轴的闭环极点 s_3、s_4、s_5 决定的响应分量由于初值较小且衰减较快，仅在系统响应过程开始后的较短时间内呈现出一定的影响。因此，在近似分析高阶系统的响应特性时，可忽略这些响应分量的影响。

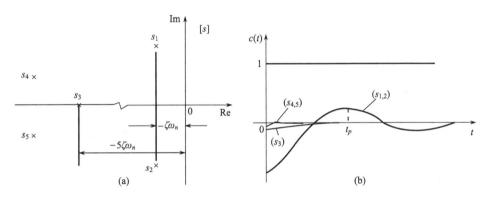

图 3-4-1　高阶系统的闭环极点分布及构成该系统单位阶跃响应的各分量

　　下面从定量关系上说明忽略由非主导极点决定的响应分量对高阶系统的响应特性的影响的条件。在图 3-4-1(a)中，设距虚轴最近的共轭复极点 s_1、s_2 附近无闭环零点，并设除共轭复极点 s_1、s_2 外，最靠近虚轴的闭环极点 s_3 与虚轴的距离为共轭复极点 s_1、s_2 与虚轴的距离的 5 倍以上，即

$$|\mathrm{Re}\,s_3| \geqslant 5\zeta\omega_n$$

在这种情况下，由闭环极点 s_3 决定的响应分量的调节时间 t_{s_3} 与由共轭复极点 s_1、s_2 决定的响应分量的调节时间 t_{s_1} 之间的关系为

$$t_{s_3} \leqslant \frac{4}{5\zeta\omega_n} = 0.2t_{s_1}, \quad \Delta = 0.02 \tag{3-4-5}$$

基于二阶系统的单位阶跃响应，由共轭复极点 s_1、s_2 所决定的响应分量求得

$$\frac{t_{r_1}}{t_{s_1}} = \frac{\dfrac{\pi - \arctan\dfrac{\sqrt{1-\zeta^2}}{\zeta}}{\omega_n\sqrt{1-\zeta^2}}}{\dfrac{4}{\zeta\omega_n}} = \frac{\pi - \arctan\dfrac{\sqrt{1-\zeta^2}}{\zeta}}{4} \cdot \frac{\zeta}{\sqrt{1-\zeta^2}}, \quad \Delta = 0.02$$

$$\frac{t_{p_1}}{t_{s_1}} = \frac{\dfrac{\pi}{\omega_n\sqrt{1-\zeta^2}}}{\dfrac{4}{\zeta\omega_n}} = \frac{\pi}{4} \cdot \frac{\zeta}{\sqrt{1-\zeta^2}}, \quad \Delta = 0.02$$

式中，t_{r_1}、t_{s_1}、t_{p_1} 分别为共轭复极点 s_1、s_2 对应的响应分量的上升时间、调节时间和峰值时间。

对于工程中常用的阻尼比 $\zeta(0.4 \sim 0.707)$ 来说，由上列二式求得 t_{r_1} 与 t_{s_1} 以及 t_{p_1} 与 t_{s_1} 之间的关系分别为

$$t_{r_1} = (0.216 \sim 0.59)t_{s_1} \tag{3-4-6}$$

$$t_{p_1} = (0.34 \sim 0.785)t_{s_1} \tag{3-4-7}$$

式(3-4-5)～式(3-4-7)所示计算结果表明，当共轭复极点 s_1、s_2 的阻尼比 ζ 为 0.4～0.707 时，对于 $|\mathrm{Re}\,s_3| \geqslant 5|\mathrm{Re}\,s_1|$ 的情况，在各个分量中，由 s_3 决定的响应分量将早在由 s_1、s_2 决定的响应分量达到其第一个峰值，甚至第一次达到其稳态值之前就基本衰减完毕。因此，由 s_3 决定的响应分量相对于由起主要作用的闭环共轭复极点 s_1、s_2 决定的系统单位阶跃响应的各特征量的影响可以忽略不计。

考虑到控制工程通常要求系统既具有较高的响应速度，又具有一定的阻尼程度，往往将系统设计成具有衰减振荡的动态特性。因此闭环主导极点多以距虚轴最近，而附近又无闭环零点存在的共轭复极点形式出现。

3.4.2 三阶系统的单位阶跃响应

下面以在 s 平面左半部具有一对共轭复极点 $s_{1,2} = -\zeta\omega_n \pm \mathrm{j}\omega_n\sqrt{1-\zeta^2}$ $(0 < \zeta < 1)$ 和一个实极点 $s_3 = -s_0$ 的分布模式为例，分析三阶系统的单位阶跃响应。这时，三阶系统的传递函数为

$$\Phi(s) = \frac{C(s)}{R(s)} = \frac{\omega_n^2 s_0}{(s + s_0)(s^2 + 2\zeta\omega_n s + \omega_n^2)} \tag{3-4-8}$$

其单位阶跃响应 $c(t)$ 的拉氏变换为

$$C(s) = \frac{\omega_n^2 s_0}{(s + s_0)(s^2 + 2\zeta\omega_n s + \omega_n^2)} \cdot \frac{1}{s}$$

将上式两端取拉氏反变换，最终求得式(3-4-8)所示三阶系统的单位阶跃响应为

$$c(t)=1-\frac{\mathrm{e}^{-s_0 t}}{\beta\zeta^2(\beta-2)+1}-\frac{1}{\beta\zeta^2(\beta-2)+1}\mathrm{e}^{-\zeta\omega_n t}\left\{\beta\zeta^2(\beta-2)\cos\omega_d t+\frac{\beta\zeta[\zeta^2(\beta-2)+1]}{\sqrt{1-\zeta^2}}\sin\omega_d t\right\}$$
$$t\geqslant 0,\quad 0<\zeta<1$$

(3-4-9)

式中，$\beta=\dfrac{s_0}{\zeta\omega_n}$。

在式(3-4-9)中，由于

$$\beta\zeta^2(\beta-2)+1=\zeta^2(\beta-1)^2+(1-\zeta^2)>0$$

所以，$\mathrm{e}^{-s_0 t}$ 项的系数总为负。因此，闭环负实极点的作用在于减小单位阶跃响应的超调量。$\zeta=0.5$ 时，三阶系统的单位阶跃响应如图 3-4-2 所示。由图 3-4-2 可知，在阻尼比 ζ 一定时，闭环负实极点越靠近共轭复极点，即随着 β 值的下降，单位阶跃响应的超调量不断下降，而峰值时间、上升时间和调节时间则不断加长。当 $\beta\leqslant 1$ 时，即闭环负实极点的数值小于或等于闭环复极点的实部数值时，三阶系统将表现出明显的过阻尼特性。

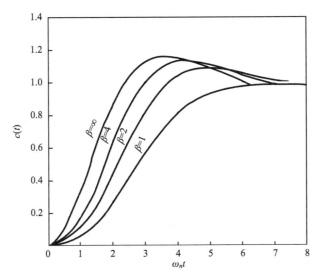

图 3-4-2　三阶系统的单位阶跃响应($\zeta=0.5$)

3.5　线性系统的稳定性分析

3.5.1　稳定性的基本概念

任何系统在受到外界扰动时都会产生初始偏差。稳定性是指系统在扰动消失后，由初始偏差状态恢复到原平衡状态的性能。

稳定性有两类含义：一类是平衡状态稳定性；另一类是运动稳定性。对于线性系统而言，可证明平衡状态稳定性与运动稳定性是等价的。

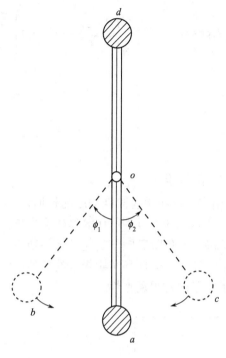

图 3-5-1 单摆示意图

平衡状态稳定性由俄国学者李雅普诺夫于1892 年首先提出，一直沿用至今，可以通过一个直观示例来说明。如图 3-5-1 所示，这是一个单摆示意图，其中点 o 是支点，单摆有两个平衡工作点，即点 a 和点 d。单摆在点 a 受到外界扰动作用，移动到点 b，偏离角度为 ϕ_1，当外界扰动消失后，在重力的作用下，单摆会回到原平衡工作点 a，但由于惯性作用，单摆会继续运动到点 c。此后，单摆经过来回几次减幅摆动，回到原平衡工作点 a，故点 a 称为稳定的平衡工作点。相反，若单摆在点 d 平衡，因受到外界扰动的作用而偏离了原平衡工作点 d，则当外界扰动消失后，无论经过多长时间，单摆也无法再回到原平衡工作点 d，故点 d 称为不稳定的平衡工作点。单摆的这种稳定概念可以推广到控制系统。

而系统的运动稳定性则是探讨当系统没有外界输入时，系统方程的解在时间趋近无穷大时的渐近特性。这种解就是系统齐次微分方程的解，而"解"通常称为系统方程的一个"运动"，因而称为运动稳定性。

按照李雅普诺夫分析稳定性的观点，首先假设系统具有一个平衡工作点，在该平衡工作点上，当输入信号为零时，系统的输出信号亦为零。一旦有扰动信号作用于系统，系统的输出信号将偏离原平衡工作点。若从扰动信号消失的瞬间开始计时，则 $t=0$ 时的系统输出信号增量及其各阶导数值便是研究 $t \geqslant 0$ 时的系统输出信号增量的初始偏差。于是，$t \geqslant 0$ 时的系统输出信号增量的变化过程可以认为是控制系统在初始扰动影响下的动态过程。

因此，根据李雅普诺夫稳定性理论，线性控制系统的稳定性可叙述如下：若在初始扰动的影响下，线性控制系统动态过程随时间的推移而逐渐衰减并趋于零(原平衡工作点)，则称系统渐近稳定，简称为稳定；反之，若在初始扰动的影响下，系统的动态过程随时间的推移而发散，则称系统不稳定。

3.5.2 线性系统稳定的条件

从 3.5.1 节的稳定性概念能够看出，作为系统固有特性的稳定性与外界输入条件无关。对于初始条件为零的线性系统，受到理想单位脉冲信号 $\delta(t)$ 的作用时，系统输出信号的增量即为脉冲响应 $c(t)$。这相当于在扰动信号作用下，系统输出信号偏离原平衡工作点的问题。

当 $t \to \infty$ 时，脉冲响应为

$$\lim_{t \to \infty} c(t) = 0 \tag{3-5-1}$$

即输出信号增量在扰动消失后，收敛于原平衡工作点，根据稳定性的概念，线性系统是

稳定的。

设闭环传递函数如式(3-4-1)所示，且设 $s_i(i=1,2,\cdots,n)$ 为特征方程 $D(s)=0$ 的互异特征根，由于 $\delta(t)$ 的拉氏变换为 1，所以系统输出信号增量的拉氏变换为

$$C(s) = \frac{M(s)}{D(s)} = \sum_{i=1}^{n} \frac{A_i}{s-s_i} = \frac{K^* \prod_{i=1}^{m}(s-z_i)}{\prod_{j=1}^{q}(s-s_j)\prod_{k=1}^{r}(s^2+2\zeta_k\omega_k s+\omega_k^2)}$$

其中，$q+2r=n$。将上式展开成部分分式和的形式，并设 $0<\zeta_k<1$，可得

$$C(s) = \sum_{j=1}^{q} \frac{A_j}{s-s_j} + \sum_{k=1}^{r} \frac{B_k(s+\zeta_k\omega_k)+C_k\omega_k\sqrt{1-\zeta_k^2}}{s^2+2\zeta_k\omega_k s+\omega_k^2} \tag{3-5-2}$$

式中，A_j 是 $C(s)$ 在闭环实极点 s_j 处的留数，计算如下：

$$A_j = \lim_{s\to s_j}(s-s_j)C(s), \quad j=1,2,\cdots,q$$

B_k 和 C_k 是与 $C(s)$ 在闭环复极点 $s_{k,k+1}=-\zeta_k\omega_k\pm j\omega_k\sqrt{1-\zeta_k^2}$ 处的留数有关的常系数。

将式(3-5-2)进行拉氏反变换，并设初始条件全部为零，可得系统的脉冲响应为

$$c(t) = \sum_{j=1}^{q} A_j e^{s_j t} + \sum_{k=1}^{r} D_k e^{-\zeta_k\omega_k t}\sin\left(\omega_k\sqrt{1-\zeta_k^2}\,t+\theta_k\right), \quad t\geqslant 0 \tag{3-5-3}$$

式(3-5-3)表明，当且仅当系统的特征根全部具有负实部时，式(3-5-1)才成立；若特征根中有一个或一个以上正实部根，则 $\lim\limits_{t\to\infty}c(t)\to\infty$，表明系统不稳定；若特征根中具有一个或一个以上零实部根，而其余的特征根均具有负实部，则脉冲响应 $c(t)$ 趋于常数，或趋于等幅正弦振荡，按照稳定性的概念，此时系统不是渐近稳定的。顺便指出，最后一种情况处于稳定和不稳定的临界状态，常称为临界稳定情况。在经典控制理论中，只有渐近稳定的系统才称为稳定系统；否则，称为不稳定系统。

上述线性系统稳定性是从零初始条件下系统的脉冲响应 $c(t)$ 的角度展开讨论的，当然也可以直接从无输入信号作用下系统的零输入响应的角度来进行分析，可以得出同样的结论。

由此可见，线性系统稳定的充分必要条件是：闭环系统特征方程的所有根均具有负实部；或者说，闭环传递函数的极点均位于 s 左半平面。

线性系统稳定的充要条件是其特征根均具有负实部。因此，判别线性系统是否稳定就变成求解其特征方程的根，并检验这些特征根是否具有负实部的问题。但当系统阶次较高时，在一般情况下，求解其特征方程会遇到较大困难。因此，直接求解特征方程，并根据其特征根来分析线性系统稳定性的方法是很不方便的。于是人们便提出这样一个问题：能否不用直接求取特征根的方法，而是通过特征方程的根与系数的关系去判别线性系统的特征根是否具有负实部的间接方法来分析线性系统稳定性。

设线性系统的特征方程为

$$D(s) = a_0 s^n + a_1 s^{n-1} + \cdots + a_{n-1}s + a_n = a_0(s-s_1)(s-s_2)\cdots(s-s_n) = 0 \tag{3-5-4}$$

式中，$s_i(i=1,2,\cdots,n)$ 为线性系统的特征根。基于高阶代数方程根与系数的关系，由式(3-5-4)得到

$$\begin{cases} \dfrac{a_1}{a_0} = -\sum_{i=1}^{n} s_i \\[2mm] \dfrac{a_2}{a_0} = \sum_{\substack{i,j=1 \\ i \neq j}}^{n} s_i \cdot s_j \\[2mm] \dfrac{a_3}{a_0} = -\sum_{\substack{i,j,k=1 \\ i \neq j \neq k}}^{n} s_i \cdot s_j \cdot s_k \\[2mm] \quad\vdots \\[1mm] \dfrac{a_n}{a_0} = (-1)^n \prod_{i=1}^{n} s_i \end{cases} \tag{3-5-5}$$

从式(3-5-5)可求得线性系统的特征根 $s_i(i=1,2,\cdots,n)$ 具有负实部的必要条件为：

(1)特征方程(3-5-4)的各项系数 $a_i(i=0,1,2,\cdots,n)$ 都不等于零；

(2)特征方程(3-5-4)的各项系数 $a_i(i=0,1,2,\cdots,n)$ 都具有相同的符号。

即使特征方程满足上述必要条件，也不能完全确定系统是否稳定，还需检验其是否满足稳定的充分条件。劳斯稳定判据就是检验其是否满足该充分条件的方法之一。

3.5.3　劳斯稳定判据

劳斯及赫尔维茨稳定判据就是一种无须求解特征方程，通过特征方程的系数分析线性系统稳定性的间接方法。本节主要介绍如何应用劳斯稳定判据判别线性系统的稳定性。

应用劳斯稳定判据分析线性系统稳定性的步骤如下。

第一步，将给定线性系统的特征方程

$$D(s) = a_0 s^n + a_1 s^{n-1} + \cdots + a_{n-1} s + a_n = 0, \quad a_0 > 0$$

的系数按下列形式排成两行：

$$\begin{matrix} a_0 & a_2 & a_4 & a_6 & \cdots \\ a_1 & a_3 & a_5 & a_7 & \cdots \end{matrix}$$

第二步，根据上面的系数排列，通过规定的运算求取如下劳斯阵列表：

第 1 行	s^n	a_0	a_2	a_4	a_6 $\cdots$
第 2 行	s^{n-1}	a_1	a_3	a_5	a_7 $\cdots$
第 3 行	s^{n-2}	b_1	b_2	b_3	b_4 $\cdots$
第 4 行	s^{n-3}	c_1	c_2	c_3	c_4 $\cdots$
$\vdots$		$\vdots$	$\vdots$	$\vdots$	$\vdots$
第 $n-1$ 行	s^2	e_1	e_2		
第 n 行	s^1	f_1			
第 $n+1$ 行	s^0	g_1			

其中
$$b_1 = \frac{a_1 a_2 - a_0 a_3}{a_1}, \quad b_2 = \frac{a_1 a_4 - a_0 a_5}{a_1}, \quad b_3 = \frac{a_1 a_6 - a_0 a_7}{a_1}$$

$$c_1 = \frac{b_1 a_3 - a_1 b_2}{b_1}, \quad c_2 = \frac{b_1 a_5 - a_1 b_3}{b_1}, \quad c_3 = \frac{b_1 a_7 - a_1 b_4}{b_1}$$

注意：在排列特征方程的系数时，空位需以零来填补。在运算过程中出现的空位也必须置零，这个过程一直进行到第 n 行为止，第 $n+1$ 行仅第 1 列有值，且正好等于特征方程最后一项的系数 a_n。劳斯阵列表中系数排列成上三角。

第三步，根据劳斯阵列表中第 1 列各元素符号的改变次数来确定特征根中具有正实部的根的个数。它们之间的关系是特征根中具有正实部的根的个数与第 1 列各元素符号的改变次数相等。

若 $a_0 > 0$，则线性系统稳定的充要条件是：劳斯阵列表中第 1 列各元素均大于零。第 1 列各元素符号的改变次数为系统闭环极点在 s 右半平面的个数。

下面举例说明应用劳斯稳定判据分析线性系统的稳定性。

【例 3-5-1】 设线性系统的特征方程为
$$s^4 + 2s^3 + 3s^2 + 4s + 5 = 0$$
试分析该系统的稳定性，如果不稳定，确定具有正实部的特征根的数目。

解 首先特征方程的系数全部为正且无缺项，满足系统稳定的必要条件，进一步利用劳斯阵列表分析系统的稳定性。

根据已知特征方程的系数求得劳斯阵列表为

s^4	1	3	5
s^3	2	4	0
s^2	$\dfrac{2\times3-1\times4}{2}=1$	5	0
s^1	$\dfrac{1\times4-2\times5}{1}=-6$	0	
s^0	5		

由劳斯阵列表的第 1 列可以看出，各元素符号的改变次数等于 2，从而根据劳斯稳定判据可知给定系统不稳定，有两个具有正实部的根。其实该例的特征根为 $s_{1,2} = -1.29 \pm j0.86$，$s_{3,4} = 0.29 \pm j1.42$，这验证了劳斯稳定判据的结果。

需要指出，应用劳斯稳定判据分析线性系统的稳定性时，有时会遇到下列两种特殊情况。

(1)在劳斯阵列表中的某一行出现第一个元素为零，而其余各元素均不为零，或部分不为零的情况。

在这种情况下，计算下一行的第一个元素时，将会出现无穷大。于是，求取劳斯阵列表的运算将无法进行。为了克服这个困难，可以用一个很小的正数 ε 来代替第 1 列中等于零的元素，然后继续进行运算。这种情况下，闭环系统不可能是渐近稳定的。

【例 3-5-2】 设线性系统的特征方程为
$$s^4 + 2s^3 + 3s^2 + 6s + 4 = 0$$

试应用劳斯稳定判据分析该系统的稳定性，如果不稳定，确定具有正实部的特征根的数目。

解　根据已知特征方程的系数求取劳斯阵列表时，发现其第 3 行第 1 列的元素等于零，而其余元素不全为零，这时用一个很小的正数 ε 来代替第 1 列中等于零的元素，然后按劳斯阵列表的规则继续进行运算。

劳斯阵列表为

$$
\begin{array}{llll}
s^4 & 1 & 3 & 4 \\
s^3 & 2 & 6 & 0 \\
s^2 & 0(\varepsilon) & 4 & 0 \\
s^1 & \dfrac{6\varepsilon-8}{\varepsilon} & 0 & \\
s^0 & 4 &
\end{array}
$$

因为第 1 列各元素符号的改变次数等于 2，所以系统是不稳定的，系统的特征根中有两个根具有正实部。其实该例的特征根为 $s_1 = -1$，$s_2 = -1.478$，$s_{3,4} = 0.239 \pm j1.628$，这验证了劳斯稳定判据的结果。

(2)在劳斯阵列表中的某一行出现所有元素均为零的情况。

在这种情况下，与该行相邻的上一行的元素构成的方程称为辅助方程。辅助方程的阶次一般为偶数，它与特征根中数值相同但符号相异的根的数目相等。所有这些数值相同但符号相异的根均可由辅助方程求得。这些数值相同但符号相异的根包括绝对值相同但符号相异的实根、一对共轭纯虚根以及实部符号相异但虚部数值相同的两对共轭复根。无论哪种情况，该系统都不稳定。若将辅助方程对复变量 s 求导，则得到一个新方程。用新方程的系数取代全零行的元素，然后按劳斯阵列表的规则继续进行运算，直到得出完整的劳斯阵列表。

【例 3-5-3】　设线性系统的特征方程为

$$s^5 + 6s^4 + 12s^3 + 12s^2 + 11s + 6 = 0$$

试应用劳斯稳定判据判断系统的稳定性，如果不稳定，分析系统特征根的情况。

解　特征方程的系数全部为正且无缺项，满足线性系统稳定的必要条件，进一步利用劳斯阵列表分析系统的稳定性。

根据已知特征方程的系数求取劳斯阵列表时，发现其第 5 行的元素全为零，即

$$
\begin{array}{lll}
s^5 & 1 & 12 & 11 \\
s^4 & 6 & 12 & 6 \\
s^3 & 10 & 10 & 0 \\
s^2 & 6 & 6 & 0 \\
s^1 & 0 & 0
\end{array}
$$

根据第 4 行各元素求得辅助方程为 $F(s) = 6s^2 + 6 = 0$，将辅助方程对复变量 s 求导，取得新方程为 $12s = 0$。

用新方程的系数取代第 5 行的零元素。完成上述取代后，便可按劳斯阵列表的要求进

行运算，直到得出如下完整的劳斯阵列表：

$$
\begin{array}{cccc}
s^5 & 1 & 12 & 11 \\
s^4 & 6 & 12 & 6 \\
s^3 & 10 & 10 & 0 \\
s^2 & 6 & 6 & 0 \\
s^1 & 12 & 0 & \\
s^0 & 6 & &
\end{array}
$$

由上列劳斯阵列表的第 1 列可以看出，各元素符号没有改变，但由于出现了全零行，所以系统是不稳定的，但是系统的特征根都不具有正实部。

由辅助方程 $6s^2 + 6 = 0$，解得 $s^2 = -1$，从而得 $s_{1,2} = \pm \mathrm{j}$。这一对共轭纯虚根是原方程根的一部分。应用长除法，可解出原特征方程的另外三个根分别是 $s_3 = -1$、$s_4 = -2$ 和 $s_5 = -3$，这个结果进一步证明上面结论的正确性。

从以上各例可以看到，利用劳斯稳定判据不仅可确定不稳定系统所具有的正实部特征根的数目，同时还可从辅助方程解出那些数值相同但符号相异的特征根。

劳斯稳定判据在线性系统稳定性分析中的应用具有一定的局限性，这主要是因为该判据不能指出如何改善控制系统的性能。但是，它可以确定一个或两个系统参数的变化对系统稳定性的影响。下面将考虑如何确定参数值的范围，从而使系统稳定的问题。

【例 3-5-4】　设线性系统方框图如图 3-5-2 所示，试确定 k 取何值时系统稳定。

解　由图 3-5-2 所示方框图求得给定系统的闭环传递函数为

$$\frac{C(s)}{R(s)} = \frac{k}{s(s^2 + s + 1)(s + 2) + k}$$

由闭环传递函数求得给定系统的特征方程为

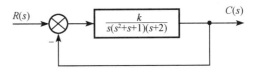

图 3-5-2　线性系统方框图

$$D(s) = s^4 + 3s^3 + 3s^2 + 2s + k = 0$$

根据特征方程的系数求得劳斯阵列表为

$$
\begin{array}{cccc}
s^4 & 1 & 3 & k \\
s^3 & 3 & 2 & 0 \\
s^2 & 7/3 & k & 0 \\
s^1 & 2 - \dfrac{9k}{7} & 0 & \\
s^0 & k & &
\end{array}
$$

为了满足系统稳定的充分条件，上列劳斯阵列表中第 1 列各元素均须为正值，即不等式

$$
\begin{cases}
2 - \dfrac{9k}{7} > 0 \\
k > 0
\end{cases}
$$

成立时，系统才能稳定。由上列不等式解出

$$0 < k < \frac{14}{9}$$

为系统稳定时 k 的取值范围。当 $k = 14/9$ 时，系统响应形式为等幅振荡。

3.6　反馈系统的稳态误差计算

3.6.1　反馈系统的误差

对于稳定系统，为分析反馈系统的误差响应，需对反馈系统的误差信号给出定义。一般情况下，误差信号有两种不同的定义方法，它们之间有一定的关系：一种是在系统的输入端定义误差信号；另一种是在系统的输出端定义误差信号。设控制系统的方框图如图 3-6-1 所示。

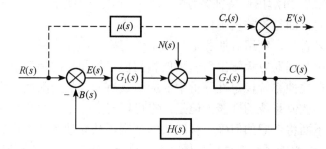

图 3-6-1　控制系统的方框图

定义反馈系统的参考输入信号 $r(t)$ 与主反馈信号 $b(t)$ 之差为系统的输入端误差信号 $e(t)$（亦称为偏差信号），即

$$e(t) \stackrel{\text{def}}{=} r(t) - b(t) \tag{3-6-1}$$

设 $c_r(t)$ 是反馈系统响应 $r(t)$ 的期望输出信号，$c(t)$ 是响应 $r(t)$ 的实际输出信号。定义期望输出信号 $c_r(t)$ 与实际输出信号 $c(t)$ 之差为反馈系统响应参考输入信号 $r(t)$ 的输出端误差信号，记作 $e'(t)$。

$$e'(t) \stackrel{\text{def}}{=} c_r(t) - c(t) \tag{3-6-2}$$

期望输出信号 $c_r(t)$ 与参考输入信号 $r(t)$ 之间通常具有给定的函数关系，例如：

$$c_r(t) \stackrel{\text{def}}{=} \mu(p)r(t) \tag{3-6-3}$$

其中，$\mu(p)$ 常常反映 $c_r(t)$ 与 $r(t)$ 之间的比例、微分或积分等基本函数关系。当系统所要完成的控制任务已确定时，$\mu(p)$ 的形式便为已知。

误差信号 $E(s)$ 为零时，说明实际输出信号 $C(s)$ 等于期望输出信号 $C_r(s)$。因此图 3-6-1 中 $C_r(s) = R(s)/H(s)$ 为等效单位负反馈系统的期望输出信号。于是，$\mu(p)$ 的拉氏变换为

$$\mu(s) = \frac{1}{H(s)} \tag{3-6-4}$$

对于单位负反馈系统，由于 $H(s) = 1$，所以 $\mu(s) = 1$。

对式(3-6-2)取拉氏变换，并考虑到式(3-6-3)及式(3-6-4)，求得输出端误差信号 $e'(t)$ 的拉氏变换为

$$E'(s) = \mu(s)R(s) - C(s) = \frac{1}{H(s)}R(s) - C(s) \qquad (3\text{-}6\text{-}5)$$

或写成

$$H(s)E'(s) = R(s) - H(s)C(s) = R(s) - B(s) \qquad (3\text{-}6\text{-}6)$$

由式(3-6-1)及式(3-6-6)求得反馈系统响应参考输入信号 $r(t)$ 时输入端误差信号 $e(t)$ 与输出端误差信号 $e'(t)$ 之间的关系为

$$E'(s) = \frac{1}{H(s)}E(s) \qquad (3\text{-}6\text{-}7)$$

对于单位反馈系统，系统的输出端误差信号 $e'(t)$ 与输入端误差信号 $e(t)$ 相等。

需指出，输入端误差信号 $e(t)$ 在实际系统中是可以测量的，具有一定的物理意义；而输出端误差信号 $e'(t)$ 在系统性能指标的提法中经常使用，但在实际系统中有时无法量测，因而一般只有数学意义。在本书以下的叙述中，均采用 $e(t)$ 进行计算和分析。如果有必要计算输出端误差信号 $e'(t)$，可利用(3-6-7)进行换算。

3.6.2　反馈系统响应参考输入信号的稳态误差及其计算

1. 稳态误差

反馈系统误差信号 $e(t)$ 的稳态分量称为系统的稳态误差，记作 $e_{ss}(t)$；其暂态分量称为系统的动态误差，记作 $e_{ts}(t)$。

$$e(t) = e_{ts}(t) + e_{ss}(t) \qquad (3\text{-}6\text{-}8)$$

由于稳定系统的闭环极点都具有负实部，所以有

$$\lim_{t \to \infty} e_{ts}(t) = 0 \qquad (3\text{-}6\text{-}9)$$

实际上，动态误差在时间 $t > t_s$ 之后便可以认为基本消失，t_s 为系统的调节时间。换言之，系统的误差在 $t \geqslant t_s$ 时就近似等于系统的稳态误差 $e_{ss}(t)$。由于稳态分量是长期存在于系统中的，因此在设计自动控制系统时，首先要保证其稳态误差小于指定的数值。很多控制系统的质量指标中，对允许的稳态误差 $e_{ss}(t)$ 最大值均有严格要求。

从图 3-6-1 可知，反馈系统误差信号 $E(s)$、开环传递函数 $G(s)H(s)$ 及参考输入信号 $R(s)$ 间的关系为

$$E(s) = \Phi_e(s)R(s) = \frac{1}{1 + G(s)H(s)}R(s) \qquad (3\text{-}6\text{-}10)$$

式中，$G(s)H(s) = G_1(s)G_2(s)H(s)$ 为非单位反馈系统的开环传递函数；$\Phi_e(s)$ 为系统响应 $r(t)$ 的误差传递函数。

2. 用拉氏反变换法求稳态误差

根据式(3-6-10)，有 $e(t) = L^{-1}[E(s)] = L^{-1}[\Phi_e(s)R(s)]$，而根据式(3-6-8)，并考虑到对于

稳定系统,当 $t \to \infty$ 时必有 $e_{ts}(t) \to 0$,误差信号 $e(t)$ 的稳态分量 $e_{ss}(t)$ 即为系统的稳态误差。

3. 用终值定理法求稳态误差

如果有理函数 $sE(s)$ 除在原点处有唯一的极点外,在 s 右半平面及虚轴上解析,即 $sE(s)$ 的极点均位于 s 左半平面(包括坐标原点),则可根据拉氏变换的终值定理,由式(3-6-10)方便地计算系统的稳态误差:

$$e_{ss}(\infty) = \lim_{s \to 0} sE(s) = \lim_{s \to 0} \frac{sR(s)}{1 + G(s)H(s)} \tag{3-6-11}$$

由于式(3-6-11)算出的稳态误差是误差信号稳态分量 $e_{ss}(t)$ 在 t 趋于无穷大时的数值,故有时称为终值误差,它不能反映 $e_{ss}(t)$ 随时间 t 的变化规律,具有一定的局限性。

【例 3-6-1】　设单位负反馈系统的开环传递函数为 $G(s) = 1/(Ts)$,输入信号分别为 $r(t) = t^2/2$ 以及 $r(t) = \sin \omega t$,试求控制系统的稳态误差。

解　易知,该闭环系统稳定。当 $r(t) = t^2/2$ 时, $R(s) = 1/s^3$ 。由式(3-6-10)求得

$$E(s) = \frac{1}{s^2(s + 1/T)} = \frac{T}{s^2} - \frac{T^2}{s} + \frac{T^2}{s + 1/T}$$

对上式取拉氏反变换,得误差响应为

$$e(t) = T^2 e^{-t/T} + T(t - T)$$

式中, $T^2 e^{-t/T} = e_{ts}(t)$,随时间增长逐渐衰减至零; $T(t - T) = e_{ss}(t)$,表明稳态误差 $e_{ss}(\infty) = \infty$ 。而利用终值定理法也能得出同样的结论。

当 $r(t) = \sin \omega t$ 时, $R(s) = \omega/(s^2 + \omega^2)$ 。由于

$$E(s) = \frac{\omega s}{(s + 1/T)(s^2 + \omega^2)}$$

$$= -\frac{T\omega}{T^2\omega^2 + 1} \cdot \frac{1}{s + 1/T} + \frac{T\omega}{T^2\omega^2 + 1} \cdot \frac{s}{s^2 + \omega^2} + \frac{T^2\omega^2}{T^2\omega^2 + 1} \cdot \frac{\omega}{s^2 + \omega^2}$$

所以

$$e_{ss}(t) = \frac{T\omega}{T^2\omega^2 + 1} \cos \omega t + \frac{T^2\omega^2}{T^2\omega^2 + 1} \sin \omega t$$

显然, $e_{ss}(\infty) \neq 0$ 。由于正弦函数的拉氏变换在虚轴上不解析,所以此时不能应用终值定理法来计算系统在正弦输入信号作用下的稳态误差,否则会得出

$$e_{ss}(\infty) = \lim_{s \to 0} sE(s) = \lim_{s \to 0} \frac{\omega s^2}{(s + 1/T)(s^2 + \omega^2)} = 0$$

的错误结论。

应当指出,对于高阶系统,除了应用 MATLAB 软件,误差信号 $E(s)$ 的极点一般不易求得,故用拉氏反变换法求稳态误差并不实用。在实际使用过程中,只要验证 $sE(s)$ 满足要求的解析条件,就可以利用式(3-6-11)来计算系统在输入信号作用下的稳态误差 $e_{ss}(\infty)$,故式(3-6-11)也称为终值误差计算的通式。

4. 用静态误差系数法求稳态误差

1)系统型别

由终值误差计算通式(3-6-11)可见,反馈系统的稳态误差既与输入信号的形式有关,又取决于系统自身的结构特性。当输入信号确定之后,稳定系统是否存在稳态误差取决于开环传递函数描述的系统结构。因此,按照控制系统跟踪不同输入信号的能力来进行系统分类是必要的。

在一般情况下,分子阶次为 m、分母阶次为 n 的开环传递函数可表示为

$$G(s)H(s) = \frac{K \prod\limits_{i=1}^{m}(\tau_i s + 1)}{s^{\nu} \prod\limits_{j=1}^{n-\nu}(T_j s + 1)} \tag{3-6-12}$$

式中,K 为开环增益;τ_i 和 T_j 为时间常数;ν 为开环系统在 s 平面坐标原点上的极点数。现在的分类方法是以 ν 的数值来进行划分:$\nu = 0$ 称为 0 型系统;$\nu = 1$ 称为 I 型系统;$\nu = 2$ 称为 II 型系统;当 $\nu > 2$ 时,除复合控制系统外,使系统稳定是相当困难的。因此除航天控制系统外,III 型及 III 型以上的系统几乎不采用。

这种以开环系统在 s 平面坐标原点上的极点数来分类的方法,其优点在于:可以根据已知的输入信号形式,迅速判断系统是否存在原理性稳态误差及其大小。它与按系统的阶次进行分类的方法不同,阶次 m 与 n 的大小与系统的型别无关,且不影响稳态误差的数值。

为了便于讨论,令

$$G_0(s)H_0(s) = \prod_{i=1}^{m}(\tau_i s + 1) \Big/ \prod_{j=1}^{n-\nu}(T_j s + 1)$$

必有 $s \to 0$ 时,$G_0(s)H_0(s) \to 1$。因此,式(3-6-12)可改写为

$$G(s)H(s) = \frac{K}{s^{\nu}} G_0(s)H_0(s) \tag{3-6-13}$$

则系统终值误差的计算通式可表示为

$$e_{ss}(\infty) = \frac{\lim\limits_{s \to 0}[s^{\nu+1}R(s)]}{K + \lim\limits_{s \to 0} s^{\nu}} \tag{3-6-14}$$

式(3-6-14)表明,影响稳态误差的因素除了输入信号,还有系统型别和开环增益。下面讨论不同型别的系统在不同形式的输入信号作用下的稳态误差计算问题。典型输入信号中的正弦输入信号作用下的稳态误差无法用终值定理法计算,理想单位脉冲输入信号的应用较少,因此下面只讨论系统分别在阶跃、斜坡或加速度输入信号作用下的稳态误差计算问题。

2)阶跃输入信号作用下的稳态误差与静态位置误差系数

在图 3-6-1 所示的控制系统方框图中,若 $r(t) = R \cdot 1(t)$,则 $R(s) = R / s$。由式(3-6-14)可以算得各型系统在阶跃输入信号作用下的稳态误差为

$$e_{ss}(\infty) = \begin{cases} R/(1+K) = 常数, & \nu = 0 \\ 0, & \nu \geqslant 1 \end{cases} \qquad (3\text{-}6\text{-}15)$$

习惯上常采用 K_p 表示各型系统在阶跃输入信号作用下的位置误差。根据式(3-6-11)，当 $R(s) = R/s$ 时，有

$$e_{ss}(\infty) = \frac{R}{1 + \lim\limits_{s \to 0} G(s)H(s)} = \frac{R}{1 + K_p} \qquad (3\text{-}6\text{-}16)$$

式中

$$K_p = \lim\limits_{s \to 0} G(s)H(s) \qquad (3\text{-}6\text{-}17)$$

称为静态位置误差系数，亦称为开环位置增益。由式(3-6-13)及式(3-6-17)可知，各型系统的静态位置误差系数为

$$K_p = \begin{cases} K, & \nu = 0 \\ \infty, & \nu \geqslant 1 \end{cases}$$

如果要求系统对于阶跃输入信号作用不存在稳态误差，则必须选用 Ⅰ 型及 Ⅰ 型以上的系统。习惯上常把系统在阶跃输入信号作用下的稳态误差称为静差。因而，0 型系统可称为有(静)差系统或零阶无差度系统，Ⅰ 型系统可称为一阶无差度系统，Ⅱ 型系统可称为二阶无差度系统，以此类推。

如果系统为非单位反馈系统，$H(s) = K_h$ 为常数，那么系统输出量的期望值为 $C_r(s) = R(s)/K_h$，系统输出端的稳态位置误差为

$$e'_{ss}(\infty) = \frac{e_{ss}(\infty)}{K_h} \qquad (3\text{-}6\text{-}18)$$

对于下面讨论的系统在斜坡输入信号、加速度输入信号作用下的稳态误差计算问题，式(3-6-18)表示的关系同样成立。

3)斜坡输入信号作用下的稳态误差与静态速度误差系数

在图 3-6-1 所示的控制系统方框图中，若 $r(t) = Rt$，则 $R(s) = R/s^2$。将 $R(s)$ 代入式(3-6-14)，得各型系统在斜坡输入信号作用下的稳态误差为

$$e_{ss}(\infty) = \begin{cases} \infty, & \nu = 0 \\ R/K = 常数, & \nu = 1 \\ 0, & \nu \geqslant 2 \end{cases}$$

Ⅰ 型单位反馈系统在斜坡输入信号作用下的稳态误差如图 3-6-2 所示。

如果用静态速度误差系数表示各型系统在斜坡(速度)输入信号作用下的稳态误差，可将 $R(s) = R/s^2$ 代入式(3-6-11)，得

$$e_{ss}(\infty) = \frac{R}{\lim\limits_{s \to 0} sG(s)H(s)} = \frac{R}{K_\nu} \qquad (3\text{-}6\text{-}19)$$

式中

$$K_\nu = \lim\limits_{s \to 0} sG(s)H(s) = \lim\limits_{s \to 0} \frac{K}{s^{\nu-1}} \qquad (3\text{-}6\text{-}20)$$

称为静态速度误差系数，亦称为开环速度增益，其单位为 s^{-1}。显然，0 型系统的 $K_v = 0$；Ⅰ型系统的 $K_v = K$；Ⅱ型及Ⅱ型以上系统的 $K_v = \infty$。

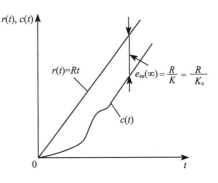

图 3-6-2　Ⅰ型单位反馈系统的速度误差

通常，式(3-6-19)表达的稳态误差称为速度误差。必须注意，速度误差的含义并不是指系统稳态输出与输入之间存在速度上的误差，而是指在速度(斜坡)输入信号作用下，系统稳态输出与输入之间存在位置上的误差。此外，式(3-6-19)还表明：0 型系统在稳态时不能跟踪斜坡输入信号；对于Ⅰ型单位反馈系统，稳态输出速度恰好与输入速度相同，但存在一个稳态位置误差，其数值与速度输入信号的斜率 R 成正比，而与开环增益 K 或 K_v 成反比；对于Ⅱ型及Ⅱ型以上的系统，稳态时能准确跟踪斜坡输入信号，不存在位置误差。

【例 3-6-2】　设有一非单位反馈控制系统，其前向通道传递函数 $G(s) = 10/(s+1)$，反馈通道传递函数 $H(s) = K_h$，输入信号 $r(t) = 1(t)$，试分别确定当 K_h 为 1 和 0.1 时，系统输出端的稳态位置误差 $e_{ss}'(\infty)$。

解　易知，该闭环系统稳定。由于系统开环传递函数为

$$G(s)H(s) = \frac{10K_h}{s+1}$$

故本系统为 0 型系统，其静态位置误差系数 $K_p = K = 10K_h$。由式(3-6-16)可算出系统输入端的稳态位置误差为

$$e_{ss}(\infty) = \frac{1}{1+10K_h}$$

而系统输出端的稳态位置误差可由式(3-6-18)算出。

当 $K_h = 1$ 时，有

$$e_{ss}'(\infty) = e_{ss}(\infty) = \frac{1}{1+10K_h} = \frac{1}{11}$$

当 $K_h = 0.1$ 时，有

$$e_{ss}'(\infty) = \frac{e_{ss}(\infty)}{K_h} = \frac{1}{K_h(1+10K_h)} = 5$$

此时，系统输出量的期望值为 $r(t)/K_h = 10$。

4)加速度输入信号作用下的稳态误差与静态加速度误差系数

在图 3-6-1 所示的控制系统方框图中，若 $r(t) = Rt^2/2$，其中 R 为加速度输入信号的速度变化率，则 $R(s) = R/s^3$。将 $R(s)$ 代入式(3-6-14)，算得各型系统在加速度输入信号作用下的稳态误差为

$$e_{ss}(\infty) = \begin{cases} \infty, & v = 0,1 \\ R/K = 常数, & v = 2 \\ 0, & v \geqslant 3 \end{cases}$$

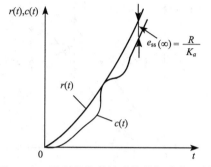

图 3-6-3　Ⅱ型单位反馈系统的加速度误差

Ⅱ型单位反馈系统在加速度输入信号作用下的稳态误差如图 3-6-3 所示。

如果用静态加速度误差系数表示各型系统在加速度输入信号作用下的稳态误差，可将 $R(s) = R/s^3$ 代入式(3-6-11)，得

$$e_{ss}(\infty) = \frac{R}{\lim\limits_{s \to 0} s^2 G(s)H(s)} = \frac{R}{K_a} \qquad (3\text{-}6\text{-}21)$$

式中

$$K_a = \lim_{s \to 0} s^2 G(s)H(s) = \lim_{s \to 0} \frac{K}{s^{v-2}} \qquad (3\text{-}6\text{-}22)$$

称为静态加速度误差系数，亦称为开环加速度增益，其单位为 s^{-2}。显然，0 型及 Ⅰ 型系统的 $K_a = 0$；Ⅱ型系统的 $K_a = K$；Ⅲ 型及 Ⅲ 型以上系统的 $K_a = \infty$。

通常，由式(3-6-21)表达的稳态误差称为加速度误差。与前面的情况类似，加速度误差是指在加速度输入信号作用下，系统稳态输出与输入之间的位置误差。式(3-6-21)表明：0 型及 Ⅰ 型单位反馈系统在稳态时都不能跟踪加速度输入信号；对于 Ⅱ 型单位反馈系统，稳态输出的加速度与输入加速度相同，但存在一定的稳态位置误差，其值与加速度输入信号的变化率 R 成正比，而与开环增益 K 或 K_a 成反比；对于 Ⅲ 型及 Ⅲ 型以上的系统，只要系统稳定，其稳态输出就能准确跟踪加速度输入信号，不存在位置误差。

静态误差系数 K_p、K_v 和 K_a 定量描述了系统跟踪不同形式的输入信号的能力。当系统输入信号形式、输出量的期望值及容许的稳态位置误差确定后，可以方便地根据静态误差系数去选择系统的型别和开环增益。但是，对于非单位反馈控制系统而言，静态误差系数没有明显的物理意义，也不便于用图形表示。

如果系统的输入信号是多种典型输入信号的组合，例如：

$$r(t) = R_0 \cdot 1(t) + R_1 t + \frac{1}{2} R_2 t^2$$

则根据线性叠加原理，可将每一输入信号分量单独作用于系统，再将各稳态误差分量叠加起来，得到

$$e_{ss}(\infty) = \frac{R_0}{1 + K_p} + \frac{R_1}{K_v} + \frac{R_2}{K_a}$$

显然，这时至少应选用 Ⅱ 型系统，否则稳态误差将为无穷大。无穷大的稳态误差表示系统输出量与输入量之间在位置上的误差随时间 t 增加而增长，稳态时达无穷大。由此可见，采用高型别系统或增大系统的开环增益，对提高系统的控制准确度有利，但应以确保系统的稳定性为前提，同时还要兼顾系统的动态性能要求。

反馈控制系统的型别、静态误差系数、输入信号形式与稳态误差之间的关系统一归纳在表 3-6-1 之中。

表 3-6-1　典型输入信号作用下的稳态误差 $e_{ss}(+\infty)$

系统型别 ν	静态误差系数			阶跃输入信号 $r(t)=R\cdot 1(t)$	斜坡输入信号 $r(t)=Rt$	加速度输入信号 $r(t)=\dfrac{1}{2}Rt^2$
	K_p	K_v	K_a	位置误差：$\dfrac{R}{1+K_p}$	速度误差：$\dfrac{R}{K_v}$	加速度误差：$\dfrac{R}{K_a}$
0 型	K	0	0	$\dfrac{R}{1+K}$	∞	∞
Ⅰ 型	∞	K	0	0	$\dfrac{R}{K}$	∞
Ⅱ 型	∞	∞	K	0	0	$\dfrac{R}{K}$

表 3-6-1 表明，同一个控制系统，在不同形式的输入信号作用下，具有不同的稳态误差。

【例 3-6-3】　设有三个反馈控制系统，当：

(1)开环传递函数为 $G(s)H(s)=\dfrac{9}{(0.1s+1)(0.5s+1)}$，试求开环位置增益 K_p 及 $r(t)=1(t)$ 时的稳态误差；

(2)开环传递函数为 $G(s)H(s)=\dfrac{2}{s(s+1)(0.5s+1)}$，试求开环速度增益 K_v 及 $r(t)=5t$ 时的稳态误差；

(3)开环传递函数为 $G(s)H(s)=\dfrac{8(0.5s+2)}{s^2(0.1s+1)}$，试求开环加速度增益 K_a 及 $r(t)=\dfrac{1}{2}t^2$ 时的稳态误差。

解　(1)由 K_p 的定义得 $K_p=\lim\limits_{s\to 0}G(s)H(s)=\lim\limits_{s\to 0}\dfrac{9}{(0.1s+1)(0.5s+1)}=9$。当 $r(t)=1(t)$ 时，由表 3-6-1 得 $e_{ss}(\infty)=\dfrac{1}{1+K_p}=0.1$。

(2)由 K_v 的定义得 $K_v=\lim\limits_{s\to 0}sG(s)H(s)=\lim\limits_{s\to 0}s\dfrac{2}{s(s+1)(0.5s+1)}=2$。当 $r(t)=5t$ 时，由表 3-6-1 得 $e_{ss}(\infty)=\dfrac{5}{K_v}=2.5$。

(3)由 K_a 的定义得 $K_a=\lim\limits_{s\to 0}s^2G(s)H(s)=\lim\limits_{s\to 0}s^2\dfrac{8(0.5s+2)}{s^2(0.1s+1)}=16$。当 $r(t)=\dfrac{1}{2}t^2$ 时，由表 3-6-1 得 $e_{ss}(\infty)=\dfrac{1}{K_a}=0.0625$。

本例中，可验证三个闭环系统均稳定。

应当指出，在系统误差分析中，只有当输入信号是阶跃、斜坡或加速度信号，或者这三种信号的线性组合时，静态误差系数才有意义。用静态误差系数求得的系统稳态误差，或为零，或为常值，或趋于无穷大。其实质是用终值定理法求得系统的终值误差。因此，当系统输入信号具有其他的形式时，静态误差系数法便无法应用。此外，系统的稳态误差一般是时间的函数，即使静态误差系数法可用，也不能表示稳态误差随时间变化的规律。为此，需要引入动态误差系数的概念。

5. 用动态误差系数法求稳态误差

利用动态误差系数法，可以研究输入信号几乎为任意时间函数时的系统稳态误差变化，因此动态误差系数又称为广义误差系数。为了求取动态误差系数，写出误差信号的拉氏变换：

$$E(s) = \Phi_e(s)R(s)$$

将误差传递函数 $\Phi_e(s)$ 在 $s=0$ 的邻域内展开成泰勒级数，得

$$\Phi_e(s) = \frac{1}{1+G(s)H(s)} = \Phi_e(0) + \dot{\Phi}_e(0)s + \frac{1}{2!}\ddot{\Phi}_e(0)s^2 + \cdots$$

于是，误差信号可以表示为如下级数：

$$E(s) = \Phi_e(0)R(s) + \dot{\Phi}_e(0)sR(s) + \frac{1}{2!}\ddot{\Phi}_e(0)s^2R(s) + \cdots + \frac{1}{l!}\Phi_e^{(l)}(0)s^lR(s) + \cdots \tag{3-6-23}$$

上述无穷级数收敛于 $s=0$ 的邻域，称为误差级数，相当于在时间域内 $t \to \infty$ 时成立。因此，当所有初始条件均为零时，对式(3-6-23)进行拉氏反变换，就得到作为时间函数的稳态误差表达式：

$$e_{ss}(t) = \sum_{i=0}^{\infty} C_i r^{(i)}(t) \tag{3-6-24}$$

式中

$$C_i = \frac{1}{i!}\Phi_e^{(i)}(0), \quad i = 0,1,2,\cdots \tag{3-6-25}$$

称为动态误差系数。习惯上称 C_0 为动态位置误差系数，称 C_1 为动态速度误差系数，称 C_2 为动态加速度误差系数。应当指出，在动态误差系数的字样中，"动态"两字的含义是指这种方法可以完整描述系统稳态误差 $e_{ss}(t)$ 随时间变化的规律，而不是指误差信号中的暂态分量 $e_{ts}(t)$ 随时间变化的情况。此外，由于式(3-6-24)描述的误差级数在 $t \to \infty$ 时才能成立，如果输入信号 $r(t)$ 中包含随时间增长而趋近于零的分量，则这一输入信号不应包含在式(3-6-24)中的输入信号及其各阶导数之内。

式(3-6-24)表明，稳态误差 $e_{ss}(t)$ 与动态误差系数 C_i、输入信号 $r(t)$ 及其各阶导数的稳态分量有关。由于输入信号的稳态分量是已知的，因而确定稳态误差的关键是根据给定的系统求出各动态误差系数。在系统阶次较高的情况下，利用式(3-6-25)来确定动态误差系数是不方便的。下面介绍一种简便的求法。

将已知的系统开环传递函数按 s 的升幂排列，写成

$$G(s)H(s) = \frac{K}{s^\nu} \cdot \frac{1+b_{m-1}s+b_{m-2}s^2+\cdots+b_0s^m}{1+a_{n-\nu-1}s+a_{n-\nu-2}s^2+\cdots+a_0s^{n-\nu}} \tag{3-6-26}$$

令

$$M(s) = K(1+b_{m-1}s+b_{m-2}s^2+\cdots+b_0s^m)$$

$$N_0(s) = s^\nu(1+a_{n-\nu-1}s+a_{n-\nu-2}s^2+\cdots+a_0s^{n-\nu})$$

则误差传递函数可表示为

$$\varPhi_e(s) = \frac{1}{1+G(s)H(s)} = \frac{N_0(s)}{N_0(s)+M(s)} \qquad (3\text{-}6\text{-}27)$$

用式(3-6-27)的分子多项式除以其分母多项式，得到一个 s 的升幂级数：

$$\varPhi_e(s) = C_0 + C_1 s + C_2 s^2 + C_3 s^3 + \cdots \qquad (3\text{-}6\text{-}28)$$

将式(3-6-28)代入误差信号表达式，得

$$E(s) = \varPhi_e(s)R(s) = (C_0 + C_1 s + C_2 s^2 + C_3 s^3 + \cdots)R(s) \qquad (3\text{-}6\text{-}29)$$

比较式(3-6-23)与式(3-6-29)可知，它们是等价的无穷级数，其收敛域均是 $s=0$ 的邻域。因此，式(3-6-28)中的系数 $C_i(i=0,1,2,\cdots)$ 正是要求的动态误差系数。

【例 3-6-4】 设单位反馈控制系统的开环传递函数为

$$G(s)H(s) = \frac{100}{s(0.1s+1)}$$

若输入信号为 $r(t)=\sin 5t$，试求系统的稳态误差 $e_{ss}(t)$。

解法 1：显然，该闭环系统稳定。由于输入信号为正弦函数，无法采用静态误差系数法确定 $e_{ss}(t)$。现采用动态误差系数法求系统的稳态误差。由于系统误差传递函数为

$$\varPhi_e(s) = \frac{1}{1+G(s)H(s)} = \frac{s(0.1s+1)}{0.1s^2+s+100} = 0 + 10^{-2}s + 9\times10^{-4}s^2 - 1.9\times10^{-5}s^3 + \cdots$$

故动态误差系数为

$$C_0 = 0$$
$$C_1 = 10^{-2}$$
$$C_2 = 9\times10^{-4}$$
$$C_3 = -1.9\times10^{-5}$$
$$\vdots$$

可求得稳态误差为

$$e_{ss}(t) = (C_0 - C_2\omega_0^2 + C_4\omega_0^4 - \cdots)\sin\omega_0 t + (C_1\omega_0 - C_3\omega_0^3 + C_5\omega_0^5 - \cdots)\cos\omega_0 t$$

式中，$\omega_0 = 5$。

解法 2：利用拉氏反变换法求解。误差信号为

$$E(s) = \varPhi_e(s)R(s) = \frac{s^2+10s}{s^2+10s+1000}\cdot\frac{5}{s^2+25}$$
$$= \frac{as+b}{s^2+10s+1000} + \frac{cs+d}{s^2+25}$$

式中，系数 a、b、c、d 待定。上式通分后，得如下代数方程组：

$$\begin{cases} 25b+1000d = 0 \\ a+c = 0 \\ b+10c+d = 5 \\ 25a+1000c+10d = 50 \end{cases}$$

利用行列式求解方法，可以算出 $a=-0.0525$，$b=4.5902$，$c=0.0525$，$d=-0.1148$。

由于闭环系统是稳定的，故稳态下有

$$E_{ss}(s) = \frac{cs+d}{s^2+25} = \frac{0.0525s - 0.1148}{s^2+25}$$

对上式取拉氏反变换，求得系统稳态误差为–0.053sin(5t-26°)，可验证同解法 1 一样的系统稳态误差。

【例 3-6-5】 调速系统方框图如图 3-6-4 所示。已知：$k_1 = 10$，$k_2 = 2$，$\alpha = 4$，$k_c = 0.05$。求 $r(t) = 1(t)$ 时系统的稳态误差。

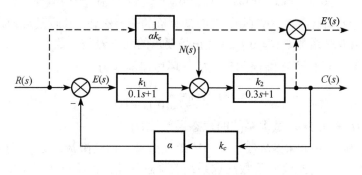

图 3-6-4 调速系统方框图

解 系统响应参考输入信号 $r(t)$ 的误差传递函数为

$$\Phi_e(s) = \frac{1}{1 + G_1(s)G_2(s)H(s)}$$

式中，$G_1(s) = \dfrac{k_1}{0.1s+1}$；$G_2(s) = \dfrac{k_2}{0.3s+1}$；$H(s) = \alpha k_c$。易知，该系统是稳定的。

将 $\Phi_e(s)$ 的分子、分母多项式分别以 s 升幂形式来表示，并应用长除法求商式，即

$$\Phi_e(s) = \frac{1}{1 + 4 \times 0.05 \times \dfrac{10}{0.1s+1} \times \dfrac{2}{0.3s+1}} = \frac{1 + 0.4s + 0.03s^2}{5 + 0.4s + 0.03s^2}$$

做长除法：

$$
\begin{array}{r}
0.2 + 0.064s - 0.00032s^2 \\
5 + 0.4s + 0.03s^2 \overline{\big)\, 1 + 0.4s + 0.03s^2 } \\
-)\,1 + 0.08s + 0.006s^2 \\
\hline
0.32s + 0.024s^2 \\
-)\,0.32s + 0.0256s^2 + 0.00192s^3 \\
\hline
-0.0016s^2 - 0.00192s^3 \\
-)\,-0.0016s^2 - 0.000128s^3 - 0.0000096s^4 \\
\hline
-0.001792s^3 + 0.0000096s^4
\end{array}
$$

$$\frac{E(s)}{R(s)} = 0.2 + 0.064s - 0.00032s^2 - \cdots$$

由上式求取 $E(s)$，即

$$E(s) = 0.2R(s) + 0.064sR(s) - 0.00032s^2R(s) - \cdots$$

对上式等号两边逐项进行拉氏反变换，得

$$e(t) = 0.2r(t) + 0.064\dot{r}(t) - 0.00032\ddot{r}(t) - \cdots$$

将给定的 $r(t) = 1(t)$ 及其各阶导数 $\dot{r}(t) = \ddot{r}(t) = \cdots = 0$ 代入上式，最终求得系统响应 $r(t)$ 的稳态误差为 $e_{ss}(t) = 0.2$。

3.6.3 反馈系统响应扰动输入信号的稳态误差及其计算

控制系统除受参考输入信号作用外，还经常处于各种扰动信号作用之下，如负载转矩的变动、放大器的零位和噪声、电源电压和频率的波动、组成元件的零位输出，以及环境温度的变化等。因此，控制系统在扰动信号作用下的稳态误差反映了系统的抗干扰能力。在理想情况下，对于任意形式的扰动作用，系统稳态误差应该为零，但实际上这是不能实现的。

由于参考输入信号和扰动信号作用于系统的不同位置，因而即使系统对于某种形式的参考输入信号作用的稳态误差为零，但对于同一形式的扰动信号作用，其稳态误差未必为零。设反馈系统方框图如图 3-6-5 所示，其中 $N(s)$ 代表扰动信号的拉氏变换。

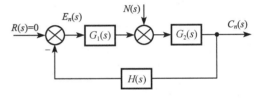

图 3-6-5 反馈系统方框图

系统响应扰动信号 $n(t)$ 的误差信号同响应参考输入信号 $r(t)$ 的误差信号一样，有两种定义，即输入端误差信号 $e_n(t)$ 与输出端误差信号 $e_n'(t)$。在扰动信号 $n(t)$ 作用下，系统的输入端误差信号为

$$E_n(s) = \Phi_{en}(s)N(s) = \left[-\frac{G_2(s)H(s)}{1 + G(s)H(s)} \right]N(s) \tag{3-6-30}$$

式中，$G(s)H(s) = G_1(s)G_2(s)H(s)$ 为非单位反馈系统的开环传递函数；$G_2(s)$ 为以 $n(t)$ 为输入，以 $c_n(t)$ 为输出时非单位反馈系统前向通道的传递函数；$\Phi_{en}(s)$ 为系统响应 $n(t)$ 的误差传递函数，记为

$$\Phi_{en}(s) = \frac{E_n(s)}{N(s)} = -\frac{G_2(s)H(s)}{1 + G(s)H(s)} \tag{3-6-31}$$

同理，可得在扰动信号 $n(t)$ 作用下系统的输出端误差信号(此时，期望输出应为零)为

$$E_n'(s) = -C_n(s) = \left[-\frac{G_2(s)}{1 + G(s)H(s)} \right]N(s) \tag{3-6-32}$$

在本书以下的叙述中，均采用 $E_n(s)$ 进行计算。若有必要计算输出端误差信号 $E_n'(s)$，可利用式(3-6-32)。当然，同响应参考输入信号 $r(t)$ 的误差信号一样，对于单位负反馈系统而言，二者相等，即 $E_n'(s) = E_n(s)$。

响应扰动信号 $n(t)$ 的稳态误差 $e_{ssn}(t)$ 的计算方法同 $e_{ss}(t)$ 一样，可以采用动态误差系数法、终值定理法等，下面简要加以介绍。

动态误差系数法：将按式(3-6-31)计算所得的 $\Phi_{en}(s)$ 在 $s = 0$ 的邻域内展开成泰勒级数，则

$$\Phi_{en}(s) = \Phi_{en}(0) + \dot{\Phi}_{en}(0)s + \frac{1}{2!}\ddot{\Phi}_{en}(0)s^2 + \cdots + \frac{1}{l!}\Phi_{en}^{(l)}(0)s^l + \cdots \tag{3-6-33}$$

设系统的扰动信号表示为

$$n(t) = n_0 + n_1 t + \frac{1}{2!}n_2 t^2 + \cdots + \frac{1}{k!}n_k t^k \tag{3-6-34}$$

则将式(3-6-33)代入式(3-6-30)，并取拉氏反变换，得稳定系统对扰动信号的稳态误差表达式为

$$e_{ssn}(t) = \sum_{i=0}^{k} C_{in} n^{(i)}(t)$$

式中

$$C_{in} = \frac{1}{i!}\Phi_{en}^{(i)}(0), \quad i = 0,1,2,\cdots,k \tag{3-6-35}$$

称为系统对扰动信号的动态误差系数。将按式(3-6-31)所求得的 $\Phi_{en}(s)$ 的分子多项式与分母多项式按 s 的升幂排列，最后利用长除法，可以方便地求得 C_{in}。

终值定理法：当 $sE_n(s)$ 在 s 右半平面及虚轴上解析时，同样可以采用终值定理法计算系统在扰动信号作用下的终值误差 $e_{ssn}(\infty)$。

【例 3-6-6】　设有随动系统，其方框图如图 3-6-6 所示。已知该系统的输入信号及扰动信号分别为 $r(t) = t$，$n(t) = -1$，试计算 $k_1 = 1$、$k_2 = 2$ 时该系统的稳态误差。

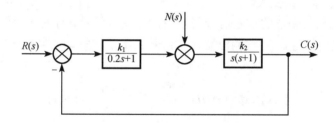

图 3-6-6　随动系统方框图

解　可知，该闭环系统是稳定的。该系统有两个输入信号，即参考输入信号 $r(t)$ 和扰动信号 $n(t)$，下面先分别计算它们单独作用下的系统稳态误差。

(1)响应 $r(t)$ 的稳态误差：响应 $r(t)$ 的误差传递函数为

$$\Phi_e(s) = \frac{1}{1+G(s)H(s)} = \frac{1}{1 + \dfrac{2}{s(s+1)} \cdot \dfrac{1}{0.2s+1}} = \frac{s(s+1)(0.2s+1)}{s(s+1)(0.2s+1)+2}$$

由于 $sE(s)$ 在 s 右半平面及虚轴上解析，可以用静态误差系数法来计算稳态误差。从开环传递函数的形式可知，该系统是 I 型系统，对单位速度输入的稳态误差为常值。由于静态速度误差系数为

$$K_v = \lim_{s \to 0} sG(s)H(s) = \lim_{s \to 0} \frac{2}{(s+1)(0.2s+1)} = 2$$

所以，参考输入信号作用下的稳态误差为

$$e_{ssr}(\infty) = \frac{1}{K_v} = 0.5$$

(2)响应 $n(t)$ 的稳态误差：响应 $n(t)$ 的误差传递函数为

$$\Phi_{en}(s) = \frac{-G_2(s)}{1+G(s)H(s)} = \frac{-\dfrac{k_2}{s(s+1)}}{1+\dfrac{k_1k_2}{s(s+1)(0.2s+1)}} = \frac{-k_2(0.2s+1)}{s(s+1)(0.2s+1)+k_1k_2}$$

由于 $sE_n(s)$ 在 s 的右半平面及虚轴上也解析，采用终值定理法计算稳态误差：

$$e_{ssn}(\infty) = \lim_{s \to 0} sE_n(s) = \lim_{s \to 0} \frac{k_2(0.2s+1)}{s(s+1)(0.2s+1)+k_1k_2} = \frac{1}{k_1} = 1$$

因此，根据线性系统满足叠加原理，系统在两个输入信号作用下的总误差为

$$e_{ss}(\infty) = e_{ssr}(\infty) + e_{ssn}(\infty) = 1.5$$

3.6.4　减小或消除稳态误差的措施

为了减小或消除系统在参考输入信号和扰动信号作用下的稳态误差，可以采取以下措施。

(1)增大系统开环增益或扰动作用点之前系统的前向通道增益。

由表 3-6-1 可见，增大系统开环增益 K 以后，对于 0 型系统，可以减小系统在阶跃输入信号作用下的位置误差；对于 Ⅰ 型系统，可以减小系统在斜坡输入信号作用下的速度误差；对于 Ⅱ 型系统，可以减小系统在加速度输入信号作用下的加速度误差。

由例 3-6-6 可见，增大扰动作用点之前的增益 k_1，可以减小系统在阶跃扰动信号作用下的稳态误差，而且该稳态误差与 k_2 无关。因此，增大扰动作用点之后系统的前向通道增益不能改变系统对扰动信号的稳态误差。

(2)在系统的前向通道设置串联积分环节。

下面分两种情形加以讨论。

1)响应参考输入信号的稳态误差消除

在图 3-6-5 所示非单位反馈控制系统方框图中，假设 $R(s)$ 和 $N(s)$ 同时施加作用，并设

$$G_1(s) = \frac{M_1(s)}{s^{v_1}N_1(s)}, \quad G_2(s) = \frac{M_2(s)}{s^{v_2}N_2(s)}, \quad H(s) = \frac{H_1(s)}{H_2(s)} \qquad (3\text{-}6\text{-}36)$$

式中，$N_1(s)$、$M_1(s)$、$N_2(s)$、$M_2(s)$、$H_1(s)$ 及 $H_2(s)$ 均不含 $s=0$ 的因子；v_1 和 v_2 为系统前向通道的积分环节数，则系统对输入信号 $R(s)$ 的误差传递函数为

$$\Phi_e(s) = \frac{1}{1+G_1(s)G_2(s)H(s)} = \frac{s^v N_1(s)N_2(s)H_2(s)}{s^v N_1(s)N_2(s)H_2(s)+M_1(s)M_2(s)H_1(s)}$$

式中，$v = v_1 + v_2$。

上式表明，当系统主反馈通道传递函数 $H(s)$ 不含 $s=0$ 的零点和极点时，如下结论成立：

(1)系统前向通道所含串联积分环节数 v 与误差传递函数 $\Phi_e(s)$ 所含 $s=0$ 的零点数 v 相同，所以就决定了系统响应参考输入信号的型别；

(2)由动态误差系数定义式(3-6-25)可知，当 $\Phi_e(s)$ 含有 ν 个 $s=0$ 的零点时，必有 $C_i=0$ $(i=0,1,\cdots,\nu-1)$。于是，只要在系统前向通道中设置 ν 个串联积分环节，必可消除系统在输入信号 $r(t)=\sum_{i=0}^{\nu-1}\dfrac{1}{i!}R_i t^i$ 作用下的稳态误差。

2)响应扰动信号的稳态误差消除

如果系统主反馈通道传递函数含有 ν_3 个积分环节，即

$$H(s)=\frac{H_1(s)}{s^{\nu_3}H_2(s)}$$

而其余传递函数的假定同式(3-6-36)，则系统对扰动信号作用的误差传递函数为

$$\Phi_{en}(s)=-\frac{G_2(s)H(s)}{1+G_1(s)G_2(s)H(s)}=-\frac{s^{\nu_1}M_2(s)N_1(s)H_1(s)}{s^{\nu}N_1(s)N_2(s)H_2(s)+M_1(s)M_2(s)H_1(s)} \qquad (3\text{-}6\text{-}37)$$

式中，$\nu=\nu_1+\nu_2+\nu_3$。由于式(3-6-37)所示误差传递函数 $\Phi_{en}(s)$ 具有 ν_1 个 $s=0$ 的零点，而 ν_1 为系统扰动作用点前的前向通道所含的积分环节数，根据系统对扰动信号的动态误差系数 C_{in} 的定义式(3-6-35)，应有 $C_{in}=0$ $(i=0,1,\cdots,\nu_1-1)$，从而系统响应扰动信号 $n(t)=\sum_{i=0}^{\nu_1-1}\dfrac{1}{i!}n_i t^i$ 的稳态误差为零。这类系统称为响应扰动信号的 ν_1 型系统。

由于误差传递函数 $\Phi_{en}(s)$ 所含 $s=0$ 的零点数等于系统扰动作用点前的前向通道所含积分环节数 ν_1，故对于响应扰动信号的系统，下列结论成立：

(1)扰动作用点之前的前向通道积分环节数决定了系统响应扰动信号的型别，该型别与扰动作用点之后前向通道及主反馈通道的积分环节数无关；

(2)如果在扰动作用点之前的前向通道中设置 ν 个积分环节，则必可消除系统在扰动信号 $n(t)=\sum_{i=0}^{\nu-1}\dfrac{1}{i!}n_i t^i$ 作用下的稳态误差。

在此说明，以上两个结论是针对扰动信号的输入端误差信号 $e_n(t)$ 得出来的。如果对扰动信号的输出端误差信号 $e_n'(t)$ 进行分析，可得出结论为：扰动作用点之前的前向通道积分环节数与主反馈通道积分环节数之和决定了系统响应扰动信号的型别，该型别与扰动作用点之后前向通道的积分环节数无关。

特别需要指出，在反馈控制系统中，设置串联积分环节或增大开环增益以消除或减小稳态误差的措施必然导致系统的稳定性降低，甚至造成系统不稳定，从而恶化系统的动态性能。因此，考虑系统稳定性、稳态误差与动态性能之间的关系便成为系统校正设计的主要内容。

3.7　复合控制的误差分析

反馈系统通过引入顺馈控制(也称为前馈控制)来实现复合控制，在高精度控制系统中得到越来越广泛的应用。

3.7.1 补偿扰动信号对系统输出的影响

如果扰动信号是可测的，应用顺馈补偿扰动信号对系统输出的影响将是一种有效的方法。顺馈补偿是指在可测扰动信号的不利影响产生之前，通过补偿通道来抵消这种扰动信号对系统输出的影响。设具有顺馈补偿的复合控制系统方框图如图 3-7-1 所示。

图 3-7-1 中 $G_0(s)$ 为被控对象的传递函数，$G_c(s)$ 为用以提高系统动态性能的校正环节的

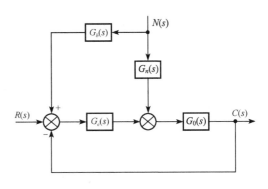

图 3-7-1　具有顺馈补偿的复合控制系统方框图

传递函数，$G_n(s)$ 为由扰动信号 $n(t)$ 直接作用到被控对象的传递函数，$G_b(s)$ 为顺馈补偿器的传递函数。由图 3-7-1 求得

$$C(s) = \{[N(s)G_b(s) + R(s) - C(s)]G_c(s) + N(s)G_n(s)\} \cdot G_0(s)$$
$$= G_0(s)G_c(s)[R(s) - C(s)] + [G_b(s)G_c(s)G_0(s) + G_n(s)G_0(s)]N(s)$$

在上式中，若取

$$G_b(s)G_c(s)G_0(s) + G_n(s)G_0(s) = 0 \qquad (3\text{-}7\text{-}1)$$

则可以完全补偿扰动信号 $n(t)$ 对系统输出 $c(t)$ 的影响，这样，顺馈补偿器的传递函数 $G_b(s)$ 可由式(3-7-2)确定：

$$G_b(s) = -\frac{G_n(s)}{G_c(s)} \qquad (3\text{-}7\text{-}2)$$

注意：$G_b(s)$ 应具有物理可实现性，即需使 $G_b(s)$ 分母多项式的阶次高于或等于其分子多项式的阶次。一般情况下，实现扰动信号对系统输出影响的完全补偿是比较困难的，通常可做到近似补偿。

从补偿原理来看，由于顺馈补偿实际上是应用开环控制方法去补偿扰动信号的影响，所以顺馈补偿并不改变反馈系统的特性，如闭环稳定性，这可以通过闭环传递函数 $C(s)/R(s)$ 或 $C(s)/N(s)$ 的特征方程加以验证。但从抑制扰动角度来看，若顺馈补偿存在，则可降低对反馈系统的要求，如开环增益可取小些。这样，因为由可测扰动信号引起的误差将被顺馈完全补偿或近似补偿，而由其他扰动信号引起的误差可通过反馈予以消除或削弱，所以在复合控制系统中可以做到在不增大系统开环增益的前提下提高系统抑制扰动信号能力。另外，由于顺馈补偿属于开环控制，所以要求补偿装置的参数具有较高的稳定性，否则，补偿装置的参数漂移将削弱顺馈补偿的效果，同时还将给系统输出增添新的误差。

【例 3-7-1】　设有一位置随动系统，其方框图如图 3-7-2 所示。其中 $G_2(s)$ 为伺服电机即被控对象的传递函数，$G_1(s)$ 为滤波器传递函数，$G_c(s)$ 为综合放大器传递函数。试确定顺馈补偿器的传递函数 $G_b(s)$，以补偿负载力矩 M_L 对系统输出的影响。设作为扰动信号的负载力矩为可测的。

解　从图 3-7-2 可以看出，扰动信号 $n(t)$ 对输出 $c(t)$ 的影响可通过下式来描述：

$$C(s) = G_2(s)G_1(s)G_c(s)[R(s) - C(s)] + G_2(s)[G_1(s)G_c(s)G_b(s) + G_n(s)]N(s)$$

如果要求负载力矩对系统输出无影响，在上式中须有

$$G_1(s)G_c(s)G_b(s) + G_n(s) = 0$$

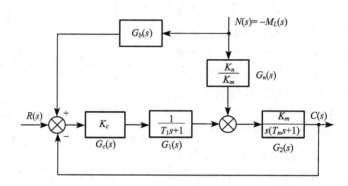

图 3-7-2　位置随动系统方框图(一)

由此求得顺馈补偿器的传递函数为

$$G_b(s) = -\frac{G_n(s)}{G_1(s)G_c(s)} = -\frac{K_n}{K_c K_m}(T_1 s + 1)$$

为满足物理可实现条件，顺馈补偿器的传递函数 $G_b(s)$ 可选取如下形式：

$$G_b(s) = -\frac{K_n}{K_c K_m} \cdot \frac{T_1 s + 1}{T_2 s + 1}, \quad T_1 \gg T_2$$

3.7.2　减小系统响应参考输入信号的误差

应用顺馈减小系统响应参考输入信号的误差是在反馈控制系统的基础上，引入参考输入信号的微分(一般为一阶、二阶微分)作为系统的附加输入信号而实现的。这种既包括反馈又包括顺馈的复合控制系统可使系统复现输入信号的能力与精度大为提高。

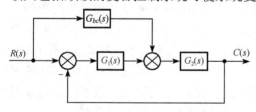

图 3-7-3　复合控制系统方框图的一般形式

上述复合控制系统方框图的一般形式如图 3-7-3 所示。其中顺馈信号加到系统前向通道某个环节的输入端。分析与设计复合控制系统，最简单的方法是等效传递函数法。这种方法的思路是：首先求出复合控制系统的等效闭环传递函数 $C(s)/R(s)$，然后按一般反馈控制系统开环和闭环传递函数之间的关系，倒推出复合控制系统的等效开环传递函数，最后根据这一等效开环传递函数对复合控制系统进行分析。

由图 3-7-3 求得被控制信号 $c(t)$ 的拉氏变换为

$$C(s) = G_1(s)G_2(s)[R(s) - C(s)] + G_{bc}(s)G_2(s)R(s)$$

由上式写出复合控制系统的等效闭环传递函数 $\varPhi_{\text{eq}}(s) \overset{\text{def}}{=\!=} \dfrac{C(s)}{R(s)}$ 为

$$\Phi_{eq}(s) = \frac{G_1(s)G_2(s) + G_{bc}(s)G_2(s)}{1 + G_1(s)G_2(s)} \tag{3-7-3}$$

其响应参考输入信号 $r(t)$ 的等效误差传递函数为

$$\Phi_{eeq}(s) = 1 - \Phi_{eq}(s) = \frac{1 - G_{bc}(s)G_2(s)}{1 + G_1(s)G_2(s)} \tag{3-7-4}$$

由式(2-2-12)求得图 3-7-3 对应的复合控制系统的等效开环传递函数为

$$G_{eq}(s) = \frac{\Phi_{eq}(s)}{1 - \Phi_{eq}(s)} = \frac{G_2(s)[G_{bc}(s) + G_1(s)]}{1 - G_{bc}(s)G_2(s)} \tag{3-7-5}$$

从式(3-7-3)可以看出，若取

$$G_{bc}(s) = \frac{1}{G_2(s)} \tag{3-7-6}$$

则 $\Phi_{eq}(s) = 1$，也就是说，当式(3-7-6)所示条件成立时，图 3-7-3 对应的复合控制系统对参考输入信号 $r(t)$ 在整个响应过程将实现完全复现，即误差的完全补偿(此时动态误差与稳态误差均为零)，这种情况亦称为对给定输入实现了完全不变性。通常，将顺馈信号加到信号综合放大器的输入端，以降低对顺馈信号功率的要求，与此同时，为使 $G_{bc}(s)$ 的结构简单，多数情况下不要求实现完全复现，只需近似复现以减小系统响应参考输入信号 $r(t)$ 的误差，即部分补偿 $G_{bc}(s) \neq 1/G_2(s)$。

下面分析近似复现情况下复合控制系统响应参考输入信号的误差和稳定性。

设系统无顺馈补偿时的开环传递函数为

$$G(s) = G_1(s)G_2(s) = \frac{K_v}{s(a_0 s^{n-1} + a_1 s^{n-2} + \cdots + a_{n-2}s + 1)}$$

又设复合控制系统的方框图如图 3-7-3 所示，其中令 $G_1(s) = 1$，这意味着顺馈信号与误差信号同时加到信号综合放大器的输入端。于是，由式(3-7-5)求得上述复合控制系统的等效开环传递函数为

$$G_{eq}(s) = \frac{G_2(s)[1 + G_{bc}(s)]}{1 - G_{bc}(s)G_2(s)} \tag{3-7-7}$$

式中，$G_2(s) = G(s) = \dfrac{K_v}{s(a_0 s^{n-1} + a_1 s^{n-2} + \cdots + a_{n-2}s + 1)}$。

当取系统参考输入信号的一阶导数作为近似复现的顺馈控制信号，即取 $G_{bc}(s) = \lambda_1 s$ 时，复合控制系统的等效开环传递函数为

$$G_{eq}(s) = \frac{\lambda_1 K_v s + K_v}{s[(a_0 s^{n-1} + a_1 s^{n-2} + \cdots + a_{n-2}s + 1) - \lambda_1 K_v]}$$

式中，λ_1 为常系数，代表顺馈信号的强度。若取 $\lambda_1 = \dfrac{1}{K_v}$，则

$$G_{eq}(s) = \frac{s + K_v}{s^2(a_0 s^{n-2} + a_1 s^{n-3} + \cdots + a_{n-3}s + a_{n-2})}$$

这说明，采用复合控制方案后，当取 $G_{bc}(s) = \lambda_1 s$ 以及 $\lambda_1 = \dfrac{1}{K_v}$ 时，可使系统的型别由 Ⅰ 提高到 Ⅱ。

同理，若取 $G_1(s) = 1$ 及 $G_{bc}(s) = \lambda_2 s^2 + \lambda_1 s$，并选 $\lambda_2 = \dfrac{a_{n-2}}{K_v}$，$\lambda_1 = \dfrac{1}{K_v}$，则由式(3-7-7)可求得等效开环传递函数为

$$G_{eq}(s) = \frac{K_v\left(\dfrac{a_{n-2}}{K_v}s^2 + \dfrac{1}{K_v}s + 1\right)}{s^3(a_0 s^{n-3} + a_1 s^{n-4} + \cdots + a_{n-4}s + a_{n-3})}$$

可见，同时取参考输入信号的一阶、二阶导数作为顺馈信号加到信号综合放大器的输入端，并合理确定顺馈信号各阶导数的强度，原 Ⅰ 型反馈控制系统就可以实现复合控制形式下的 Ⅲ 型系统，从而使系统的稳态性能大大提高。

从控制系统的稳定性来看，由于复合控制系统的特征方程和无顺馈补偿的反馈控制系统的特征方程完全一致，都是

$$1 + G_{eq}(s) = 1 + G(s) = a_0 s^n + a_1 s^{n-1} + \cdots + a_{n-2}s^2 + s + K_v = 0$$

所以系统的稳定性不受顺馈信号存在的影响。由此可见，复合控制系统很好地解决了一般反馈控制系统在提高控制精度和保证系统稳定性之间的矛盾。

【例3-7-2】　设某位置随动系统的方框图如图 3-7-4 所示。要求将原 Ⅰ 型反馈控制系统的型别提高到 Ⅱ 型及实现对 $r(t)$ 完全复现，问顺馈补偿器传递函数 $G_{bc}(s)$ 应如何选取。

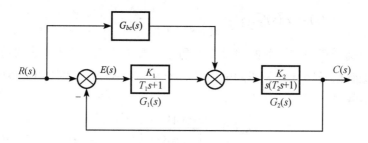

图 3-7-4　位置随动系统方框图(二)

解　(1)取 $G_{bc}(s) = \lambda_1 s$，$\lambda_1 = 1/K_2$。由式(3-7-5)求得图 3-7-4 对应的复合控制系统的等效开环传递函数为

$$G_{eq}(s) = \frac{T_1 s^2 + s + K_1 K_2}{T_2 s^2 (T_1 s + 1)}$$

由上式可见，复合控制系统的型别为 Ⅱ 型，满足要求。注意：此时只是一种部分补偿。

(2)取 $G_{bc}(s) = \lambda_2 s^2 + \lambda_1 s$。若选其中系数 $\lambda_2 = T_2/K_2$ 及 $\lambda_1 = 1/K_2$，则得

$$G_{bc}(s) = \frac{1}{G_2(s)}$$

由上式知，这时的复合控制系统具有完全复现参考输入信号的功能，即完全补偿。

3.8　基于 MATLAB 的控制系统时域分析

对于高阶系统，绘制其时域响应曲线的实际步骤是通过计算机仿真实现的。在这一节中，将介绍基于 MATLAB 进行控制系统的时域分析，特别地，将讨论单位阶跃响应、理想单位脉冲响应以及任意输入响应，计算控制系统的时域性能指标，绘制系统的时域响应曲线，分析系统的稳定性和计算系统的稳态误差等。

3.8.1　时域响应

1. 单位阶跃响应

函数及调用格式：

$$[y,t]= step(num,den), \quad [y,t]= step(num,den,t), \quad [y,x,t]=step(G)$$

功能说明：step 函数用于计算线性连续系统的单位阶跃响应，当不带输出变量时，step 函数可直接绘制出系统的单位阶跃响应曲线。(num,den)为系统的传递函数表示形式，t 为指定的时间向量，G 为线性系统的数学模型。

【例 3-8-1】 设线性系统的闭环传递函数为

$$\frac{C(s)}{R(s)} = \frac{25}{s^2 + 6s + 25}$$

试绘制系统的单位阶跃响应曲线。

解 运行 MATLAB Program 31，系统的单位阶跃响应曲线如图 3-8-1 所示。

```
MATLAB Program 31.m
G=tf(25,[1,6,25]);
t=0:0.1:3;
step(G,t);
grid on
title('φ(s)=25/(s^2+6s+25)的单位阶跃响应曲线')
```

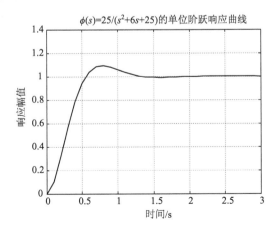

图 3-8-1　系统的单位阶跃响应曲线

【例 3-8-2】　　设典型二阶系统的传递函数为

$$\frac{C(s)}{R(s)} = \frac{\omega_n^2}{s^2 + 2\zeta\omega_n s + \omega_n^2}$$

试绘制如下参数条件下系统的单位阶跃响应曲线。

(1)当 $\omega_n = 1$ 时，假设 $\zeta = 0, 0.2, \cdots, 1, 2, 3, 5$；

(2)当 $\zeta = 0.55$ 时，假设 $\omega_n = 0, 0.2, \cdots, 1, 2, 3, 5$。

解　(1)运行 MATLAB Program 32，系统的单位阶跃响应曲线如图 3-8-2 所示。

```
MATLAB Program 32.m
wn=1;zetas=[0:0.2:1,2,3,5];t=0:0.1:12;
hold on
for i=1:length(zetas)
    G=tf(wn^2,[1,2*zetas(i)*wn,wn^2]);
    step(G,t); grid on
end
hold off
title('当\omega_n=1,\zeta=0,0.2,...,1,2,3,5时系统的单位阶跃响应曲线')
```

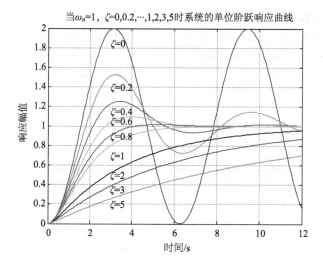

图 3-8-2　ζ 变化时系统的单位阶跃响应曲线

(2)运行 MATLAB Program 33，系统的单位阶跃响应曲线如图 3-8-3 所示。

```
MATLAB Program 33.m
wn=[0:0.2:1,2,3,5]; zetas=0.55; t=0:0.1:10;
hold on
for i=1:length(wn)
```

```
    G=tf(wn(i)^2,[1,2*zetas*wn(i),wn(i)^2]);
    step(G,t);grid on
end
hold off
title('当\zeta=0.55,\omega_n=0,0.2,...,1,2,3,5时系统的单位阶跃响应曲线')
```

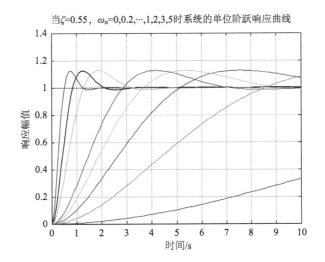

图 3-8-3　ω_n 变化时系统的单位阶跃响应曲线

由图 3-8-3 可知，当无阻尼自振角频率增加时，系统的响应速度也将加快，而响应曲线的峰值将保持不变，对其他的阻尼比也可以得出相同的结论。

2. 理想单位脉冲响应

函数及调用格式：

　　　　[y,t]= impulse(num,den),　　[y,t]= impulse(num,den,t),　　[y,x,t]= impulse(G)

功能说明：impulse 函数用于计算线性连续系统的理想单位脉冲响应，参数与 step 函数相同。

【例 3-8-3】　试绘制例 3-8-1 所示系统的理想单位脉冲响应曲线。

解　运行 MATLAB Program 34，系统的理想单位脉冲响应曲线如图 3-8-4 所示。

```
MATLAB Program 34.m
G=tf(25,[1,6,25]);
impulse(G);
grid on
title('φ(s)=25/(s^2+6s+25)的理想单位脉冲响应曲线')
```

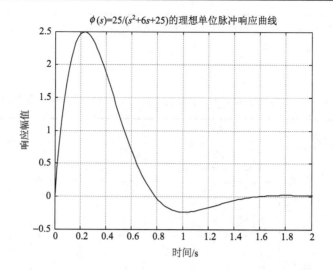

图 3-8-4　系统的理想单位脉冲响应曲线

3. 任意输入响应

函数及调用格式:

$$[y,t]=\text{lsim}(num,den,u,t),\quad [y,t,x]=\text{lsim}(num,den,u,t,x_0)$$

功能说明: lsim 函数可以对任意输入的线性连续系统进行仿真, u 为在指定时间序列上的输入值, x_0 为指定的初始状态, 其他参数与 step 函数相同。

【例 3-8-4】　系统的闭环传递函数为

$$\frac{C(s)}{R(s)} = \frac{s+10}{s^3 + 6s^2 + 9s + 10}$$

试绘制系统的单位斜坡响应曲线。

　　解　运行 MATLAB Program 35, 系统的单位斜坡响应曲线如图 3-8-5 所示。

```
MATLAB Program 35.m
G=tf([1,10],[1,6,9,10]);t=0:0.1:10;
r=t;
y=lsim(G,r,t);
plot(t,r,t,y,'o');
grid on;
title('φ(s)=s+10/(s^3+6s^2+9s+10)的单位斜坡响应曲线')
```

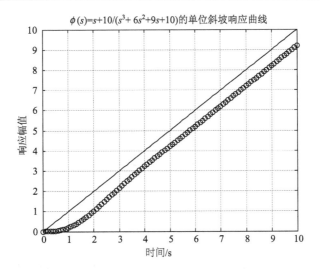

图 3-8-5　系统的单位斜坡响应曲线

3.8.2　动态性能指标计算与稳定性分析

1. 动态性能指标计算

MATLAB 可以方便地用来计算系统的动态性能指标，如上升时间 t_r、峰值时间 t_p、超调量 σ_p 和调节时间 t_s。

【例 3-8-5】　计算例 3-8-1 所示系统的上升时间、峰值时间、超调量和调节时间。

解　运行 MATLAB Program 36，可得例 3-8-1 所示系统的性能指标 t_r、t_p、σ_p 和 t_s。

```
MATLAB Program 36.m
g0=tf(25,[1,6,25]);
[y,t]=step(g0);
[mp,ind]=max(y);
dimt=length(t);
yss=y(dimt);
pos=100*(mp-yss)/yss
tp=t(ind)
for i=1:dimt
    if y(i)>=1
        tr=t(i);
        break;
    end
end
for i=1:length(y)
    if y(i)<=0.98*yss|y(i)>=1.02*yss
        ts1=t(i);
```

```
        end
    end
    for i=1:length(y)
        if y(i)<=0.95*yss|y(i)>=1.05*yss
            ts2=t(i);
        end
    end
    tr,ts1,ts2
```

运行结果：

```
pos =10.4683;tp =0.7829;tr =0.5680;ts1 = 1.2434(Δ=0.02);ts2 = 1.0745(Δ=0.05)
```

2. 稳定性分析

判断线性系统稳定性的最简单的方法就是求出该系统的所有极点，并判别是否含有实部大于零的极点(不稳定极点)。如果有这样的极点，则系统称为不稳定系统，否则称为稳定系统。

函数及调用格式：

$$roots(den)$$

功能说明：计算特征方程 den 的全部极点。

【例 3-8-6】　设系统的传递函数为

$$G(s) = \frac{s^3 + 7s^2 + 24s + 24}{s^4 + 10s^3 + 35s^2 + 50s + 24}$$

试判断系统的稳定性。

解　运行 MATLAB Program 37。

```
MATLAB Program 37.m
den=[1 10 35 50 24];
roots(den)
```

运行结果：

```
ans =[-4.0000  -3.0000  -2.0000  -1.0000]'
```

从求得的解向量可知，系统的全部极点均具有负实部，因此该系统是稳定的。

习　　题

3-1　已知系统的单位阶跃响应为

$$c(t) = 1 - 1.25e^{-1.2t} \sin(1.6t + 53.1°)$$

试计算系统参数 ζ 和 ω_n，求系统的闭环传递函数 $\Phi(s)$，并计算系统指数 t_r、σ_p、t_p 及 t_s。

3-2　设单位负反馈系统的开环传递函数为

$$G(s) = \frac{0.4s + 1}{s(s + 0.6)}$$

试计算该系统单位阶跃响应的超调量、上升时间、峰值时间及调节时间。

3-3　设某控制系统的方框图如题 3-3 图所示,试确定当系统单位阶跃响应的超调量 $\sigma_p \leqslant 30\%$、调节时间 $t_s = 1.8\,\text{s}\,(\varDelta = 2\%)$ 时参数 K 与 τ 的值。

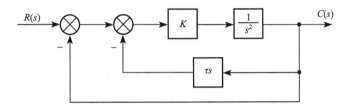

题 3-3 图　控制系统方框图(一)

3-4　设某控制系统的方框图如题 3-4 图所示,试求当 $a = 0$ 时的系统参数 ζ 及 ω_n;如果要求 $\zeta = 0.7$,试确定 a 值。

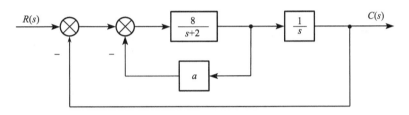

题 3-4 图　控制系统方框图(二)

3-5　设单位负反馈系统的开环传递函数为

$$G(s) = \frac{K}{s(\tau s + 1)}$$

其单位阶跃响应曲线如题 3-5 图所示,试确定参数 K 及 τ。

3-6　设二阶系统的单位阶跃响应的性能指标 $\sigma_p = 30\%$，$t_p = 0.1\,\text{s}$,试确定系统的开环传递函数。

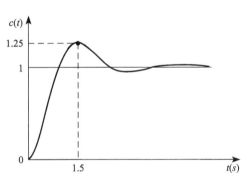

题 3-5 图　系统的单位阶跃响应曲线

3-7　设系统的特征方程为

$$s^4 + 2s^3 + s^2 + 2s + 1 = 0$$

试应用 Routh 稳定判据判别系统的稳定性。

3-8　设控制系统的特征方程为

$$s^6 + 2s^5 + 8s^4 + 12s^3 + 20s^2 + 16s + 16 = 0$$

试应用 Routh 稳定判据判别系统的稳定性。

3-9　设控制系统方框图如题 3-9 图所示,若系统以 $\omega_n = 2\,\text{rad}\,/\,\text{s}$ 的频率等幅振荡,试确定振荡时的参数 K 与 a 的值。

3-10　设某控制系统方框图如题 3-10 图所示,要求闭环系统的特征根全部位于 $s = -1$

垂线之左，试确定参数 K 的取值范围。

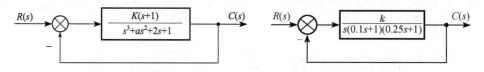

题 3-9 图　控制系统方框图(三)　　　　　题 3-10 图　控制系统方框图(四)

3-11　试确定题 3-11 图所示控制系统方框图的参数 K、ζ 的稳定域。

3-12　题 3-12 图所示为一随动系统的方框图，试求取下列情况下的稳态误差。

(1) $r(t) = 4 \cdot 1(t)$

(2) $r(t) = 6t$

(3) $r(t) = 3t^2$

(4) $r(t) = 4 + 6t + 3t^2$

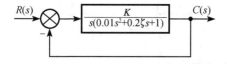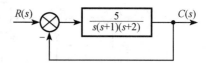

题 3-11 图　控制系统方框图(五)　　　　　题 3-12 图　随动系统方框图

3-13　设单位负反馈系统的开环传递函数为

$$G_1(s) = \frac{100}{s(0.1s+1)}$$

试求当参考输入信号 $r(t) = \sin 5t$ 时系统的稳态误差。

3-14　设控制系统的方框图如题 3-14 图所示。已知参考输入信号 $r(t) = 1(t)$，试计算 $H(s) = 1$ 及 $H(s) = 0.1$ 时系统的稳态误差。

3-15　设控制系统的方框图如题 3-15 图所示。已知 $r(t) = t$，$n(t) = -1(t)$，试确定该系统的稳态误差。

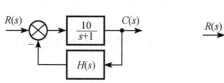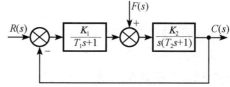

题 3-14 图　控制系统方框图(六)　　　　　题 3-15 图　控制系统方框图(七)

3-16　设控制系统的方框图如题 3-16 图所示。图中 $G_b(s)$ 为补偿器的传递函数，试确定使扰动信号 $n(t)$ 对输出 $c(t)$ 无影响的 $G_b(s)$。

3-17　设复合控制系统方框图如题 3-17 图所示。若使系统的型别由 I 型提高到 II 型，试确定 λ。

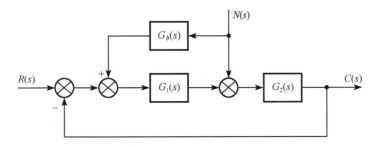

题 3-16 图　控制系统方框图(八)

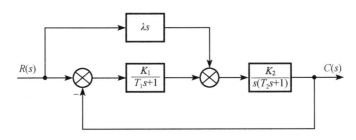

题 3-17 图　复合控制系统方框图(一)

3-18　如题 3-18 图所示复合控制系统方框图，为使系统的型别由原来的 I 型提高到Ⅲ型，设

$$G_3(s) = \frac{\lambda_2 s^2 + \lambda_1 s}{Ts+1}$$

已知 $K_1 = 2$，$K_2 = 50$，$\zeta = 0.5$，$T = 0.2$，试确定顺馈参数 λ_1 及 λ_2。

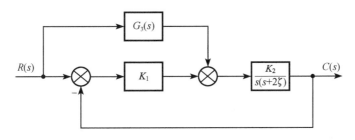

题 3-18 图　复合控制系统方框图(二)

3-19　已知单位负反馈系统的传递函数为

$$\frac{C(s)}{R(s)} = \frac{10}{s^2 + 2s + 10}$$

试应用 MATLAB 绘制系统的单位阶跃响应曲线、单位斜坡响应曲线和单位脉冲响应曲线，并计算系统的性能指标 t_r、t_p、σ_p 和 t_s。

3-20　已知系统的特征方程为

$$s^5 + s^4 + 2s^3 + 2s^2 + 3s + 5 = 0$$

试应用 MATLAB 求解系统的全部极点，并判断系统的稳定性。

第4章　线性系统的根轨迹分析

在时域分析中已经看到，闭环系统瞬态响应的基本特性与闭环极点的位置紧密相关。因此确定反馈系统的闭环极点在 s 平面的分布，特别是从已知的开环极点与开环零点的分布确定相应的闭环极点的分布，是进行反馈系统性能分析首先需要解决的问题。其次是研究参数变化对反馈系统的闭环极点在 s 平面的分布的影响。也就是说，在分析和设计控制系统时，确定闭环极点在 s 平面的分布很重要。

反馈系统的闭环极点就是该系统特征方程的根。由已知反馈系统的开环传递函数确定其闭环极点分布，实际上就是解决系统特征方程的求根问题。一般来说，当特征方程的阶次较高时，求根过程是很复杂的，特别是在系统参数变化的情况下求根，需要进行大量的运算，而且还不容易直观看出参数变化对系统闭环极点分布的影响。可见，这种直接求解特征方程的方法是很不方便的。

对此，伊万思(W.R.Evans)提出了一种图解反馈系统特征方程的简单工程方法，该法称为根轨迹法。根轨迹法是在已知反馈系统的开环极点分布与开环零点分布的基础上，通过系统参数变化图解特征方程，即根据参数变化研究系统闭环极点分布的一种图解法。应用根轨迹法通过简单计算便可确定系统的闭环极点分布，同时可以看出参数变化对闭环极点分布的影响。这种图解法在分析与设计反馈系统等方面都具有重要意义，并在控制工程中获得了广泛的应用。

4.1　根轨迹的概念

4.1.1　根轨迹举例

根轨迹是指当系统开环传递函数的某个参数由零变化到无穷大时，其对应的系统闭环极点在 s 平面上移动的轨迹。在介绍图解法之前，先通过一个对二阶反馈系统特征方程直接求根的方法来说明根轨迹的含义。

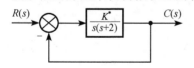

图 4-1-1　控制系统方框图

【例 4-1-1】　如图 4-1-1 所示控制系统方框图，开环传递函数为 $G(s) = \dfrac{K^*}{s(s+2)}$，特征方程为

$$s^2 + 2s + K^* = 0$$

于是，下面就参数 K^* 的变化对给定系统闭环极点分布的影响分四种情形加以讨论：

(1)当 $K^* = 0$ 时，系统的闭环极点与其开环极点完全相同，即 $s_{1,2} = 0, -2$ ；

(2)当 $0 < K^* < 1$ 时，系统的闭环极点为两个不等的负实根，即 $s_{1,2} = -1 \pm \sqrt{1 - K^*}$ ；

(3)当 $K^* = 1$ 时，系统的闭环极点为两个相等的负实根，即 $s_{1,2} = -1$ ；

　　(4)当$K^* > 1$时，系统的闭环极点为两个实部均为常值–1 且共轭的复根，即$s_{1,2} = -1 \pm$ $j\sqrt{K^* - 1}$。

　　若K^*从零变化到无穷大，用解析法可以求出相应的闭环极点的数值，将这些闭环极点标注在s平面上，并圆滑地连接起来，即得到闭环极点在s平面上移动的轨迹，如图 4-1-2 所示。图中根轨迹上的箭头表示随着K^*值增大，根轨迹变化的趋势，而标注的数值则代表与闭环极点相匹配的K^*值。

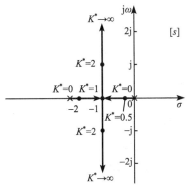

图 4-1-2　系统的根轨迹图

　　根轨迹在系统分析中的用途是：①可以判断系统的稳定性，即当某一参数由 0 变化到∞时，由根轨迹能否越过虚轴进入s平面的右半部来判别系统是否稳定，如果是条件稳定系统，那么稳定的条件是什么，即参数取在什么范围内时可使系统保持稳定等；②可以分析系统的稳态性能，若已知s平面坐标原点处所对应的开环极点个数，可知系统的型别，根据K^*值，可知系统的开环增益K；③可获得系统的动态性能，根据某参数在所取的范围内特征根的实部和虚部，可知系统对输入信号的响应类型。例如，本例中：①当$0 < K^* < 1$时，特征根为两个不相等的负实根，这样系统处于过阻尼状态，其阶跃响应为非周期过程；②当$K^* = 1$时，特征根为两个相等的负实根，这样系统处于临界阻尼状态，其阶跃响应为非周期过程；③当$K^* > 1$时，特征根为具有负实部的一对共轭复根，这样系统处于欠阻尼状态，其阶跃响应为衰减振荡过程。

4.1.2　根轨迹方程

　　需要指出的是，图 4-1-2 所示根轨迹是通过直接求解系统的特征方程，并根据参数K^*取不同值时解得的特征根而绘制成的。这种绘制方法虽然简单，但对于高阶系统是不适宜的。下面介绍绘制反馈系统根轨迹的一般方法——伊万思法。

　　首先，根据伊万思提出的方法，用来绘制反馈系统根轨迹的方程称为根轨迹方程。根轨迹方程是来自反馈系统的特征方程，因此求取根轨迹方程必须先写出反馈系统的特征方程，即

$$1 \pm G(s)H(s) = 0 \qquad\qquad (4\text{-}1\text{-}1)$$

其中，$G(s)$与$H(s)$分别为反馈系统的前向通道与主反馈通道传递函数，而" + "号对应负反馈系统，" – "号对应正反馈系统。将式(4-1-1)改写成

$$G(s)H(s) = -1 \qquad\qquad (4\text{-}1\text{-}2)$$

$$G(s)H(s) = +1 \qquad\qquad (4\text{-}1\text{-}3)$$

式(4-1-2)、式(4-1-3)便是用来绘制反馈系统根轨迹的方程。其中，式(4-1-2)为绘制负反馈系统根轨迹的方程；式(4-1-3)为绘制正反馈系统根轨迹的方程。

　　其次，应用根轨迹方程式(4-1-2)和式(4-1-3)绘制根轨迹之前，需将开环传递函数$G(s)H(s)$化成通过极点与零点表示的标准形式，即

$$G(s)H(s) = K^* \frac{\prod\limits_{i=1}^{m}(s-z_i)}{\prod\limits_{j=1}^{n}(s-p_j)} \tag{4-1-4}$$

式中，K^* 为绘制根轨迹的可变参数，称为根轨迹增益；p_j 为系统的开环极点（$j=1,2,\cdots,n$）；z_i 为系统的开环零点（$i=1,2,\cdots,m$）。

式(4-1-4)所示开环传递函数的标准形式必须具有下列特征：①根轨迹增益 K^* 必须是 $G(s)H(s)$ 分子连乘因子中的一个独立因子；② $G(s)H(s)$ 必须通过零极点来表示；③构成 $G(s)H(s)$ 分子和分母的每个连乘因子中 s 项的系数为 1。

从上面的举例可以看出，绘制负反馈系统的根轨迹实质上是用图解法求其特征方程 $1+G(s)H(s)=0$ 的根，因为负反馈系统的根轨迹方程式(4-1-2)是一个向量方程，直接应用不方便，故常将其转化为幅值条件与相角条件的形式，最后应用这些条件绘制控制系统的根轨迹。

因为 $G(s)H(s)$ 是复数，可写成指数形式，即

$$G(s)H(s) = \left| G(s)H(s) \right| e^{j\angle G(s)H(s)} = -1$$

而

$$-1 = 1 \cdot e^{j(180°+k360°)}, \quad k = 0, \pm1, \pm2, \cdots$$

所以负反馈系统的根轨迹方程式(4-1-2)等价为两个方程：

$$\left| G(s)H(s) \right| = 1 \tag{4-1-5}$$

$$\angle G(s)H(s) = 180° + k360°, \quad k = 0, \pm1, \pm2, \cdots \tag{4-1-6}$$

式(4-1-5)和式(4-1-6)是根轨迹上每一个点都应同时满足的两个方程，前者称为幅值条件，后者称为相角条件。换言之，在系统参数基本确定的情况下，凡能满足相角条件和幅值条件的复数 $s = \sigma + j\omega$，都是对应给定参变量的特征根，即闭环极点，也就是根轨迹上的点。由式(4-1-6)可知，相角条件与参数 K^* 无关，与 K^* 无关可以理解为无论 K^* 取 $0 \sim \infty$ 内的何值，式(4-1-6)都成立。根据根轨迹的定义，在 s 平面上凡能满足相角条件式(4-1-6)的 s_i，都将是对应某个参变量 K_i^* 的系统特征根。因此，在 s 平面上凡能满足相角条件的点，必是根轨迹上的点，而幅值条件只是用来确定根轨迹上某确定闭环极点 s_i 所对应的参变量 K_i^* 的值。

同理，由式(4-1-3)可得正反馈系统的幅值条件与相角条件分别为

$$\left| G(s)H(s) \right| = 1 \tag{4-1-7}$$

$$\angle G(s)H(s) = 0° + k360°, \quad k = 0, \pm1, \pm2, \cdots \tag{4-1-8}$$

负反馈系统的幅值条件和相角条件由式(4-1-4)可得，即

$$\left| G(s)H(s) \right| = K^* \frac{\prod\limits_{i=1}^{m}\left| s-z_i \right|}{\prod\limits_{j=1}^{n}\left| s-p_j \right|} = 1 \tag{4-1-9}$$

$$\angle G(s)H(s) = \sum_{i=1}^{m} \angle(s-z_i) - \sum_{j=1}^{n} \angle(s-p_j) = 180° + k360°, \quad k = 0, \pm 1, \pm 2, \cdots$$

而对应于正反馈系统，有

$$\angle G(s)H(s) = \sum_{i=1}^{m} \angle(s-z_i) - \sum_{j=1}^{n} \angle(s-p_j) = 0° + k360°, \quad k = 0, \pm 1, \pm 2, \cdots$$

其中，向量 $s-z_i$、$s-p_j$ 的幅值和相角分别如图 4-1-3、图 4-1-4 所示。

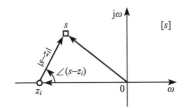
图 4-1-3　零点向量

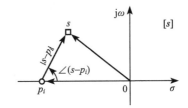
图 4-1-4　极点向量

最后，还需注意两点：①反馈系统的根轨迹是根据根轨迹方程的相角条件绘制的，但相角条件因正负反馈而有两个，于是相应的根轨迹也有两种形式。按相角条件式(4-1-6)绘制的根轨迹称为 180°根轨迹，而按相角条件式(4-1-8)绘制的根轨迹称为 0°根轨迹。②反馈系统的根轨迹反映参变量在$[0,\infty)$上的变化，根轨迹上的每一点都与参变量在$[0,\infty)$上的一个取值相对应，所以绘制完整的根轨迹离不开由系统参数决定的参变量。但需指出，参变量并非一定是系统的开环增益，参变量也可以是反馈系统的其他参数，如某个环节的时间常数、零点、极点等。不论参变量由系统的哪一个参数来决定，只要能从特征方程求出式(4-1-2)或式(4-1-3)所示的根轨迹方程(其中的开环传递函数 $G(s)H(s)$ 必须具有式(4-1-4)所要求的形式)，就可以由相应的相角条件绘制出反馈系统的根轨迹。

下节介绍基于给定反馈系统的开环传递函数 $G(s)H(s)$，根据根轨迹方程的相角条件绘制根轨迹的基本规则。

4.2　绘制根轨迹的基本规则

根轨迹
绘制规则

设已知反馈系统的开环传递函数具有如下的标准形式：

$$G(s)H(s) = K^* \frac{(s-z_1)(s-z_2)\cdots(s-z_m)}{(s-p_1)(s-p_2)\cdots(s-p_n)}, \quad n \geqslant m \tag{4-2-1}$$

式中，$z_i(i=1,2,\cdots,m)$、$p_j(j=1,2,\cdots,n)$ 分别为开环零点与开环极点，它们既可以是实数，也可以是共轭复数。下面基于式(4-2-1)所示开环传递函数介绍按式(4-1-6)及式(4-1-8)分别绘制 180°根轨迹及 0°根轨迹的基本规则。

4.2.1 绘制 180°根轨迹的基本规则

根轨迹方程为

$$G(s)H(s) = -1$$

其中，$G(s)H(s)$ 具有式(4-2-1)所示的标准形式，180° 根轨迹绘制的基本规则如下。

1. 根轨迹的连续性、对称性与分支数

从式(4-1-5)及式(4-2-1)求得

$$K^* = \frac{|s - p_1| \cdot |s - p_2| \cdots |s - p_n|}{|s - z_1| \cdot |s - z_2| \cdots |s - z_m|}, \quad K^* > 0 \tag{4-2-2}$$

式(4-2-2)表明，系统参变量 K^* 的无限小增量将与 s 平面上长度 $|s - p_j|$ $(j = 1, 2, \cdots, n)$ 及 $|s - z_i|$ $(i = 1, 2, \cdots, m)$ 的无限小增量相对应，此时复变量 s 在根轨迹上将产生一个无限小的位移。这个结论对于参变量 K^* 在 $[0, \infty)$ 上取任何值都是正确的，这就说明了根轨迹是连续的曲线。根轨迹的连续性还可以从高等数学中的定理得以说明，因为特征根是参变量 K^* 的函数，K^* 连续，根必然连续。

由于反馈系统特征方程的系数仅与系统参数有关，而对实际的物理系统来说，系统参数又都是实数，所以特征方程的系数也必然都是实数。因为具有实系数的代数方程的根若为复数，则必为共轭复数，所以实际物理系统的根轨迹必然是对称于实轴的曲线。由此得出根轨迹是连续且对称于实轴的曲线。

由系统的特征方程式(4-1-1)及开环传递函数的标准形式式(4-2-1)易知负反馈系统的特征方程等价于

$$(s - p_1)(s - p_2) \cdots (s - p_n) + K^*(s - z_1)(s - z_2) \cdots (s - z_m) = 0 \tag{4-2-3}$$

因为 $n \geqslant m$，所以式(4-2-3)是 n 阶方程。由高等数学知 n 阶方程有 n 个根，而一个根对应一条根轨迹，因此根轨迹的分支有 n 条。于是得到绘制根轨迹的基本规则 1：根轨迹在 s 平面上的分支数等于控制系统特征方程的阶次 n。换句话说，根轨迹的分支数与闭环极点的数目相同。

2. 根轨迹的起点和终点

根轨迹的起点是指参变量 $K^* = 0$ 时闭环极点在 s 平面上的分布位置，而根轨迹的终点则是 $K^* \to \infty$ 时闭环极点在 s 平面上的分布位置。

因为起点对应 $K^* = 0$，由式(4-2-3)得

$$\prod_{j=1}^{n}(s - p_j) = 0$$

即 $s_j = p_j (j = 1, 2, \cdots, n)$。因此，根轨迹的起点为开环极点。

又因为终点对应 $K^* \to \infty$，用 $K^* \prod\limits_{j=1}^{n}(s - p_j)$ 去除式(4-2-3)的两端得

$$\frac{1}{K^*} = -\frac{\prod\limits_{i=1}^{m}(s-z_i)}{\prod\limits_{j=1}^{n}(s-p_j)}$$

当 $K^* \to \infty$ 时，两边取极限得

$$\prod_{i=1}^{m}(s-z_i) = 0$$

即 $s_i = z_i (i = 1, 2, \cdots, m)$。因此，根轨迹的终点为开环零点。

注意：在实际的物理系统中，开环传递函数分子多项式次数 m 与分母多项式次数 n 之间的关系为 $n \geqslant m$。若 $n > m$，则可认为有 $n-m$ 个开环零点处于 s 平面上的无穷远处，亦称为无限开环零点。这是因为，在 $n > m$ 的情况下，当 $s \to \infty$ 时，有如下关系：

$$K^* = \lim_{s\to\infty}\frac{\prod\limits_{j=1}^{n}|s-p_j|}{\prod\limits_{i=1}^{m}|s-z_i|} = \lim_{s\to\infty}|s|^{n-m} \to \infty, \quad n > m$$

如果把有限数值的零点称为有限零点，而把无穷远处的零点称为无限零点，那么根轨迹必终止于开环零点。在把无穷远处的零点看为无限零点的情况下，开环零点数和开环极点数是相等的。

因此，得到绘制根轨迹的基本规则 2：根轨迹起始于开环极点，终止于开环零点。

【例 4-2-1】　设某负反馈系统的开环传递函数为

$$G(s)H(s) = \frac{K^*}{s(s+1)(s+2)}$$

试确定系统根轨迹的起点、终点以及分支情况。

解　$n = 3$，系统的开环极点分别是 $p_1 = 0$、$p_2 = -1$ 及 $p_3 = -2$。

$m = 0$，没有有限开环零点。

$n - m = 3$，有三个无限开环零点。

有 3 条根轨迹分别起始于 s 平面上的点 $(0, j0)$、$(-1, j0)$、$(-2, j0)$，并且随着参变量 $K^* \to \infty$，3 条根轨迹都将趋向于 s 平面上的无穷远处。

3. 根轨迹的渐近线

当 $K^* \to \infty$ 时，有 $n-m$ 条根轨迹趋向于 s 平面上的无穷远处，这 $n-m$ 条根轨迹随着 $K^* \to \infty$ 在 s 平面上趋向于无穷远处的方位由渐近线来确定。

从式(4-1-2)及式(4-2-1)求得

$$\frac{(s-z_1)(s-z_2)\cdots(s-z_m)}{(s-p_1)(s-p_2)\cdots(s-p_n)} \overset{\text{def}}{=\!=} \frac{s^m + b_1 s^{m-1} + \cdots + b_m}{s^n + a_1 s^{n-1} + \cdots + a_n} = -\frac{1}{K^*} \tag{4-2-4}$$

其中

$$b_1 = -\sum_{i=1}^{m} z_i, \cdots, b_m = \prod_{i=1}^{m}(-z_i)$$

$$a_1 = -\sum_{j=1}^{n} p_j, \cdots, a_n = \prod_{j=1}^{n}(-p_j) \tag{4-2-5}$$

当 $K^* \to \infty$ 时，由于 $m < n$，所以满足式(4-2-4)的复变量 s 也必趋向于无穷大。由于需要研究 $K^* \to \infty$，即 $s \to \infty$ 的情况，因而先对式(4-2-4)左右两边取倒数，再取复变量 s 阶次较高的几项。于是，得到如下的近似式：

$$s^{n-m} + (a_1 - b_1)s^{n-m-1} \approx -K^*, \quad K^* \to \infty, s \to \infty \tag{4-2-6}$$

将式(4-2-6)等号两边开 $n-m$ 次方，有

$$s\left(1 + \frac{a_1 - b_1}{s}\right)^{\frac{1}{n-m}} = (-K^*)^{\frac{1}{n-m}}, \quad K^* \to \infty, s \to \infty \tag{4-2-7}$$

将式(4-2-7)等号左边开方项按二项式定理展开，并略去变量 $1/s$ 二次以上的高次项，依次得到

$$s\left(1 + \frac{1}{n-m} \cdot \frac{a_1 - b_1}{s}\right) = (-K^*)^{\frac{1}{n-m}}, \quad K^* \to \infty, s \to \infty$$

$$s + \frac{a_1 - b_1}{n-m} = (-K^*)^{\frac{1}{n-m}}, \quad K^* \to \infty, s \to \infty$$

$$s = \frac{b_1 - a_1}{n-m} + (K^*)^{\frac{1}{n-m}}(-1)^{\frac{1}{n-m}}, \quad K^* \to \infty, s \to \infty$$

考虑到 $e^{j(2l+1)\pi} = -1 (l = 0,1,2,\cdots)$，上式可写成

$$s = \frac{b_1 - a_1}{n-m} + K^{*\frac{1}{n-m}} \cdot e^{j\frac{2l+1}{n-m}\pi}, \quad K^* \to \infty, s \to \infty, l = 0,1,\cdots,n-m-1$$

再由式(4-2-5)，得到

$$s = \frac{\displaystyle\sum_{j=1}^{n} p_j - \sum_{i=1}^{m} z_i}{n-m} + K^{*\frac{1}{n-m}}e^{j\frac{2l+1}{n-m}\pi}, \quad K^* \to \infty, \quad s \to \infty, \quad l = 0,1,\cdots,n-m-1 \tag{4-2-8}$$

式(4-2-8)所示便是 180° 根轨迹方程在 $K^* \to \infty$ 情况下的解。式(4-2-8)表明，当 $K^* \to \infty$ 时，对于 $m < n$ 的系统，$n-m$ 个闭环极点在 s 平面上的坐标可通过两个向量之和来确定。其中一个是位于实轴上的常数向量：

$$\sigma_a = \frac{\displaystyle\sum_{j=1}^{n} p_j - \sum_{i=1}^{m} z_i}{n-m} \tag{4-2-9}$$

另一个是复向量 $K^{*\frac{1}{n-m}} \cdot e^{j\frac{2l+1}{n-m}\pi}$ ($l = 0,1,2,\cdots,n-m-1$) 中的一个，如图 4-2-1 所示向量 $\overrightarrow{AO'}$。此处，复向量 $K^{*\frac{1}{n-m}} \cdot e^{j\frac{2l+1}{n-m}\pi}$ 具有相同的模 $K^{*\frac{1}{n-m}}$，该模随 $K^* \to \infty$ 将变为无穷大；

这些复向量与实轴正方向的夹角分别为 $\pi/(n-m),\cdots,$
$[2(n-m)-1]\pi/(n-m)$。给定 n 与 m 后，这些复向量在 s
平面上的方位就是确定的，并共同交实轴于一点，交点坐
标为 $(\sigma_a,\mathrm{j}0)$。因为只有当 $K^*\to\infty$，即 $s\to\infty$ 时，式(4-2-8)
才成立，所以图 4-2-1 所示位于无穷远处的点 O' 便是
$K^*\to\infty$ 时 $n-m$ 个闭环极点中的一个。因此由点 $(\sigma_a,\mathrm{j}0)$
始发的复向量 $K^{*\frac{1}{n-m}}\cdot\mathrm{e}^{\mathrm{j}\frac{2l+1}{n-m}\pi}$ 可视为 $n-m$ 个闭环极点趋
向于无穷远时的渐近线，也就是 $K^*\to\infty$ 时 $n-m$ 条根轨
迹的渐近线。

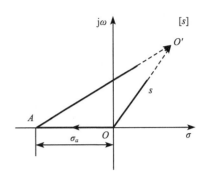

图 4-2-1　求渐近线用图

　　于是得到绘制根轨迹的基本规则 3：若系统的开环零点数目 m 小于其开环极点数目 n，
则当参变量 $K^*\to\infty$ 时，根轨迹共有 $n-m$ 条渐近线。这些渐近线在实轴上共同交于一点，

其坐标是 $\left(\dfrac{\displaystyle\sum_{j=1}^{n}p_j-\sum_{i=1}^{m}z_i}{n-m},\mathrm{j}0\right)$，且渐近线与实轴正方向的夹角是 $\dfrac{(2l+1)\pi}{n-m}$，其中

$l=0,1,\cdots,n-m-1$。

【例 4-2-2】　试确定例 4-2-1 所示系统的根轨迹的渐近线。

　　解　$n=3$，系统的开环极点分别是 $p_1=0$、$p_2=-1$ 及 $p_3=-2$。

　　$m=0$，$n-m=3$，所以该系统的根轨迹共有三条渐近线，它们与实轴交于一点，交
点为

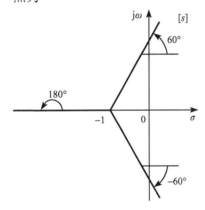

图 4-2-2　例 4-2-2 渐近线

$$\sigma_a=\frac{p_1+p_2+p_3}{n-m}=\frac{0+(-1)+(-2)}{3-0}=-1$$

渐近线与实轴正方向的夹角分别为

$$\frac{\pi}{n-m}=\frac{180°}{3-0}=60°,\quad l=0$$

$$\frac{3\pi}{n-m}=\frac{540°}{3-0}=180°,\quad l=1$$

$$\frac{5\pi}{n-m}=\frac{900°}{3-0}=300°,\quad l=2$$

上面求得的给定系统根轨迹的三条渐近线在 s 平面
上的位置如图 4-2-2 所示。

4. 实轴上的根轨迹

从式(4-1-6)及式(4-2-1)可得绘制 180°根轨迹的相角条件为

$$\angle G(s)H(s)=\sum_{i=1}^{m}\angle(s-z_i)-\sum_{j=1}^{n}\angle(s-p_j)=180°+k360°,\quad k=0,\pm1,\pm2,\cdots$$

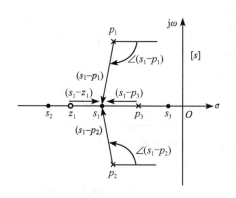

图 4-2-3　实轴上的根轨迹

已知由三个开环极点 p_1、 p_2、 p_3 和一个开环零点 z_1 构成某负反馈系统开环极点与零点的一种分布，如图 4-2-3 所示。其中 p_1 和 p_2 为共轭复极点，p_3 与 z_1 分别为实极点与实零点。为在实轴上确定属于根轨迹的线段，首先在实极点 p_3 与实零点 z_1 间为复变量 s 任选一个实数 s_1。也就是说，在被考察的实轴区段上任取一个实验点 s_1，如果该点 s_1 是根轨迹上的一点，那么该点 s_1 所在的区段必属于实轴上的根轨迹。

从图 4-2-3 可以看到，在实轴上实验点 s_1 和位于其右侧的实极点 p_3 之差向量 $(s_1 - p_3)$ 与实轴正方向的夹角为 180°，而实验点 s_1 和位于其左侧的实零点 z_1 之差向量 $(s_1 - z_1)$ 与实轴正方向的夹角为 0°。其次，在实向量 p_3、z_1 之左任取实验点 s_2，所得差向量 $(s_2 - p_3)$、$(s_2 - z_1)$ 与实轴正方向的夹角均为 180°，而在 p_3、z_1 之右任取实验点 s_3，所得差向量 $(s_3 - p_3)$、$(s_3 - z_1)$ 与实轴正方向的夹角均为 0°。综上分析，实轴上的实验点 s_1 和位于其右侧的实极点或实零点构成的差向量与实轴正方向的夹角为 180°，而和位于其左侧的实极点或实零点构成的差向量与实轴正方向的夹角为 0°。

从图 4-2-3 还可看到，任何一个实验点 s (如 s_1) 和共轭复向量 p_1、 p_2 构成的差向量 $(s_1 - p_1)$、 $(s_1 - p_2)$ 与实轴正方向的夹角大小相等，符号相反。因此，二者之和必为零。

基于上述分析，得出绘制根轨迹的基本规则 4：在实轴上任取一点，若在其右侧的开环实极点与开环实零点的总数为奇数，则该点所在线段必属于实轴上的根轨迹。

【例 4-2-3】　试确定例 4-2-1 所示系统的根轨迹在实轴上的组成部分。

解　从图 4-2-4 可以看出，对实轴上的 –1～0 段及 –∞～–2 段，因为在其上任一点右侧的开环实极点与开环实零点的总数都是奇数，分别为 1 和 3，所以这两段同属于实轴上的 180°根轨迹。

5. 根轨迹与实轴的交点

对于某些反馈系统，当参变量取值较小时，闭环极点中的全部或一部分为实数，如图 4-1-2 及图 4-2-4 所示。但当参变量取值超过某值后，原有闭环实极点当中的一些将变为共轭复极点，也就是在这种情况下原处于实轴上的根轨迹分支将离开实轴而沿着平行于虚轴的直线伸向 ±j∞。把根轨迹分支离开实轴而伸向复平面时的点称为分离点，而把根轨迹分支由复平面进入实轴时的点称为会合点。

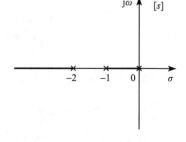

图 4-2-4　实轴上的根轨迹

根轨迹与实轴的交点包括分离点和会合点，这种交点就是在参变量取某一特定值时由反馈系统特征方程解出的实数重根。下面介绍一种通过求解特征方程的实数等根来确定根轨迹与实轴的交点坐标的方法。

设反馈系统特征方程的实数等根为 α。在式(4-2-3)中，用待定实数 α 代换复变量 s，此时的特征方程为

$$f(\alpha) \stackrel{\text{def}}{=} \frac{\prod\limits_{j=1}^{n}(\alpha - p_j)}{\prod\limits_{i=1}^{m}(\alpha - z_i)} = -K^* \tag{4-2-10}$$

以下应用图解法求解特征方程式(4-2-10)的实根。为此，作以 α 为自变量的函数 $f(\alpha)$ 的曲线，见图 4-2-5。从图 4-2-5 可见，取不同的 K^* 值，便可解出相应的实数根。例如，取 $K^* = K_1^* > 0$ 时，解出三个互不相等的负实根 $\alpha_1, \alpha_2, \alpha_3$；取 $K^* = K_2^* > K_1^*$ 时，解出两个相等的负实根 $\alpha_1' = \alpha_2' = \alpha$，以及与 α 不等的负实根 α_3；取 $K^* = K_3^* > K_2^*$ 时，只解出一个负实根 α_1''，特征方程的其他根都已变成复根。基于这种图解法，从图 4-2-5 可知，反馈系统特征方程的实数等根(分离点或者会合

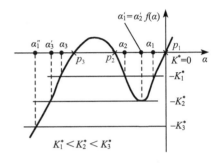

图 4-2-5　图解特征方程的实根

点处)可通过对函数求极限的办法解出。因此得到绘制根轨迹的基本规则 5：根轨迹与实轴的交点是方程

$$\frac{\mathrm{d}}{\mathrm{d}s}\left[\frac{\prod\limits_{j=1}^{n}(s - p_j)}{\prod\limits_{i=1}^{m}(s - z_i)}\right]\Bigg|_{s=\alpha} = \frac{\mathrm{d}}{\mathrm{d}s}\left[\frac{K^*}{G(s)H(s)}\right]\Bigg|_{s=\alpha} = 0 \tag{4-2-11}$$

的实数根。

【例 4-2-4】　试计算例 4-2-1 所示系统的根轨迹与实轴的交点。

解　解方程

$$\frac{\mathrm{d}}{\mathrm{d}s}[s(s+1)(s+2)]\Big|_{s=\alpha} = 0$$

整理得　　　　　　　　　　　　　$3\alpha^2 + 6\alpha + 2 = 0$

得　　　　　　　　　　　　　$\alpha_1 = -0.423, \quad \alpha_2 = -1.577$

从例 4-2-3 知，例 4-2-1 所示系统的根轨迹在实轴上的分支分别是–1～0 段及 –∞～–2 段。可见，实数 α_2 所处的线段不属于给定系统的根轨迹，舍去 α_2。因此，实数 α_1 便是给定系统根轨迹与实轴的交点(分离点)。

6. 出射角与入射角

根轨迹离开开环复极点处的切线方向与实轴正方向的夹角称为出射角，用 θ_{p_l} 表示，如图 4-2-6(a)所示。根轨迹进入开环复零点处的切线方向与实轴正方向的夹角称为入射角，用 θ_{z_l} 表示，如图 4-2-6(b)所示。

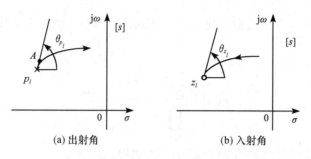

图 4-2-6　根轨迹的出射角与入射角

下面以图 4-2-6(a)为例，计算开环复极点 p_l 处根轨迹的出射角。为此，首先在无限靠近开环复极点 p_l 的根轨迹上取一点 A。然后按绘制根轨迹的相角条件，对根轨迹上的点 A 可写出

$$\sum_{i=1}^{m} \angle(p_l - z_i) - \sum_{j=1, j \neq l}^{n} \angle(p_l - p_j) - \angle(p_l - A) = 180° + k360°, \quad k = 0, \pm 1, \pm 2, \cdots$$

由于 A 点无限靠近开环复极点 p_l，因此 $\theta_{p_l} = \angle(p_l - A)$，由此求得出射角为

$$\theta_{p_l} = -(180° + k360°) + \sum_{i=1}^{m} \angle(p_l - z_i) - \sum_{j=1, j \neq l}^{n} \angle(p_l - p_j), \quad k = 0, \pm 1, \pm 2, \cdots$$

由于 $-(180° + k360°)$ 也可写成 $180° + k360°$，上式可改写为

$$\theta_{p_l} = 180° + k360° + \sum_{i=1}^{m} \angle(p_l - z_i) - \sum_{j=1, j \neq l}^{n} \angle(p_l - p_j), \quad k = 0, \pm 1, \pm 2, \cdots \quad (4\text{-}2\text{-}12)$$

同理，可写出计算根轨迹入射角的一般表达式为

$$\theta_{z_l} = 180° + k360° + \sum_{j=1}^{n} \angle(z_l - p_j) - \sum_{i=1, i \neq l}^{m} \angle(z_l - z_i), \quad k = 0, \pm 1, \pm 2, \cdots \quad (4\text{-}2\text{-}13)$$

综上所述，得到绘制根轨迹的基本规则 6：始于开环复极点处的根轨迹的出射角按式(4-2-12)计算；而止于开环复零点处的根轨迹的入射角按式(4-2-13)计算。

【例 4-2-5】　设负反馈系统的开环传递函数为 $G(s)H(s) = \dfrac{K^*(s+1.5)}{s(s^2 + 2s + 2)}$，试计算根轨迹在开环复极点处的出射角。

解　开环极点：$p_1 = -1 + \mathrm{j}$，$p_2 = -1 - \mathrm{j}$，$p_3 = 0$。

开环零点：$z_1 = -1.5$。

开环极点 p_1 的出射角为

$$\begin{aligned}
\theta_{p_1} &= -180° + \angle(p_1 - z_1) - \angle(p_1 - p_2) - \angle(p_1 - p_3) \\
&= -180° + 63.5° - 90° - 135° \\
&= -360° + 18.5° = -341.5°
\end{aligned}$$

因为开环复极点 p_2 与开环复极点 p_1 共轭，所以出射角 θ_{p_2} 应与 θ_{p_1} 绝对值相等，符号相反，即 $\theta_{p_2} = -18.5°$。

7. 根轨迹与虚轴的交点

若根轨迹与虚轴相交，则表明闭环系统特征方程含有纯虚根 $s = \pm j\omega$，即此时系统处于临界稳定状态。因此，将 $s = j\omega$ 代入特征方程 $1 + G(s)H(s) = 0$ 中，得

$$1 + G(j\omega)H(j\omega) = 0$$

由上式写出实部方程与虚部方程：

$$\begin{cases} \mathrm{Re}[1 + G(j\omega)H(j\omega)] = 0 \\ \mathrm{Im}[1 + G(j\omega)H(j\omega)] = 0 \end{cases} \tag{4-2-14}$$

这样，便可由式(4-2-14)解出根轨迹与虚轴的交点纵坐标 ω(临界稳定的角频率)以及与交点对应的参变量 K^* 的临界值 K_c^*。由此可得绘制根轨迹的基本规则 7：根轨迹与虚轴的交点纵坐标 ω 以及与交点对应的参变量 K^* 的临界值 K_c^* 为式(4-2-14)的实数解。

【例 4-2-6】　试计算例 4-2-1 所示系统的根轨迹与虚轴的交点纵坐标及与交点对应的参变量 K^* 的临界值。

解　将 $s = j\omega$ 代入给定系统的特征方程得

$$s(s+1)(s+2) + K^* = 0$$

求得　　　　　　　　$-j\omega^3 - 3\omega^2 + j2\omega + K^* = 0$

由上式分别写出实部方程与虚部方程：

$$\begin{cases} -3\omega^2 + K^* = 0 \\ -\omega^3 + 2\omega = 0 \end{cases}$$

由虚部方程解出给定系统的根轨迹与虚轴的交点纵坐标为 $\omega_1 = 0\mathrm{rad/s}$，$\omega_{2,3} = \pm\sqrt{2}\mathrm{rad/s}$。将 $\omega = \pm\sqrt{2}\mathrm{rad/s}$ 代入实部方程，计算出参变量 K^* 的临界值 $K_c^* = 6$。这说明，当参变量 K^* 的取值大于 6 时，给定系统将变为不稳定。

例 4-2-1 所示系统的完整根轨迹如图 4-2-7 所示。从图 4-2-7 可见，根轨迹的三条分支在参变量 $K^* = 0$ 时，从三个开环极点 $p_1 = 0$、$p_2 = -1$、$p_3 = -2$ 出发，首先沿实轴，最终随 $K^* \to \infty$ 分别趋向与实轴正方向成 $\pm 60°$ 及 $180°$ 角的三条渐近线伸向无穷远处。其中有两条分支在点 $(-0.423, j0)$ 处

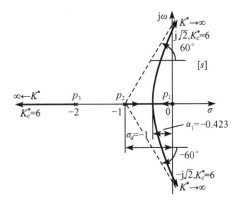

图 4-2-7　反馈系统的根轨迹

离开实轴伸向复平面左半部的第 Ⅱ、Ⅲ 象限，并在 $K^* > K_c^* = 6$ 时过虚轴而进入 s 平面的右半部，从而形成三个闭环极点中的两个具有正实部的分布格局，致使此时的给定系统变为不稳定。

8. 闭环极点的和与积

闭环系统的特征方程在 $n > m$ 的一般情况下，可有不同形式的表示：

$$\prod_{j=1}^{n}(s-p_j) + K^* \prod_{i=1}^{m}(s-z_i) = s^n + a_1^* s^{n-1} + \cdots + a_{n-1}^* s + a_n^*$$

$$= \prod_{j=1}^{n}(s-s_j) = s^n + \left(-\sum_{j=1}^{n} s_j\right) s^{n-1} + \cdots + \prod_{j=1}^{n}(-s_j) = 0$$

即

$$\sum_{j=1}^{n} s_j = -a_1^*, \quad \prod_{j=1}^{n} s_j = (-1)^n a_n^*$$

式中，s_j 为闭环极点或特征根。由此可得绘制根轨迹的基本规则 8：闭环极点的和与积如上式所示。特别地，当 $n-m \geqslant 2$ 时，特征方程第二项的系数与 K^* 无关，无论 K^* 取何值，n 个开环极点之和总等于 n 个闭环极点之和，即

$$\sum_{j=1}^{n} s_j = \sum_{j=1}^{n} p_j$$

在开环极点确定的情况下，这是一个不变的常数。因此，当根轨迹增益 K^* 增大时，若一些闭环极点在 s 平面上向左移动，则另一些闭环极点必向右移动。

4.2.2　绘制 0°根轨迹的基本规则

0°根轨迹需按相角条件式(4-1-8)绘制。因此，它与绘制 180°根轨迹的不同之处主要在和相角条件有关的一些基本规则上。具体来说，在基本规则 3、4、6、7 上二者将有所不同，需做如下修改。

绘制 0°根轨迹的基本规则 3：若系统的开环零点数目 m 小于其开环极点数目 n，则当参变量 $K^* \to \infty$ 时，根轨迹共有 $n-m$ 条渐近线。这些渐近线在实轴上共同交于一点，其坐标是 $(\sigma_a, \text{j}0)$，其中

$$\sigma_a = \frac{\sum_{j=1}^{n} p_j - \sum_{i=1}^{m} z_i}{n-m}$$

且各条渐近线与实轴正方向的夹角是

$$\frac{2l\pi}{n-m}, \quad l = 0,1,2,\cdots,n-m-1 \tag{4-2-15}$$

绘制 0°根轨迹的基本规则 4：在实轴上任取一点，若在其右侧的开环实极点与开环实零点的总数为偶数，则该点所在线段必属于实轴上的根轨迹。

绘制 0°根轨迹的基本规则 6：始于开环复极点处的根轨迹的出射角按式(4-2-16)计算；而止于开环复零点处的根轨迹的入射角按式(4-2-17)计算。

$$\theta_{p_l} = 0° + k360° + \sum_{i=1}^{m} \angle(p_l - z_i) - \sum_{j=1}^{l-1} \angle(p_l - p_j) - \sum_{j=l+1}^{n} \angle(p_l - p_j) \tag{4-2-16}$$

$$\theta_{z_l} = 0° + k360° + \sum_{j=1}^{n} \angle(z_l - p_j) - \sum_{i=1}^{l-1} \angle(z_l - z_i) - \sum_{i=l+1}^{m} \angle(z_l - z_i) \tag{4-2-17}$$

绘制 0°根轨迹的基本规则 7：根轨迹与虚轴的交点纵坐标 ω 以及与交点对应的参变量 K^* 的临界值 K_c^* 为式(4-2-18)的实数解。

$$\begin{cases} \mathrm{Re}[1 - G(\mathrm{j}\omega)H(\mathrm{j}\omega)] = 0 \\ \mathrm{Im}[1 - G(\mathrm{j}\omega)H(\mathrm{j}\omega)] = 0 \end{cases} \tag{4-2-18}$$

除上列四项基本规则需做必要的修改之外，其余如基本规则 1、2、5、8 对于绘制 0° 根轨迹依然适用。

【例 4-2-7】　已知某正反馈系统的开环传递函数为

$$G(s)H(s) = \frac{K^*}{(s+1)(s-1)(s+4)^2}$$

试绘制系统根轨迹。

解　系统的特征方程为

$$1 - G(s)H(s) = 0$$

给定系统的根轨迹方程为

$$G(s)H(s) = +1$$

因此需按 0°根轨迹的基本规则来绘制给定系统的根轨迹。

(1) $n = 4$，$m = 0$，$p_1 = -1$，$p_2 = 1$，$p_3 = p_4 = -4$。

(2)由于 $n - m = 4$，所以当 $K^* \to \infty$ 时，四条分支均伸向 s 平面的无穷远处。

系统根轨迹的渐近线共有 4 条，渐近线与实轴共同交于一点，该交点为

$$\sigma_a = \frac{p_1 + p_2 + p_3 + p_4}{n - m} = \frac{-1 + 1 + (-4) + (-4)}{4} = -2$$

它们与实轴正方向的夹角分别为

$$\varphi_1 = \frac{0}{4}\pi = 0°, \quad l = 0$$

$$\varphi_2 = \frac{2}{4}\pi = 90°, \quad l = 1$$

$$\varphi_3 = \frac{4}{4}\pi = 180°, \quad l = 2$$

$$\varphi_4 = \frac{6}{4}\pi = 270°, \quad l = 3$$

(3)由于该系统的根轨迹属于 0°根轨迹，所以实轴上的三段 $(-\infty, -4]$、$[-4, -1]$ 及 $[1, +\infty)$ 都属于实轴上的根轨迹。

(4)根轨迹与实轴的交点(分离点)的坐标可按下式计算：

$$\frac{\mathrm{d}}{\mathrm{d}s}\left[\frac{\prod_{j=1}^{n}(s - p_j)}{\prod_{i=1}^{m}(s - z_i)}\right]_{s=\alpha} = 0$$

整理得到

$$4\alpha^3 + 24\alpha^2 + 30\alpha - 8 = 0$$

应用求解三次方程的根的试凑法，最后得分离点坐标为 (–2.225, j0)。

(5)因给定系统不存在开环复极点或开环复零点，故不用求入射角或出射角。

(6)该系统根轨迹与虚轴不存在交点，但是也可以根据规则 7 试求之。

将 $s = \mathrm{j}\omega$ 代入系统的特征方程

$$s^4 + 8s^3 + 15s^2 - 8s - 16 - K^* = 0$$

中，得到

$$\omega^4 - \mathrm{j}8\omega^3 - 15\omega^2 - \mathrm{j}8\omega - 16 - K^* = 0$$

进而得到相应的实部方程、虚部方程分别为

$$\begin{cases} \omega^4 - 15\omega^2 - 16 - K^* = 0 \\ -\mathrm{j}8\omega^3 - \mathrm{j}8\omega = 0 \end{cases}$$

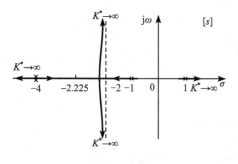

图 4-2-8   0°根轨迹

解虚部方程得 $\omega_{1,2} = \pm \mathrm{j}$ (不符合题意，舍去)，$\omega_3 = 0$。

将 $\omega = 0$ 代入实部方程得

$$K_3^* = -16$$

因根轨迹表示的参变量 K^* 的取值范围是 $0 \sim \infty$，故 $K_3^* = -16$ 不符合题意。因此，根轨迹与虚轴无交点。

至此，即可绘制出该正反馈系统的根轨迹的大致形状，如图 4-2-8 所示。

4.2.3   绘制根轨迹应注意的问题

以上介绍了绘制 180°根轨迹与 0°根轨迹的基本规则，熟记这些规则对绘制根轨迹十分重要。当然，在绘制根轨迹的过程中经过不断地反复实践，可以积累不少经验。下面简要介绍在绘制根轨迹的过程中值得注意的一些问题，这对于初学者还是非常必要的。

(1)对于具有渐近线的根轨迹，其分支可能位于相应的渐近线的一侧，也可能穿越相应的渐近线而从一侧到另一侧。

(2)关于分离点与会合点的问题，给出如下的补充。

①前面所介绍的分离点与会合点的求取是针对实轴上的分离点或会合点给出的，其实分离点与会合点的概念同样适用于其位于复平面 s 上的情形，即分离点或会合点也可以是一对共轭复重根，此时系统至少为四阶系统。

②如果根轨迹位于实轴上两个相邻的开环实极点之间，则在这两个极点之间至少存在一个分离点。同样，如果根轨迹位于实轴上两个相邻的开环零点(其中一个开环零点可以位于 s 平面的无穷远处，即 $(\infty, \mathrm{j}0)$ 或 $(-\infty, \mathrm{j}0)$)之间，则在这两个相邻的零点之间至少存在一个会合点。而如果根轨迹位于实轴上的一个开环实极点与一个开环零点(有限开环零点或无限开环零点)之间，则在这两个相邻的极点与零点之间，或者既不存在分离点也不存在会合点，或者既存在分离点也存在会合点。

③分离点与会合点不论是位于实轴上，还是位于复平面 s 上，均可由式(4-2-11)所示的方程或方程

$$\sum_{j=1}^{n}\frac{1}{\alpha-p_j}=\sum_{i=1}^{m}\frac{1}{\alpha-z_i}, \quad 若\ m=0 ，则右端取\ 0 \tag{4-2-19}$$

求出，区别在于所求出的解是实重根还是一对共轭复重根。而利用式(4-2-19)所得的全部解并非都是实际的分离点或会合点。判断式(4-2-19)的解是否是实际的分离点或会合点的方法可分为两种情形加以讨论：若式(4-2-19)的一个实根属于实轴上的根轨迹，则这个根就是一个实际的分离点或会合点，否则该根既不是分离点也不是会合点；若式(4-2-19)的两个根是一对共轭复根，并且不知其是否位于根轨迹上，则可将共轭复根中的一个根代入给定系统的特征方程，并求出参变量 K^* 所对应的具体数值，若该值为正，则此共轭复根必为实际的分离点或会合点(因为已经假设参变量 K^* 为非负值)，否则该共轭复根既不是分离点也不是会合点。

④实轴上分离(会合)角指的是根轨迹分支从分离点离开(或从会合点进入)实轴的切线方向与正实轴的夹角 $\theta=\frac{2k+1}{l}\pi(k=0,1,2,\cdots,l-1)$ ，其中 l 为进入分离(会合)点的根轨迹分支数。易知，当 $l=2$ 时 $\theta=\pm90°$ ，即此时根轨迹的两条分支在该分离(会合)点处与实轴是相互垂直的。

(3)根轨迹与虚轴的交点不仅可以通过求式(4-2-14)或式(4-2-18)的实数解来得到，还可以利用劳斯稳定判据得到。

(4)180°根轨迹或0°根轨迹的形状格局仅取决于开环极点与开环零点的相对位置。如果开环极点的数目比有限开环零点的数目多 3 个或 3 个以上，则必定存在一个参变量 K^* 值，当参变量 K^* 超过该值时，根轨迹进入 s 平面的右半部而使系统变得不稳定。

(5)对于前向通道传递函数 $G(s)$ 的分母与反馈通道传递函数 $H(s)$ 的分子包含公因子的系统而言，不能直接把相应的开环极点与开环零点相互抵消。如果抵消开环零极点，将会使系统特征方程的阶次减少，得出错误的根轨迹方程。

4.3 线性系统的根轨迹分析

4.3.1 最小相位系统的根轨迹分析

若控制系统的全部开环极点与开环零点均位于 s 平面的左半部，则称这类系统为最小相位系统。而在 s 平面的右半部至少具有一个开环极点和(或)开环零点的控制系统称为非最小相位系统。下面介绍几个最小相位系统根轨迹的绘制实例。

【例4-3-1】 已知某负反馈系统的开环传递函数为

$$G(s)H(s)=\frac{K^*}{s(s+2.73)(s^2+2s+2)}$$

试绘制系统根轨迹。

解 系统的根轨迹方程为

$$\frac{K^*}{s(s+2.73)(s^2+2s+2)}=-1$$

因为给定系统的开环传递函数已具有标准形式，所以该系统的根轨迹需按绘制180°根轨迹的基本规则来绘制。

(1)由于 $m=0$，$n=4$，$n-m=4$，故根轨迹的四条分支起始于以下四个开环极点：

$$p_1=0,\quad p_2=-2.73,\quad p_3=-1+\mathrm{j},\quad p_4=-1-\mathrm{j}$$

(2)渐近线：由于 $n-m=4$，根轨迹共有四条渐近线。这些渐近线与实轴的交点为 $\sigma_a=-1.18$，与实轴正方向的夹角为 $\dfrac{2l+1}{n-m}\pi(l=0,1,2,3)$，即分别为 $\pm45°$ 及 $\pm135°$。

(3)实轴上的根轨迹：$[-2.73,0]$。

(4)与实轴的交点：起始于开环极点 $p_1=0$ 及 $p_2=-2.73$ 的两条根轨迹分支离开实轴而进入 s 平面的分离点可以应用高次方程求解的试凑法求得，即 $\alpha\approx-2.06$。

(5)对于起始于开环复极点 p_3、p_4 的两条根轨迹分支，在 p_3 处的出射角为

$$\theta_{p_3}=-180°-\angle(p_3-p_1)-\angle(p_3-p_2)-\angle(p_3-p_4)=-75°$$

由根轨迹的对称性可直接得出 $\theta_{p_4}=75°$。

(6)与虚轴的交点：将 $s=\mathrm{j}\omega$ 代入系统的特征方程得

$$\omega^4-\mathrm{j}4.73\omega^3-7.46\omega^2+\mathrm{j}5.46\omega+K^*=0$$

从而得实部方程、虚部方程分别为

$$\begin{cases}\omega^4-7.46\omega^2+K^*=0\\-4.73\omega^3+5.46\omega=0\end{cases}$$

解虚部方程得

$$\omega_1=0\mathrm{rad/s},\quad \omega_{2,3}=\pm1.07\mathrm{rad/s}$$

将其代入实部方程得 $K_1^*=0$ 及 $K_2^*\stackrel{\text{def}}{=}K_c^*=7.23$，对应的开环速度增益临界值 $K_{v_c}=1.32$。至此，即可绘制出大致的根轨迹，如图 4-3-1 所示。

【例 4-3-2】　已知某负反馈系统的开环传递函数为

$$G(s)H(s)=\frac{K^*(s+2)}{s^2+2s+3}$$

试绘制该系统的根轨迹。

解　该系统的开环传递函数已具有标准形式，所以该系统的根轨迹可直接按绘制180°根轨迹的基本规则来绘制。

(1)$n=2$，$p_1=-1+\mathrm{j}\sqrt2$，$p_2=-1-\mathrm{j}\sqrt2$，$m=1$，$z_1=-2$。

(2)由于 $n-m=1$，根轨迹只有一条渐近线。该渐近线与实轴的交点为 $\sigma_a=0$，而与实轴正方向的夹角为 $\dfrac{2l+1}{n-m}\pi(l=0)$，即为 $180°$。

(3)实轴上属于180°根轨迹的线段是 $(-\infty,-2]$。

(4)会合点满足方程：

$$\alpha^2+4\alpha+1=0$$

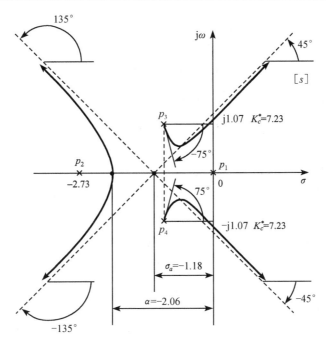

图 4-3-1　反馈系统的根轨迹(一)

即 $\alpha_1 \approx -3.7321$，$\alpha_2 \approx -0.2679$。由于点 α_2 不属于实轴上的根轨迹，故该点舍去。

(5)对于起始于开环复极点 p_1、p_2 的两条根轨迹分支，在 p_1 处的出射角为

$$\theta_{p_1} = -180° + \angle(p_1 - z_1) - \angle(p_1 - p_2) = 145°$$

由根轨迹的对称性可直接得出 $\theta_{p_2} = -145°$。

至此，即可绘制出大致的根轨迹，如图 4-3-2 所示。

在这个系统中，s 平面上的根轨迹是圆的一部分。这种圆形根轨迹在大多数系统中是不会发生的。通常，圆形根轨迹可能发生在以下系统中：包含两个极点和一个零点、两个极点和两个零点或者一个极点和两个零点。即使在这类系统中，是否产生圆形根轨迹还要取决

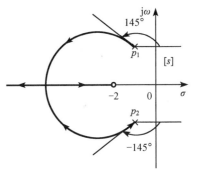

图 4-3-2　反馈系统的根轨迹(二)

于系统中所包含的极点与零点的位置。其实证明根轨迹是圆形的思路就是推导出系统根轨迹方程中的一部分为圆的方程。

【例 4-3-3】　已知某正反馈系统的开环传递函数为

$$G(s)H(s) = \frac{K^*(s+2)}{(s+3)(s^2+2s+2)}$$

试绘制该系统的根轨迹。

解　系统的根轨迹方程为

$$\frac{K^*(s+2)}{(s+3)(s^2+2s+2)} = +1$$

该系统的根轨迹需按绘制 0° 根轨迹的基本规则来绘制。

(1) $n=3$ ，$p_1=-1+\mathrm{j}$ ，$p_2=-1-\mathrm{j}$ ，$p_3=-3$ ，$m=1$ ，$z_1=-2$ 。

(2) 由于 $n-m=2$ ，给定系统的根轨迹共有两条渐近线。这些渐近线与实轴正方向的夹角为 $\dfrac{2l}{n-m}\pi(l=0,1)$ ，即分别为 0° 及 180°。注意：如本例中仅有两条渐近线且都与实轴重合的情况，计算渐近线在实轴上的交点坐标已没有意义，故从略。

(3) 在实轴上隶属于 0° 根轨迹的线段是 $(-\infty,-3]$ 及 $[-2,\infty)$ ，这是因为在上列线段上任意一点的右侧开环实极点与开环实零点数目之和均为偶数。

(4) 起始于开环共轭复极点 $p_{1,2}=-1\pm\mathrm{j}$ 的两条对称根轨迹分支，在随着参变量 K^* 的增大而分别趋向于开环零点 $z_1=-2$ 及沿正实轴伸向无穷远处的过程中，在参变量 K^* 取某值 $K_1^*\,(0<K_1^*<\infty)$ 时由复平面进入实轴，其会合点满足方程：

$$\alpha^3+5.5\alpha^2+10\alpha+5=0$$

解出 $\alpha_1\approx-0.8$ ，$\alpha_2\approx-2.35+\mathrm{j}0.84$ ，$\alpha_3\approx-2.35-\mathrm{j}0.84$ 。

由于点 α_1 位于两个零点(一个有限零点和一个无限零点)之间，还是根轨迹上的一点，所以点 α_1 是实际的会合点。而点 $\alpha_{2,3}$ 不是根轨迹上的点，这可以通过将 α_2 代入相角条件或特征方程中加以验证，故该点既不是分离点又不是会合点。

应用根轨迹方程的幅值条件，可得与会合点相对应的参变量 K^* 的值 K_1^* 为

$$K_1^*=\frac{|\alpha_1-p_1|\cdot|\alpha_1-p_2|\cdot|\alpha_1-p_3|}{|\alpha_1-z_1|}=\frac{|0.2-\mathrm{j}|\cdot|0.2+\mathrm{j}|\cdot|2.2|}{|1.2|}\approx1.9$$

(5) 对于起始于开环复极点 $p_{1,2}=-1\pm\mathrm{j}$ 的两条根轨迹分支，在 p_1 处的出射角为

$$\theta_{p_1}=0°+\angle(p_1-z_1)-\angle(p_1-p_2)-\angle(p_1-p_3)=-72°$$

由根轨迹的对称性可直接得出 $\theta_{p_2}=72°$ 。

(6) 与虚轴的交点：将 $s=\mathrm{j}\omega$ 代入系统的特征方程得

$$-\mathrm{j}\omega^3-5\omega^2+\mathrm{j}(8-K^*)\omega+(6-2K^*)=0$$

通过求解实部方程与虚部方程，得出一条根轨迹分支与虚轴的交点纵坐标 $\omega=0$ 及相应参变量的临界值 $K_c^*=3$ 。

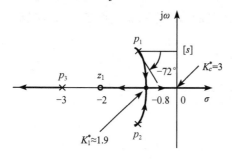

图 4-3-3　正反馈系统的根轨迹

至此，即可绘制出给定正反馈系统的根轨迹，如图 4-3-3 所示。从图 4-3-3 可以看出，当 $0<K^*<1.9$ 时，三个闭环极点中的两个为具有负实部的共轭复极点，而第三个为负实极点，系统工作在欠阻尼状态；当 $1.9<K^*<3$ 时，三个闭环极点全部变成负实极点，其中有一个负实极点随参变量 K^* 的继续增大而沿着实轴向 s 平面的右半部移动，系统的单位阶跃响应没有超调；当 $K^*\geqslant K_c^*=3$ 时，上述向 s 平面右半部移动的负实极点穿过坐标原点而变成正实极

点，从而使给定系统不稳定。由此可见，给定的正反馈系统并不是绝对不稳定的，当参变量 K^* 的取值介于 $0 \sim K_c^*$ 时，它仍能稳定地工作，只有在 $K^* > K_c^*$ 时它才变为不稳定。

【例 4-3-4】　设某负反馈系统的开环传递函数为

$$G(s)H(s) = \frac{K^*(s+b)}{s^2(s+a)}$$

其中，a 与 b 均为正数。试通过根轨迹分析开环零点对该系统稳定性的影响。

解　给定系统的根轨迹方程为

$$\frac{K^*(s+b)}{s^2(s+a)} = -1$$

下面分三种情形来分析开环零点对给定系统稳定性的影响。

(1)取 $b = \infty$，即给定系统不存在有限开环实零点。

在这种情形下，开环传递函数即为

$$G(s)H(s) = \frac{K^*}{s^2(s+a)}$$

此时给定系统的根轨迹按绘制 180° 根轨迹的基本规则绘制，如图 4-3-4(a)所示。从图 4-3-4(a)可见，由于不论参变量 K^* 在 $0 \sim \infty$ 取何值，三个闭环极点中总有两个具有正实部，所以这时的负反馈系统是绝对不稳定的。

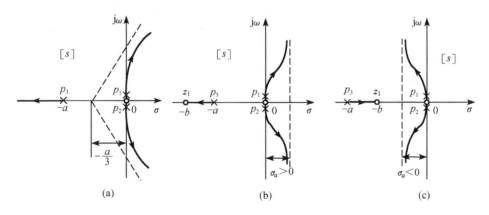

图 4-3-4　负反馈系统的根轨迹

(2)取 $b > a$。

在这种情形下，开环传递函数即为

$$G(s)H(s) = \frac{K^*(s+b)}{s^2(s+a)}$$

此时给定系统的根轨迹按绘制 180° 根轨迹的基本规则绘制，如图 4-3-4(b)所示。开环负实零点 $z_1 = -b$ 距虚轴较远，致使两条渐近线在实轴上的交点为

$$\sigma_a = \frac{b-a}{2} > 0$$

这就决定了两条根轨迹分支仍然不能脱离 s 平面的右半部。因此，从反馈系统的稳定性来看，这种开环负实零点 z_1 作用不显著的情形与上述无有限开环实零点的情形没有本质上的差别，系统都是绝对不稳定的。

(3)取 $b < a$。

在这种情形下，$\sigma_a = (b-a)/2 < 0$，给定系统的根轨迹按绘制 180°根轨迹的基本规则绘制，如图 4-3-4(c)所示。由于开环负实零点 $z_1 = -b$ 的作用已足够强，两条根轨迹分支从 s 平面的右半部被吸引到 s 平面的左半部，从而不论参变量 K^* 在 $0 \sim \infty$ 取何值，给定系统总是稳定的。

综上所述，开环负实零点具有提高反馈系统稳定性的作用。通过适当确定开环负实零点在 s 平面上的分布位置，可使系统由不稳定变为稳定。

4.3.2　非最小相位系统的根轨迹分析

绘制非最小相位系统根轨迹的基本规则与上面给出的绘制最小相位系统根轨迹的基本规则完全相同，即根据非最小相位系统的根轨迹方程或按绘制 180°根轨迹的基本规则或按绘制 0°根轨迹的基本规则绘制其根轨迹。要注意的是，根轨迹方程中的开环传递函数 $G(s)H(s)$ 必须经标准化处理而具有与式(4-2-1)相同的标准形式。

【例 4-3-5】　已知某非最小相位负反馈系统的开环传递函数为

$$G(s)H(s) = \frac{K^*(-s^2 - 2s + 3)}{s(s^2 + 4s + 16)}$$

试绘制该系统的根轨迹。

解　给定系统是非最小相位系统，其根轨迹方程为

$$\frac{K^*(-s^2 - 2s + 3)}{s(s^2 + 4s + 16)} = -1$$

由于给定系统的开环传递函数不具有根轨迹方程所要求的标准形式，故首先对已知的 $G(s)H(s)$ 进行标准化处理，经标准化处理的根轨迹方程为

$$\frac{K^*(s^2 + 2s - 3)}{s(s^2 + 4s + 16)} = +1$$

因此，给定非最小相位负反馈系统的根轨迹需按绘制 0°根轨迹的基本规则来绘制。

(1) $n = 3$，$p_1 = 0$，$p_2 = -2 + j2\sqrt{3}$，$p_3 = -2 - j2\sqrt{3}$，$m = 2$，$z_1 = -3$，$z_2 = 1$。

(2)由于 $n - m = 1$，根轨迹只有一条渐近线。该渐近线与实轴正方向的夹角为 $\frac{2l}{n-m}\pi$ ($l = 0$)，即为 0°。

(3)实轴上属于 0°根轨迹的线段是 $[-3,0]$ 及 $[1,\infty)$ 两部分。

(4)起始于开环共轭复极点 $p_{2,3} = -2 \pm j2\sqrt{3}$ 的两条根轨迹分支从复平面进入实轴时的会合点为 $\alpha = 3.6$。

(5)对于起始于开环复极点 p_2、p_3 的两条根轨迹分支，在 p_2 处的出射角为

$$\theta_{p_2} = 0° + \angle(p_2 - z_1) + \angle(p_2 - z_2) - \angle(p_2 - p_1) - \angle(p_2 - p_3) = -5.3°$$

由根轨迹的对称性可直接得出 $\theta_{p_3} = 5.3°$。

(6)与虚轴的交点：将 $s = j\omega$ 代入系统的特征方程 $s(s^2 + 4s + 16) - K^*(s^2 + 2s - 3) = 0$ 中，得

$$-j\omega^3 - (4 - K^*)\omega^2 + j(16 - 2K^*)\omega + 3K^* = 0$$

从而得实部方程、虚部方程分别为

$$\begin{cases} -(4 - K^*)\omega^2 + 3K^* = 0 \\ -\omega^3 + (16 - 2K^*)\omega = 0 \end{cases}$$

解得 $\omega_1 = 0$ 及相应的 $K_1^* = 0$，$\omega_{2,3} = \pm 3.14$ 及相应的 $K_{2,3}^* = 3.07$。

至此，即可绘制出的给定非最小相位系统的根轨迹，如图 4-3-5 所示。

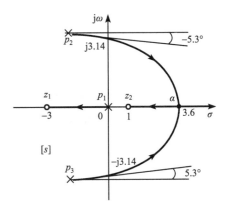

图 4-3-5　非最小相位系统的根轨迹

4.3.3　参量根轨迹分析

绘制反馈系统的根轨迹时，其参变量并非一定都与系统的开环增益 K 相关，有时为了研究除开环增益外的其他参变量对系统性能的影响，还常以时间常数、反馈系数、开环零点或开环极点等参变量作为绘制系统根轨迹的参变量。为了区别于以开环增益为参变量的一般根轨迹，把以非开环增益的其他参变量为参变量的根轨迹称为反馈系统的参量根轨迹。

反馈系统参量根轨迹的绘制步骤是首先将系统的特征方程

$$1 \pm G(s, X) = 0$$

整理成如下形式的根轨迹方程：

$$\frac{X \cdot P(s)}{Q(s)} = \pm 1 \tag{4-3-1}$$

式中，$G(s, X)$ 为以复变量 s 和参变量 X 为自变量的开环传递函数；X 为非开环增益的参变量；$P(s)$、$Q(s)$ 为不含参变量 X 的复变量 s 的多项式，其中 s 的最高次幂项的系数需化成 1，即需将 $X \cdot P(s) / Q(s)$ 化成式(4-2-1)所示的开环传递函数标准形式：

$$\frac{X \cdot P(s)}{Q(s)} = X \cdot \frac{\prod_{i=1}^{m}(s - z_i)}{\prod_{j=1}^{n}(s - p_j)} \tag{4-3-2}$$

其次根据根轨迹方程式(4-3-1)，按绘制 180° 根轨迹(对应–1)或绘制 0° 根轨迹(对应+1)的基本规则，同绘制以开环增益为参变量的一般根轨迹一样，来绘制参变量 X 为 $0 \sim \infty$ 的参量根轨迹。

【例 4-3-6】　已知某负反馈系统的开环传递函数为

$$G(s)H(s) = \frac{10(s+a)}{s(s+1)(s+8)}$$

其中，$a > 0$，试绘制该系统以 a 为参变量的根轨迹。

解　首先将给定系统的特征方程化成如式(4-3-2)所示的根轨迹方程的形式。

给定系统的特征方程为

$$1 + \frac{10(s+a)}{s(s+1)(s+8)} = 0$$

即　　　　　$$s(s+1)(s+8) + 10(s+a) = s^3 + 9s^2 + 18s + 10a = 0$$

将其化成如式(4-3-1)所示的根轨迹方程的形式：

$$\frac{10a}{s^3 + 9s^2 + 18s} = -1$$

若记 $K^* \overset{\text{def}}{=} 10a$，则得到如式(4-3-2)所示的形式：

$$\frac{K^*}{s(s+3)(s+6)} = -1$$

即该系统需按绘制 180° 根轨迹的基本规则来绘制参变量 a 为 $0 \sim \infty$ 时的参量根轨迹。

(1) $n = 3$，$p_1 = 0$，$p_2 = -3$，$p_3 = -6$，$m = 0$。

(2) 由于 $n - m = 3$，根轨迹共有三条渐近线。这些渐近线与实轴的交点为 $\sigma_a = -3$，而它们与实轴正方向的夹角为 $\dfrac{2l+1}{n-m}\pi$（$l = 0,1,2$），即分别为 ±60° 及 180°。

(3) 实轴上属于 180° 根轨迹的线段是 $(-\infty, -6]$ 及 $[-3, 0]$ 两段。

(4) 起始于开环极点 $p_1 = 0$ 及 $p_2 = -3$ 的两条根轨迹分支离开实轴而进入 s 平面的分离点由 $\alpha^2 + 6\alpha + 6 = 0$ 求得，$\alpha_1 = -1.268$ 及 $\alpha_2 = -4.732$。由于点 α_1 属于实轴上的根轨迹，所以点 α_1 是实际的分离点。而点 α_2 不位于根轨迹上，于是点 α_2 舍去。

(5) 与虚轴的交点：将 $s = j\omega$ 代入系统的特征方程 $s^3 + 9s^2 + 18s + K^* = 0$ 得

$$-j\omega^3 - 9\omega^2 + j18\omega + K^* = 0$$

解得 $\omega_1 = 0$ 及相应的 $K_1^* = 0$，$\omega_{2,3} = \pm 3\sqrt{2}$ 及相应的 $K_{2,3}^* = 162$。

至此，即可绘制出给定系统以变量 a 为参变量的参量根轨迹，如图 4-3-6 所示。

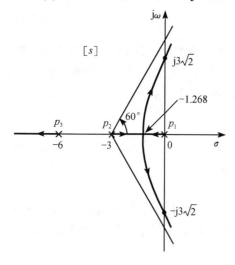

图 4-3-6　系统以 a 为参变量的根轨迹

【例 4-3-7】　已知某系统的特征方程为

$$s^3 + 4s^2 + 4s + d = 0$$

试绘制以 d 为参变量的根轨迹，并求出使阻尼比为 0.5 时 d 的值。

解　(1) 绘制以 d 为参变量的参量根轨迹。

首先将给定系统的特征方程化成根轨迹方程的形式，用 $s^3 + 4s^2 + 4s$ 去除特征方程的两边得

$$\frac{d}{s^3 + 4s^2 + 4s} = \frac{d}{s(s+2)^2} = -1$$

即该系统需按绘制 180°根轨迹的基本规则来绘制以 d 为参变量的参量根轨迹。

① $n = 3$，$m = 0$，$p_1 = 0$，$p_2 = p_3 = -2$。

②根轨迹的渐近线有 $n - m = 3$ 条。这些渐近线与实轴共同交于一点，此交点的坐标是 $(\sigma_a, j0)$，其中，

$$\sigma_a = \frac{p_1 + p_2 + p_3}{n - m} = \frac{0 - 2 - 2}{3 - 0} = -\frac{4}{3}$$

而与实轴正方向的夹角为 $\frac{2l + 1}{n - m}\pi(l = 0, 1, 2)$，即分别为 $\pm 60°$ 及 $180°$。

③整个负实轴上的点都是根轨迹上的点。

④求根轨迹与实轴的交点，即分离点，由

$$\frac{\mathrm{d}}{\mathrm{d}s}(s^3 + 4s^2 + 4s)\big|_{s=\alpha} = 0$$

解得 $\alpha_1 = -\frac{2}{3}$，$\alpha_2 = -2$ (即为开环重极点)。

⑤求根轨迹与虚轴的交点：将 $s = \mathrm{j}\omega$ 代入特征方程得

$$-\mathrm{j}\omega^3 - 4\omega^2 + \mathrm{j}4\omega + d = 0$$

解得 $\omega_1 = 0$ 及相应的 $d_1 = 0$，$\omega_{2,3} = \pm 2$ 及相应的 $d_c = 16$。

至此，即可绘制系统以变量 d 为参变量的参量根轨迹，如图 4-3-7 所示。

(2)求 $\zeta = 0.5$ 时，d 的值。

由于 $\cos\theta = \zeta = 0.5$，得 $\theta = 60°$

由相角条件，结合图 4-3-8 得

$$2\beta + (180° - 60°) = 180°$$

$$\beta = 30°$$

因此，$\triangle OCD$ 为直角三角形，$OD = 2$，$OC = 1$，$OA = 0.5$，C 点处 $s_1 = -\frac{1}{2} + \mathrm{j}\frac{\sqrt{3}}{2}$。

由根轨迹绘制规则 8 可知

$$s_1 + s_2 + s_3 = -4$$

解得 $$s_3 = -3$$

而 $$d = (-s_1)(-s_2)(-s_3) = \left(\frac{1}{2} - \mathrm{j}\frac{\sqrt{3}}{2}\right)\left(\frac{1}{2} + \mathrm{j}\frac{\sqrt{3}}{2}\right)3 = 3$$

【例 4-3-8】 某负反馈系统的开环传递函数为

$$G(s)H(s) = \frac{5}{s(\tau s + 1)(0.5s + 1)}$$

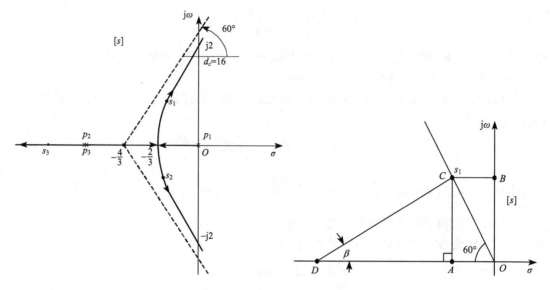

图 4-3-7　系统以变量 d 为参变量的根轨迹　　　　　图 4-3-8　例 4-3-7 求解用图

试绘制以 τ 为参变量的根轨迹，并确定使闭环系统稳定的 τ 的范围。

解　(1)将开环传递函数改写为以 τ 为参变量的标准形式，即

$$\frac{5}{s(\tau s+1)(0.5s+1)}=-1$$

$$\frac{\tau s^2(s+2)}{s^2+2s+10}=-1 \tag{4-3-3}$$

(2)由式(4-3-3)可见，系统的开环零点数多于开环极点数。令 $K^*=\dfrac{1}{\tau}$，则有

$$\frac{K^*(s^2+2s+10)}{s^2(s+2)}=-1 \tag{4-3-4}$$

因此需按照绘制 180° 根轨迹的基本规则来绘制系统的根轨迹。

(3)对于式(4-3-4)描述的系统，$n=3$，$p_1=p_2=0$，$p_3=-2$，$m=2$，$z_{1,2}=-1\pm j3$。

(4)渐近线有 $n-m=1$ 条，与实轴的夹角为 180°。

(5)实轴上的根轨迹：$(-\infty,-2]$。

(6)与虚轴的交点：

$$D(s)=s^2(s+2)+K^*(s^2+2s+10)$$
$$=s^3+(K^*+2)s^2+2K^*s+10K^*$$
$$D(j\omega)=[-(K^*+2)\omega^2+10K^*]+j[-\omega^3+2K^*\omega]=0$$

解得 $K_c^*=3$，$\omega_c=\pm\sqrt{6}\text{rad/s}$。

(7)入射角：

$$\theta_{z_1}=180°+\angle(z_1-p_1)+\angle(z_1-p_2)+\angle(z_1-p_3)-\angle(z_1-z_2)$$
$$=180°+108.43°+108.43°+71.57°-90°=360°+18.43°$$

式(4-3-3)描述的系统与式(4-3-4)描述的系统互为倒数关系,因此将式(4-3-4)描述的系统的零极点位置互换就可以得到其根轨迹,如图 4-3-9 所示。

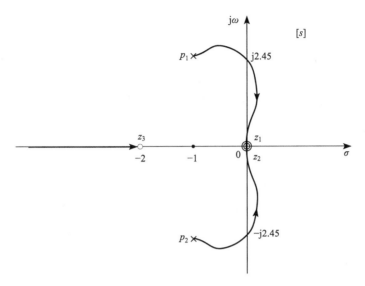

图 4-3-9　例 4-3-8 求解用图

以上实例具体讲述了闭环系统零极点的分布位置对其暂态性能、稳定性等方面的影响,可以简单归纳为以下几点。

(1)稳定性。如果闭环极点全部位于 s 平面的左半部,则系统一定是稳定的,即系统稳定性只与闭环极点的位置有关,而与闭环零点的位置无关。

(2)时间响应形式。如果闭环系统无零点,且闭环极点均为实极点,则时间响应一定是单调的;如果闭环极点均为复极点,则时间响应一般是振荡的。

(3)超调量。超调量主要取决于闭环主导复极点的衰减率 $\sigma / \omega_d = \zeta / \sqrt{1-\zeta^2}$,并与其他闭环零点接近坐标原点的程度有关。

(4)调节时间。调节时间主要取决于最靠近虚轴的闭环主导复极点的实部绝对值 $\zeta \omega_n$;如果闭环实极点距虚轴最近,并且它附近没有闭环实零点,则调节时间主要取决于该实极点的模值。

(5)闭环实零极点影响。闭环实零点减小系统阻尼,使峰值时间提前,超调量增大;闭环实极点增大系统阻尼,使峰值时间滞后,超调量减小。它们的作用随着其本身接近坐标原点的程度而加强。

4.4　用 MATLAB 绘制根轨迹

根轨迹法是分析和设计线性定常系统的常用图解法,因应用方便与直观性强等特点而在工程实践中获得了广泛的应用。MATLAB 的控制系统工具箱专门提供了绘制根轨迹的函数,而且有专用的根轨迹设计 GUI 工具 rltool 等,使绘制根轨迹变得轻松自如。

1. 绘制系统的开环零极点分布图

函数及调用格式:

$$[p,z]=pzmap(num,den)$$

功能说明: pzmap 函数可以计算出单输入单输出(single input single output, SISO)系统的零极点, 当不带输出变量调用函数时, pzmap 函数可直接绘制系统的零极点分布图, 其中极点用"×"表示, 零点用"○"表示, p 为极点向量, z 为零点向量。

2. 绘制系统的根轨迹

函数及调用格式:

$$[R,K]=rlocus(num,den), [R,K]=rlocus(num,den,K)$$

功能说明: rlocus 函数可计算 SISO 开环模型的根轨迹, 其特征方程形如 $1+K\text{num}(s)/\text{den}(s)=0$, 即绘制系统的 180°根轨迹, 还可利用指定的增益 K 来绘制系统的根轨迹。当不带返回变量调用该函数时, rlocus 函数可直接绘制系统的根轨迹。绘制系统的 0°根轨迹时, 只需将分子多项式取负即可。

3. 计算给定一组特征根的根轨迹增益 K_i

函数及调用格式:

$$[K,poles]=rlocfind(num,den), [K,poles]=rlocfind (num,den, P)$$

功能说明: rlocfind 函数可计算出与根轨迹上任一闭环极点相对应的根轨迹增益。可在根轨迹上显示十字光标, 选择其中一点, 对应的增益由 K 就被记录下来, 而与增益 K 相对应的所有闭环极点记录在 poles 中。可指定期望的闭环极点向量 P。

【例 4-4-1】　已知某负反馈系统的开环传递函数为

$$G(s)H(s) = \frac{K^*}{s(s+1)(s+2)}$$

试利用 MATLAB 绘制系统的根轨迹及其渐近线, 并求出根轨迹与虚轴的交点及相应的参变量的临界值。

解　给定系统的根轨迹前面已经绘制过, 如图 4-2-7 所示。

由于

$$\lim_{s\to\infty}G(s)H(s) = \lim_{s\to\infty}\frac{K^*}{s^3+3s^2+2s} = \lim_{s\to\infty}\frac{K^*}{s^3+3s^2+3s+1} = \frac{K^*}{(s+1)^3}$$

于是根轨迹渐近线方程为

$$G_a(s)H_a(s) = \frac{K^*}{(s+1)^3}$$

运行 MATLAB Program 41, 绘制的系统根轨迹如图 4-4-1 所示。

```
MATLAB Program 41.m
num=[1];den=conv([1 1 0],[1 2]);
numa=[1];dena=[1 3 3 1];                %渐近线方程
K1=0:0.1:0.3;K2=0.3:0.005:0.5;
K3=0.5:0.5:10;K4=10:5:100;
K*=[K1 K2 K3 K4];
R=rlocus(num,den,K*);
A=rlocus(numa,dena,K*);                %绘制根轨迹的渐近线
y=[R,A];plot(y,'-');
v=[-4 4 -4 4];axis(v);
grid on;
title('G(s)H(s)=K*/(s(s+1)(s+2))含渐近线的根轨迹');
```

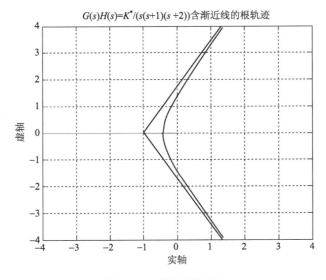

图 4-4-1　系统的根轨迹

利用 rlocfind 函数在图中选择根轨迹与虚轴的交点位置(相应会出现十字光标)，从而得到参变量 K^* 的临界值。

```
K*=rlocfind(num,den)
```

运行结果为

```
selected_point=0.0092 + 1.4386i
K*=6.2472
```

【例 4-4-2】　绘制例 4-2-7 系统的根轨迹。

解　运行 MATLAB Program 42，绘制的系统根轨迹如图 4-4-2 所示。

```
MATLAB Program 42.m
num=[-1];den=conv([1,1],conv([1,-1],conv([1,4],[1,4])));
rlocus(num,den);
title('正反馈系统φ(s)=K*/((s+1)(s-1)(s+4)^2)的根轨迹');
```

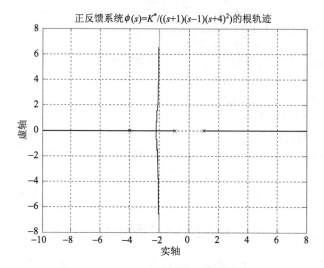

图 4-4-2　系统的 0°根轨迹

4. 根轨迹设计工具 rltool

MATLAB 控制系统工具箱里有一个用于系统根轨迹分析与设计的工具 rltool，通过这个工具，既可以分析系统根轨迹，也能对系统进行设计，尤其是对被控对象在其前向通道中以设计零极点的方法来设计控制器，在设计过程中，能够不断观察系统的响应曲线，看是否满足控制要求，以此来达到提高系统控制性能的目的。

函数及调用格式：

$$rltool, rltool(), rltool(num,den), rltool(G)$$

功能说明：rltool 或 rltool()函数直接打开系统根轨迹设计器；rltool(num,den)和 rltool(G)函数绘制系统模型为(num, den)或者(G)的根轨迹。

【例 4-4-3】　已知系统的开环传递函数为

$$G(s)H(s) = \frac{K^*(s+1)}{s(s-1)(s^2+4s+16)}$$

试用根轨迹设计器 rltool 绘制系统的根轨迹，并查看在 $K=31$ 时系统的单位阶跃响应曲线、单位脉冲响应曲线。

运行 MATLAB Program 43 可完成本题的解题工作，应用 rltool 函数绘制的系统根轨迹如图 4-4-3 所示。

```
MATLAB Program 43.m
num=[1,1];den=conv(conv([1,0],[1,-1]), [1,4,16]);
G=tf(num,den);
rltool(G);
```

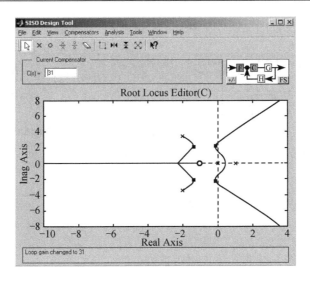

图 4-4-3　系统的根轨迹设计器

习　题

4-1　已知某负反馈系统的开环传递函数为

$$G(s)H(s) = \frac{K^*(s+2)(s+3)}{s(s+1)}$$

试绘制一般根轨迹。

4-2　已知某负反馈系统的开环传递函数为

$$G(s)H(s) = \frac{K^*(s+5)}{(s+1)(s+3)}$$

试绘制一般根轨迹。

4-3　已知某负反馈系统的开环传递函数为

$$G(s)H(s) = \frac{K^*(s+1)}{s(s-3)}$$

试绘制一般根轨迹。

4-4　已知某负反馈系统的开环传递函数为

$$G(s)H(s) = \frac{K^*}{s(s^2+4s+5)}$$

试绘制一般根轨迹。

4-5　已知某负反馈系统的开环传递函数为

$$G(s)H(s) = \frac{K^*}{s(s^2+6s+25)}$$

试绘制一般根轨迹。

4-6　已知系统的方框图如题 4-6 图所示，试以 K^* 为参变量绘制根轨迹。

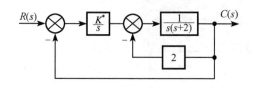

题 4-6 图　系统的方框图(一)

4-7　已知某负反馈系统的开环传递函数为

$$G(s)H(s) = \frac{K(2s+1)}{(s+1)^2\left(\dfrac{4}{7}s-1\right)}$$

试以 K 为参变量绘制根轨迹。

4-8　已知某单位负反馈系统的开环传递函数为

$$G(s)H(s) = \frac{K^*(s+2)}{s^2+2s+3}$$

试绘制一般根轨迹。

4-9　已知某正反馈系统的开环传递函数为

$$G(s)H(s) = \frac{K^*}{(s+1)^2(s+4)^2}$$

试绘制一般根轨迹。

4-10　已知某正反馈系统的开环传递函数为

$$G(s)H(s) = \frac{K^*(s+2)}{(s+3)(s^2+2s+2)}$$

试绘制一般根轨迹。

4-11　已知某负反馈系统的开环传递函数为

$$G(s)H(s) = \frac{K^*(s+1)}{s(s-1)(s^2+4s+16)}$$

试绘制该系统的一般根轨迹，并确定系统稳定时增益 K^* 的取值范围。

4-12　已知某负反馈系统的开环传递函数为

$$G(s)H(s) = \frac{K(1-0.5s)}{s(0.25s+1)}$$

试以 K 为参变量绘制根轨迹。

4-13　已知某负反馈系统的开环传递函数为

$$G(s)H(s) = \frac{K^*(s+a)}{s(s+1)(s+3)}$$

试绘制以 a 为参变量的参量根轨迹。

4-14　已知某负反馈系统的开环传递函数为

$$G(s)H(s) = \frac{K^*(s+0.4)}{s^2(s+3.6)}$$

试绘制一般根轨迹。

4-15　已知某负反馈系统的开环传递函数为

$$G(s)H(s) = \frac{20}{s(s+1)(s+4) + 20Ks}$$

试绘制以 K 为参变量的参量根轨迹。

4-16　已知某负反馈系统的开环传递函数为

$$G(s)H(s) = \frac{K^*}{s(s+4)}$$

将 ζ 调整到 $\zeta = 0.707$，求相应的 K^* 值。

4-17　已知某负反馈系统的开环传递函数为

$$G(s)H(s) = \frac{K^*}{(s-1)(s^2 + 4s + 7)}$$

试绘制一般根轨迹。

4-18　设有一位置随动系统，系统的开环传递函数为

$$G(s)H(s) = \frac{K}{s(5s+1)}$$

称为系统 I，为改善系统性能，串联比例微分校正时称为系统 II，加测速发电机反馈校正时称为系统 III，分别如题 4-18 图(a)、(b)、(c)所示。试绘制出这三个系统以 K 为参变量的根轨迹，并比较比例微分校正与测速发电机反馈校正的有关特点。

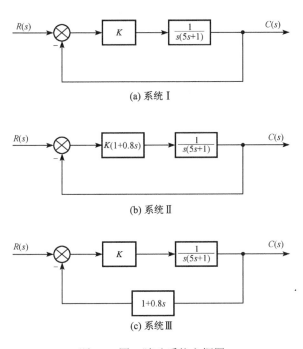

(a) 系统 I

(b) 系统 II

(c) 系统 III

题 4-18 图　随动系统方框图

4-19　已知某负反馈系统的开环传递函数为

$$G(s)H(s) = \frac{K^*}{s(s+3)(s^2+2s+2)}$$

试应用 MATLAB 绘制系统的根轨迹。

4-20 设某负反馈系统的开环传递函数为

$$G(s)H(s) = \frac{10(as+1)}{s(s+2)}$$

试应用 MATLAB 绘制以 a 为参变量的根轨迹。

4-21 系统的方框图如题 4-21 图所示，试应用 MATLAB 绘制系统的一般根轨迹。

4-22 设一非最小相位系统的方框图如题 4-22 图所示，试应用 MATLAB 绘制系统以 K^* 为参变量的根轨迹。

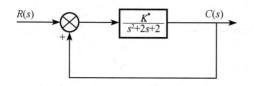

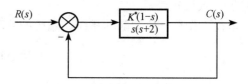

题 4-21 图　系统的方框图(二)　　　题 4-22 图　非最小相位系统方框图

第5章 线性系统的频域分析

时域法可以直观、准确地描述线性系统的运动过程。用时域法分析控制系统时，需要建立和求解微分方程，如果系统参数发生变化，这个过程还要重新进行。此外，在控制系统设计中，用时域法难以确定如何调整系统的结构和参数以改善系统性能。

本章介绍频域分析方法，通过研究系统对正弦输入信号的稳态输出特征来分析控制系统的性能。系统的频域模型可以通过时域模型求取，也可以通过实验法确定；频域法不仅能用于判断系统的稳定性，而且给出了相对稳定性的概念；通过建立频域性能指标与时域性能指标的关系，频域法也能用于分析系统的动态和稳态性能；利用频域法，可以通过开环系统的频率特性来研究闭环系统的性能，并给出改善系统性能的方法。因此，频域法在工程上得到了广泛的应用。

5.1 频率特性的概念

5.1.1 系统对正弦输入信号的稳态输出

考虑图 5-1-1 所示的线性定常系统，假设系统是稳定的，且初始条件为零。

图 5-1-1 线性定常系统

系统的输入、输出信号分别为 $x(t)$ 与 $y(t)$，其拉氏变换分别为 $X(s)$ 与 $Y(s)$，则系统的传递函数为

$$G(s) = \frac{Y(s)}{X(s)}$$

传递函数 $G(s)$ 在一般情况下可写成如下形式：

$$G(s) = \frac{M(s)}{N(s)} = \frac{M(s)}{(s-s_1)(s-s_2)\cdots(s-s_n)}$$

式中
$$N(s) = s^n + a_1 s^{n-1} + \cdots + a_{n-1} s + a_n = (s-s_1)(s-s_2)\cdots(s-s_n)$$
$$M(s) = b_0 s^m + b_1 s^{m-1} + \cdots + b_{m-1} s + b_m$$

$s_1, s_2, \cdots, s_n$ 为系统的极点。

设系统的输入信号为正弦信号，即

$$x(t) = X \sin \omega t$$

其拉氏变换为

$$X(s) = \frac{X\omega}{s^2 + \omega^2} = \frac{X\omega}{(s+j\omega)(s-j\omega)}$$

系统输出信号的拉氏变换为

$$Y(s) = G(s)X(s) = \frac{M(s)}{(s-s_1)(s-s_2)\cdots(s-s_n)} \cdot \frac{X\omega}{(s+j\omega)(s-j\omega)}$$

$$= \frac{c_1}{s-s_1} + \frac{c_2}{s-s_2} + \cdots + \frac{c_n}{s-s_n} + \frac{d_1}{s+j\omega} + \frac{d_2}{s-j\omega}$$

式中，c_1、c_2、$\cdots$、c_n、d_1、d_2 都是待定常数。在零初始条件下，对上式进行拉氏反变换，得到系统对正弦输入信号 $X\sin\omega t$ 的响应为

$$y(t) = c_1 e^{s_1 t} + c_2 e^{s_2 t} + \cdots + c_n e^{s_n t} + d_1 e^{-j\omega t} + d_2 e^{j\omega t}$$

对于稳定的系统，其闭环极点都具有负实部，因此当 $t \to \infty$ 时，输出的暂态分量 $c_i e^{s_i t}$ 衰减为零，系统对正弦输入信号的稳态输出 $y_{ss}(t)$ 为

$$y_{ss}(t) = d_1 e^{-j\omega t} + d_2 e^{j\omega t}$$

其中， $\displaystyle d_1 = \lim_{s \to j\omega}[(s+j\omega)Y(s)] = G(s)\frac{X\omega}{(s+j\omega)(s-j\omega)}(s+j\omega)\bigg|_{s=-j\omega} = -\frac{X}{2j}G(-j\omega)$

$$d_2 = \lim_{s \to j\omega}[(s-j\omega)Y(s)] = G(s)\frac{X\omega}{(s+j\omega)(s-j\omega)}(s-j\omega)\bigg|_{s=j\omega} = \frac{X}{2j}G(j\omega)$$

$G(j\omega)$ 为复数，可以写成模与幅角的形式：

$$G(j\omega) = |G(j\omega)| e^{j\angle G(j\omega)}$$

$G(-j\omega)$ 和 $G(j\omega)$ 是一对共轭复数，其模相等而幅角相反，因此有

$$G(-j\omega) = |G(j\omega)| e^{-j\angle G(j\omega)}$$

则

$$d_1 = -\frac{X}{2j}|G(j\omega)| e^{-j\angle G(j\omega)}$$

$$d_2 = \frac{X}{2j}|G(j\omega)| e^{j\angle G(j\omega)}$$

因此

$$y_{ss}(t) = d_1 e^{-j\omega t} + d_2 e^{j\omega t}$$

$$= -\frac{X}{2j}|G(j\omega)| e^{-j\angle G(j\omega)} e^{-j\omega t} + \frac{X}{2j}|G(j\omega)| e^{j\angle G(j\omega)} e^{j\omega t}$$

$$= X|G(j\omega)| \frac{e^{j[\omega t + \angle G(j\omega)]} - e^{-j[\omega t + \angle G(j\omega)]}}{2j}$$

$$= X|G(j\omega)| \sin(\omega t + \angle G(j\omega))$$

令

$$Y = X|G(j\omega)|, \quad \varphi = \angle G(j\omega) \tag{5-1-1}$$

则系统对正弦输入信号的稳态输出可写为

$$y_{ss}(t) = Y\sin(\omega t + \varphi) \tag{5-1-2}$$

其中，$Y = X|G(j\omega)|$ 为稳态输出的幅值；$\varphi = \angle G(j\omega)$ 为稳态输出相对正弦输入信号的相移。

5.1.2　频率响应和频率特性

式(5-1-2)描述的线性定常系统对正弦输入信号的稳态输出称为该系统的频率响应。由

此可以得出如下结论：

(1)稳态输出是与正弦输入信号频率相同的正弦信号；

(2)稳态输出的幅值为正弦输入信号幅值的 $|G(j\omega)|$ 倍；

(3)稳态输出相对正弦输入信号的相移为 $\angle G(j\omega)$ 。

为此，定义线性定常系统求取的稳态输出、输入振幅比依赖于角频率的函数 $Y/X = |G(j\omega)|$ 称为系统的幅频特性，系统的稳态输出相对于输入信号的相移 $\varphi(\omega)$ 称为系统的相频特性。上述定义的幅频特性及相频特性统称为系统的频率特性，记为

$$G(j\omega) = |G(j\omega)|e^{j\angle G(j\omega)} \tag{5-1-3}$$

$\angle G(j\omega) < 0$ 称为相位滞后，$\angle G(j\omega) > 0$ 称为相位超前。

求取系统的频率特性可以采用以下两种方法。

(1)解析法。

先求得系统的传递函数 $G(s)$ ，然后令 $s = j\omega$ ，即 $G(j\omega) = G(s)\big|_{s=j\omega}$ 。

(2)实验法。

对系统加载不同频率的正弦输入信号，通过仪器测量系统输出信号的幅值和相移，即可求取系统的频率特性。

【例 5-1-1】 控制系统的方框图如图 5-1-2 所示，当系统的参考输入信号为 $r(t) = 2\sin 3t$ 时，求系统的稳态误差。

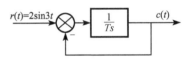

图 5-1-2 控制系统的方框图

解 $\qquad G(s) = \dfrac{1}{Ts}, \quad H(s) = 1$

误差信号对参考输入信号的闭环传递函数为

$$\Phi_e(s) = \frac{E(s)}{R(s)} = \frac{1}{1 + G(s)H(s)} = \frac{1}{1 + \dfrac{1}{Ts}} = \frac{Ts}{Ts + 1}$$

其频率特性为

$$\Phi_e(j\omega) = \frac{j\omega T}{1 + j\omega T}$$

$$|\Phi_e(j\omega)| = \frac{\omega T}{\sqrt{1 + \omega^2 T^2}}$$

$$\angle \Phi_e(j\omega) = \frac{\pi}{2} - \arctan \omega T$$

在 $r(t) = 2\sin 3t$ 作用下的稳态误差为

$$e_{ss}(t) = 2|\Phi_e(j3)|\sin(3t + \angle\Phi_e(j3)) = 2 \times \frac{3T}{\sqrt{1 + 9T^2}}\sin\left(3t + \frac{\pi}{2} - \arctan 3T\right)$$

$$= \frac{6T}{\sqrt{1 + 9T^2}}\cos(3t - \arctan 3T)$$

5.1.3　频率特性的几何表示法

当系统的传递函数 $G(s)$ 比较复杂时，系统的频率特性 $G(j\omega)$ 的解析表达式也比较复杂。实际工程中，经常采用图形来描述系统的频率特性，这是频域法的主要优势之一。常用的系统频率特性曲线见表 5-1-1，各种频率特性图的详细描述将在后面章节介绍。

表 5-1-1　常用频率特性曲线及其坐标系

序号	名称	图形常用名	坐标系
1	幅频特性曲线 相频特性曲线	频率特性图	直角坐标系
2	幅相频率特性曲线	极坐标图、奈奎斯特图	极坐标系
3	对数幅频特性曲线 对数相频特性曲线	对数坐标图、Bode 图	半对数坐标系
4	对数幅相频率特性曲线	对数幅相图、尼柯尔斯图	对数幅相坐标系

【例 5-1-2】　设系统的传递函数为 $G(s) = \dfrac{1}{Ts+1}$，试用解析法求其频率特性 $G(j\omega)$，并绘制 $G(j\omega)$ 的极坐标图。

解　系统的频率特性为

$$G(j\omega) = \frac{1}{1 + j\omega T}$$

$$\left| G(j\omega) \right| = \frac{1}{\sqrt{1 + \omega^2 T^2}}$$

$$\angle G(j\omega) = -\arctan \omega T$$

把 $G(j\omega)$ 写成实部和虚部的形式：

$$G(j\omega) = X(\omega) + jY(\omega) = \frac{1}{1 + \omega^2 T^2} - j\frac{\omega T}{1 + \omega^2 T^2}$$

实部：
$$X(\omega) = \frac{1}{1 + \omega^2 T^2} \tag{5-1-4}$$

虚部：
$$Y(\omega) = -\frac{\omega T}{1 + \omega^2 T^2} \tag{5-1-5}$$

虚部除以实部可得

$$-T\omega = \frac{Y(\omega)}{X(\omega)} \tag{5-1-6}$$

将式(5-1-6)代入式(5-1-4)，消去中间变量 ω，可得

$$X^2(\omega) + Y^2(\omega) - X(\omega) = 0$$

即

$$\left(X(\omega) - \frac{1}{2}\right)^2 + Y^2(\omega) = \left(\frac{1}{2}\right)^2$$

上述方程是圆的方程，其图形是圆心在 $\left(\dfrac{1}{2}, 0\right)$，半

径为 $\dfrac{1}{2}$ 的圆。由于 $\omega > 0$，$T > 0$，因此 $X(\omega) > 0$，

$Y(\omega) < 0$，图形在第 Ⅳ 象限。频率特性的极坐标图如
图 5-1-3 所示。

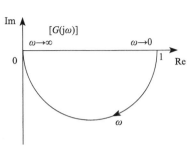

图 5-1-3　频率特性的极坐标图

5.2　开环系统的幅相频率特性曲线

设系统的频率特性为

$$G(\mathrm{j}\omega) = B(\omega) \cdot \mathrm{e}^{\mathrm{j}\varphi(\omega)} = X(\omega) + \mathrm{j}Y(\omega)$$

如果将 $G(\mathrm{j}\omega)$ 当作一个复数，则可以将其表示为实部、虚部形式或者复指数形式。以
横轴为实轴，以纵轴为虚轴，构成复数平面。若将频率特性表示为实部与虚部的形式，则
实部为实轴坐标值，虚部为虚轴坐标值。若将频率特性表示为复指数形式，则频率特性为
复平面上的向量，而向量的长度为频率特性的幅值，向量与实轴正方向的夹角等于频率特
性的相位。由于幅频特性为 ω 的偶函数，相频特性为 ω 的奇函数，ω 为 $0 \sim \infty$ 和 ω 为 $0 \sim -\infty$
的幅相频率特性曲线关于实轴对称，因此一般只绘制 ω 为 $0 \sim \infty$ 的幅相频率特性曲线。复
向量 $G(\mathrm{j}\omega)$ 的端点组成的轨迹可以在复平面上用极坐标表示，称为幅相频率特性曲线，也
称为极坐标图，或者奈奎斯特图，简称为奈氏图。在奈氏图上，通常把角频率 ω 作为参变
量标在曲线相应点的旁边，并用箭头表示 ω 增大时特性曲线的走向。

奈氏图的优点是可以在一幅图上描绘出整个频域的频率特性，不足之处是不能明显地
表示出传递函数中每个环节对系统频率特性的单独影响。

5.2.1　典型环节的 Nyquist 图

线性定常系统的开环传递函数 $G(s)H(s)$ 一般具有如下形式：

奈氏图绘制

$$
\begin{aligned}
G(s)H(s) &= \frac{b_0 s^m + b_1 s^{m-1} + \cdots + b_{m-1}s + b_m}{s^n + a_1 s^{n-1} + \cdots + a_{n-1}s + a_n} \\
&= \frac{K \displaystyle\prod_{j=1}^{l}(\tau_j s + 1) \prod_{j=1}^{\frac{1}{2}(m-l)}(\tau_j^2 s^2 + 2\zeta_j \tau_j s + 1)}{s^{\nu} \displaystyle\prod_{i=1}^{k}(T_i s + 1) \prod_{i=1}^{\frac{1}{2}(n-\nu-k)}(T_i^2 s^2 + 2\zeta_i T_i s + 1)}
\end{aligned}
$$

$$= K \cdot \frac{1}{s^{\nu}} \cdot \prod_{i=1}^{k} \frac{1}{T_i s + 1} \cdot \prod_{i=1}^{\frac{1}{2}(n-\nu-k)} \frac{1}{T_i^2 s^2 + 2\zeta_i T_i s + 1}$$

$$\cdot \prod_{j=1}^{l} (\tau_j s + 1) \cdot \prod_{j=1}^{\frac{1}{2}(m-l)} (\tau_j^2 s^2 + 2\zeta_j \tau_j s + 1) \tag{5-2-1}$$

式(5-2-1)描述了由一系列具有不同传递函数的环节串联组成的开环系统的传递函数。由于线性定常系统的开环传递函数一般由这些环节构成，故这些环节通常称为典型环节。典型环节以及它们的传递函数如下。

放大环节：$\qquad\qquad\qquad\qquad G(s) = K$

积分环节：$\qquad\qquad\qquad\qquad G(s) = \dfrac{1}{s}$

微分环节：$\qquad\qquad\qquad\qquad G(s) = s$

惯性环节：$\qquad\qquad\qquad\qquad G(s) = \dfrac{1}{Ts + 1}$

一阶微分环节：$\qquad\qquad\qquad G(s) = \tau s + 1$

振荡环节：

$$G(s) = \frac{1}{T^2 s^2 + 2T\zeta s + 1} = \frac{\omega_n^2}{s^2 + 2\zeta\omega_n s + \omega_n^2}, \quad 0 \leqslant \zeta < 1$$

二阶微分环节：

$$G(s) = \tau^2 s^2 + 2\tau\zeta s + 1 = \frac{1}{\omega_n^2}(s^2 + 2\zeta\omega_n s + \omega_n^2), \quad 0 \leqslant \zeta < 1$$

不稳定惯性环节：$\qquad\qquad\quad G(s) = \dfrac{1}{Ts - 1}$

时滞环节：$\qquad\qquad\qquad\qquad G(s) = \mathrm{e}^{-\tau s}$

以上传递函数中，K、T、τ、ω_n 均为正实数。

熟悉各典型环节的作图及其图形特点对分析整个开环系统的幅相频率特性是很重要的，下面分别说明上述典型环节的幅相频率特性曲线的绘制方法及其特点。

1. 放大环节

放大环节的传递函数为

$$G(s) = K$$

其频率特性为

$$G(\mathrm{j}\omega) = K + \mathrm{j}0 = K\mathrm{e}^{\mathrm{j}0°}$$

$$|G(\mathrm{j}\omega)| = K$$

$$\angle G(\mathrm{j}\omega) = 0°$$

可见，放大环节的幅相频率特性是实轴上的一个点，如图 5-2-1 所示。放大环节对正弦输入信号的稳态输出的振幅是输入信号振幅的 K 倍，且响应与输入信号有相同的相位。

2. 积分环节

积分环节的传递函数为

$$G(s) = \frac{1}{s}$$

其频率特性为

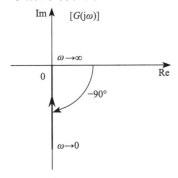

图 5-2-2　积分环节的幅相频率特性曲线

图 5-2-1　放大环节的幅相频率特性曲线

$$G(\mathrm{j}\omega) = 0 - \mathrm{j}\frac{1}{\omega} = \frac{1}{\omega}\mathrm{e}^{-\mathrm{j}90°}$$

$$\left| G(\mathrm{j}\omega) \right| = \frac{1}{\omega}$$

$$\angle G(\mathrm{j}\omega) = -90°$$

可见，当频率 ω 由零变化到无穷大时，积分环节频率特性的幅值由无穷大衰减到零，即与 ω 成反比；而其相频特性与频率取值无关，等于常值 $-90°$。因此，其幅相频率特性曲线与负虚轴重合，如图 5-2-2 所示。

3. 微分环节

微分环节的传递函数为

$$G(s) = s$$

其频率特性为

$$G(\mathrm{j}\omega) = 0 + \mathrm{j}\omega = \omega\mathrm{e}^{\mathrm{j}90°}$$

$$\left| G(\mathrm{j}\omega) \right| = \omega$$

$$\angle G(\mathrm{j}\omega) = 90°$$

微分环节频率特性的幅值与 ω 成正比，相角恒为 $90°$。当 $\omega = 0 \rightarrow \infty$ 时，幅相频率特性从原点起始，一直沿虚轴趋于 $\mathrm{j}\infty$ 处，如图 5-2-3 所示。

4. 惯性环节

惯性环节的传递函数为

$$G(s) = \frac{1}{Ts+1}$$

其频率特性为

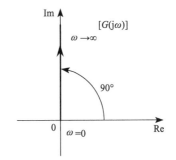

图 5-2-3　微分环节的幅相频率特性曲线

$$G(\mathrm{j}\omega) = \frac{1}{1+\mathrm{j}T\omega}$$

$$\left|G(\mathrm{j}\omega)\right| = \frac{1}{\sqrt{1+T^2\omega^2}}$$

$$\angle G(\mathrm{j}\omega) = -\arctan T\omega$$

当 $\omega = 0$ 时，$\left|G(\mathrm{j}\omega)\right| = 1$，$\angle G(\mathrm{j}\omega) = 0°$；当 $\omega = \infty$ 时，$\left|G(\mathrm{j}\omega)\right| = 0$，$\angle G(\mathrm{j}\omega) = -90°$。

例 5-1-2 已经证明，惯性环节幅相频率特性曲线是以 $\left(\dfrac{1}{2}, \mathrm{j}0\right)$ 为圆心，以 $\dfrac{1}{2}$ 为半径的半圆，如图 5-2-4 所示。

5. 一阶微分环节

一阶微分环节的传递函数为

$$G(s) = \tau s + 1$$

其频率特性为

$$G(\mathrm{j}\omega) = 1 + \mathrm{j}\tau\omega$$

$$\left|G(\mathrm{j}\omega)\right| = \sqrt{1+\tau^2\omega^2}$$

$$\angle G(\mathrm{j}\omega) = \arctan \tau\omega$$

一阶微分环节幅相频率特性的实部为常数 1，虚部与 ω 成正比，如图 5-2-5 所示。

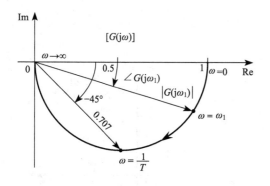

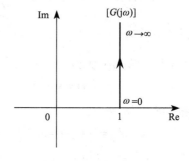

图 5-2-4　惯性环节的幅相频率特性曲线　　　图 5-2-5　一阶微分环节的幅相频率特性曲线

6. 振荡环节

振荡环节的传递函数为

$$G(s) = \frac{1}{T^2 s^2 + 2\zeta T s + 1}$$

式中，T 为振荡环节的时间常数；ζ 为振荡环节的阻尼比。

其频率特性为
$$G(\mathrm{j}\omega) = \frac{1}{1 - T^2\omega^2 + \mathrm{j}2T\zeta\omega}$$

$$\left|G(\mathrm{j}\omega)\right| = \frac{1}{\sqrt{(1-T^2\omega^2)^2 + (2T\zeta\omega)^2}}$$

$$\angle G(\mathrm{j}\omega) = \begin{cases} -\arctan\dfrac{2T\zeta\omega}{1-T^2\omega^2}, & \omega \leqslant \dfrac{1}{T} \\[3mm] -180° + \arctan\dfrac{2T\zeta\omega}{T^2\omega^2 -1}, & \omega > \dfrac{1}{T} \end{cases}$$

可以得到

$$G(\mathrm{j}0) = 1\angle 0°$$

$$G\left(\mathrm{j}\frac{1}{T}\right) = \frac{1}{2\zeta}\angle -90°$$

$$G(\mathrm{j}\infty) = 0\angle(-180° + 0^+)$$

振荡环节的幅相频率特性曲线如图 5-2-6 所示，从图中可以得到以下结论：

(1)幅相频率特性曲线的准确形式与阻尼比 ζ 有关；

(2)在 $\omega = \omega_n = 1/T$ 时，$G(\mathrm{j}\omega)$ 的轨迹与虚轴的交点频率就是无阻尼自振角频率 ω_n；

(3)距原点最远的频率点对应于谐振频率 ω_r，这时 $G(\mathrm{j}\omega)$ 的峰值与频率为 0 的点的幅值之比用相对谐振峰值 M_r 表示，容易看出频率为 0 的点的幅值为 1。

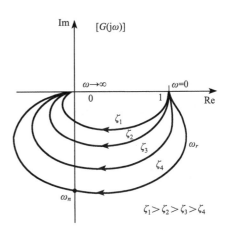

图 5-2-6　振荡环节的幅相频率特性曲线

令 $\omega = \omega_r$，由

$$\frac{\mathrm{d}\left|G(\mathrm{j}\omega)\right|}{\mathrm{d}\omega} = \frac{\mathrm{d}}{\mathrm{d}\omega}\left(\frac{1}{\sqrt{(1-T^2\omega^2)^2 + (2T\zeta\omega)^2}}\right) = 0$$

解得

$$\begin{cases} \omega_r = \omega_n\sqrt{1-2\zeta^2} \\[2mm] M_r = \dfrac{1}{2\zeta\sqrt{1-\zeta^2}} \end{cases}, \quad 0 < \zeta \leqslant \frac{\sqrt{2}}{2}$$

M_r 与 ζ 的关系如图 5-2-7 所示。当 $0 < \zeta \leqslant \dfrac{\sqrt{2}}{2}$ 时，对应的振荡环节存在 ω_r 和 M_r；当 ζ 减小时，ω_r 增加，趋向于 ω_n 值，M_r 则越来越大，趋向于 ∞；当 $\zeta = 0$ 时，$\omega_r = \omega_n$，$M_r = \infty$。

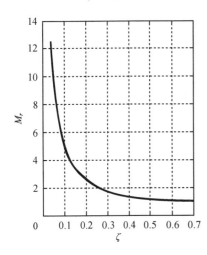

图 5-2-7　振荡环节中 M_r 与 ζ 的关系

7. 二阶微分环节

二阶微分环节的传递函数为

$$G(s) = \tau^2 s^2 + 2\tau\zeta s + 1 = \frac{s^2 + 2\zeta\omega_n s + \omega_n^2}{\omega_n^2}, \quad \omega_n = 1/\tau$$

其频率特性为

$$G(j\omega) = (1 - \tau^2\omega^2) + j2\tau\zeta\omega$$

$$|G(j\omega)| = \sqrt{\left(1 - \tau^2\omega^2\right)^2 + 4\tau^2\zeta^2\omega^2}$$

$$\angle G(j\omega) = \begin{cases} \arctan\dfrac{2\tau\zeta\omega}{1 - \tau^2\omega^2}, & \omega \leqslant \dfrac{1}{\tau} \\ 180° - \arctan\dfrac{2\tau\zeta\omega}{\tau^2\omega^2 - 1}, & \omega > \dfrac{1}{\tau} \end{cases}$$

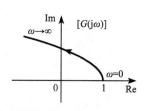

图 5-2-8　二阶微分环节的幅相频率特性曲线

二阶微分环节的幅相频率特性曲线如图 5-2-8 所示。

8. 不稳定惯性环节

不稳定惯性环节的传递函数为

$$G(s) = \frac{1}{Ts - 1}$$

其频率特性为

$$G(j\omega) = \frac{1}{-1 + jT\omega}$$

$$|G(j\omega)| = \frac{1}{\sqrt{1 + T^2\omega^2}}$$

$$\angle G(j\omega) = -180° + \arctan T\omega$$

当 $\omega = 0$ 时，$G(j\omega) = 1\angle -180°$，当 $\omega = \infty$ 时，$G(j\infty) = 0\angle(-90° - 0^+)$。不稳定惯性环节的幅相频率特性曲线如图 5-2-9 所示。

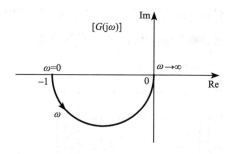

图 5-2-9　不稳定惯性环节的幅相频率特性曲线

9. 时滞环节

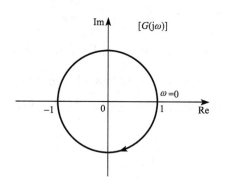

图 5-2-10　时滞环节的幅相频率特性曲线

时滞环节的传递函数为

$$G(s) = e^{-\tau s}$$

其频率特性为

$$G(j\omega) = e^{-j\tau\omega}$$

$$|G(j\omega)| = 1$$

$$\angle G(j\omega) = -\tau\omega$$

其幅相频率特性曲线是圆心在原点的单位圆，ω 值越大，其相角迟后量越大，如图 5-2-10 所示。

5.2.2　开环系统的 Nyquist 图

对控制系统进行分析时，经常根据开环系统的频率特性来获取闭环系统的性能，因此绘制开环系统的频率特性图十分重要。在实际系统分析过程中，往往只需要知道幅相频率特性曲线的大致形状即可，并不需要绘出准确曲线。可以通过如下要素绘制开环系统的幅相频率特性曲线：

(1)开环幅相频率特性曲线的起点($\omega \to 0$)和终点($\omega \to \infty$)；

(2)开环幅相频率特性曲线与实轴或虚轴的交点，即 $\text{Im}[G(j\omega)H(j\omega)] = 0$、$\angle G(j\omega)H(j\omega) = k\pi$，或 $\text{Re}[G(j\omega)H(j\omega)] = 0$、$\angle G(j\omega)H(j\omega) = \dfrac{2k+1}{2}\pi$ 的解 ω；

(3)开环幅相频率特性曲线的变化范围(象限、单调性)。

下面详细分析开环幅相频率特性曲线的一般形状。假设开环系统的频率特性具有如下形式：

$$G(j\omega)H(j\omega) = \frac{K\prod_{j=1}^{m}(1+j\omega\tau_j)}{(j\omega)^{\nu}\prod_{i=1}^{n-\nu}(1+j\omega T_i)}$$

$$= \frac{b_0(j\omega)^m + b_1(j\omega)^{m-1} + \cdots + b_{m-1}(j\omega) + b_m}{a_0(j\omega)^n + a_1(j\omega)^{n-1} + \cdots + a_{n-1}(j\omega) + a_n}, \quad n > m$$

(1)$\nu = 0$，即 0 型系统。

频率特性为

$$G(j\omega)H(j\omega) = \frac{K\prod_{j=1}^{m}(1+j\omega\tau_j)}{\prod_{i=1}^{n}(1+j\omega T_i)}, \quad n > m$$

起点：在 $\omega \to 0$ 处有

$$\lim_{\omega \to 0} G(j\omega)H(j\omega) = K = Ke^{j0}$$

终点：在 $\omega \to \infty$ 处有

$$\lim_{\omega \to \infty} G(j\omega)H(j\omega) = \lim_{\omega \to \infty} \frac{K\prod_{j=1}^{m}\tau_j}{\prod_{i=1}^{n}T_i}(j\omega)^{m-n} = 0\,e^{-j\left[(n-m)\frac{\pi}{2}\pm 0^+\right]}$$

可见，幅相频率特性曲线的起点位于实轴上的 K 处；幅相频率特性曲线的终点位于原点处，且曲线与某坐标轴相切，趋近原点的方向为 $-(n-m)\dfrac{\pi}{2}\pm 0^+$。

(2)$\nu = 1$，即 Ⅰ 型系统。

频率特性为

$$G(\mathrm{j}\omega)H(\mathrm{j}\omega) = \dfrac{K\prod\limits_{j=1}^{m}(1+\mathrm{j}\omega\tau_j)}{\mathrm{j}\omega\prod\limits_{i=1}^{n-1}(1+\mathrm{j}\omega T_i)}, \quad n > m$$

起点：在 $\omega \to 0^+$ 处有

$$\lim_{\omega \to 0^+} G(\mathrm{j}\omega)H(\mathrm{j}\omega) = \lim_{\omega \to 0^+} \frac{K(1+\mathrm{j}\omega\tau_1)(1+\mathrm{j}\omega\tau_2)\cdots(1+\mathrm{j}\omega\tau_m)}{\mathrm{j}\omega(1+\mathrm{j}\omega T_1)(1+\mathrm{j}\omega T_2)\cdots(1+\mathrm{j}\omega T_{n-1})} = \lim_{\omega \to 0^+} \frac{K}{\omega}\mathrm{e}^{-\mathrm{j}\left(\frac{\pi}{2}\pm 0^+\right)}$$

终点：在 $\omega \to \infty$ 处有

$$\lim_{\omega \to \infty} G(\mathrm{j}\omega)H(\mathrm{j}\omega) = \lim_{\omega \to \infty} \frac{K\prod\limits_{j=1}^{m}\tau_j}{\prod\limits_{i=1}^{n-1}T_i}(\mathrm{j}\omega)^{m-n} = 0\,\mathrm{e}^{-\mathrm{j}\left[(n-m)\frac{\pi}{2}\pm 0^+\right]}$$

可见，幅相频率特性曲线的起点在无穷远处，起点的相角为 $-\dfrac{\pi}{2}\pm 0^+$；幅相频率特性曲线的终点位于原点处，且曲线与某坐标轴相切，趋近原点的方向为 $-(n-m)\dfrac{\pi}{2}\pm 0^+$。

(3) $v = 2$，即 II 型系统。

频率特性为

$$G(\mathrm{j}\omega)H(\mathrm{j}\omega) = \dfrac{K\prod\limits_{j=1}^{m}(1+\mathrm{j}\omega\tau_j)}{(\mathrm{j}\omega)^2\prod\limits_{i=1}^{n-2}(1+\mathrm{j}\omega T_i)}, \quad n > m$$

起点：在 $\omega \to 0^+$ 处有

$$\lim_{\omega \to 0^+} G(\mathrm{j}\omega)H(\mathrm{j}\omega) = \lim_{\omega \to 0^+} \frac{K}{\omega^2}\mathrm{e}^{-\mathrm{j}(\pi\pm 0^+)}$$

终点：在 $\omega \to \infty$ 处有

$$\lim_{\omega \to \infty} G(\mathrm{j}\omega)H(\mathrm{j}\omega) = \lim_{\omega \to \infty} \frac{K\prod\limits_{j=1}^{m}\tau_j}{\prod\limits_{i=1}^{n-2}T_i}(\mathrm{j}\omega)^{m-n} = 0\,\mathrm{e}^{-\mathrm{j}\left[(n-m)\frac{\pi}{2}\pm 0^+\right]}$$

可见，幅相频率特性曲线的起点位于无穷远，起点的相角为 $-\pi\pm 0^+$；幅相频率特性曲线的终点位于原点处，且曲线与某坐标轴相切，趋近原点的方向为 $-(n-m)\dfrac{\pi}{2}\pm 0^+$。

图 5-2-11 所示为 0 型、I 型和 II 型系统的幅相频率特性曲线的起点和终点情况示例。从图上可以看出，如果分母多项式的阶次高于分子多项式的阶次，那么 $G(\mathrm{j}\omega)H(\mathrm{j}\omega)$ 的轨迹将以顺时针方向收敛于原点，且在 $\omega \to \infty$ 处其轨迹与某坐标轴相切，如图 5-2-11(b) 所示。

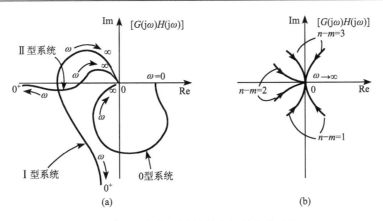

图 5-2-11　幅相频率特性曲线的大致形状

　　在分析控制系统时，如果想获得 $G(j\omega)H(j\omega)$ 精确的幅相频率特性曲线，可以借助于计算机辅助设计软件 MATLAB。另外，幅相频率特性曲线起点的具体位置(所在象限)和终点的趋近方向(从哪个象限趋近终点)由系统的实际参数决定，具体问题要具体分析。

　　【例 5-2-1】　设开环系统的传递函数为 $G(s)H(s)=\dfrac{K}{s(Ts+1)}$，试绘制该系统的开环幅相频率特性曲线。

　　解　系统的频率特性为

$$G(j\omega)H(j\omega)=K\frac{1}{j\omega}\frac{1}{j\omega T+1}=\frac{-KT}{1+T^2\omega^2}-j\frac{K}{\omega(1+T^2\omega^2)}$$

从而得幅频特性及相频特性为

$$|G(j\omega)H(j\omega)|=K\frac{1}{\omega}\frac{1}{\sqrt{T^2\omega^2+1}}=\frac{K}{\omega\sqrt{1+T^2\omega^2}}$$

$$\angle G(j\omega)H(j\omega)=-90°-\arctan\omega T$$

可知该系统幅相频率特性曲线的起点为

$$\lim_{\omega\to 0^+}G(j\omega)H(j\omega)=\infty\angle(-90°-0^+)$$

$$\lim_{\omega\to 0^+}\mathrm{Re}[G(j\omega)H(j\omega)]=\frac{-KT}{1+T^2\omega^2}\bigg|_{\omega=0^+}=-KT$$

$$\lim_{\omega\to 0^+}\mathrm{Im}[G(j\omega)H(j\omega)]=\frac{-K}{\omega(1+T^2\omega^2)}\bigg|_{\omega=0^+}=-\infty$$

终点为

$$\lim_{\omega\to\infty}G(j\omega)H(j\omega)=0\angle[-90°-(90°-0^+)]=0\angle(-180°+0^+)$$

系统的幅相频率特性曲线如图 5-2-12 所示，位于第 Ⅲ 象限。

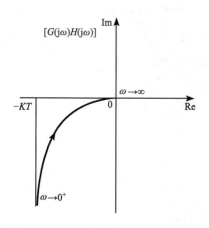

图 5-2-12　例 5-2-1 幅相频率特性曲线

【例 5-2-3】　绘制开环系统 $G(s)H(s) = \dfrac{K(\tau s + 1)}{(T_1 s + 1)(T_2 s + 1)}$ 的奈氏图。

解　系统的频率特性为

$$G(j\omega)H(j\omega) = \frac{K(j\tau\omega + 1)}{(jT_1\omega + 1)(jT_2\omega + 1)}$$

$$\left| G(j\omega)H(j\omega) \right| = \frac{K\sqrt{1 + \tau^2\omega^2}}{\sqrt{1 + T_2^2\omega^2}\sqrt{1 + T_1^2\omega^2}}$$

$$\angle G(j\omega)H(j\omega) = \arctan\tau\omega - \arctan T_1\omega - \arctan T_2\omega$$

$$\mathrm{Re}\left[G(j\omega)H(j\omega) \right] = K\frac{1 - [T_1 T_2 - \tau(T_1 + T_2)]\omega^2}{(1 + T_1^2\omega^2)(1 + T_2^2\omega^2)}$$

$$\mathrm{Im}\left[G(j\omega)H(j\omega) \right] = K\frac{\omega\left[\tau - (T_1 + T_2) - \tau T_1 T_2\omega^2 \right]}{(1 + T_1^2\omega^2)(1 + T_2^2\omega^2)}$$

令实部为零，可求出奈氏图与虚轴的交点处的频率为

$$\omega = \sqrt{\frac{1}{T_1 T_2 - \tau(T_1 + T_2)}}, \quad \tau < \frac{T_1 T_2}{T_1 + T_2} \text{ 时}$$

起点：

$$G(j0)H(j0) = K\angle 0°$$

终点：

$$G(j\infty)H(j\infty) = 0\angle(-90° - 0^+), \quad 0 < \tau < \frac{T_1 T_2}{T_1 + T_2}$$

$$G(j\infty)H(j\infty) = 0\angle(-90° + 0^+), \quad \tau > \frac{T_1 T_2}{T_1 + T_2}$$

曲线与实轴的交点可由方程 $\angle G(j\omega)H(j\omega) = 0$ 求取，即

$$\arctan\tau\omega = \arctan T_1\omega + \arctan T_2\omega$$

【例 5-2-2】　绘制开环系统 $G(s)H(s) = \dfrac{1}{Ts + 1}e^{-\tau s}$ 的奈氏图。

解　系统的频率特性为

$$G(j\omega)H(j\omega) = \frac{1}{1 + jT\omega}e^{-j\tau\omega} = \frac{1}{\sqrt{1 + T^2\omega^2}}e^{-j(\tau\omega + \arctan T\omega)}$$

$$\left| G(j\omega)H(j\omega) \right| = \frac{1}{\sqrt{1 + T^2\omega^2}}$$

$$\angle G(j\omega)H(j\omega) = -(\tau\omega + \arctan T\omega)$$

因为幅值从 1 开始单调递减到 0，相角从 0° 开始无限单调减小，因此系统的幅相频率特性曲线是一条螺旋线，如图 5-2-13 所示。

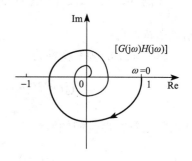

图 5-2-13　例 5-2-2 幅相频率特性曲线

对上式取正切得

$$\tau\omega = \frac{T_1\omega + T_2\omega}{1 - T_1 T_2 \omega^2}$$

解得
$$\omega_1 = 0$$

$$\omega_2 = \sqrt{\frac{\tau - (T_1 + T_2)}{\tau T_1 T_2}}, \quad \tau > T_1 + T_2$$

可见，曲线与实轴的交点为：当 $0 < \tau < T_1 + T_2$ 时 $\omega_1 = 0$；当 $\tau > T_1 + T_2$ 时 $\omega_1 = 0$，$\omega_2 = \sqrt{\dfrac{\tau - (T_1 + T_2)}{\tau T_1 T_2}}$。

系统的开环幅相频率特性曲线如图 5-2-14 所示。

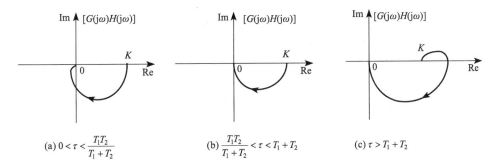

$$\text{(a)}\ 0 < \tau < \frac{T_1 T_2}{T_1 + T_2} \qquad\qquad \text{(b)}\ \frac{T_1 T_2}{T_1 + T_2} < \tau < T_1 + T_2 \qquad\qquad \text{(c)}\ \tau > T_1 + T_2$$

图 5-2-14　例 5-2-3 开环幅相频率特性曲线

5.3　开环系统的对数频率特性曲线

5.3.1　对数频率特性曲线的基本概念

对数频率特性曲线又称为 Bode 图或对数坐标图。它由对数幅频特性和对数相频特性两条曲线组成，是频域法中应用最广泛的一组曲线。Bode 图是在半对数坐标系上绘制出来的，横坐标轴采用对数刻度，纵坐标轴采用线性均匀刻度。

对数幅频特性曲线是 $G(\mathrm{j}\omega)$ 的对数幅值 $20\lg|G(\mathrm{j}\omega)|$ 和角频率 ω 的关系曲线。横坐标轴为 ω，但坐标上的距离却是按 ω 值的常用对数 $\lg\omega$ 来刻度的。横坐标轴上任意两点 ω_1 和 ω_2（设 $\omega_2 > \omega_1$）之间的距离都为 $\lg\omega_2 - \lg\omega_1$。纵坐标为 $L(\omega)$，单位是分贝(dB)，其中 $L(\omega) = 20\lg|G(\mathrm{j}\omega)|$，纵坐标是用分贝做线性刻度的。

对数相频特性曲线是 $G(\mathrm{j}\omega)$ 的相角 $\varphi(\omega)$ 和角频率 ω 的关系曲线。其横坐标和对数幅频特性的横坐标相同，纵坐标为相角 $\varphi(\omega)$，其中 $\varphi(\omega) = \angle G(\mathrm{j}\omega)$，单位是度(°)，采用线性刻度。

在绘制 Bode 图时，为了作图和读数方便，常将其绘制在半对数坐标系上，采用同一横坐标轴作为频率轴。由于横坐标按 ω 的对数 $\lg\omega$ 来刻度，故对 ω 而言横坐标是不均匀的，

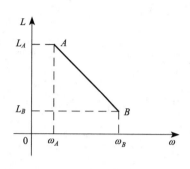

图 5-3-1　对数幅频特性的直线斜率

但对 $\lg\omega$ 来说却是均匀的。横坐标以 ω 的实际值标注，单位为弧度/秒(rad/s)。横坐标 ω 每变化 10 倍称为一个十倍频程，记作 dec。通常对数幅频特性的直线斜率用分贝/十倍频程(dB / dec)来标注，表明在直线上横坐标每变化一个十倍频程，纵坐标分贝数的变化值。如图 5-3-1 所示，直线 AB 的斜率为 k_{AB}，A 点坐标为 (ω_A, L_A)，B 点坐标为 (ω_B, L_B)，则直线斜率和坐标之间有如下关系成立：

$$k_{AB} = \frac{L_B - L_A}{\lg\omega_B - \lg\omega_A} = \frac{L_B - L_A}{\lg\dfrac{\omega_B}{\omega_A}}$$

用上式可以求取对数幅频特性曲线上点的坐标或者两点之间的垂直距离和水平距离。采用对数坐标图的主要优点表现在以下几处。

(1)横坐标采用对数刻度，将低频段相对拓宽，而将高频段相对压缩。可以详细描述系统的低频段、中频段和高频段的特性，能够在较宽的频段中研究系统的频率特性。

(2)对数可将乘除运算变成加减运算。例如，当绘制由多个环节串联而成的系统的对数坐标图时，只要将各环节对数坐标图的纵坐标相加即可，从而简化了作图的过程。

(3)在对数坐标图上，对数幅频特性可用分段直线近似表示，这种图形称为渐近幅频特性曲线，如果对渐近的特性曲线进行修正，即可得到精确的特性曲线。

(4)可以将实验所得的频率特性数据进行整理并用分段直线绘制渐近幅频特性曲线，从而方便地求取实验对象的频率特性表达式或传递函数。

5.3.2　典型环节的 Bode 图

1. 放大环节

放大环节的频率特性为

$$G(j\omega) = K$$

放大环节的传递函数为常数 K，其特点是输出信号能够无滞后、无失真地复现输入信号。显然，它与频率无关，其对数幅频特性和对数相频特性分别为

$$L(\omega) = 20\lg K$$

$$\varphi(\omega) = 0°$$

放大环节 $(K > 1)$ 的 Bode 图如图 5-3-2 所示。

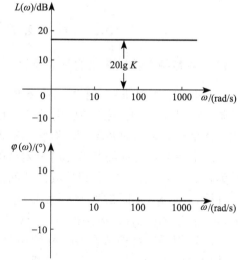

图 5-3-2　放大环节的 Bode 图

2. 积分环节

积分环节的频率特性为

$$G(\mathrm{j}\omega) = \frac{1}{\mathrm{j}\omega}$$

其对数幅频特性与对数相频特性为

$$L(\omega) = 20\lg\frac{1}{\omega} = -20\lg\omega$$

$$\varphi(\omega) = -90°$$

若令 $\begin{cases} y = L(\omega) \\ x = \lg\omega \end{cases}$，则有 $y = -20x$ 的直线方程，可见积分环节的对数幅频特性是通过 $(1,0)$ 点的直线，即在 $\omega = 1$ 处穿越横轴，且其斜率由

$$20\lg\frac{1}{10\omega} - 20\lg\frac{1}{\omega} = -20\lg 10\omega + 20\lg\omega = -20\mathrm{dB}$$

求得为 $-20\mathrm{dB/dec}$，这说明，当角频率 ω 增大 10 倍而成为 10ω 时，对数幅频值在纵坐标方向减少 20dB，即变化 -20dB。积分环节的对数相频特性为平行于 ω 轴的 $-90°$ 直线。积分环节的 Bode 图如图 5-3-3 所示。

3. 微分环节

微分环节的频率特性为

$$G(\mathrm{j}\omega) = \mathrm{j}\omega$$

其对数幅频和对数相频特性为

$$L(\omega) = 20\lg\omega$$

$$\varphi(\omega) = 90°$$

可见微分环节的对数幅频特性是通过 $(1, 0)$ 点且斜率为 $20\mathrm{dB/dec}$ 的直线，对数相频特性为平行于 ω 轴的 $90°$ 直线。微分环节的 Bode 图如图 5-3-4 所示。

从数学模型上看，积分环节和微分环节为倒数关系，因此其对数频率特性是关于 ω 轴对称的，这点从图 5-3-3 和图 5-3-4 可以很明显地看到。

4. 惯性环节

惯性环节的频率特性为

$$G(\mathrm{j}\omega) = \frac{1}{1 + \mathrm{j}T\omega}$$

其对数幅频特性为

$$L(\omega) = 20\lg\frac{1}{\sqrt{1 + (T\omega)^2}} = -20\lg\sqrt{1 + (T\omega)^2}$$

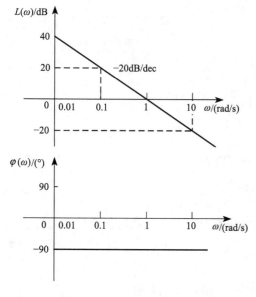

图 5-3-3　积分环节的 Bode 图

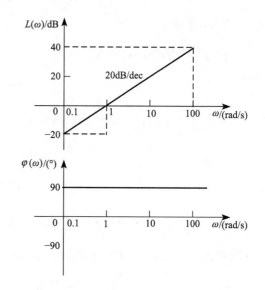

图 5-3-4　微分环节的 Bode 图

低频时，$\omega \ll \dfrac{1}{T}$，即 $\omega T \ll 1$，则

$$L(\omega) = -20\lg\sqrt{1+(T\omega)^2} \approx -20\lg 1 = 0\text{dB}$$

因此，惯性环节的对数幅频特性在低频段为一条 0dB 直线(渐近线)。

高频时，$\omega \gg \dfrac{1}{T}$，即 $\omega T \gg 1$，则

$$L(\omega) = -20\lg\sqrt{1+(T\omega)^2} \approx -20\lg \omega T = -20\lg \omega - 20\lg T$$

因此，惯性环节的对数幅频特性在高频段为过 $\left(\dfrac{1}{T}, 0\right)$ 点且斜率为 $-20\text{dB} / \text{dec}$ 的直线(渐近线)。上述两条渐近线的交点处的频率为 $\omega = 1/T$，称为转折频率或交界频率。

用渐近线来描述惯性环节的对数幅频特性，称为渐近幅频特性。由于在推导过程中做了近似处理，因此渐近幅频特性是不精确的，最大误差发生在转折频率 $\omega = 1/T$ 处，即

$$\Delta(\omega) = L_{精}(\omega) - L_{渐}(\omega)$$

$$\Delta_{\max} = -20\lg\sqrt{1+(T\omega)^2}\bigg|_{\omega=\frac{1}{T}} - 0 = -3.01\text{dB}$$

可以计算出惯性环节渐近幅频特性在转折频率前后十倍频程内的修正值，修正值见表 5-3-1。必要时可根据表 5-3-1 对渐近线进行修正以得到精确幅频特性。

表 5-3-1　惯性环节渐近幅频特性修正表

ωT	0.1	0.4	0.5	1.0	2.0	2.5	10.0
误差/dB	−0.04	−0.65	−1.0	−3.01	−1	−0.65	−0.04

注意：由于在 $\omega T < 0.1$ 和 $\omega T > 10$ 频段的误差小于 0.04dB，可以忽略，所以只要分别在低于和高于转折频率的一个十倍频程范围内进行修正就足够了。

惯性环节的对数相频特性为 $\varphi(\omega) = -\arctan T\omega$，可以求得 $\varphi(0) = 0°$，$\varphi\left(\dfrac{1}{T}\right) = -45°$，$\varphi(\infty) = -90° + 0^+$。

又因为对数相频特性是反正切函数，因此其图形关于点 $\left(\dfrac{1}{T}, -45°\right)$ 对称。惯性环节的 Bode 图如图 5-3-5 所示。

5. 一阶微分环节

一阶微分环节的频率特性为
$$G(j\omega) = 1 + j\tau\omega$$

其对数频率特性为
$$L(\omega) = 20\lg\sqrt{1 + \tau^2\omega^2}$$
$$\varphi(\omega) = \arctan\tau\omega$$

转折频率 $\omega = \dfrac{1}{\tau}$，最大误差为 3dB，一阶微分环节的 Bode 图如图 5-3-6 所示，其与惯性环节的 Bode 图是关于 ω 轴对称的。

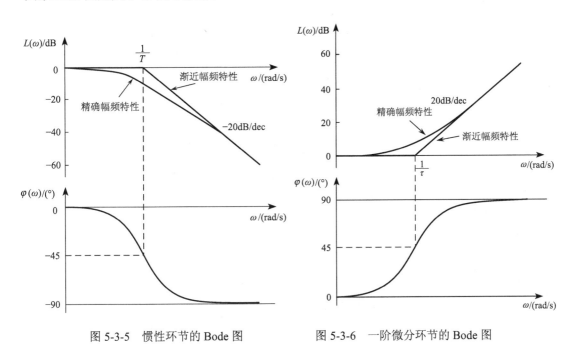

图 5-3-5　惯性环节的 Bode 图　　　　　图 5-3-6　一阶微分环节的 Bode 图

6. 振荡环节

振荡环节的频率特性为

$$G(j\omega) = \frac{1}{1 - T^2\omega^2 + j2T\zeta\omega}$$

其对数幅频特性为

$$L(\omega) = 20\lg \frac{1}{\sqrt{(1-T^2\omega^2)^2 + (2T\zeta\omega)^2}} = -20\lg\sqrt{(1-T^2\omega^2)^2 + (2T\zeta\omega)^2} \quad (5\text{-}3\text{-}1)$$

低频时，$\omega \ll \dfrac{1}{T}$，即 $\omega T \ll 1$，可以略去式(5-3-1)中的 $T^2\omega^2$ 和 $2\zeta T\omega$ 项，则

$$L(\omega) \approx -20\lg 1 = 0(\text{dB})$$

因此，振荡环节的对数幅频特性在低频段为一条 0dB 直线(渐近线)。

高频时，$\omega \gg \dfrac{1}{T}$，即 $\omega T \gg 1$，可以略去式(5-3-1)中的 1 和 $2\zeta T\omega$ 项，则

$$L(\omega) \approx -20\lg\sqrt{(T^2\omega^2)^2} = -40\lg T\omega = -40\lg T - 40\lg\omega$$

因此，振荡环节的对数幅频特性在高频段为过点 $\left(\dfrac{1}{T}, 0\right)$ 且斜率为 −40dB / dec 的直线(渐近线)。

转折频率 $\omega = \omega_n = 1/T$ 处的误差为

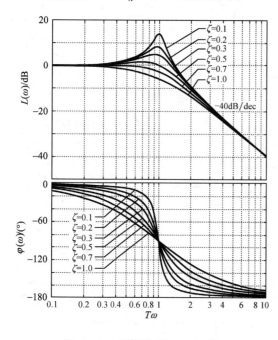

图 5-3-7　振荡环节的 Bode 图

$$\Delta(\omega) = L_{精}(\omega) - L_{渐}(\omega)$$

$$\Delta(\omega_n) = -20\lg\sqrt{(1-T^2\omega^2)^2 + (2T\zeta\omega)^2}\bigg|_{\omega=\frac{1}{T}}$$

$$= -20\lg 2\zeta$$

当 $0 < \zeta \leqslant \dfrac{\sqrt{2}}{2}$ 时，最大误差发生在谐振频率 ω_r 处，此时误差为 $20\lg M_r$，其中 $M_r = \dfrac{1}{2\zeta\sqrt{1-\zeta^2}}$ 是相对谐振峰值，并且 $\omega_r = \omega_n\sqrt{1-2\zeta^2} < \omega_n$，$\omega_n$ 是振荡环节的无阻尼自振角频率，$\omega_n = 1/T$。

振荡环节的对数相频特性为

$$\varphi(\omega) = \begin{cases} -\arctan\dfrac{2T\zeta\omega}{1-T^2\omega^2}, & \omega \leqslant \dfrac{1}{T} \\[3mm] -180° + \arctan\dfrac{2T\zeta\omega}{T^2\omega^2-1}, & \omega > \dfrac{1}{T} \end{cases}$$

可以得到 $\varphi(0) = 0°$，$\varphi\left(\dfrac{1}{T}\right) = -90°$，$\varphi(\infty) = -180° + 0^+$。振荡环节的 Bode 图如图 5-3-7 所示。

7. 二阶微分环节

二阶微分环节的频率特性为

$$G(\mathrm{j}\omega) = 1 - \tau^2\omega^2 + \mathrm{j}2\tau\zeta\omega$$

由于二阶微分环节的频率特性和振荡环节的频率特性互为倒数，因此二阶微分环节的 Bode 图与振荡环节的 Bode 图关于 ω 轴对称，如图 5-3-8 所示。

8. 不稳定惯性环节

不稳定惯性环节的频率特性为

$$G(\mathrm{j}\omega) = \frac{1}{-1 + \mathrm{j}T\omega}$$

其对数幅频特性为

$$L(\omega) = 20\lg\frac{1}{\sqrt{1 + T^2\omega^2}}$$

其对数幅频特性和惯性环节相同，意味着其对数幅频特性曲线和惯性环节相同。

其对数相频特性为

$$\varphi(\omega) = -180° + \arctan T\omega$$

可得 $G(\mathrm{j}0) = 1\angle(-180°)$，$G\left(\mathrm{j}\dfrac{1}{T}\right) = \dfrac{\sqrt{2}}{2}\angle(-135°)$，$G(\mathrm{j}\infty) = 0\angle(-90° - 0^+)$。不稳定惯性环节的 Bode 图如图 5-3-9 所示。

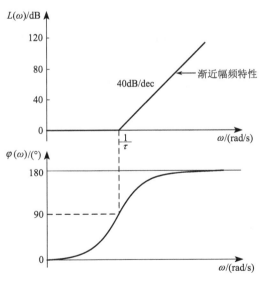

图 5-3-8　二阶微分环节的 Bode 图

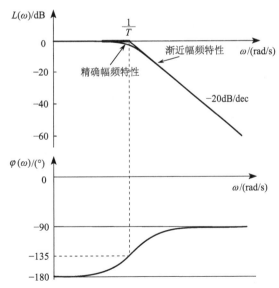

图 5-3-9　不稳定惯性环节的 Bode 图

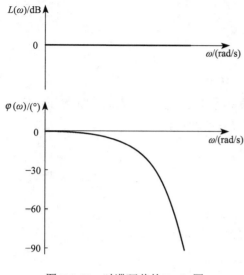

图 5-3-10　时滞环节的 Bode 图

9. 时滞环节

时滞环节的频率特性为

$$G(\mathrm{j}\omega) = \mathrm{e}^{-\mathrm{j}\tau\omega}$$

其对数频率特性为

$$L(\omega) = 20\lg 1 = 0$$

$$\varphi(\omega) = -\tau\omega \times 57.3(°)$$

时滞环节的 Bode 图如图 5-3-10 所示，对数幅频特性为 0dB 直线，对数相频特性为指数曲线。注意：尽管 $\varphi(\omega)$ 与 ω 之间为直线方程，但由于对数频率特性的 ω 轴是以 $\lg\omega$ 均匀刻度的，因此图 5-3-10 中对数相频特性不是直线。

5.3.3　开环系统的 Bode 图

设开环系统由 n 个典型环节串联组成，系统的频率特性为

$$G(\mathrm{j}\omega) = G_1(\mathrm{j}\omega)G_2(\mathrm{j}\omega)\cdots G_n(\mathrm{j}\omega)$$

复数乘积的原则是模相乘、幅角相加，因此开环系统的对数幅频特性为

$$20\lg|G(\mathrm{j}\omega)| = 20\lg|G_1(\mathrm{j}\omega)| + 20\lg|G_2(\mathrm{j}\omega)| + \cdots + 20\lg|G_n(\mathrm{j}\omega)| \qquad (5\text{-}3\text{-}2)$$

即

$$L(\omega) = L_1(\omega) + L_2(\omega) + \cdots + L_n(\omega)$$

开环系统的对数相频特性为

$$\angle G(\mathrm{j}\omega) = \angle G_1(\mathrm{j}\omega) + \angle G_2(\mathrm{j}\omega) + \cdots + \angle G_n(\mathrm{j}\omega) \qquad (5\text{-}3\text{-}3)$$

即

$$\varphi(\omega) = \varphi_1(\omega) + \varphi_2(\omega) + \cdots + \varphi_n(\omega)$$

其中，$L_i(\omega)$ 和 $\varphi_i(\omega)$ 分别表示各典型环节的对数幅频特性和对数相频特性，$i = 1, 2, \cdots, n$。式(5-3-2)和式(5-3-3)表明，只要能作出 $G(\mathrm{j}\omega)$ 所包含的各典型环节的对数幅频和相频特性曲线，将它们分别进行代数相加，就可以求得开环系统的 Bode 图。实际上，绘制系统 Bode 图时，不需要绘制各个典型环节的 Bode 图，可以根据渐近幅频特性的特点用更为简捷的办法直接绘制开环系统的 Bode 图。典型环节如惯性、一阶微分、振荡、二阶微分等，其渐近幅频特性的特点是在转折频率之前的低频段幅值为 0 dB，因此在做各个环节对数幅值的代数叠加时，在转折频率之前的对数幅值可以认为是不变的(即在转折频率之前 Bode 图的形状不变)，只对转折频率之后的对数幅值(斜率)进行叠加即可。具体步骤如下。

(1)将开环传递函数写成典型环节乘积的标准形式(常数项为 1)，确定系统开环增益 K，把各典型环节的转折频率由小到大依次标在频率轴上。

(2)绘制开环对数幅频特性低频段的渐近线。由于系统低频段渐近线的频率特性为 $K/(\mathrm{j}\omega)^\nu$，因此，低频段渐近线为过点 $(1, 20\lg K)$、斜率为 $-20\nu\mathrm{dB}/\mathrm{dec}$ 的直线(ν 为串联积分环节的个数)。

(3)沿角频率增大的方向每遇到一个转折频率就改变一次斜率，新的斜率为原有斜率加上该转折频率所对应的典型环节斜率的变化量。

(4)如果需要，可以对渐近幅频特性进行修正，得到精确的对数幅频特性曲线。

(5)绘制对数相频特性曲线。分别作出每个典型环节的对数相频特性，然后叠加；或者先制作对数相移计算表，然后在半对数坐标系上找到相应的点，再用平滑曲线连接。

下面通过实例说明开环系统 Bode 图的绘制过程。

【例 5-3-1】 已知系统的开环传递函数为

$$G(s) = \frac{64(s+2)}{s(s+0.5)(s^2+3.2s+64)}$$

试绘制开环系统的 Bode 图。

解 首先将 $G(s)$ 化为典型环节相乘的标准形式，即

$$G(s) = \frac{4\left(\frac{s}{2}+1\right)}{s\left(\frac{s}{0.5}+1\right)\left(\frac{s^2}{8^2}+0.4\times\frac{s}{8}+1\right)}$$

可见系统由放大环节、积分环节、惯性环节、一阶微分环节和振荡环节共 5 个环节组成。

确定转折频率(由小到大排列)：惯性环节转折频率 $\omega_1 = 0.5\text{rad/s}$；一阶微分环节转折频率 $\omega_2 = 2\text{rad/s}$；振荡环节转折频率 $\omega_3 = 8\text{rad/s}$。

开环增益 $K = 4$，系统型别 $v = 1$，因此低频起始段的斜率为 -20dB/dec。

绘制 Bode 图的步骤如下。

(1)过 $(1, 20\lg K)$ 点作一条斜率为 -20dB/dec 的直线，此为低频段的渐近线。

(2)在 $\omega_1 = 0.5\text{rad/s}$ 处，由于惯性环节的作用，渐近线斜率由 -20dB/dec 变为 -40dB/dec。

(3)在 $\omega_2 = 2\text{rad/s}$ 处，由于一阶微分环节的作用，渐近线斜率由原来的 -40dB/dec 变为 -20dB/dec。

(4)在 $\omega_3 = 8\text{rad/s}$ 处，由于振荡环节的作用，渐近线频率由 -20dB/dec 变为 -60dB/dec。

(5)绘制对数相频特性。放大环节相频特性恒为零，积分环节相频特性恒为 $-90°$，惯性环节、一阶微分环节和振荡环节的对数相频曲线分别如图 5-3-11 中①、②、③所示。开环系统的对数相频曲线通过叠加得到，如曲线④所示。

可以把开环系统的 Bode 图按照频率范围划分为低频段、中频段和高频段。低频段的形状由开环增益和系统型别决定，因此低频段反映了闭环系统的稳态性能；中频段反映了闭环系统的动态特性和稳定性；高频段反映了系统对高频干扰的抑制能力，高频段越陡、分贝值越低，系统的抗高频干扰能力就越强。

5.3.4 最小相位系统和非最小相位系统

在一些幅频特性相同的环节之间，存在着不同的相频特性，其中相移最小的环节称为最小相位环节，而相移较大者称为非最小相位环节。例如，惯性环节、放大环节属于最小

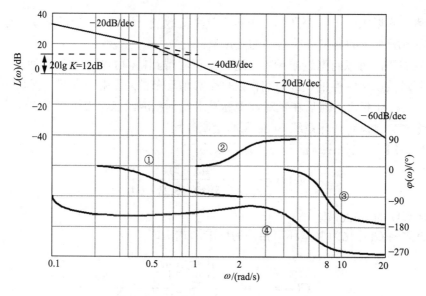

图 5-3-11　例 5-3-1 系统的 Bode 图

相位环节，而不稳定的惯性环节、时滞环节属于非最小相位环节。所有环节都是最小相位环节的控制系统称为最小相位系统；否则即为非最小相位系统。最小相位系统的特征是其传递函数的零极点均分布在 s 平面的左半部。

设最小相位系统和非最小相位系统的传递函数分别为

$$G_1(s) = \frac{1 + \tau s}{1 + Ts}, \quad G_2(s) = \frac{1 - \tau s}{1 + Ts}, \quad 0 < \tau < T$$

上述两系统的零极点分布如图 5-3-12(a)、(b)所示。

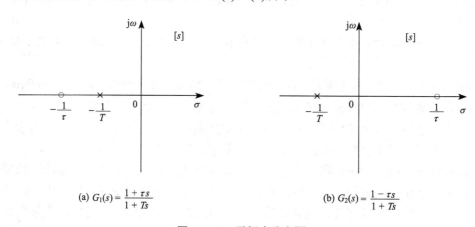

(a) $G_1(s) = \dfrac{1 + \tau s}{1 + Ts}$　　　　　(b) $G_2(s) = \dfrac{1 - \tau s}{1 + Ts}$

图 5-3-12　零极点分布图

二者的频率特性分别为

$$G_1(j\omega) = \sqrt{\frac{1 + \tau^2 \omega^2}{1 + T^2 \omega^2}} \angle (\arctan \tau\omega - \arctan T\omega) \tag{5-3-4}$$

$$G_2(\mathrm{j}\omega) = \sqrt{\frac{1+\tau^2\omega^2}{1+T^2\omega^2}} \angle - (\arctan \tau\omega + \arctan T\omega) \tag{5-3-5}$$

通过式(5-3-4)和式(5-3-5)可知，二者的幅频特性是相同的，相频特性是不同的。非最小相位系统的相角变化范围大于最小相位系统的相角变化范围。它们的对数相频特性曲线如图 5-3-13 所示。

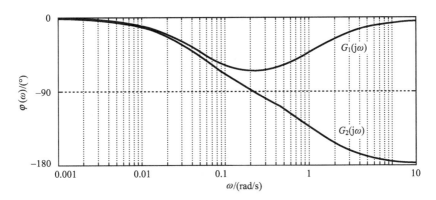

图 5-3-13　对数相频特性曲线

最小相位系统 $G_1(\mathrm{j}\omega)$ 的相角变化范围不超过 90°，而非最小相位系统 $G_2(\mathrm{j}\omega)$ 的相角变化范围是 180°，即 ω 从 0 增大到 ∞，相角由 0°变化到 –180°。

对于最小相位系统而言，相频特性在 $\omega \to \infty$ 时变为 $-90°(n-m)$，其中 n 和 m 分别表示传递函数中分母、分子多项式的次数。对于非最小相位系统而言，相频特性在 $\omega \to \infty$ 时不等于 $-90°(n-m)$。两者之中的任一系统，其渐近幅频特性曲线在 $\omega \to \infty$ 时的斜率都等于 $-20(n-m)$ dB/dec。因此为了确定系统是不是最小相位系统，既需要检查对数幅频特性曲线高频段渐近线的斜率，也需要检查在 $\omega \to \infty$ 时的相频特性。如果 ω 趋于无穷大时，渐近幅频特性曲线的斜率为 $-20(n-m)$ dB/dec，相频特性等于 $-90°(n-m)$，那么系统就是最小相位系统；否则，为非最小相位系统。最小相位系统的传递函数可以由渐近幅频特性唯一确定。

在时域响应的开始阶段，非最小相位系统的启动性能不好，所以非最小相位系统响应速度慢。在大多数实际控制系统中，应该防止过大的相位滞后。如果系统的响应速度是最重要的性能指标要求，就不应该使用非最小相位元件。

含有传递延迟元件的系统是典型的非最小相位系统，而传递延迟又是一个非常广泛的现象。在生产过程中，大多数工业对象的输出端与输入端常有不同的纯滞后时间，这个纯滞后时间称为传递延迟。如果在控制系统中，某元件的输出较输入有一个纯滞后时间，那么这个元件称为传递延迟元件，其传递函数称为传递延迟环节或时滞环节。

【例 5-3-2】　设具有传递延迟环节的非最小相位系统的开环传递函数为

$$G(s) = \frac{\mathrm{e}^{-\tau s}}{Ts+1}$$

试绘制开环系统的 Bode 图($T=1\,\text{s}$，$\tau=0.5\,\text{s}$)。

　　解　系统的频率特性为

$$G(\text{j}\omega)=\frac{1}{1+\text{j}\omega T}\text{e}^{-\text{j}\omega\tau}$$

对数幅频特性为

$$20\lg|G(\text{j}\omega)|=-20\lg\sqrt{1+T^2\omega^2}$$

对数相频特性为

$$\angle G(\text{j}\omega)=-57.3\omega\tau-\arctan\omega T$$

当 $T=1\,\text{s}$，$\tau=0.5\,\text{s}$ 时，系统的 Bode 图如图 5-3-14 所示。

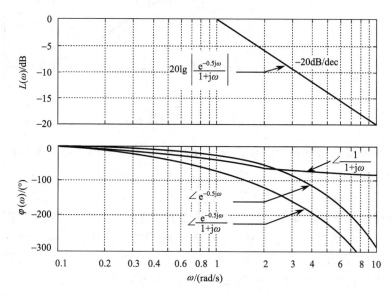

图 5-3-14　$T=1\,\text{s}$，$\tau=0.5\,\text{s}$ 时系统 $\dfrac{\text{e}^{-\tau s}}{Ts+1}$ 的 Bode 图

【**例 5-3-3**】　已知最小相位开环系统 Bode 图的渐近幅频特性如图 5-3-15 所示。图中对渐近幅频曲线的误差进行了修正。试根据该幅频特性确定系统的开环传递函数。

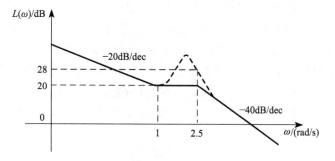

图 5-3-15　例 5-3-3 系统渐近幅频特性

解　(1)从图 5-3-15 中可见，在角频率 $\omega = 1\,\mathrm{rad/s}$ 之前的频段上，渐近幅频特性的斜率恒为 $-20\,\mathrm{dB/dec}$，说明系统包含一个积分环节。

(2)根据积分环节在 $\omega = 1\,\mathrm{rad/s}$ 处的对数幅值为 20 dB，即 $20\lg K = 20\mathrm{dB}$，得开环增益 $K = 10$。

(3)在 ω 为 $1 \sim 2.5\,\mathrm{rad/s}$ 的频段上，渐近幅频特性的斜率由原来的 $-20\mathrm{dB/dec}$ 变为 $0\mathrm{dB/dec}$，这意味着 $\omega \geqslant 1\mathrm{rad/s}$ 时，渐近幅频特性斜率的增量为 $20\mathrm{dB/dec}$，从而确定该系统包含以 $\omega = 1\mathrm{rad/s}$ 为转折频率的一阶微分环节 $s+1$。

(4)在 ω 为 $2.5 \sim \infty \mathrm{rad/s}$ 的频段上，渐近幅频特性的斜率由原来的 $0\mathrm{dB/dec}$ 变为 $-40\mathrm{dB/dec}$，考虑到 $\omega = 2.5\mathrm{rad/s}$ 处经修正给出的精确幅频特性，可知系统包含转折频率为 $2.5\mathrm{rad/s}$ 的振荡环节 $\dfrac{1}{\left(\dfrac{1}{2.5}\right)^2 s^2 + 2 \times \dfrac{1}{2.5}\zeta s + 1}$，在转折频率 $\omega = 2.5\mathrm{rad/s}$ 处的修正误差为

$$28 - 20 = 8(\mathrm{dB}) = 20\lg\frac{1}{2\zeta}，\quad \text{得 } \zeta = 0.2。$$

(5)通过上面的分析，可得出给定最小相位系统的开环传递函数为

$$G(s) = \frac{10(s+1)}{s\left[\left(\dfrac{1}{2.5}\right)^2 s^2 + 2 \times 0.2 \times \dfrac{1}{2.5}s + 1\right]} = \frac{10(s+1)}{s(0.16s^2 + 0.16s + 1)}$$

【**例 5-3-4**】　已知最小相位开环系统 Bode 图的渐近幅频特性如图 5-3-16 所示，图中频率 ω_c 和 ω_v 已知，试确定该最小相位系统的开环传递函数。

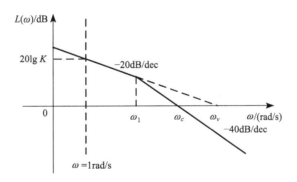

图 5-3-16　例 5-3-4 系统渐近幅频特性

解　根据图 5-3-16，可以写出系统的传递函数为

$$G(s) = \frac{K}{s\left(\dfrac{1}{\omega_1}s + 1\right)}$$

根据斜率、对数幅值和频率关系

$$L(\omega_1) = 20(\lg\omega_v - \lg\omega_1) = 40(\lg\omega_c - \lg\omega_1)$$

解得 $\omega_1 = \dfrac{\omega_c^2}{\omega_v}$。

开环增益可以通过 $20\lg K = 20(\lg \omega_v - \lg 1)$ 求解，解得 $K = \omega_v$。

因此系统的开环传递函数为

$$G(s) = \frac{\omega_v}{s\left(\dfrac{\omega_v}{\omega_c^2}s + 1\right)}$$

5.4　频域稳定性分析

频域稳定判据是奈奎斯特于 1932 年提出的，称为 Nyquist 稳定判据，简称为奈氏稳定判据。奈氏稳定判据把闭环系统的开环频率特性 $G(\mathrm{j}\omega)H(\mathrm{j}\omega)$ 和闭环系统特征式 $1+G(s)H(s)$ 在 s 平面内的零极点数联系起来，从而判定闭环系统的稳定性。利用奈奎斯特稳定判据，不但可以判断系统是否稳定(绝对稳定性)，也可以确定系统的稳定程度(相对稳定性)，还可以分析系统的动态性能以及给出改善系统性能的途径。因此，奈奎斯特稳定判据是一种重要而实用的稳定判据，在工程上应用十分广泛。

5.4.1　Nyquist 稳定判据

1. 幅角定理

复变函数 $F(s)$ 是包含有限奇点的解析函数，对于 s 平面上有限奇点之外的每一点，在 $F(s)$ 平面上必定有一个对应的映射点。因此，如果在 s 平面画一条封闭曲线 Γ_s，并使其不通过 $F(s)$ 的任何奇点，则在 $F(s)$ 平面上必有一条对应的映射曲线 Γ_F。这种映射关系如图 5-4-1 所示。

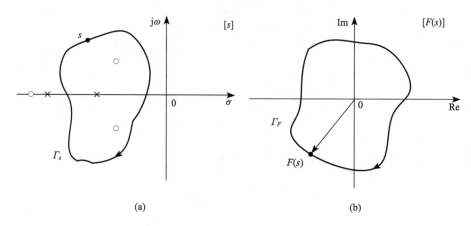

图 5-4-1　s 平面到 $F(s)$ 平面的映射

幅角定理：设 $F(s)$ 是复变量 s 的解析函数。又设 P 为 $F(s)$ 的极点数目，Z 为 $F(s)$ 的零点数目，其中包括重极点与重零点数目。在 s 平面内任取一条封闭曲线 Γ_s，使 $F(s)$ 的全部极点与零点均分布在封闭曲线 Γ_s 内，且 Γ_s 不通过 $F(s)$ 的任何极点与零点。当变量 s 以顺时针方向沿 Γ_s 运动时，Γ_s 在 $F(s)$ 平面上的映射曲线 Γ_F 按顺时针方向包围原点的次数为 $N = Z - P$。

关于幅角定理，给出几点说明。

(1)如果 $N > 0$，则 Γ_F 顺时针包围原点；如果 $N < 0$，则 Γ_F 逆时针包围原点；如果 $N = 0$，则 Γ_F 不包围原点。

(2)包围原点的次数 N 与 Γ_s 曲线选取的形状无关，只与零点数 Z 和极点数 P 有关。

(3)Z、P 可以是 Γ_s 包围的 $F(s)$ 的零点数和极点数，不一定是 $F(s)$ 全部的零极点数。

2. 辅助函数

设典型反馈系统的方框图如图 5-4-2 所示。其中

$$G(s) = \frac{M_1(s)}{N_1(s)}$$

$$H(s) = \frac{M_2(s)}{N_2(s)}$$

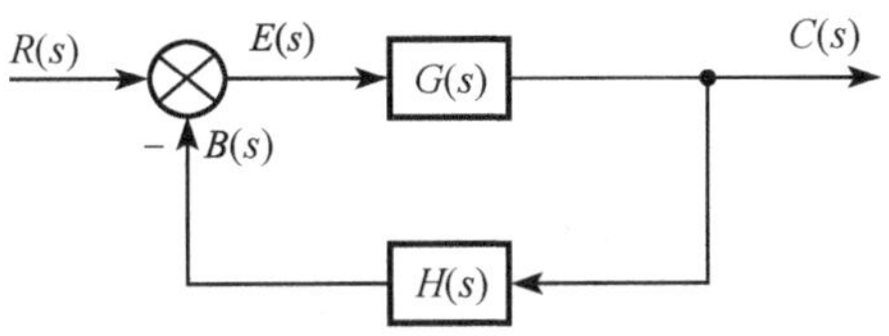

系统的开环传递函数为

图 5-4-2　典型反馈系统的方框图

$$G(s)H(s) = \frac{M_1(s)M_2(s)}{N_1(s)N_2(s)} \tag{5-4-1}$$

闭环传递函数为

$$\Phi(s) = \frac{C(s)}{R(s)} = \frac{G(s)}{1 + G(s)H(s)} = \frac{M_1(s)N_2(s)}{N_1(s)N_2(s) + M_1(s)M_2(s)} \tag{5-4-2}$$

构造辅助函数 $F(s) = 1 + G(s)H(s)$，则

$$F(s) = 1 + G(s)H(s) = 1 + \frac{M_1(s)M_2(s)}{N_1(s)N_2(s)}$$

$$= \frac{N_1(s)N_2(s) + M_1(s)M_2(s)}{N_1(s)N_2(s)} \tag{5-4-3}$$

比较式(5-4-1)～式(5-4-3)可得出如下结论：
(1) $F(s)$ 的极点是系统的开环极点；
(2) $F(s)$ 的零点是系统的闭环极点；
(3) $F(s)$ 与开环传递函数 $G(s)H(s)$ 仅仅相差常数 1。

3. 完整的开环奈氏图

对于图 5-4-2 所示典型反馈系统的方框图，构造辅助函数 $F(s) = 1 + G(s)H(s)$。由于辅助函数的零点与闭环传递函数的极点相同，因此闭环系统稳定的充要条件为辅助函数 $F(s)$ 的所有零点具有负实部，即在 s 平面的左半部。在 s 平面取一条封闭曲线 Γ_s，让其包围 s 平

面的整个右半部，如果闭环系统稳定，则 Γ_s 曲线不会包围 $F(s)$ 的任何零点，即 $Z=0$。根据幅角定理，如果闭环系统稳定，则在 $F(s)$ 映射下，Γ_s 的映射曲线 Γ_F 在 $F(s)$ 平面应该逆时针包围原点 P 次，其中 P 为 Γ_s 内包围的 $F(s)$ 的极点数，即开环极点在右半 s 平面的数目。又因为 $G(s)H(s)=F(s)-1$，所以闭环系统稳定的充要条件是在 $G(s)H(s)$ 函数关系映射下，Γ_s 的映射曲线 Γ_{GH} 在 GH 平面内逆时针包围 $(-1, j0)$ 点 P 次，其中 P 为系统位于右半 s 平面的开环极点数。

现在只需要在 GH 平面绘制 Γ_s 在 $G(s)H(s)$ 函数关系映射下的映射曲线 Γ_{GH}，即可判断闭环系统的稳定性。下面说明映射曲线 Γ_{GH} 和开环幅相频率特性曲线 $G(j\omega)H(j\omega)$ 之间的关系。

1) s 平面虚轴上无开环极点的情况

如果 s 平面虚轴上没有开环极点，可以按照图 5-4-3(a)所示在 s 平面选取封闭曲线 Γ_s，让其包围整个右半 s 平面，图中 Γ_s 由三段曲线构成。

(1)正虚轴(图 5-4-3(a)的 C_1 段曲线)。

$$s=j\omega, \quad \text{频率 } \omega \text{ 由 } 0 \text{ 变化到 } \infty$$

这段曲线在 GH 平面的映射为 $G(j\omega)H(j\omega)$，ω 由 0 到 ∞，即系统的开环奈氏图，如图 5-4-3(b)的 C_1 段曲线。

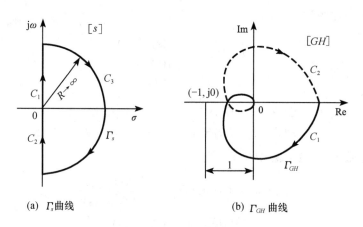

(a) Γ_s 曲线　　　　　　　　(b) Γ_{GH} 曲线

图 5-4-3　s 平面虚轴上无开环极点的情况

(2)负虚轴(图 5-4-3(a)的 C_2 段曲线)。

$$s=j\omega, \quad \text{频率 } \omega \text{ 由 } -\infty \text{ 变化到 } 0$$

这段曲线在 GH 平面的映射为 $G(j\omega)H(j\omega)$，ω 由 $-\infty$ 到 0，相当于 $G(-j\omega)H(-j\omega)$，ω 由 ∞ 到 0，是系统的开环奈氏图关于横轴的镜像曲线，如图 5-4-3(b)的 C_2 段曲线。

(3)半径为无限大的右半圆(图 5-4-3(a)的 C_3 段曲线)。

$$s=\lim_{R\to\infty} Re^{j\theta}, \quad \theta \text{ 由 } \pi/2 \text{ 变化到 } -\pi/2$$

设 $G(s)H(s) = \dfrac{b_0 s^m + b_1 s^{m-1} + \cdots + b_{m-1}s + b_m}{a_0 s^n + a_1 s^{n-1} + \cdots + a_{n-1}s + a_n}\,(n \geqslant m)$，该段曲线在 GH 平面的映射为

$$G(s)H(s)\Big|_{s=\lim_{R\to\infty} Re^{j\theta}} = \frac{b_0 s^m + b_1 s^{m-1} + \cdots + b_{m-1}s + b_m}{a_0 s^n + a_1 s^{n-1} + \cdots + a_{n-1}s + a_n}\Bigg|_{s=\lim_{R\to\infty} Re^{j\theta}} = \begin{cases} 0, & n > m \\[2mm] \dfrac{b_0}{a_0}, & n = m \end{cases}$$

因此该映射曲线为实轴上的一个点，和包围 $(-1, j0)$ 点的次数无关。

这样，Γ_s 在 GH 平面的映射曲线 Γ_{GH} 包围 $(-1, j0)$ 点的次数就是 $G(j\omega)H(j\omega)$ 曲线包围 $(-1, j0)$ 点的次数，其中频率 ω 由 $-\infty$ 到 ∞。在 ω 由 $-\infty$ 到 ∞ 全频段内的 $G(j\omega)H(j\omega)$ 曲线称为系统完整的开环奈氏图。

2) s 平面的原点处有开环极点的情况

如果 s 平面的原点处有 ν 个开环极点，可以按照图 5-4-4(a)所示在 s 平面选取封闭曲线 Γ_s，让其不经过原点并包围右半 s 平面的其余部分。图中 Γ_s 由四段曲线构成，其中 C_1 段、C_2 段、C_3 段和 s 平面虚轴上没有开环极点的情况相同，只讨论第 4 段(图 5-4-4(a)的 C_4 段曲线)即可。

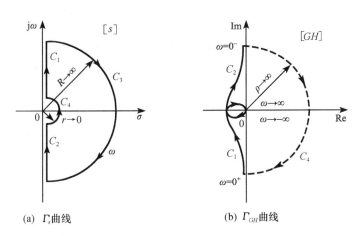

(a) Γ_s 曲线　　　　　　　　　　(b) Γ_{GH} 曲线

图 5-4-4　s 平面原点处有开环极点的情况

当点 s 沿着 C_4 段移动时，有

$$s = \lim_{r\to 0} re^{j\theta}$$

ω 从 0^- 沿小半圆变到 0^+，θ 按逆时针方向旋转 π，$G(s)H(s)$ 在 GH 平面上的映射为

$$G(s)H(s)\Big|_{s=\lim_{r\to 0} re^{j\theta}} = K \frac{\prod_{i=1}^{m}(\tau_i s + 1)}{s^\nu \prod_{j=1}^{n-\nu}(T_j s + 1)}\Bigg|_{s=\lim_{r\to 0} re^{j\theta}} = \lim_{r\to 0}\frac{K}{r^\nu}e^{-j\nu\theta} = \infty e^{-j\nu\theta}$$

由以上分析可知，当 s 沿着 C_4 段移动时，θ 按逆时针方向旋转 π，因此其在 GH 平面内的映射曲线是半径 ρ 为无穷大的一段圆弧，该圆弧按顺时针方向转过 $\nu\pi$ 弧度。第 4 段曲

线在 GH 平面的映射曲线见图 5-4-4(b)的 C_4 段。

当 s 平面的原点处有 ν 个开环极点时，系统的完整开环奈氏图要在 ω 由 0 到 ∞ 时的奈氏曲线及其镜像曲线的基础上增补 ω 由 0^- 到 0^+ 频段上半径为无穷大、顺时针转过 $\nu\pi$ 的一段圆弧。这样，系统完整的开环奈氏图如图 5-4-4(b)所示。

4. 奈氏稳定判据

综上所述，奈氏稳定判据可以描述如下。

如果系统完整的开环奈氏图在 GH 平面逆时针包围 $(-1, \mathrm{j}0)$ 点 P 次，则闭环系统稳定。其中 P 为系统在右半 s 平面的开环极点数目。

关于奈氏稳定判据的几点说明如下。

(1)完整的开环奈氏图不包围 $(-1, \mathrm{j}0)$ 点时，如果系统在右半 s 平面内没有开环极点，则系统是稳定的；否则系统是不稳定的。

(2)完整的开环奈氏图逆时针包围 $(-1, \mathrm{j}0)$ 点 P 次时，如果系统在右半 s 平面内有 P 个开环极点，则系统稳定；否则系统是不稳定的。

(3)完整的开环奈氏图顺时针包围 $(-1, \mathrm{j}0)$ 点时，系统是不稳定的。

(4)完整的开环奈氏图经过 $(-1, \mathrm{j}0)$ 点时，说明系统有闭环极点位于虚轴上。这是实际控制系统所不希望的，系统设计时不会将闭环极点配置在虚轴上。

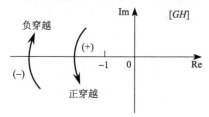

图 5-4-5　正负穿越

(5)如果完整的开环奈氏图比较复杂，采用"包围次数"来判断系统稳定性容易出错。为了简化判断，引入了正负穿越的概念(图 5-4-5)。

如果奈氏图顺时针(从下到上)穿越负实轴，穿越时相角减小，称为负穿越。如果奈氏图逆时针(从上到下)穿越负实轴，穿越时相角增加，称为正穿越。

用穿越次数判断系统稳定性的判据为：闭环系统稳定的充要条件是其完整的开环奈氏图在 $(-1, \mathrm{j}0)$ 左侧的正负穿越次数之差等于右半 s 平面的开环极点数 P。如果完整的开环奈氏图在点 $(-1, \mathrm{j}0)$ 左侧的负穿越次数大于正穿越次数，则闭环系统不稳定。

5. 在 Bode 图上使用奈氏稳定判据

在开环系统的 Bode 图上，可以看出正负穿越的情况，如图 5-4-6 所示。GH 平面上 $|G(\mathrm{j}\omega)H(\mathrm{j}\omega)|=1$ 的单位圆与对数幅频特性的 0dB 线相对应，GH 平面上的负实轴与对数相频特性的 $-180°$ 线相对应；GH 平面上单位圆以外的区域与对数幅频特性的 0dB 线以上的区域相对应，GH 平面上单位圆以内的区域与对数幅频特性的 0dB 线以下的区域相对应；GH 平面上发生的对负实轴上 $(-\infty, -1)$ 段的正负穿越可以与对数频率特性的正负穿越相对应。在开环系统的 Bode 图中，在 $20\lg|G(\mathrm{j}\omega)H(\mathrm{j}\omega)| \geqslant 0\mathrm{dB}$ 的区域内，当 ω 增加时，对数相频特性 $\varphi(\omega)$ 从下向上穿越 $-180°$ 线是正穿越，$\varphi(\omega)$ 从上向下穿越 $-180°$ 线是负穿越。

因此，闭环系统稳定的充要条件是：在开环对数幅频特性 $20\lg|G(j\omega)H(j\omega)| \geqslant 0\mathrm{dB}$ 的所有频段内，对数相频特性 $\varphi(\omega)$ 与 $-180°$ 线的正负穿越次数的差为 $N_+ - N_- = P/2$，其中 P 是 s 平面右半部分的开环极点数目。注意此时 ω 的变化范围为 $0\sim\infty$，而不是 $0^+\sim\infty$。

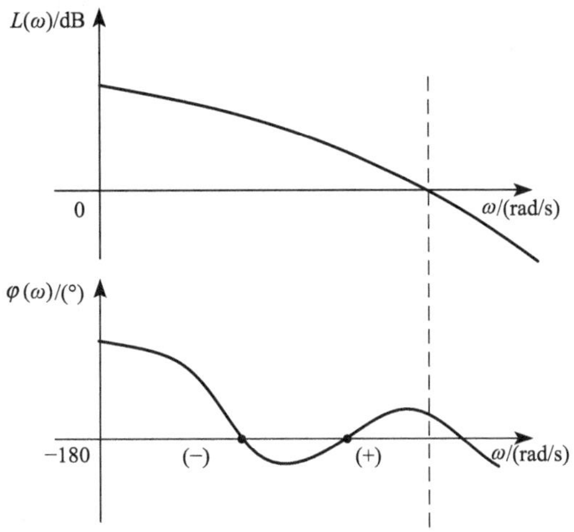

【例 5-4-1】 已知闭环系统的开环传递函数为

$$G(s)H(s) = \frac{K}{s^2(Ts+1)}$$

试用奈氏稳定判据判断闭环系统的稳定性。

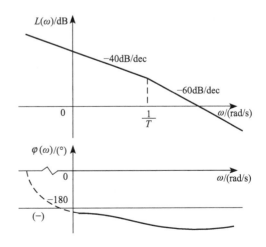

图 5-4-6　Bode 图上的正负穿越

解法 1：系统的开环频率特性为

$$G(j\omega)H(j\omega) = \frac{K}{\omega^2\sqrt{1+T^2\omega^2}} \angle(-180° - \arctan T\omega)$$

可知

$$G(j0^+)H(j0^+) = \infty\angle(-180° - 0^+), \quad G(j\infty)H(j\infty) = 0\angle(-270° + 0^+)$$

绘制系统开环幅相频率特性曲线，如图 5-4-7 所示。可见，开环幅相频率特性曲线顺时针包围 $(-1, \mathrm{j}0)$ 点 2 次，而 s 平面右半部分的开环极点数 $P = 0$，因此闭环系统不稳定。

解法 2：绘制系统开环对数频率特性曲线，如图 5-4-8 所示，开环传递函数中有两个积分环节，根据完整奈氏图 C_4 段的绘制原则，对应相频特性，需从对数相频特性曲线上 ω 较小且 $L(\omega) > 0$ 的点向上补作 $\nu \times 90°$ 的虚线，至 $\varphi(\omega) = 0°$ 为止，如图中虚线所示。在 $L(\omega) > 0$ 的所有频段内，对数相频特性穿越 $-180°$ 线，$N_- = 1$，$N_+ = 0$，已知 $P = 0$，因此，$N = N_+ - N_- \neq \dfrac{P}{2}$，可知闭环系统不稳定。

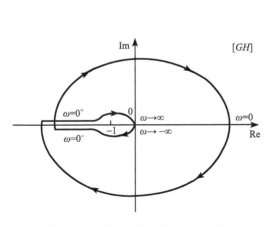

图 5-4-7　系统开环幅相频率特性曲线

图 5-4-8　系统开环对数频率特性曲线

【**例 5-4-2**】　控制系统的方框图如图 5-4-9 所示，试确定使系统稳定的 K^* 的范围，$K^* > 0$。

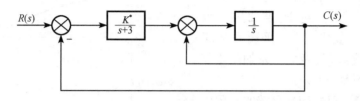

图 5-4-9　系统方框图

解　由系统的方框图得系统的开环传递函数为

$$G(s)H(s) = \frac{K^*}{(s+3)(s-1)}$$

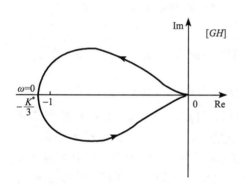

图 5-4-10　开环系统奈氏图(一)

$G(s)H(s)$ 在 s 平面右半部分有一个极点，即 $P=1$，如果开环奈氏图逆时针包围$(-1, j0)$点一次，则系统是稳定的。开环系统奈氏图如图 5-4-10 所示。

$$G(j\omega)H(j\omega) = \frac{K^*}{(j\omega+3)(j\omega-1)}$$

$$= -\frac{K^*(3+\omega^2)}{(3+\omega^2)^2 + 4\omega^2} - j\frac{2K^*\omega}{(3+\omega^2)^2 + 4\omega^2}$$

当且仅当 $\omega=0$ 时，开环奈氏图与实轴有交点。

为使开环奈氏图逆时针包围$(-1, j0)$点，如图 5-4-10 所示，必须使 $K^* > 3$。

【**例 5-4-3**】　设闭环系统的开环传递函数为 $G(s)H(s) = \dfrac{K(\tau s+1)}{s^2(Ts+1)}$，试分析参数 T 和 τ 对闭环系统稳定性的影响。

解　系统的开环频率特性为

$$G(j\omega)H(j\omega) = \frac{K\sqrt{1+\tau^2\omega^2}}{\omega^2\sqrt{1+T^2\omega^2}} \angle (-180° + \arctan\tau\omega - \arctan T\omega)$$

系统开环奈氏图的起点和终点的趋近方向取决于参数 T 和 τ 的大小。图 5-4-11 所示为 $T < \tau$、$T = \tau$、$T > \tau$ 三种情况下的开环系统奈氏图。当 $T < \tau$ 时，系统开环奈氏图不包围 $(-1, j0)$ 点，系统稳定；当 $T = \tau$ 时，系统开环奈氏图穿过 $(-1, j0)$ 点，表明系统有虚轴上的闭环极点；当 $T > \tau$ 时，系统开环奈氏图顺时针包围 $(-1, j0)$ 点 2 次，说明该系统有 2 个闭环极点位于右半 s 平面，因此系统不稳定。

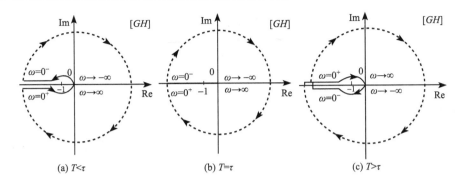

图 5-4-11　开环系统奈氏图(二)

5.4.2　相对稳定性

控制系统稳定与否是绝对稳定性的概念。对一个稳定的系统而言，还有一个稳定的程度，即相对稳定性的概念。相对稳定性与系统的动态性能指标有着密切的关系。在设计一个控制系统时，不仅要求它必须是绝对稳定的，而且还应保证系统具有一定的稳定程度。这样，系统就不会因为参数变化或者建模不准确而性能变差甚至不稳定。

根据奈氏稳定判据的基本结论，对于一个最小相位系统而言，$G(j\omega)H(j\omega)$ 曲线越靠近 $(-1, j0)$ 点，系统阶跃响应的振荡就越强烈，系统的相对稳定性就越差。因此，可用 $G(j\omega)H(j\omega)$ 曲线与 $(-1, j0)$ 点的接近程度来表示系统的相对稳定性。通常，这种接近程度是以相角裕度和幅值裕度来表示的。

1. 相角裕度

在增益交界频率上，使系统达到临界稳定所需的额外相位滞后量称为相角裕度，记为 γ。增益交界频率是指开环频率特性的幅值 $|G(j\omega)H(j\omega)|$ 等于 1 时的角频率，在 Bode 图上是对数幅频特性和 0dB 线的交点，也称为截止频率，记为 ω_c。因此有

$$|G(j\omega_c)H(j\omega_c)|=1 \quad 或 \quad 20\lg|G(j\omega_c)H(j\omega_c)|=0 \tag{5-4-4}$$

$$\gamma=\gamma(\omega_c)=180°+\angle G(j\omega_c)H(j\omega_c) \tag{5-4-5}$$

图 5-4-12 展示了稳定系统和不稳定系统在奈氏图、Bode 图上的相角裕度。可见，在极坐标图中，从原点到单位圆与开环奈氏图 $G(j\omega)H(j\omega)$ 的交点画一条直线，负实轴和这条直线之间的夹角就是相角裕度。为了使最小相位系统稳定，必须满足相角裕度 $\gamma > 0°$。复平面 GH 上的临界点 $(-1, j0)$ 对应于 Bode 图中的 0dB 线和 $-180°$ 线。

2. 幅值裕度

在相位交界频率上，幅值 $|G(j\omega)H(j\omega)|$ 的倒数称为幅值裕度，记为 K_g。相位交界频率是指开环频率特性的相角 $\angle G(j\omega)H(j\omega)$ 等于 $-180°$ 时的角频率，也称为穿越频率，记作 ω_g。幅值裕度表示的是为使系统达到临界稳定，系统的增益需要增加的倍数。因此有

$$\angle G(j\omega_g)H(j\omega_g) = -180° \tag{5-4-6}$$

$$K_g = \frac{1}{|G(j\omega_g)H(j\omega_g)|} \quad 或 \quad K_g = 20\lg\frac{1}{|G(j\omega_g)H(j\omega_g)|} \tag{5-4-7}$$

图 5-4-12 展示了稳定系统和不稳定系统在奈氏图、Bode 图上的幅值裕度。可见，最小相位系统稳定的条件是幅值裕度 $K_g > 1$ 或者 $K_g > 0\text{dB}$ 。

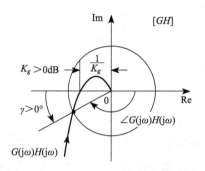

(a) 稳定系统奈氏图(正幅值裕度，正相角裕度)

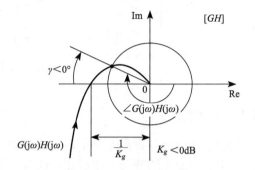

(b) 不稳定系统奈氏图(负幅值裕度，负相角裕度)

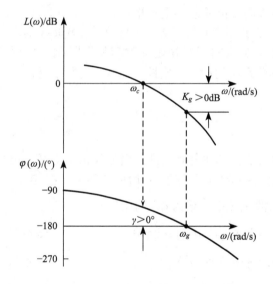

(c) 稳定系统Bode图(正幅值裕度，正相角裕度)

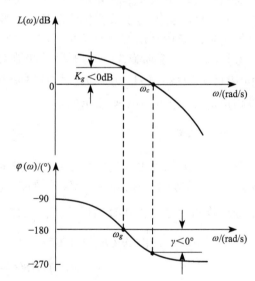

(d) 不稳定系统Bode图(负幅值裕度，负相角裕度)

图 5-4-12　相角裕度与幅值裕度

3. 关于幅值裕度和相角裕度的几点说明

(1)标准的一阶系统和二阶系统的幅值裕度为无穷大，因为这类系统的开环奈氏图除了原点外，和负实轴不相交。

(2)为了确定系统的相对稳定性，必须同时给出相角裕度和幅值裕度，只用其中一个性能指标无法确定稳定性。

(3)对于最小相位系统，只有当相角裕度和幅值裕度(dB)都为正时，系统才稳定，否则系统不稳定。

(4)对于稳定的非最小相位系统，开环奈氏图必须包围 (−1, j0) 点，因此稳定的非最小相位系统具有负的幅值裕度(dB)。

(5)相角裕度和幅值裕度是系统的开环频域性能指标，但描述的是闭环系统的相对稳定性，它与闭环系统的动态性能密切相关。

(6)设计系统时，为了使系统具有较好的相对稳定性，通常要求相角裕度为 30°～60°，幅值裕度大于或等于 6dB，且在渐近幅频特性曲线中截止频率处的斜率为 −20dB/dec 。

【例 5-4-4】　设单位负反馈系统的开环传递函数为

$$G(s)H(s) = \frac{K^*}{s(s+1)(s+5)}$$

试确定当 $K^* = 10$ 时系统的幅值裕度和相角裕度。

解　$K^* = 10$ 时，开环传递函数可以写成典型环节相乘的形式：

$$G(s)H(s) = \frac{10}{s(s+1)(s+5)} = \frac{2}{s(s+1)\left(\frac{1}{5}s+1\right)}$$

绘制系统的开环渐近幅频特性曲线，如图 5-4-13 所示。

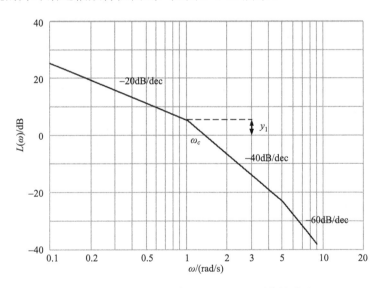

图 5-4-13　例 5-4-4 系统开环渐近幅频特性曲线

低频段过 $(1, 20\lg K)$，因此

$$y_1 = 20\lg K = 20\lg 2$$

根据斜率关系，可以得出

$$y_1 = 40(\lg \omega_c - \lg 1) = 20\lg 2$$

解得 $\omega_c = \sqrt{2}\text{rad/s}$ 。

根据相角裕度定义，可以求得

$$\gamma = 180° + \angle G(j\omega_c)H(j\omega_c) = 180° - 90° - \arctan\omega_c - \arctan\frac{\omega_c}{5}$$

$$= 90° - 54.7° - 15.7° = 19.6°$$

在穿越频率 ω_g 处，有

$$\angle G(j\omega_g)H(j\omega_g) = -90° - \arctan\omega_g - \arctan(\omega_g/5) = -180°$$

化简得

$$\arctan\omega_g + \arctan(\omega_g/5) = 90°$$

根据三角公式，有

$$\frac{\omega_g^2}{5} = 1$$

解得 $\omega_g = \sqrt{5}\text{rad/s}$ 。

由幅值裕度定义，根据图 5-4-13 直接可以求得

$$K_g = -20\lg\left|G(j\omega_g)H(j\omega_g)\right| = 40\lg\frac{\sqrt{5}}{\sqrt{2}} = 7.96\text{(dB)}$$

5.5　频域性能指标与时域性能指标的关系

控制系统性能的优劣是用性能指标来衡量的。系统的性能指标通常分成两类：时域性能指标和频域性能指标，它们从不同的方面描述系统的性能。时域性能指标能够更直观地描述系统的时间特性，而在实际工程设计中，控制工程师经常采用频域性能指标来设计系统的控制器，因此建立这两种性能指标之间的关系是十分重要的。

5.5.1　闭环幅频特性

设单位负反馈系统的开环传递函数为 $G(s)$ ，则其闭环传递函数为 $\Phi(s) = G(s)/[1+G(s)]$ 。对应地，闭环频率特性用 $\Phi(j\omega) = \Phi(s)\big|_{s=j\omega}$ 来描述，即有

$$\Phi(j\omega) = M(\omega)\text{e}^{j\theta(\omega)}, \quad G(j\omega) = B(\omega)\text{e}^{j\varphi(\omega)}$$

式中，$M(\omega) = \left|\Phi(j\omega)\right|$ 、$B(\omega) = \left|G(j\omega)\right|$ 分别为闭环幅频特性与开环幅频特性；$\theta(\omega)$ 、$\varphi(\omega)$ 分别为闭环相频特性与开环相频特性。

$\varphi(\omega)$ 可写成 $\varphi(\omega) = -180° + \gamma(\omega)$ ，这里 $\gamma(\omega)$ 表示在不同角频率 ω 下 $\varphi(\omega)$ 对 $-180°$ 的相移，当 $\omega = \omega_c$ 时， $\gamma(\omega_c) = \gamma$ 。于是，通过 $\gamma(\omega)$ ，开环频率特性还可写成

$$G(j\omega) = B(\omega)\text{e}^{j[-180°+\gamma(\omega)]} = B(\omega)[-\cos\gamma(\omega) - j\sin\gamma(\omega)]$$

基于上式，得到单位负反馈系统的闭环幅频特性为

$$M(\omega) = |\Phi(j\omega)| = \frac{|G(j\omega)|}{|1 + G(j\omega)|} = \frac{B(\omega)}{\sqrt{1 - 2B(\omega)\cos\gamma(\omega) + B^2(\omega)}} \tag{5-5-1}$$

对于闭环控制系统，通常只使用闭环幅频特性，即闭环频率特性的幅值 $M(\omega)$ 与角频率 ω 的关系，图 5-5-1 所示为典型的闭环幅频特性。根据图 5-5-1，定义如下闭环频域性能指标。

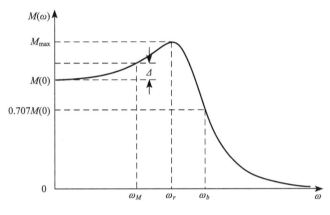

图 5-5-1　典型的闭环幅频特性

1. 零频值

角频率 $\omega = 0$ 时，闭环幅频特性的幅值称为零频值，记为 $M(0)$。零频值与系统的开环增益和型别有关。对于单位负反馈系统，如果系统为 0 型系统，则 $M(0) = K_p / (1 + K_p) < 1$，其中 K_p 为开环增益；如果系统型别大于 0，则 $M(0) = 1$，因此零频值反映了系统的稳态性能。

2. 复现带宽频率

在图 5-5-1 所示闭环幅频特性上，由给定的大于 0 的微量 Δ 所确定的角频率 ω_M 称为复现带宽频率。$0 \sim \omega_M$ 称为复现输入信号带宽，它反映了控制系统复现低频输入信号的准确度。

3. 谐振频率

闭环幅频特性取得最大幅值 $M_{\max}$ 时的角频率称为谐振频率，记为 ω_r。谐振频率 ω_r 表征了系统的动态响应速度。ω_r 越大，系统的动态响应速度就越快。

4. 相对谐振峰值

定义闭环幅频特性中的最大幅值 $M_{\max}$ 和零频值 $M(0)$ 的比值为相对谐振峰值，记为 $M_r = M_{\max} / M(0)$。相对谐振峰值表征了系统的相对稳定性。如果 $1.0 < M_r < 1.4$，系统通

常可以获得比较好的动态性能。通常 M_r 越大，闭环系统的单位阶跃响应的超调量也越大。如果系统受到噪声信号的干扰，并且噪声信号的频率接近谐振频率 ω_r，则在系统输出端噪声被放大，会造成比较严重的问题。

5. 带宽频率

定义闭环幅频特性的幅值为 $\frac{1}{\sqrt{2}}M(0)$ 时所对应的角频率为带宽频率，记为 ω_b。通常定义 $0 \sim \omega_b$ 为控制系统的带宽或通频带，它的选择取决于下列因素。

(1)对输入信号的复现能力。带宽越大，系统的响应速度越快，复现输入信号的能力就越强。

(2)对高频噪声的抑制能力。带宽越大，系统对高频噪声的过滤能力越差，这不利于抑制高频干扰。

下面分析闭环与开环频域性能指标之间的关系，建立相对谐振峰值 M_r 和相角裕度 γ 的近似关系。考虑式(5-5-1)，假设在出现 $M_{\max}$ 的谐振频率 ω_r 附近 $\gamma(\omega)$ 的变化较小及 $\omega_r \approx \omega_c$，于是有 $\cos\gamma(\omega) \approx \cos\gamma(\omega_r) \approx \cos\gamma(\omega_c) = \cos\gamma =$ 常值。这种假设对于一般系统基本上都能满足。在此假设下，由 $\dfrac{\mathrm{d}M(\omega)}{\mathrm{d}B(\omega)} = 0$ 解出当

$$B(\omega) = \frac{1}{\cos\gamma(\omega)} \approx \frac{1}{\cos\gamma(\omega_r)} \tag{5-5-2}$$

时，$M(\omega)$ 取得最大值 $M_{\max} = M(\omega_r) \approx \dfrac{1}{\sin\gamma(\omega_r)}$。若 $M(0) = 1$，则

$$M_r \approx \frac{1}{\sin\gamma(\omega_r)} \approx \frac{1}{\sin\gamma} \tag{5-5-3}$$

由于 $\cos\gamma(\omega_r) \leqslant 1$，由式(5-5-2)可知 $B(\omega_r) \geqslant 1$，而 $B(\omega_c) = 1$，显然 $\omega_c \geqslant \omega_r$。因此，随着相角裕度 γ 的减小，差值 $\omega_c - \omega_r$ 也减小，当 $\gamma = 0°$ 时，$\omega_c = \omega_r$。由此可见，γ 越小，式(5-5-3)的近似程度越高。

在控制系统的设计中，一般先根据控制要求提出闭环频域性能指标 ω_b 与 M_r，再由式(5-5-3)确定相角裕度 γ 和选择合适的截止频率 ω_c，据此选择校正装置的结构并确定参数。

5.5.2 频域性能指标和动态性能指标的关系

控制系统的性能指标可分为时域与频域两种，而频域性能指标又分为开环与闭环两种。控制系统的时域性能指标包括稳态性能指标和动态性能指标，常用的时域性能指标如下。

(1)稳态性能指标：系统型别(无差度)v、开环增益 K、稳态误差 e_{ss}。

(2)动态性能指标：超调量 σ_p、振荡次数 N、调节时间 t_s、上升时间 t_r、峰值时间 t_p。

控制系统的开环频域性能指标包括相角裕度 γ、截止频率 ω_c、幅值裕度 K_g、穿越频率 ω_g、中频段宽度 h(开环渐近幅频特性中频段上，截止频率 ω_c 后一个转折频率和前一个转折频率的比值)；而闭环频域性能指标包括相对谐振峰值 M_r、谐振频率 ω_r、带宽频

率 ω_b 等。

1. 二阶系统的频域性能指标和动态性能指标的关系

1)开环频域性能指标和动态性能指标的关系

设二阶单位反馈系统的开环传递函数为

$$G(s) = \frac{\omega_n^2}{s(s + 2\zeta\omega_n)}$$

其频率特性为

$$G(j\omega) = \frac{\omega_n^2}{j\omega(j\omega + 2\zeta\omega_n)}$$

可分别求得开环幅频特性及相频特性为

$$|G(j\omega)| = \frac{\omega_n^2}{\omega\sqrt{\omega^2 + (2\zeta\omega_n)^2}}$$

$$\angle G(j\omega) = -90° - \arctan\frac{\omega}{2\zeta\omega_n}$$

根据截止频率的定义，有

$$\left|G(j\omega_c)\right| = \frac{\omega_n^2}{\omega_c\sqrt{\omega_c^2 + (2\zeta\omega_n)^2}} = 1$$

解得

$$\omega_c = \omega_n\sqrt{\sqrt{1 + 4\zeta^4} - 2\zeta^2} \tag{5-5-4}$$

则

$$\angle G(j\omega_c) = -90° - \arctan\frac{\sqrt{\sqrt{1 + 4\zeta^4} - 2\zeta^2}}{2\zeta}$$

根据相角裕度的定义，得

$$\gamma = 180° + \angle G(j\omega_c) = \arctan\frac{2\zeta}{\sqrt{\sqrt{1 + 4\zeta^4} - 2\zeta^2}} \tag{5-5-5}$$

根据式(5-5-4)和式(5-5-5)，还可以得到

$$\zeta = \frac{\tan\gamma}{2 \times \sqrt[4]{1 + \tan^2\gamma}} \tag{5-5-6}$$

$$\omega_c = \frac{\omega_n}{\sqrt[4]{1 + \tan^2\gamma}} \tag{5-5-7}$$

由式(5-5-5)和式(5-5-6)可知，二阶系统的阻尼比和相角裕度互为对方的单变量函数，而且随着相角裕度的增大，阻尼比也增大。

对于二阶系统的闭环时域响应，有如下特征量：

$$\sigma_p = e^{-\frac{\zeta\pi}{\sqrt{1-\zeta^2}}} \times 100\% \tag{5-5-8}$$

$$t_s = \frac{1}{\zeta\omega_n}\ln\frac{1}{\Delta\sqrt{1-\zeta^2}} \tag{5-5-9}$$

$$t_p = \frac{\pi}{\omega_n\sqrt{1-\zeta^2}} \tag{5-5-10}$$

可以得到

$$\omega_c t_s = \frac{\sqrt{\sqrt{1+4\zeta^4}-2\zeta^2}}{\zeta} \times \ln\frac{1}{\Delta\sqrt{1-\zeta^2}} \tag{5-5-11}$$

$$\omega_c t_p = \pi\sqrt{\frac{\sqrt{1+4\zeta^4}-2\zeta^2}{1-\zeta^2}} \tag{5-5-12}$$

可见，二阶系统的超调量仅与相角裕度有关，并且相角裕度越大，超调量越小；对于指定的相角裕度(阻尼比)，$\omega_c t_s$ 和 $\omega_c t_p$ 为常量，即截止频率越大，响应速度就越快。

2)闭环频域性能指标和动态性能指标的关系

设二阶单位反馈系统的闭环传递函数为

$$\Phi(s) = \frac{\omega_n^2}{s^2 + 2\zeta\omega_n s + \omega_n^2}$$

其频率特性为

$$\Phi(j\omega) = \frac{\omega_n^2}{\omega_n^2 - \omega^2 + j2\zeta\omega_n\omega}$$

闭环幅频特性为

$$M(\omega) = |\Phi(j\omega)| = \frac{\omega_n^2}{\sqrt{(\omega_n^2-\omega^2)^2 + (2\zeta\omega_n\omega)^2}}$$

则 $M(0) = 1$，且在谐振频率 ω_r 处，$\dfrac{\mathrm{d}}{\mathrm{d}\omega}M(\omega) = 0$，可得

$$\omega_r = \omega_n\sqrt{1-2\zeta^2}, \quad \zeta \leqslant \frac{\sqrt{2}}{2} \tag{5-5-13}$$

则

$$M_r = M_{\max}/M(0) = \frac{1}{2\zeta\sqrt{1-\zeta^2}}, \quad \zeta \leqslant \frac{\sqrt{2}}{2} \tag{5-5-14}$$

或者

$$\zeta = \sqrt{\frac{1-\sqrt{1-\frac{1}{M_r^2}}}{2}}, \quad M_r \geqslant 1 \tag{5-5-15}$$

可见，阻尼比和相对谐振峰值互为对方的单变量函数，而且相对谐振峰值越小，阻尼比越大。

对于带宽频率 ω_b，有

$$\left.\frac{\omega_n^2}{\sqrt{(\omega_n^2-\omega^2)^2+(2\zeta\omega_n\omega)^2}}\right|_{\omega=\omega_b}=\frac{1}{\sqrt{2}}M(0)$$

解得
$$\omega_b=\omega_n\sqrt{1-2\zeta^2+\sqrt{2-4\zeta^2+4\zeta^4}} \qquad (5\text{-}5\text{-}16)$$

由式(5-5-8)和式(5-5-15)，得

$$\sigma_p=\exp\left(-\pi\sqrt{\frac{M_r-\sqrt{M_r^2-1}}{M_r+\sqrt{M_r^2-1}}}\right)\times100\% \qquad (5\text{-}5\text{-}17)$$

二阶系统的超调量仅与相对谐振峰值有关，相对谐振峰值越大，超调量也越大。对于二阶系统来说，M_r 为 1.2～1.5 时，对应的 σ_p 为 19%～30%，系统具有满意的时域性能。然而，当 $M_r>2$ 时，超调量可高达 43% 以上。

由式(5-5-9)、式(5-5-10)和式(5-5-16)，得

$$\omega_b t_s=\frac{1}{\zeta}\cdot\sqrt{1-2\zeta^2+\sqrt{2-4\zeta^2+4\zeta^4}}\cdot\ln\frac{1}{\Delta\sqrt{1-\zeta^2}} \qquad (5\text{-}5\text{-}18)$$

$$\omega_b t_p=\pi\sqrt{\frac{1-2\zeta^2+\sqrt{2-4\zeta^2+4\zeta^4}}{1-\zeta^2}} \qquad (5\text{-}5\text{-}19)$$

可见，对于指定的阻尼比(相对谐振峰值)，系统的带宽频率与响应速度成正比关系，或者说，控制系统的带宽越宽，反映输入信号的快速性越好。这说明，带宽表征了控制系统的反应速度。从抑制高频干扰的角度来说，希望系统的带宽窄一些。因此，在系统带宽设计时，通常需要折中考虑。

2. 高阶系统的动态性能指标和频域性能指标的关系

对于一般高阶系统，给出下面的经验公式用于时域和频域的性能指标转换：

$$\sigma_p=0.16+0.4(M_r-1),\quad 1\leqslant M_r\leqslant1.8 \qquad (5\text{-}5\text{-}20)$$

$$t_s=\frac{\pi}{\omega_c}\left[2+1.5(M_r-1)+2.5(M_r-1)^2\right],\quad 1\leqslant M_r\leqslant1.8 \qquad (5\text{-}5\text{-}21)$$

应用上述经验公式估算高阶系统的时域性能指标一般偏于保守，即实际性能比估算结果要好。因此，对控制系统进行初步设计时，使用经验公式可以保证系统达到性能指标的要求且留有一定的余地。

如图 5-5-2 所示的系统开环对数频率特性曲线的中频段，对闭环系统的超调量与调节时间起着主要的影响。其中 $h=\omega_3/\omega_2$，称为中频段宽度，$M_r\approx\dfrac{1}{\sin\gamma}$。为使一个高阶系统

具有满意的相对稳定性及对高频干扰的必要抑制能力，相角裕度应选在30°~60°，幅值裕度应大于 6dB。为此，对于最小相位系统，要求在 Bode 图上穿过横轴的开环渐近幅频特性的斜率必为 $-20\text{dB}/\text{dec}$，且 h 必有一定宽度。

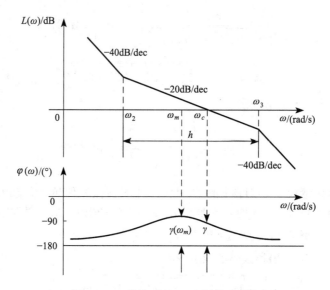

图 5-5-2　系统开环 Bode 图的中频段

5.5.3　开环渐近幅频特性和稳态性能指标的关系

控制系统的稳态误差取决于系统开环增益、型别以及输入信号的形式。对于有差系统来说，当输入信号形式确定后，系统的稳态误差由开环增益 K 和型别 ν 来确定。在 Bode 图上，开环渐近幅频特性的低频段是过点 $(1, 20\lg K)$ 且斜率为 $-20\nu\text{dB}/\text{dec}$ 的直线段，因此系统开环渐近幅频特性的低频段反映了系统的稳态性能指标。下面分析开环渐近幅频特性的低频段形状与开环增益 K、型别 ν 的关系。

1. 0 型系统

0 型系统开环渐近幅频特性的低频段如图 5-5-3 所示。起始段的斜率为 $0\text{dB}/\text{dec}$，且过 $(1, 20\lg K)$ 点，因此起始段与横轴的距离为 $20\lg K$。

2. I 型系统

I 型系统开环渐近幅频特性的低频段如图 5-5-4 所示。起始段的斜率为 $-20\text{dB}/\text{dec}$，起始段与横轴的交点频率为 ω_ν。因此起始段直线的方程为

$$L(\omega) = 20\lg\left|\frac{K}{j\omega}\right|$$

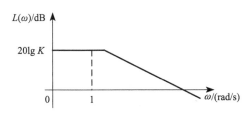

图 5-5-3　0 型系统开环渐近幅频特性低频段

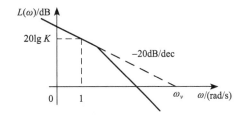

图 5-5-4　Ⅰ型系统开环渐近幅频特性低频段

因为起始段经过点(ω_v,0)，所以有

$$L(\omega_v) = 20\lg\left|\frac{K}{\mathrm{j}\omega_v}\right| = 0$$

即 $\omega_v = K$。

3. Ⅱ型系统

Ⅱ型系统开环渐近幅频特性的低频段如图 5-5-5 所示。起始段的斜率为 $-40\mathrm{dB/dec}$，起始段与横轴的交点频率为 ω_a。由于起始段经过点 $(1, 20\lg K)$ 和点(ω_a, 0)，所以可以写出如下方程：

$$-40 = \frac{20\lg K - 0}{\lg 1 - \lg \omega_a}$$

解得 $\omega_a = \sqrt{K}$。

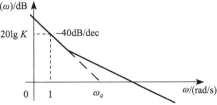

图 5-5-5　Ⅱ型系统开环渐近幅频特性低频段

5.6　MATLAB 在频域分析中的应用

对于频域分析，首先要绘制控制系统的各种频率特性曲线，然后根据频率特性曲线来分析控制系统的性能指标。采用手工方法只能绘制频率特性曲线的大致形状，而且涉及大量的数学计算，在实际工程设计中十分不便。本节介绍如何应用 MATLAB 绘制系统的频率特性曲线、计算频域性能指标以及如何进行频域分析。

1. 绘制系统的 Nyquist 图

函数及调用格式：

nyquist(sys)，　[re,im,w]= nyquist(sys)，　nyquist(sys,w)，　[re,im,w]= nyquist(sys,w)

功能说明：绘制连续系统的 Nyquist 图或求连续系统幅相频率特性的实部和虚部。其中 w 为指定的频率范围；不带返回参数时，将直接绘制系统的 Nyquist 图；带返回参数时，计算并返回开环系统 $G(\mathrm{j}\omega)$ 在 w 范围内各个频率点处的实部和虚部，即 re= Re[$G(\mathrm{j}\omega)$] 和 im= Im[$G(\mathrm{j}\omega)$]。

2. 绘制系统的 Bode 图

函数及调用格式：

bode(sys)，　[mag,phase,w]= bode(sys)，　bode(sys,w)，　[mag,phase,w]= bode(sys,w)

功能说明：绘制连续系统的 Bode 图或求连续系统对数频率特性的幅值和相角。不带返回参数时，将直接绘制系统的 Bode 图；带返回参数时，计算并返回开环系统 $G(j\omega)$ 在 w 范围内各个频率点的幅值和相角，即 mag=$|G(j\omega)|$ 和 phase=$\angle G(j\omega)$。

3. 相对稳定性

可以使用 MATLAB 软件提供的 margin 函数来求取系统的幅值裕度和相角裕度，从而确定闭环系统的相对稳定性。

函数及调用格式：

$$margin(sys)，　[Gm,Pm,Wcg,Wcp]= margin(sys)$$

功能说明：求取给定线性连续定常系统的幅值裕度、相角裕度及其对应的频率。不带返回参数时，将直接绘制系统的 Bode 图，并标注幅值裕度、相角裕度及其对应的频率；带返回参数时，不绘制 Bode 图，计算并返回幅值裕度 Gm 和穿越频率 Wcg、相角裕度 Pm 和截止频率 Wcp。

【例 5-6-1】　设控制系统的开环传递函数为

$$G(s) = \frac{10(s+5)^2}{(s+1)(s^2+s+9)}$$

用 MATLAB 绘制系统的奈氏图和 Bode 图，计算系统的幅值裕度和相角裕度，并分析系统的稳定性。

解　运行 MATLAB Program 51，其 Nyquist 图和 Bode 图分别如图 5-6-1、图 5-6-2 所示。

```
MATLAB Program 51.m
num=10*conv([1,5],[1,5]);
den=conv([1,1],[1,1,9]);
g=tf(num,den);
nyquist(g)
figure
bode(g)
grid on
[Gm,Pm,Wcg,Wcp]=margin(g)
```

运行结果：

　　　　　　　　　Gm =Inf,Pm =55.3497,Wcg =NaN,Wcp =12.3021

从结果可知，系统的幅值裕度为无穷大，相角裕度为 55.3497°，系统的相对稳定性很好。

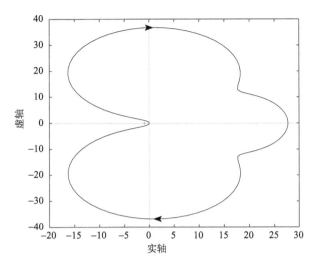

图 5-6-1 系统的 Nyquist 图(一)

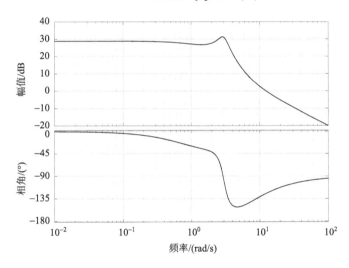

图 5-6-2 系统的 Bode 图(一)

【**例 5-6-2**】 用 MATLAB 绘制例 5-4-4 系统的奈氏图和 Bode 图,并计算系统的幅值裕度和相角裕度。

解 运行 MATLAB Program 52,其 Nyquist 图和 Bode 图如图 5-6-3、图 5-6-4 所示。

```
MATLAB Program 52.m
num=10;
den=conv([1 0],conv([1,1],[1,5]));
g=tf(num,den);
nyquist(g)
figure
bode(g),grid on
[Gm,Pm,Wcg,Wcp]=margin(g)
```

运行结果：

```
Gm =3,Pm =25.3898,Wcg =2.2361,Wcp =1.2271
```

从结果可知，系统的幅值裕度为 3dB，相角裕度为 25.3898°。

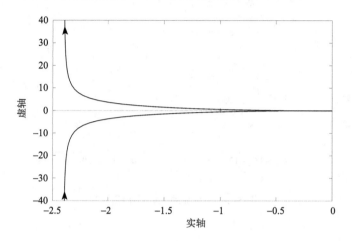

图 5-6-3　系统的 Nyquist 图(二)

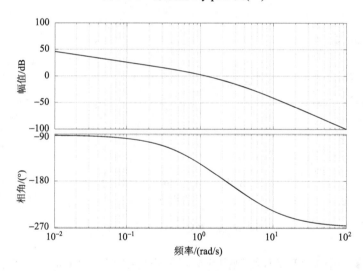

图 5-6-4　系统的 Bode 图(二)

习　　题

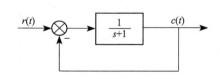

题 5-1 图　控制系统的方框图

5-1　某系统结构图如题 5-1 图所示，当系统受到下列输入信号的作用时：

(1) $r(t) = \sin 2t$

(2) $r(t) = \sin(t + 30°) - 2\cos(2t - 45°)$

试求系统对每种输入信号的稳态输出和稳态误差。

5-2　单位负反馈系统开环传递函数为 $G(s) = \dfrac{K}{Ts+1}$，其中时间常数 $T = 0.5\,\text{s}$，比例系

数 $K=10$，求在频率为 $f=1\,\mathrm{Hz}$，幅值为 $A=10$ 的正弦输入信号作用下，系统的稳态输出。

5-3　已知 $G(s)=\dfrac{K}{s(T_1 s+1)(T_2 s+1)}$，求：

(1)频率特性 $G(\mathrm{j}\omega)$；

(2) $G(\mathrm{j}\omega)$ 的实部和虚部；

(3) $|G(\mathrm{j}\omega)|$；

(4) $\angle G(\mathrm{j}\omega)$。

5-4　已知系统的开环传递函数为

$$G(s)=\frac{K(\tau s+1)}{s(Ts+1)}$$

绘制其 Nyquist 图和 Bode 图。

5-5　已知系统的开环传递函数为

$$G(s)H(s)=\frac{10}{s(2s+1)(s^2+0.5s+1)}$$

试分别计算 $\omega=0.5\,\mathrm{rad/s}$ 和 $\omega=2\,\mathrm{rad/s}$ 时，开环频率特性的幅值 $A(\omega)$ 和相角 $\varphi(\omega)$。

5-6　试绘制下列传递函数的 Nyquist 图。

(1) $G(s)=\dfrac{5}{(2s+1)(8s+1)}$

(2) $G(s)=\dfrac{10(1+s)}{s^2}$

5-7　绘制下列传递函数的渐近幅频特性曲线。

(1) $G(s)=\dfrac{2}{(2s+1)(8s+1)}$

(2) $G(s)=\dfrac{200(0.2s+1)}{s^2(s+1)(10s+1)}$

(3) $G(s)=\dfrac{40(s+0.5)}{s(s+0.2)(s^2+s+1)}$

(4) $G(s)=\dfrac{20(3s+1)}{s^2(6s+1)(s^2+4s+25)(10s+1)}$

(5) $G(s)=\dfrac{8(s+0.1)}{s(s^2+s+1)(s^2+4s+25)}$

5-8　已知系统的开环传递函数为

$$G(s)=\frac{10}{s(s+1)(s^2+1)}$$

试用 MATLAB 绘制系统开环 Nyquist 图。

5-9　已知最小相位开环系统的渐近幅频特性如题 5-9 图所示，试计算单位负反馈系统

在 $r(t) = t^2/2$ 作用下的稳态误差和相角裕度。

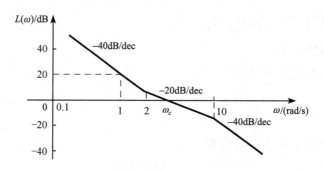

题 5-9 图　开环系统的渐近幅频特性(一)

5-10　已知最小相位系统开环渐近幅频特性如题 5-10 图所示,试写出系统的开环传递函数。

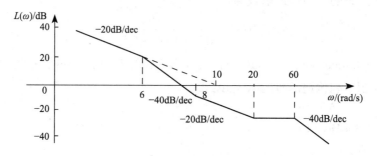

题 5-10 图　开环系统的渐近幅频特性(二)

5-11　已知最小相位系统开环渐近幅频特性如题 5-11 图所示(虚线表示实际曲线),试写出系统的开环传递函数,求出系统的相角裕度,并说明系统的稳定性。

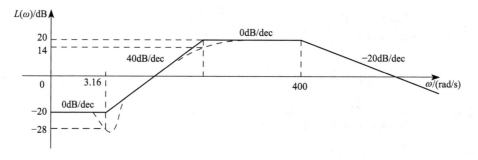

题 5-11 图　最小相位系统开环渐近幅频特性

5-12　根据题 5-12 图所示的开环系统 Nyquist 图,判别其中哪些系统稳定,哪些系统不稳定。

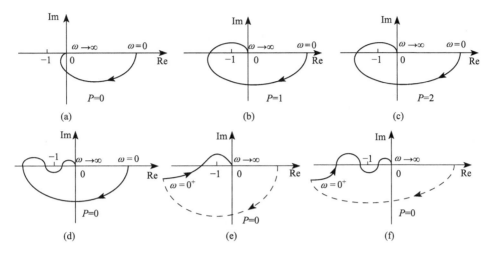

题 5-12 图　开环 Nyquist 图

5-13　已知某负反馈系统的 Nyquist 图如题 5-13 图所示。设开环增益 $K = 500$ 及在 s 平面右半部开环极点数 $P = 0$。试确定 K 位于哪两个数值之间时系统稳定；K 小于何值时系统不稳定。

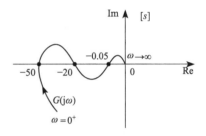

题 5-13 图　Nyquist 图

5-14　已知系统的开环传递函数为

$$G(s) = \frac{K}{s(Ts+1)(s+1)}, \quad K, T > 0$$

试根据奈氏稳定判据，确定其闭环稳定的条件：

(1) $T = 2$ 时，K 值的范围；

(2) $K = 10$ 时，T 值的范围；

(3) K、T 值的范围。

5-15　已知系统的开环传递函数为

$$G(s) = \frac{10(s^2 - 2s + 5)}{(s+2)(s-0.5)}$$

试概略绘制幅相频率特性曲线，并根据奈氏稳定判据判定闭环系统的稳定性。

5-16　设一个闭环系统的开环传递函数为 $G(s)H(s) = \dfrac{K(s+3)}{s(s-1)}$，试用奈氏稳定判据确定使闭环系统稳定的 K 值的范围。

5-17　试绘制非最小相位系统 $G(s) = 1 - Ts$ 的 Bode 图，并求出其单位速度响应函数和曲线。

5-18　设某闭环系统的开环传递函数为 $G(s)H(s) = \dfrac{K}{s(s+1)(2s+1)}$，其中 $K = 2$，判断该闭环系统是否稳定，并求出使闭环系统稳定的临界值 K。

5-19　设单位负反馈系统的开环传递函数为 $G(s) = \dfrac{Ke^{-0.1s}}{s(s+1)(0.1s+1)}$ ，试绘制其对数频率特性，并确定：

(1)使系统临界稳定的 K 值；

(2)使截止频率 $\omega_c = 5s^{-1}$ 的 K 值。

5-20　已知单位负反馈系统的开环传递函数 $G(s) = \dfrac{100}{s(Ts+1)}$ ，试计算当系统的相角裕度 $\gamma = 36°$ 时的 T 值和系统闭环幅频特性的相对谐振峰值 M_r 。

5-21　某系统的开环传递函数为 $G(s) = \dfrac{K^*}{s(s^2+s+4)}$ ，为了使系统的相角裕度为 $50°$ ，确定开环增益 K^* 的值，并求在此增益下系统的幅值裕度。

5-22　设单位负反馈系统的开环传递函数为 $G(s) = \dfrac{K^*}{s(s^2+s+100)}$ ，确定使幅值裕度为 20dB 的开环增益 K^* 值。

5-23　设单位负反馈系统的开环传递函数为 $G(s) = \dfrac{48(s+1)}{s(8s+1)(0.05s+1)}$ ，试：

(1)计算系统的截止频率 ω_c 及相角裕度 γ ；

(2)应用经验公式估算系统的性能指标 M_r 、 σ_p 、 t_s 。

5-24　设单位负反馈系统的开环传递函数为 $G(s) = \dfrac{K}{s(0.01s+1)(0.1s+1)}$ ，试：

(1)计算满足闭环系统的 $M_r \leqslant 1.5$ 的开环增益 K ；

(2)在此增益下，计算系统的截止频率 ω_c 、相角裕度 γ 、幅值裕度 K_g ，并判断闭环系统的稳定性；

(3)应用经验公式估算闭环系统的性能指标 σ_p 、 t_s 。

第 6 章 线性系统的综合与校正

前几章讨论了控制系统的性能分析方法,即在系统结构和参数已知的情况下,采用时域法、根轨迹法及频域法分析控制系统的稳态性能和动态性能,以及参数变化对系统性能的影响。一个自动控制系统一般由控制装置和被控对象两大部分组成,控制装置包括与被控对象配套的执行元件、测量元件、功率放大器等。这些部分的结构和参数不能任意改变,通常称为系统的不可变部分(或固有部分)。在许多情况下,仅靠调整系统不可变部分的放大器增益往往不能同时满足要求的各项性能指标,这时必须在原系统不可变部分的基础上引入校正装置(即控制器),使重新组合起来的控制系统能全面满足要求的性能指标,这就是控制系统设计中的综合与校正问题。

6.1 系统校正的概念

6.1.1 控制系统的校正方式及设计方法

当被控对象给定后,按照被控对象的工作条件、被控信号应具有的最大速度和加速度要求等,可以初步选定执行元件的形式、特性和参数。然后,根据测量精度、抗干扰能力、被测信号的物理性质、测量过程中的惯性及非线性度等因素,选择合适的测量变送元件。在此基础上,设计增益可调的前置放大器与功率放大器。如果通过调整放大器增益后仍不能全面满足设计要求的性能指标,就需要引入校正装置。校正装置的引入有不同的方式。

1. 校正方式

按照校正装置在系统中的连接方式,控制系统校正方式可分为串联校正、反馈校正和复合校正等。串联校正是将校正装置与系统固有部分相串联,如图 6-1-1 所示。反馈校正是将校正装置设置在局部反馈通道中,并与被校正对象构成局部反馈回路,如图 6-1-2 所示,这种校正方式也称为局部反馈校正或并联校正。

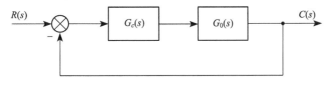

图 6-1-1　串联校正

图 6-1-1 和图 6-1-2 中,$G_0(s)$、$G_1(s)$、$G_2(s)$ 为系统的不可变部分的传递函数,$G_c(s)$ 代表校正装置的传递函数。

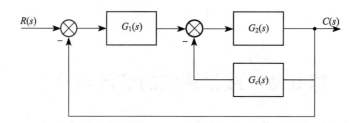

图 6-1-2　反馈校正

一般来说，串联校正简单，较易实现。反馈校正可以改造被包围部分的特性，抑制这些环节的参数波动或者非线性因素对系统的不利影响。但反馈校正需要较高精度的检测元件，会增加系统的成本和复杂性。为了提高系统性能，也可以将这两种方式组合起来，形成串联-反馈校正，如图 6-1-3 所示。这种校正主要用于稳态和动态性能要求都很高的系统。

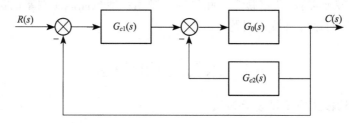

图 6-1-3　串联-反馈校正

复合校正是在反馈控制回路中引入顺馈校正通道，组成一个有机整体。其中顺馈校正又称为前馈校正，是在系统主反馈回路之外采用的一种校正方式，它既可以单独作用于开环控制系统，也可以作为反馈控制系统的附加校正而组成复合控制系统。复合校正中的顺馈装置是按不变性原理进行设计的，可分为按扰动输入补偿、按参考输入补偿两种方式，分别如图 3-7-1、图 3-7-3 所示。如 3.7 节所述，这种含有顺馈校正的复合控制系统不仅可以实现对误差的全补偿或部分补偿，还可以很好地解决一般反馈控制系统在提高控制精度与确保系统稳定性之间存在的矛盾。

综上所述，可以满足性能指标要求的校正方案有多种，但最终确定的校正方案是综合考虑技术、工艺、成本以及附加限制等因素而得出的。在确定了校正方案之后，接下来的问题就是要进一步确定校正装置的结构与参数，即校正装置的设计问题。

2. 设计方法

校正装置的设计方法有根轨迹法和频率法。用根轨迹法设计校正装置的实质是实现系统的极点配置，使用这种方法时首先要按性能指标要求确定系统闭环极点的位置，其次要绘制从系统开环极点出发随系统某一参量变化的根轨迹。如果所要求的系统闭环极点不在此根轨迹上，甚至二者有相当的距离，就要设计校正装置并将其加入系统，使校正后系统的根轨迹能通过所要求的闭环极点。但究竟设计何种控制规律的校正装置和怎样的参数配置才能达到目的，这将是一个相当烦琐冗长的反复试凑过程。目前，根轨迹法在设计校正装置中已很少使用。

对于单变量线性定常系统校正装置的设计,采用频率法,利用 Bode 图比较方便。系统的开环 Bode 图不但容易绘制,而且能比较直观地显示出系统的结构参数及其性能。如果根据系统的性能指标要求确定出系统的期望开环 Bode 图,则从未校正系统(即校正前的系统)的开环 Bode 图与之差异,就能大致确定需要在系统中附加何种控制规律的校正装置及怎样的参数配置。用频率法设计校正装置的实质就是实现系统滤波特性的匹配。

用频率法设计校正装置又有两类不同的方法:分析法和综合法。

分析法又称为试探法,这种方法将校正装置按照其相位特性分成几种类型,如相位超前校正、相位滞后校正、相位滞后-超前校正等。这些校正装置的结构已定,而参数可以调整。分析法要求设计者首先根据经验确定校正方式,然后根据性能指标的要求,有针对性地选择某一种类型的校正装置,再通过系统的分析和计算求出校正装置的参数。这种方法的设计结果必须经过验算,若设计结果不能满足全部性能指标要求,则需重新调整参数,甚至重新选择校正装置的结构,直至校正后设计结果满足全部性能指标要求为止。因此分析法本质上是一种试探法。分析法的优点是校正装置简单、容易实现,因此在工程上得到广泛应用。

综合法又称为期望特性法,它的基本思路是先根据系统性能指标的要求,构造出系统的期望频率特性,然后根据系统固有的频率特性和期望频率特性去选择校正装置的特性及参数,使得系统校正后的频率特性与期望频率特性完全一致。综合法的特点是思路清晰、操作简单,但是所得到的校正装置数学模型可能很复杂,在实现中会遇到一些困难,然而它对校正装置的选择有很好的指导作用。

频率法就是在频域内进行系统设计,是一种间接设计方法,因为设计结果满足的是一些频域性能指标,而不是时域性能指标。然而该法又是一种简便的方法,在 Bode 图上虽然不能严格定量地给出系统的动态性能,但却能方便地根据频域性能指标要求确定校正装置的参数。应当指出,不论是分析法还是综合法,其设计过程一般仅适用于最小相位系统。本章将介绍用频率法设计校正装置的分析法与综合法。

6.1.2　输入信号与控制系统带宽

用频率法设计的校正装置主要校正闭环系统的开环频率特性,使其满足给定的动静态性能指标的要求。下面分析输入信号与控制系统带宽的关系。

通过前面的系统分析可以知道,为了提高控制系统准确跟踪任意输入信号的能力,在设计控制系统时,必须使其具有较宽的带宽;但从抑制噪声的角度来看,却不希望系统的带宽过宽。此外,为使控制系统具有较好的相对稳定性,往往不希望系统对数幅频特性在截止频率 ω_c 处的斜率接近 $-40\text{dB}/\text{dec}$ 或更负,但从要求系统具有较强的从噪声中辨识信号的能力来考虑,却又希望 ω_c 处的斜率更负。如何合理选择系统的带宽将是系统设计中的重要问题。

设控制系统输入信号 $r(t)$ 的频率特性 $R(\text{j}\omega)$ 有如下特性:当 $\omega \geqslant \omega_H$ 时,$|R(\text{j}\omega)|=0$,如图 6-1-4 所示。通常称 $0 \sim \omega_H$ 为输入信号 $r(t)$ 的带宽。由于输入信号多为低频信号,因此输入信号的带宽较窄。在闭环幅频特性上,幅值等于 $0.707M(0)$ 的频率 ω_b 称为系统的带宽

宽频率，而对应的频率范围 $0 \sim \omega_b$ 称为系统的带宽，如图 6-1-5 所示。

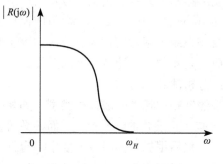

图 6-1-4　输入信号的幅频特性

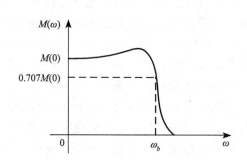

图 6-1-5　典型的闭环幅频特性

图 6-1-6 是一种理想的带宽分布情况，即输入信号的带宽与扰动信号的带宽截然不同。为了保证控制系统既能准确复现输入信号，又具有较好的相对稳定性以及较强的抑制干扰能力，一般应使 $5\omega_H \leqslant \omega_b \leqslant \frac{1}{2}\omega_1$。对于图 6-1-6 所示的扰动信号 $n(t)$ 对应频谱 $N(j\omega)$，集中起作用的频带 $\omega_1 \sim \omega_2$ 刚好处于输入信号带宽之外，因此控制系统既能准确复现输入信号，又能完全抑制扰动信号 $n(t)$。

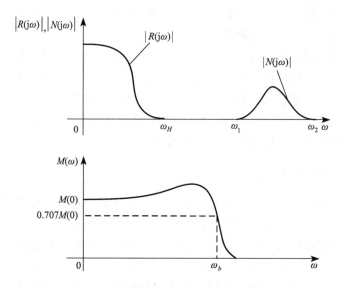

图 6-1-6　理想的系统输入信号与扰动信号带宽关系

但在实际系统中，大多数情况下输入信号与扰动信号的带宽有交叉，如图 6-1-7 所示。这时若系统的带宽频率 ω_b 较大，则控制系统能准确地复现输入信号和保证具有一定的相对稳定性，但对扰动信号却无能为力；若系统带宽频率 ω_b 较小，则扰动信号可以滤除，但系统就不能准确地复现输入信号。因此系统的带宽频率 ω_b 的选取要折中考虑。

在设计控制系统的开环频率特性时，在低频段和中频段应尽可能准确地复现输入信号，

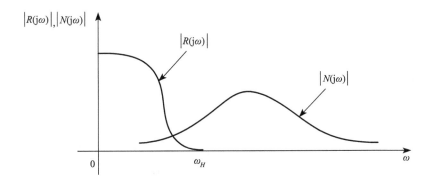

图 6-1-7　实际系统的输入信号与扰动信号带宽关系

而在高于 ω_c 的频段应使幅频特性曲线随 ω 增大而尽快地减小。这样虽然牺牲了一点复现输入信号的精度，却可以滤除大部分扰动信号。在系统不可变部分的特性无法满足上述要求时，加入校正装置后即可满足要求。

下面将介绍用频率法设计校正装置，首先介绍分析法串联校正中的超前校正、滞后校正、滞后-超前校正，然后介绍综合法串联校正与反馈校正等内容。

6.2　分析法串联超前校正

串联超前校正

6.2.1　超前校正装置的特性

超前校正装置的传递函数为

$$G_c(s) = \frac{1}{\alpha} \frac{\alpha Ts+1}{Ts+1}, \quad \alpha > 1 \qquad (6\text{-}2\text{-}1)$$

在 s 平面上，$G_c(s)$ 的零点总是在极点的右侧，如图 6-2-1 所示。零极点之间的比值为 α，改变 α 和 T 的值，可以使零极点在负实轴上任意移动，从而产生不同的校正效果。

由于 $\alpha > 1$，即超前校正装置将信号的幅值衰减 $1/\alpha$，系统的开环增益也要衰减 $1/\alpha$。因此要附加放大倍数为 α 的放大器进行补偿，以保证校正后系统的稳态精度不受影响，如图 6-2-2 所示。

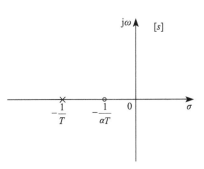

图 6-2-1　超前校正装置的零极点分布

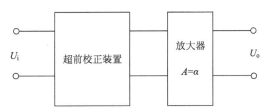

图 6-2-2　带放大器的超前校正装置

为此，超前校正装置的传递函数可写为

$$G_c(s) = \frac{\alpha Ts+1}{Ts+1}, \quad \alpha > 1 \qquad (6\text{-}2\text{-}2)$$

其对应的频率特性为

$$G_c(j\omega) = \frac{j\alpha T\omega+1}{jT\omega+1} \qquad (6\text{-}2\text{-}3)$$

与式(6-2-3)对应的 Bode 图如图 6-2-3 所示。其中的对数相频特性可表示为

$$\varphi_c(\omega) = \arctan \alpha T\omega - \arctan T\omega \qquad (6\text{-}2\text{-}4)$$

或写为

$$\varphi_c(\omega) = \arctan \frac{(\alpha-1)T\omega}{1+\alpha T^2\omega^2}$$

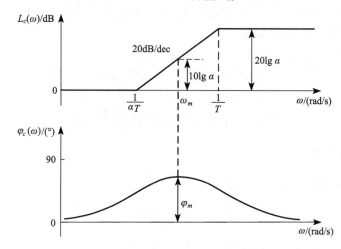

图 6-2-3 超前校正装置的 Bode 图

令

$$\frac{\mathrm{d}\varphi_c(\omega)}{\mathrm{d}\omega}\Big|_{\omega=\omega_m} = 0$$

可以求出最大超前相角所对应的角频率为

$$\omega_m = \sqrt{\frac{1}{T}\cdot\frac{1}{\alpha T}} = \frac{1}{T\sqrt{\alpha}} \qquad (6\text{-}2\text{-}5)$$

对式(6-2-5)取对数得

$$\lg \omega_m = \frac{1}{2}\left(\lg \frac{1}{T} + \lg \frac{1}{\alpha T}\right)$$

由此可知，在对数坐标 $\lg\omega$ 上，ω_m 是 $\frac{1}{T}$ 和 $\frac{1}{\alpha T}$ 的几何中心。将式(6-2-5)代入式(6-2-4)中，可以得到

$$\varphi_m = \arctan \frac{\alpha-1}{2\sqrt{\alpha}}$$

或写为 $\tan \varphi_m = \dfrac{\alpha-1}{2\sqrt{\alpha}}$ ，根据此式作直角三角形，如图 6-2-4

所示。由图中三角形可求得

$$\sin \varphi_m = \frac{\alpha-1}{\alpha+1} \tag{6-2-6}$$

或写为

$$\alpha = \frac{1+\sin \varphi_m}{1-\sin \varphi_m} \tag{6-2-7}$$

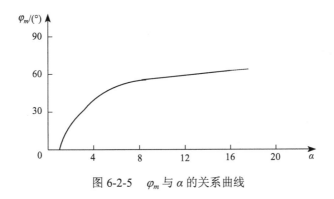

图 6-2-4 φ_m 与 α 的三角形关系

由以上分析可见，最大超前相角 φ_m 仅与 α 有关，α 越大，φ_m 越大，校正装置的微分作用也越强。根据式(6-2-6)可以画出 φ_m 与 α 的关系曲线，如图 6-2-5 所示。

图 6-2-5 φ_m 与 α 的关系曲线

由图 6-2-5 可见，当 α 为 5～20 时，φ_m 增加较快，其值较大，为 42°～65°，从而超前作用显著；同时，当 α 过小时超前校正效果不明显，而当 α 过大时对抑制噪声不利。如果确实需要更大的超前相角，如超过 65°，可以用二级超前网络串联来实现。因此一般取 $5 \le \alpha \le 20$，通常选择 $\alpha=10$。

超前校正为系统提供了一个超前相角，使系统的带宽加大，改善了系统的动态性能，它是高通滤波器。

6.2.2 分析法串联超前校正参数的确定

利用频率法进行系统的校正是一种比较简单实用的方法。在频域进行校正的方法是一种间接方法，其依据的性能指标不是时域性能指标，而是频域性能指标，通常采用相角裕度 γ 或相对谐振峰值 M_r 表征系统的相对稳定性；用截止频率 ω_c 或带宽频率 ω_b 表征系统的响应速度；用开环增益表征系统的稳态精度。

当给定的性能指标是闭环频域性能指标时，首先需要将其转化为开环频域性能指标。下面一组公式给出了闭环频域性能指标 M_r、ω_r、ω_b 与开环频域性能指标 ω_c、γ 之间的关系：

$$\omega_c = \sqrt{\frac{\sqrt{3M_r^2 - 2M_r\sqrt{M_r^2-1}-1} - M_r + \sqrt{M_r^2-1}}{\sqrt{M_r^2-1}}}\,\omega_r \tag{6-2-8}$$

$$\omega_c = \sqrt{\frac{\sqrt{3M_r^2 - 2M_r\sqrt{M_r^2 - 1} - 1} - M_r + \sqrt{M_r^2 - 1}}{\sqrt{M_r^2 - 1} + \sqrt{2M_r^2 - 1}}}\omega_b \qquad (6\text{-}2\text{-}9)$$

$$\gamma \approx \arcsin\frac{1}{M_r}$$

如果给定的性能指标是时域性能指标 σ_p、t_s，可以应用以下的经验公式将其转换成开环频域性能指标 ω_c、γ：

$$\sigma_p = 0.16 + 0.4(M_r - 1) \qquad (6\text{-}2\text{-}10)$$

$$\omega_c = \frac{\pi}{t_s}[2 + 1.5(M_r - 1) + 2.5(M_r - 1)^2] \qquad (6\text{-}2\text{-}11)$$

$$\gamma \approx \arcsin\frac{1}{M_r}$$

利用频率法中的分析法进行系统串联超前校正的一般步骤可以归纳如下。

(1)根据稳态误差要求，确定控制系统的开环增益 K。

(2)绘制出满足稳态性能指标要求的系统不可变部分，即未校正系统的开环渐近幅频特性 $L_0(\omega)$，并计算其 ω_{c0}、$\gamma_0(\omega_{c0})$、$K_{g0}(\omega_{g0})$。

(3)根据要求的截止频率 ω_c 与相角裕度 γ，由式(6-2-12)计算出超前校正装置应当提供的最大超前相角 φ_m：

$$\varphi_m = \gamma - \gamma_0(\omega_c) + \varepsilon \qquad (6\text{-}2\text{-}12)$$

式中，$\gamma_0(\omega_c) = 180° + \angle G_0(j\omega_c)$；$\varepsilon$ 是为了保证要求的 γ 所附加的超前相角。这是因为超前校正装置加入后，实际的截止频率会略有右移，因对数相频特性的负斜率而使相角裕度减小。此种校正适用于截止频率 ω_c 处的对数相频特性变化缓慢的情况。一般取 ε 为 $5° \sim 15°$。

(4)根据最大超前相角 φ_m，由式(6-2-7)确定超前校正装置的参数 α。

(5)由 φ_m、α 确定校正后系统的 ω_c。为了充分发挥超前校正装置的相角超前特性，希望 φ_m 对应的角频率与校正后系统的截止频率重合，即

$$\omega_m = \omega_c$$

显然，$\omega_m = \omega_c$ 成立的条件是

$$L_0(\omega_m) = -L_c(\omega_m) = -10\lg\alpha \qquad (6\text{-}2\text{-}13)$$

由式(6-2-13)求出 ω_m，如果 ω_m 符合要求的 ω_c，则取 $\omega_c = \omega_m$ 进行下一步计算。如果 ω_m 与要求的 ω_c 相差较大，那么必须先按 $\omega_m = \omega_c$ 的要求，由式(6-2-13)求出 α，然后根据式(6-2-6)计算相应的最大超前相角 φ_m，最后由式(6-2-12)验算相角裕度 γ 是否满足要求。

(6)确定超前校正装置的转折频率：

$$\omega_1 = \frac{1}{\alpha T} = \omega_m / \sqrt{\alpha}, \quad \omega_2 = \frac{1}{T} = \omega_m\sqrt{\alpha}$$

(7)画出校正后系统的 Bode 图，验算校正后的系统相角裕度 $\gamma(\omega_c)$ 等是否满足要求。如果不满足要求，可增大 ε 值，从第(3)步重新设计。在全面验算校正后系统的性能指标时，

对于三阶及其以上的高阶系统还应包括幅值裕度，以评价系统抑制高频干扰的能力。一般地，要求校正后系统的开环渐近幅频特性 $20\lg|G(j\omega)|$ 在 $\omega \geqslant \omega_g$ 频段上的频率均小于等于 $-40\mathrm{dB/dec}$，且 $K_g > 6\mathrm{dB}$。然而，若在未校正系统开环渐近幅频特性中，高频段特性的斜率已符合抑制高频干扰的要求，则校正时可保持原高频段特性的斜率不变。

【例 6-2-1】 设单位负反馈系统不可变部分的传递函数为

$$G_0(s) = \frac{K}{s(0.1s+1)(0.01s+1)}$$

试设计串联超前校正装置，使系统具有如下性能指标：静态速度误差系数 $K_v = 100\mathrm{s}^{-1}$；相角裕度 $\gamma \geqslant 30°$；截止频率 $\omega_c \geqslant 45\mathrm{rad/s}$；幅值裕度 $K_g > 6\mathrm{dB}$。

解 (1)根据稳态误差要求，确定系统开环增益 K，有

$$K_v = \lim_{s \to 0} sG_0(s) = K = 100$$

(2)绘制未校正系统的 Bode 图，计算未校正系统的 ω_{c0}、$\gamma_0(\omega_{c0})$、$K_{g0}(\omega_{g0})$。

从图 6-2-6 中得 $40\lg\dfrac{\omega_{c0}}{10} = 20\mathrm{dB}$，$\omega_{c0} = 31.6\mathrm{rad/s}$，以及

$$\begin{aligned}\gamma_0(\omega_{c0}) &= 180° + \angle G_0(j\omega_{c0}) = 180° - 90° - \arctan 0.1\omega_{c0} - \arctan 0.01\omega_{c0} \\ &= 0.02°\end{aligned}$$

由 $-90° - \arctan 0.1\omega_{g0} - \arctan 0.01\omega_{g0} = -180°$ 有 $\omega_{g0} = 31.6\mathrm{rad/s}$，$K_{g0}(\omega_{g0}) = 0\mathrm{dB}$。可见，未校正系统的 ω_{c0} 和 $\gamma_0(\omega_{c0})$ 及 $K_{g0}(\omega_{g0})$ 均不满足指标要求，需要采用串联超前校正。

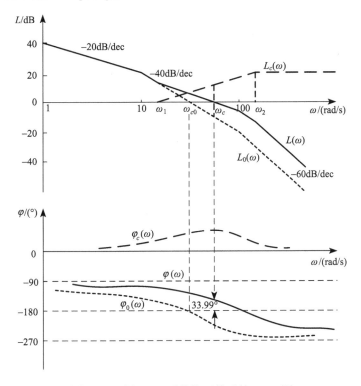

图 6-2-6 例 6-2-1 系统校正前后的 Bode 图

(3)计算超前校正装置应当提供的最大超前相角 φ_m。先取 $\omega_c = 45\,\text{rad/s}$，$\varepsilon = 10°$，则

$$\varphi_m = \gamma - \gamma_0(\omega_c) + \varepsilon = 30° - (-11.7°) + 10° = 51.7°$$

(4)确定超前校正装置的参数 α。

$$\alpha = \frac{1 + \sin\varphi_m}{1 - \sin\varphi_m} = \frac{1 + \sin 51.7°}{1 - \sin 51.7°} = 8.29$$

(5)由 φ_m、α 确定 ω_c。为使 $\omega_m = \omega_c$，根据 Bode 图应有

$$10\lg\alpha = 40\lg\frac{\omega_m}{\omega_{c0}}$$

即

$$\omega_m = \omega_{c0}\cdot\alpha^{\frac{1}{4}} = 53.62\,\text{rad/s}$$

由于 ω_m 符合要求的 ω_c，因此取 $\omega_c = \omega_m = 53.62\,\text{rad/s}$。

(6)确定校正装置的转折频率。

$$\omega_1 = \frac{1}{\alpha T} = \omega_m / \sqrt{\alpha} = 53.62 / \sqrt{8.29} = 18.62(\text{rad/s})$$

$$\omega_2 = \frac{1}{T} = \omega_m \sqrt{\alpha} = 53.62\sqrt{8.29} = 154.38(\text{rad/s})$$

$$\alpha T = 0.0537$$

$$T = 0.0065$$

则

$$G_c(s) = \frac{1 + \alpha T s}{1 + T s} = \frac{1 + 0.0537s}{1 + 0.0065s}$$

(7)验算校正后系统的相角裕度等。校正后系统的开环传递函数为

$$G(s) = G_0(s)G_c(s) = \frac{100}{s(0.1s + 1)(0.01s + 1)}\frac{1 + 0.0537s}{1 + 0.0065s}$$

校正后系统的 Bode 图如图 6-2-6 所示。校正后系统的相角裕度为

$$\gamma(\omega_c) = 180° + \varphi(\omega_c)$$
$$= 180° - 90° - \arctan 0.1\omega_c - \arctan 0.01\omega_c + \arctan 0.0537\omega_c - \arctan 0.0065\omega_c$$
$$= 33.99° > 30°$$

幅值裕度为

$$K_g(\omega_g) = 20\lg\frac{100}{\omega_c} + 40\lg\frac{\omega_g}{100} = 20\lg\frac{\omega_g^2}{100\omega_c} = 7.84\,\text{dB}$$

其中，$\omega_g = 115.01\,\text{rad/s}$ 由

$$-90° - \arctan 0.1\omega_g - \arctan 0.01\omega_g + \arctan 0.0537\omega_g - \arctan 0.0065\omega_g = -180°$$

求得。因此全部满足指标要求，设计完毕。

6.2.3　超前校正的特点和适用范围

超前校正的特点如下。

(1)超前校正可以提高系统的相对稳定性。因为超前校正提供了一个正的相角，从而使系统的相角裕度增大，降低了系统的超调量，提高了系统的相对稳定性。

(2)超前校正可以提高系统的响应速度。因为校正后系统的截止频率增大，带宽增加，从而使系统的响应速度加快。

应当指出，超前校正的应用是有条件的。在有些情况下，超前校正的应用受到限制。例如，当未校正系统在截止频率 ω_{c0} 附近的对数相频特性急剧向负相角增长时，应用单级的超前校正往往效果不大。另外，当未校正系统的对数相频特性在 ω_{c0} 处的相角负值很大，需要很大的相角超前量时，网络的 α 值需选得很大。α 值过大时，校正作用也就不明显了，而且还会导致系统带宽过宽，从而使系统抑制噪声的能力下降。在此情况下，可考虑采用滞后校正、二级超前校正等校正方案。

6.3　分析法串联滞后校正

串联滞后
校正

6.3.1　滞后校正装置的特性

滞后校正装置的传递函数为

$$G_c(s) = \frac{\beta Ts+1}{Ts+1}, \quad 0 < \beta < 1 \tag{6-3-1}$$

在 s 平面上，$G_c(s)$ 的极点总是在零点的右侧，如图 6-3-1 所示。零极点之间的比值为 β，改变 β 和 T 的值，可以使零极点在负实轴上任意移动，从而产生不同的校正效果。

滞后校正装置的频率特性为

$$G_c(j\omega) = \frac{j\beta T\omega + 1}{jT\omega + 1}$$

其对应的 Bode 图如图 6-3-2 所示。与超前校正装置类似，滞后校正装置的最大迟后相角 φ_m 位于 $1/T$ 和 $1/\beta T$ 的几何中心。

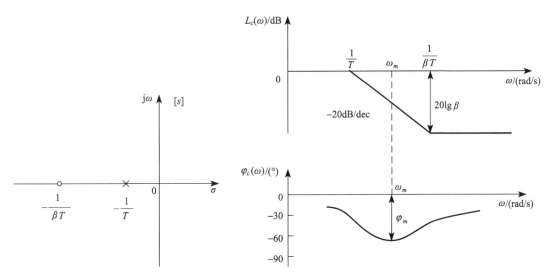

图 6-3-1　滞后校正装置的零极点分布　　　　　图 6-3-2　滞后校正装置的 Bode 图

从图 6-3-2 中可以看出，滞后校正装置实际上是一个低通滤波器，对高频信号有衰减作用，β 值越小，衰减作用越强。一般情况下可取 β 为 0.07～1，常取 $\beta=0.1$。

利用滞后校正装置的高频衰减特性，可以对系统开环频率特性的中、高频段分别加以衰减，使截止频率 ω_c 左移，以提高系统的相角裕度，或者通过提高系统的开环增益，抬高对数幅频特性的低频段，以提高系统的稳态精度。但应当注意避免滞后校正装置的最大迟后相角发生在校正系统的截止频率 ω_c 附近，以免对系统动态性能产生不良影响。为此，一般可选 $\dfrac{1}{\beta T} = \left(\dfrac{1}{10} \sim \dfrac{1}{5} \right) \omega_c$。

6.3.2 分析法串联滞后校正参数的确定

利用分析法进行系统串联滞后校正的一般步骤可以归纳如下。

(1)根据稳态误差要求，确定控制系统的开环增益 K。

(2)根据确定的 K 值绘制未校正系统的 Bode 图，并求出其截止频率 ω_{c0} 和相角裕度 $\gamma_0(\omega_{c0})$。

(3)计算未校正系统在要求的 ω_c 处的相角裕度 $\gamma_0(\omega_c)$。若 $\omega_c \ll \omega_{c0}$ 且 $\gamma_0(\omega_c)$ 大于要求的相角裕度 γ(注意计入滞后校正将带来 5°～15°的迟后量)，则采用串联滞后校正是可行的。

(4)根据对相角裕度 γ 的要求，确定校正后系统的截止频率 ω_c。

如果未校正系统的相角裕度 $\gamma_0(\omega_{c0})$ 不满足要求，则在未校正系统 Bode 图上寻找频率 ω_c，使其对应的相角裕度为

$$\gamma_0'(\omega_c) = \gamma + \varepsilon \tag{6-3-2}$$

式中，ε 用来补偿滞后校正装置在 ω_c 处产生的相角迟后，一般取 ε 为 5°～15°；ω_c 作为系统校正后的截止频率。

(5)根据下述关系确定滞后校正装置的参数 β 和 T：

$$L_0(\omega_c) = -20\lg \beta \tag{6-3-3}$$

$$\frac{1}{\beta T} = \left(\frac{1}{10} \sim \frac{1}{5} \right) \omega_c \tag{6-3-4}$$

从而计算出校正装置的转折频率 $\omega_1 = \dfrac{1}{T}$，$\omega_2 = \dfrac{1}{\beta T}$。式(6-3-4)的目的是使滞后校正装置对未校正系统相角裕度 $\gamma_0(\omega_c)$ 的影响较小(一般限制在–15°～–5°)。

(6)绘制校正后系统的 Bode 图，验算校正后系统的性能指标。若不满足要求，可重选 T 值。但 T 值不宜过大，只要满足要求即可，以免校正网络中电容过大，不易物理实现。

【例 6-3-1】   设单位负反馈系统的开环传递函数为

$$G_0(s) = \frac{K}{s(s+1)(0.25s+1)}$$

试设计串联滞后校正装置，使系统具有如下性能指标：静态速度误差系数 $K_v = 5\text{s}^{-1}$；相角裕度 $\gamma \geqslant 40°$；截止频率 $\omega_c \geqslant 0.5\text{rad/s}$。

解　(1)根据稳态误差要求，确定系统的开环增益 K，有

$$K_v = \lim_{s \to 0} sG_0(s) = K = 5$$

(2)根据 $K=5$ 作出未校正系统的开环渐近幅频特性图，如图 6-3-3 所示。由图可知，当 $\omega = 1\,\mathrm{rad/s}$ 时，$L_0(\omega) = 20\lg 5\,\mathrm{dB}$。因此可以求出未校正系统的截止频率 ω_{c0} 为

$$40\lg\frac{\omega_{c0}}{1} = 20\lg 5, \quad \omega_{c0} = \sqrt{5} = 2.24(\mathrm{rad/s})$$

相应的相角裕度为

$$\begin{aligned}\gamma_0(\omega_{c0}) &= 180° + \varphi_0(\omega_{c0})\\&= 180° - 90° - \arctan\omega_{c0} - \arctan 0.25\omega_{c0} = -5.2°\end{aligned}$$

可见未校正系统是不稳定的。

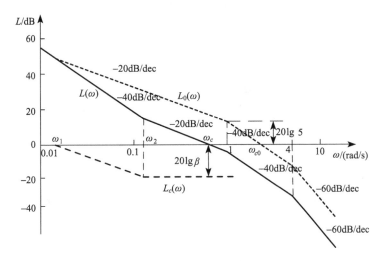

图 6-3-3　例 6-3-1 系统校正前后的开环渐近幅频特性图

(3)计算未校正系统在要求的截止频率 ω_c 处的相角裕度 $\gamma_0(\omega_c)$。

取 $\omega_c = 0.5\,\mathrm{rad/s}$，则

$$\begin{aligned}\gamma_0(\omega_c) &= 180° + \varphi_0(\omega_c)\\&= 180° - 90° - \arctan\omega_c - \arctan 0.25\omega_c = 56.3°\end{aligned}$$

由于 $\gamma_0(\omega_c)$ 大于要求的指标 γ，因此采用滞后校正是可行的。

(4)根据对相角裕度 γ 的要求，确定校正后系统的截止频率 ω_c。

取 $\varepsilon = 12°$，由式(6-3-2)，有

$$\gamma_0'(\omega_c) = \gamma + \varepsilon = 40° + 12° = 52°$$

由于

$$\gamma_0'(\omega_c) = 180° + \varphi_0(\omega_c) = 180° - 90° - \arctan\omega_c - \arctan 0.25\omega_c = 52°$$

即

$$\arctan\omega_c + \arctan 0.25\omega_c = 38°$$

或写为
$$\arctan \frac{1.25\omega_c}{1 - 0.25\omega_c^2} = 38°$$

解得 $\omega_c = 0.57 \text{ rad/s} > 0.5 \text{ rad/s}$，符合性能指标要求，故选定 $\omega_c = 0.57 \text{ rad/s}$。

(5)由 ω_c 确定 β、T。

根据式(6-3-3)，在未校正系统的开环渐近幅频特性图上的 $\omega_c = 0.57 \text{ rad/s}$ 处，有

$$-20\lg\beta = L_0(\omega_c) = 20\lg\frac{1}{0.57} + 20\lg5$$

所以
$$\beta = 0.57/5 = 0.114$$

再根据式(6-3-4)，选定 $\omega_2 = \frac{1}{\beta T} = \frac{1}{5}\omega_c = \frac{1}{5} \times 0.57 = 0.114 \text{ (rad/s)}$

从而
$$\omega_1 = \frac{1}{T} = \beta\omega_2 = 0.013 \text{ (rad/s)}$$

滞后校正装置的传递函数为

$$G_c(s) = \frac{\beta Ts + 1}{Ts + 1} = \frac{8.77s + 1}{76.92s + 1}$$

(6)绘制校正后系统的开环渐近幅频特性图，并验算相角裕度 $\gamma(\omega_c)$。

校正后系统的开环传递函数为

$$G(s) = G_0(s) \cdot G_c(s) = \frac{5(8.77s + 1)}{s(s + 1)(0.25s + 1)(76.92s + 1)}$$

校正后系统的相角裕度为

$$\gamma(\omega_c) = 180° - 90° - \arctan\omega_c - \arctan 0.25\omega_c - \arctan 76.92\omega_c + \arctan 8.77\omega_c$$
$$= 42.2° > 40°$$

另外，还可以计算滞后校正装置 $G_c(s)$ 在 $\omega_c = 0.57 \text{ rad/s}$ 处的迟后相角：

$$\varphi_c(\omega_c) = \arctan 8.77\omega_c - \arctan 76.92\omega_c = -10°$$

这说明选取 $\varepsilon = 12°$ 是合适的。

6.3.3　滞后校正的特点和适用范围

滞后校正的特点如下。

(1)滞后校正网络实际上是一种低通滤波器，对高频信号有衰减作用。滞后校正是利用它对高频信号的幅值衰减特性，而不是利用其相角迟后特性。在这一点上，滞后校正与超前校正具有完全不同的概念。显然，应用滞后校正网络时，应避免使网络的最大迟后相角发生在校正后系统的截止频率 ω_c 附近。

(2)滞后校正使系统的截止频率 ω_c 左移，带宽变窄，降低了系统的快速性。也就是说，应用滞后校正，一方面提高了系统动态过程的平稳性，另一方面降低了系统的快速性；同时使系统带宽变窄，却提高了系统抑制扰动信号的能力。

滞后校正的作用主要在于提高系统的开环增益，从而改善系统的稳态性能，同时保持系统原有的动态性能基本不变。因此，滞后校正主要用在一些动态性能已经满足性能指标要求，而只需增加开环增益就可以提高稳态精度的未校正系统中。

对于不适合采用超前校正的控制系统，可考虑采用滞后校正，但这绝不意味着凡是采用超前校正不能奏效的系统，采用滞后校正便一定会成功。事实上，的确存在这样的一些系统，它们既不能单独通过超前校正也不能单独通过滞后校正使其满足所提出的性能指标要求。在这种情况下，可考虑兼用滞后校正及超前校正或采用其他校正方式。

6.4　分析法串联滞后-超前校正

6.4.1　滞后-超前校正装置的特性

超前校正的作用是提高系统的相对稳定性和系统动态响应的快速性，滞后校正的主要作用是在基本不影响系统动态性能的前提下，提高低频段增益，改善系统的稳态性能。而滞后-超前校正则可以同时改善系统的动态性能和稳态性能，其实质就是综合利用了滞后校正和超前校正各自的特点，即利用超前校正改善系统的动态性能，而利用滞后校正改善系统的稳态性能，两者相辅相成。

滞后-超前校正装置的传递函数为

$$G_c(s) = \frac{\left(\dfrac{1}{\alpha}T_1 s + 1\right)(\alpha T_2 s + 1)}{(T_1 s + 1)(T_2 s + 1)} \tag{6-4-1}$$

式中，$\alpha > 1$；$T_1 > \alpha^2 T_2$。

滞后-超前校正装置的零极点分布如图 6-4-1 所示，其 Bode 图如图 6-4-2 所示。

根据校正装置的相频特性 $\varphi_c(\omega)$ 推导可知，当 $\omega = \omega_z = \dfrac{1}{\sqrt{T_1 \cdot T_2}}$ 时，$\varphi_c(\omega_z) = 0$。在 $\omega < \omega_z$ 的频段内，校正装置起滞后校正的作用；在 $\omega > \omega_z$ 的频段内，校正装置起超前校正的作用，为使这两种作用处于不同的频段，需要使用条件 $T_1 > \alpha^2 T_2$。

滞后-超前校正装置的 $L_c(\omega)$ 最大幅值为

$$L_{cm} = 20\lg \frac{1}{\alpha}$$

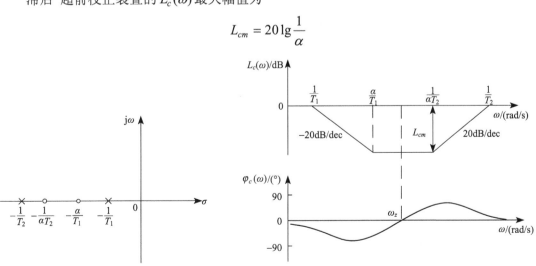

图 6-4-1　滞后-超前校正装置的零极点分布　　　　图 6-4-2　滞后-超前校正装置的 Bode 图

6.4.2　分析法串联滞后-超前校正参数的确定

利用分析法进行滞后-超前校正的一般步骤可以归纳如下。

(1)根据稳态性能指标要求，确定控制系统的开环增益 K。按照所确定的 K 画出未校正系统的 Bode 图。

(2)计算未校正系统的截止频率 ω_{c0}、相角裕度 $\gamma_0(\omega_{c0})$ 及幅值裕度 $K_{g0}(\omega_{g0})$。

(3)根据系统快速性的要求，选择校正后系统的截止频率 ω_c。

(4)确定滞后校正部分的参数。

(5)确定超前校正部分的参数。

(6)验算校正后系统的各项性能指标。

【例 6-4-1】　设某单位负反馈系统不可变部分的传递函数为

$$G_0(s) = \frac{K}{s(s+1)(0.5s+1)}$$

试设计串联滞后-超前校正装置，使系统具有如下性能指标：单位斜坡信号输入时的稳态误差 $e_{ss} \leqslant 0.1$；相角裕度 $\gamma \geqslant 45°$；幅值裕度 $K_g \geqslant 10\text{dB}$。

解　(1)确定开环增益 K，使其满足稳态误差的要求。

由 $e_{ss} = \dfrac{1}{K_v} \leqslant 0.1$ 得

$$K = K_v \geqslant 10$$

当 $K=10$ 时，未校正系统的 Bode 图如图 6-4-3 中的曲线 $L_0(\omega)$、$\varphi_0(\omega)$ 所示。

(2)求取未校正系统的截止频率 ω_{c0}、$\gamma_0(\omega_{c0})$、$K_{g0}(\omega_{g0})$。由图 6-4-3 可知 $20\lg K - 40\lg 2 = 60\lg \dfrac{\omega_{c0}}{2}$，整理得 $\omega_{c0} = \sqrt[3]{20} = 2.7(\text{rad/s})$，相角裕度为

$$\gamma_0(\omega_{c0}) = 180° + \varphi_0(\omega_{c0}) = 180° - 90° - \arctan 2.7 - \arctan(0.5 \times 2.7) = -33°$$

为求 $K_{g0}(\omega_{g0})$，可令 $\gamma_0(\omega_{g0}) = 0°$，即

$$\arctan \frac{1.5\omega_{g0}}{1 - 0.5\omega_{g0}^2} = 90°$$

$$\omega_{g0} = \sqrt{2} = 1.4\ (\text{rad/s})$$

从而由图 6-4-3 求得

$$K_{g0}(\omega_{g0}) = -20\lg \left| G_0(\mathrm{j}\omega_{g0}) \right| = -\left(40\lg \frac{2}{\omega_{g0}} + 60\lg \frac{\omega_{c0}}{2} \right) = -20\lg 5 = -14(\text{dB})$$

由以上计算可知，系统不稳定，需要进行校正。由于未校正系统渐近对数幅频特性在 ω_{c0} 附近的频段内以–60dB/dec 穿越 0dB 线，因此只加入一个超前校正环节不足以满足相角裕度的要求。可以通过滞后校正先让中频段(ω_{c0} 附近)衰减，将渐近对数幅频特性压低，使 ω_{c0} 左移，再由超前校正发挥作用，补足所需的相角裕度，以满足相角裕度的要求。因此采用滞后-超前校正。

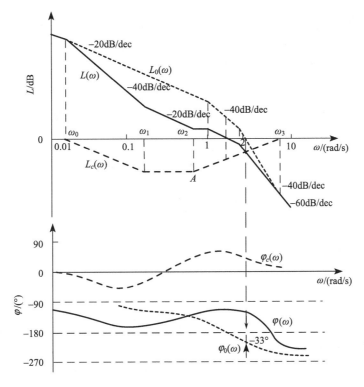

图 6-4-3　例 6-4-1 系统校正前后的 Bode 图

(3)确定校正后系统的截止频率 ω_c。本题未对系统的截止频率 ω_c 提出具体要求，选取 ω_c 的原则应兼顾系统的快速性和平稳性，ω_c 过大会增加超前校正的最大相角 φ_m，实现困难；ω_c 过小又会使系统的带宽过窄，影响快速性。综合考虑，对 ω_c 无特殊要求时，一般可选 $\omega_c = \omega_{g0} = 1.4$ rad/s。由于未校正系统的 $\varphi_0(\omega_{g0}) = -180°$，$\gamma_0(\omega_{g0}) = 0°$，若选取 $\alpha = 10$，则由式(6-2-6)可知超前校正部分能提供 55° 左右的超前相角，再考虑到滞后校正部分带来的迟后相移，因此选取 $\omega_c = 1.4$ rad/s 是可以实现相角裕度 $\gamma(\omega_c) \geqslant 45°$ 的。

若对截止频率 ω_c 有具体要求，则可令校正后系统的 ω_c 为满足要求的值，然后计算未校正系统的 $\varphi_0(\omega_c)$ 和 $\gamma_0(\omega_c)$。

(4)确定滞后校正部分的参数。考虑到应尽量减小滞后校正部分对系统相角裕度的影响，根据 $\omega_1 = \dfrac{\alpha}{T_1} = \left(\dfrac{1}{10} \sim \dfrac{1}{5}\right)\omega_c$，选取 $\omega_1 = \dfrac{\alpha}{T_1} = \dfrac{1}{10}\omega_c = 0.14$ rad/s，$T_1 = 71.4$ s。于是有 $\omega_0 = \dfrac{1}{T_1} = 0.014$ rad/s。

因此，滞后校正部分的传递函数为

$$G_{c1}(s) = \frac{\dfrac{1}{\alpha}T_1 s + 1}{T_1 s + 1} = \frac{7.14s + 1}{71.4s + 1}$$

可以求出 $\varphi_{c1}(\omega_c) = -5.1°$，说明滞后校正部分在校正后系统的 ω_c 处带来的迟后相移为 $-5.1°$，符合要求。

(5) 确定超前校正部分的参数。根据选定的 $\omega_c = \omega_{g0} = 1.4\text{rad/s}$，$20\lg|G_0(j\omega_c)| = 20\lg|G_0(j\omega_{g0})| = 14\text{dB}$。因此在 $\omega = \omega_c$ 处，$L_c(\omega_c) = 20\lg|G_c(j\omega_c)|$ 应为 -14dB，以便与 $20\lg|G_0(j\omega_c)|$ 相抵消，使校正后系统在 ω_c 处的 $20\lg|G(j\omega_c)| = 0\text{dB}$。

又因为校正装置的 $L_c(\omega)$ 最大幅值为 $L_{cm} = -20\lg\alpha = -20\text{dB}$，所以，在图 6-4-3 中过点 $(1.4, -14)$ 作斜率为 20dB/dec 的直线。该直线与滞后校正部分的 -20dB 水平线交于点 A，对应角频率为 ω_2，与 0dB 线交于 ω_3，由图 6-4-3 求得

$$20\lg\frac{\omega_3}{\omega_c} = 14\text{ dB}, \quad \omega_3 = 7\text{ rad/s}$$

$$20\lg\frac{\omega_3}{\omega_2} = 20\text{ dB}, \quad \omega_2 = 0.7\text{ rad/s}$$

因此 $T_2 = \dfrac{1}{\omega_3} = 0.143\text{ s}$。

于是，超前校正部分的传递函数为

$$G_{c2}(s) = \frac{\alpha T_2 s + 1}{T_2 s + 1} = \frac{1.43s + 1}{0.143s + 1}$$

所以，滞后-超前校正装置的传递函数为

$$G_c(s) = G_{c1}(s) \cdot G_{c2}(s) = \frac{(7.14s + 1)(1.43s + 1)}{(71.4s + 1)(0.143s + 1)}$$

滞后-超前校正装置的 Bode 图如图 6-4-3 中的 $L_c(\omega)$、$\varphi_c(\omega)$ 曲线所示。

(6) 验算校正后系统的性能指标。校正后系统的 Bode 图如图 6-4-3 中的 $L(\omega)$、$\varphi(\omega)$ 曲线所示，校正后系统的开环传递函数为

$$G(s) = G_0(s) \cdot G_c(s) = \frac{10(7.14s + 1)(1.43s + 1)}{s(s + 1)(0.5s + 1)(71.4s + 1)(0.143s + 1)}$$

在 $\omega_c = 1.4\text{rad/s}$ 处，计算得 $\gamma(\omega_c) = 180° - 132.5° = 47.5° > 45°$，$\omega_g = 4\text{ rad/s}$，由图 6-4-3 可求出 $K_g(\omega_g) = 20\lg 4\sqrt{2}\text{dB} = 15\text{dB} > 10\text{dB}$。

至此，设计完全符合性能指标要求。

6.4.3 滞后-超前校正的特点和适用范围

滞后-超前校正的特点如下。

(1) 滞后-超前校正的各部分在校正过程中各有分工，即滞后校正主要用来改变系统的低频段特性，增大未校正系统的开环增益，以便改善系统的稳态性能；而超前校正主要用来改变未校正系统中频段特性的形状与参数，以便改善系统的动态性能。

(2) 滞后-超前校正具有互补性。滞后校正部分和超前校正部分既发挥了各自的长处，又用对方的长处弥补了自己的短处。例如，超前校正部分可以提高系统响应的快速性，恰好可弥补滞后校正部分使系统响应速度降低的短处。

(3) 上述各校正部分能发挥各自长处的关键是参数的选取，若校正参数选择适当，那么，

滞后-超前校正既可以改善系统的动态性能，又可以改善系统的稳态性能，这也是其久用不衰的原因。

滞后-超前校正的适用范围如下。

当未校正系统不稳定，且对校正后系统的动态性能和稳态性能(响应速度、相角裕度和稳态误差)均有较高要求时，仅采用上述超前校正方式或滞后校正方式都难以达到预期的校正效果，此时宜采用滞后-超前校正方式。

6.5　综合法串联校正

6.5.1　期望特性

综合法，即期望特性法，其关键就是根据系统性能指标的要求构造出系统的期望特性。也就是说，期望特性是指满足给定性能指标要求的系统开环渐近幅频特性。综合法首先是将对系统的性能指标要求转化为系统开环渐近幅频特性，即期望特性，然后是将期望特性与未校正系统的开环渐近幅频特性进行比较，从而确定校正装置的结构和参数。由于这种方法只通过对数幅频特性来表示，而不考虑对数相频特性，因此仅适用于最小相位系统。

设如图 6-1-1 所示串联校正系统的开环频率特性为

$$G(j\omega) = G_c(j\omega)G_0(j\omega)$$

如果根据性能指标要求，可以确定期望的开环对数幅频特性 $20\lg|G(j\omega)|$，则串联校正装置 $G_c(s)$ 的对数幅频特性为

$$20\lg|G_c(j\omega)| = 20\lg|G(j\omega)| - 20\lg|G_0(j\omega)|$$

即 $L_c(\omega) = L(\omega) - L_0(\omega)$。这样，在 Bode 图上，只需将期望特性与未校正系统的开环渐近幅频特性相减，即可得到校正装置 $G_c(s)$ 的渐近幅频特性，进而确定 $G_c(s)$ 的参数。

校正后系统的典型期望特性如图 6-5-1 所示，一般将图中的渐近幅频特性分成三个区域：穿越 ω_c 的频段，即 $\omega_2 \sim \omega_3$ 区域，称为中频段；第一个转折频率之前的频段，即小于 ω_2 的区域，称为低频段；大于 ω_3 的区域，称为高频段。在进行系统设计时，这三个频段应按不同的性能要求去设计。

1)低频段的设计

低频段的设计以系统要求的稳态性能为依据，一是要满足系统对型别的要求，二是要满足系统对稳态误差的要求。根据系统对型别的要求，确定系统开环传递函数中积分环节的个数；根据系统对稳态误差的要求，确定系统的开环增益。这样，由开环传递函数中的积分环节个数和开环增益就可以确定校正后系统低频段特性的斜率和高度。

2)中频段的设计

中频段的设计以系统要求的动态性能(超调量、调节时间及相对稳定性等)为依据，因此必须兼顾系统的幅频特性与相频特性。这就使中频段的设计工作变得复杂些。但是可以利用最小相位系统的性质把设计工作简化一些，因为最小相位系统的对数幅频特性与对数相频特性之间存在着确定的关系，即对数相频特性在某一频率点的数值正比于对数幅频特性斜率在该频率点附近一段频率范围内的加权平均值。因此，对于最小相位系统，根据对

数幅频特性就可以设计其中频段。

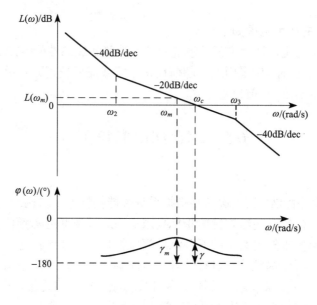

图 6-5-1　典型期望特性

这里涉及与系统带宽直接联系的截止频率 ω_c ，以及穿过 ω_c 的对数幅频特性的斜率和宽度。截止频率 ω_c 的选择要根据系统要求的调节时间来确定，在可能的条件下，可以把 ω_c 选高一些。但必须注意，系统的调节时间是受系统执行机构限制的。例如，执行电动机的最大加速度是有一定限度的，电器元件的最大电流、电压也有限制等，这些因素限制了系统的调节时间不可能太短。另外，从系统的稳定性上考虑，在 ω_c 点的对数相频特性数值应当为 $-180° \sim 0°$ ，而不能小于 $-180°$ 。因此，根据最小相位系统对数相频特性与对数幅频特性斜率的关系，可以确定穿过 ω_c 的开环渐近幅频特性的斜率应为 -20dB/dec。

若设 $h = \dfrac{\omega_3}{\omega_2}$ ，则有 $\lg h = \lg \omega_3 - \lg \omega_2$ ，因此称 h 为中频段宽度，它表示以 -20dB/dec 斜率穿过 ω_c 的频率变化范围。中频段宽度 h 与相对谐振峰值 M_r 一样，都是描述系统阻尼程度的频域性能指标，在确定期望特性时，它是一个重要参数，下面讨论 h 与 M_r 以及其他开环频域性能指标 γ 、 ω_c 之间的近似关系。

图 6-5-1 所对应的开环传递函数为

$$G(s) = \frac{K\left(\dfrac{1}{\omega_2}s + 1\right)}{s^2\left(\dfrac{1}{\omega_3}s + 1\right)}, \quad \omega_3 > \omega_2$$

可得期望频率特性

$$G(j\omega) = \frac{K\left(j\dfrac{\omega}{\omega_2} + 1\right)}{(j\omega)^2\left(j\dfrac{\omega}{\omega_3} + 1\right)}$$

对数相频特性为

$$\varphi(\omega) = -180° + \arctan\frac{\omega}{\omega_2} - \arctan\frac{\omega}{\omega_3}$$

令

$$\gamma(\omega) = 180° + \varphi(\omega) = \arctan\frac{\omega}{\omega_2} - \arctan\frac{\omega}{\omega_3} \tag{6-5-1}$$

易知，$\gamma(\omega_c) = \gamma$。由 $\dfrac{d\gamma(\omega)}{d\omega} = 0$ 可解出 $\gamma(\omega)$ 取最大值 $\gamma_m = \gamma(\omega_m)$ 时的角频率为

$$\omega_m = \sqrt{\omega_2\omega_3} \tag{6-5-2}$$

式(6-5-2)表明 ω_m 是转折频率 ω_2、ω_3 的几何中心。将式(6-5-2)代入式(6-5-1)，可求得

$$\tan\gamma(\omega_m) = \frac{\omega_m/\omega_2 - \omega_m/\omega_3}{1 + \omega_m^2/\omega_2\omega_3} = \frac{\omega_3 - \omega_2}{2\sqrt{\omega_2\omega_3}}$$

因此有

$$\sin\gamma(\omega_m) = \frac{\omega_3 - \omega_2}{\omega_3 + \omega_2} \tag{6-5-3}$$

将 $h = \dfrac{\omega_3}{\omega_2}$ 即 $\omega_3 = h\omega_2$ 代入式(6-5-3)得

$$\frac{1}{\sin\gamma(\omega_m)} = \frac{1}{\sin\gamma_m} = \frac{h+1}{h-1}$$

如果改变系统的开环增益 K，对数相频特性曲线将不动，而对数幅频特性曲线将随之移动。通过调整系统的开环增益，使相对谐振峰值 M_r 对应的点 ω_r 恰好位于 ω_m 点，也就是使 $\omega_r = \omega_m$，则由式(5-5-3)可知，这时的相对谐振峰值 M_r 将最小，且有

$$M_r = \frac{1}{\sin\gamma(\omega_r)} = \frac{1}{\sin\gamma(\omega_m)} = \frac{1}{\sin\gamma_m} = \frac{h+1}{h-1} \tag{6-5-4}$$

即

$$M_r = \frac{h+1}{h-1} \approx \frac{1}{\sin\gamma} \quad \text{或} \quad h = \frac{M_r+1}{M_r-1} = \frac{1+\sin\gamma}{1-\sin\gamma} \tag{6-5-5}$$

另外，由图 6-5-1 可知

$$L(\omega_m) = 20\lg\frac{\omega_c}{\omega_m} \tag{6-5-6}$$

而由式(5-5-2)、式(6-5-4)可得

$$B(\omega_r) = \frac{1}{\cos\gamma(\omega_r)} = \frac{1}{\sqrt{1-\sin^2\gamma(\omega_r)}} = \frac{1}{\sqrt{1-\sin^2\gamma_m}} = \frac{1}{\sqrt{1-\left(\dfrac{h-1}{h+1}\right)^2}} = \frac{h+1}{2\sqrt{h}}$$

结合式(6-5-6)有

$$L(\omega_m) = L(\omega_r) = 20\lg B(\omega_r) = 20\lg\frac{h+1}{2\sqrt{h}} = 20\lg\frac{\omega_c}{\omega_m}$$

再将式(6-5-2)及 $\omega_3 = h\omega_2$ 代入上式，得到

$$\omega_2 = \omega_c\frac{2}{h+1}, \quad \omega_3 = \omega_c\frac{2h}{h+1}$$

在实际系统设计时一般要留有余地，通常取

$$\omega_2 \leqslant \omega_c\frac{2}{h+1}, \quad \omega_3 \geqslant \omega_c\frac{2h}{h+1} \tag{6-5-7}$$

在用综合法进行串联校正时，期望特性的绘制是关键一步，在绘制过程中，式(6-5-5)、式(6-5-7)及 $h = \omega_3/\omega_2$ 都是很有用的。

3)高频段的设计

期望特性的高频段由系统的小时间常数决定，对系统的稳定性和动态性能影响很小，在这个频段内 $20\lg|G(j\omega)|$ 总是小于0dB。高频段对系统的抗干扰能力有影响，一般高频段特性的斜率都小于–20dB/dec。为简化校正装置，应尽量使期望特性的高频段斜率与满足抑制高频干扰要求的未校正系统的高频段斜率一致，或使二者的高频段特性重合。

4)过渡段的设计

有时需要在期望特性的中频段与低频段间增加一个过渡段，将这两段特性衔接起来。同样，在期望特性的中频段与高频段间也可能增加过渡段。这些过渡段的设计要考虑过渡段的斜率和衔接点的交接频率，其斜率一般都取–40dB/dec。

6.5.2　综合法串联校正参数的确定

综合法串联校正的一般步骤可以归纳如下。

(1)根据稳态性能指标要求，确定系统的型别和开环增益 K。

(2)绘制满足稳态指标要求的未校正系统的开环渐近幅频特性。

(3)根据动态性能指标的要求，通过经验近似公式(式(5-5-20)与式(5-5-21))计算希望的截止频率 ω_c(可比实际计算值取大一些以留一定的裕量)、相角裕度 γ(可留裕量)、中频段的宽度 h 以及上下限频率 ω_3、ω_2。

(4)绘制校正后系统的期望特性，具体如下。

①根据已经确定的型别和开环增益 K 绘制期望特性的低频段。

②根据对系统响应速度及阻尼比的要求，通过计算希望的截止频率 ω_c、相角裕度 γ、中频段的宽度 h 以及上下限频率 ω_3、ω_2，绘制期望特性的中频段。为了保证系统具有足够的相角裕度，一般取中频段的斜率为 –20dB/dec。

③绘制期望特性的低、中频段之间的过渡段，其斜率一般为 –40dB/dec。

④根据对系统幅值裕度 K_g 及抑制高频干扰的要求，绘制期望特性的高频段。为使校正装置比较简单而便于实现，一般要求校正后系统期望特性的高频段与未校正系统的高频段重合或斜率一致。

⑤绘制期望特性的中、高频段之间的过渡段，其斜率一般为 –40dB/dec。

(5)由期望特性减去未校正系统的开环渐近幅频特性，得到串联校正装置的渐近幅频特性，由此求其传递函数。

(6)验证校正后系统是否完全满足所提出的性能指标要求，如果不完全满足要求，则需要按照上述步骤进行重新设计，一般需增大中频段宽度 h 或截止频率 ω_c。

【例 6-5-1】　设 I 型系统不可变部分的传递函数为

$$G_0(s) = \frac{K}{s(1+0.1s)(1+0.015s)}$$

试应用综合法设计串联校正装置，使校正后系统满足如下性能指标：静态速度误差系数 $K_v \geqslant 100\,\mathrm{s}^{-1}$；单位阶跃响应最大超调量 $\sigma_p \leqslant 30\%$；调节时间 $t_s \leqslant 0.5\,\mathrm{s}$。

解　(1)确定系统的型别和开环增益 K。根据给定的稳态性能指标要求，由 $K_v = \lim\limits_{s \to 0}[s \cdot G_0(s)] = K = 100$，求得校正后系统的型别 $\nu = 1$ 及开环增益 $K = 100$。

(2)绘制 $K = 100$ 时未校正系统的开环渐近幅频特性，如图 6-5-2 中曲线 $L_0(\omega)$ 所示，并求出未校正系统的截止频率 $\omega_{c0} = 31.6\,\mathrm{rad/s}$，相角裕度 $\gamma_0(\omega_{c0}) = -7.8°$，说明未校正系统在满足 $K = 100$ 时是不稳定的。

(3)由经验公式计算期望特性的 ω_c、γ、h 以及 ω_2、ω_3。由经验公式 $\sigma_p = 0.16 + 0.4(M_r - 1)$ 求出 $M_r = 1.35$。由 $t_s = \frac{\pi}{\omega_c}[2 + 1.5(M_r - 1) + 2.5(M_r - 1)^2]$ 可得 $\omega_c = 17.8\,\mathrm{rad/s}$。

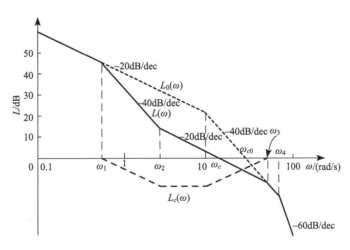

图 6-5-2　例 6-5-1 系统校正前后的开环渐近幅频特性

由 $M_r \approx \dfrac{1}{\sin\gamma}$ 可知 $\gamma \approx \arcsin\dfrac{1}{M_r} = \arcsin\dfrac{1}{1.35} = 47.8°$。为留有裕量，取 $\gamma = 50°$，则由式(6-5-5)可求得计入 γ 裕量后的 h 值为

$$h = \frac{1 + \sin\gamma}{1 - \sin\gamma} = 7.55$$

取 $h = 8$，因此

$$\omega_2 \leqslant \omega_c \frac{2}{h+1} = 17.8 \times \frac{2}{8+1} = 3.96(\text{rad/s})$$

$$\omega_3 \geqslant \omega_c \frac{2h}{h+1} = 17.8 \times \frac{2 \times 8}{8+1} = 31.6(\text{rad/s})$$

为了简化计算，中频段的上下限频率在取值时，一般选取与其最近的未校正系统的转折频率。由于在小于 3.96rad/s 的频段内没有转折频率，故取 $\omega_2 = 3$ rad/s；大于 31.6rad/s 的最近转折频率为 66.7rad/s，而 ω_3 的具体取值还要考虑下面的作图结果。

(4)绘制校正后系统的期望特性。由稳态性能指标要求可知，期望特性的低频段斜率应该为 -20dB/dec，又由系统不可变部分的传递函数可看出，未校正系统已满足型别 $\nu = 1$ 的要求，因此要求期望特性的低频段与未校正系统的低频段重合即可。

在图 6-5-2 上，过 $\omega_c = 17.8$ rad/s 点作斜率为 -20dB/dec 的直线，交曲线 $L_0(\omega)$ 于 $\omega = 56.2$ rad/s<66.7rad/s 处，故取 $\omega_2 = 3$ rad/s，$\omega_3 = 56.2$ rad/s，此时中频段的宽度 $h = \dfrac{\omega_3}{\omega_2} = 18.7$。

实际上，由 $\dfrac{1}{\sin \gamma} = \dfrac{h+1}{h-1}$ 可估算出 $h = 18.7$ 所对应的相角裕度 $\gamma = 64°$。

过 $\omega_2 = 3$ rad/s 作横轴垂线，在其与中频段斜率为 -20dB/dec 的直线的交点处作斜率为 -40dB/dec 的直线，该直线与低频段交于 $\omega_1 = 0.53$ rad/s 处，此频段为低中频过渡段。这里的 ω_1 可由下式得到：

$$20\lg \frac{10}{\omega_1} + 40\lg \frac{\omega_{c0}}{10} = 40\lg \frac{\omega_2}{\omega_1} + 20\lg \frac{\omega_c}{\omega_2}$$

从图 6-5-2 可见，当 $\omega \geqslant \omega_3$ 时，期望特性与未校正系统的渐近幅频特性 $L_0(\omega)$ 重合，其中 $\omega_3 < \omega < \omega_4$ 的频段可视为期望特性的中、高频过渡段。至此完成期望特性的绘制，如图 6-5-2 中曲线 $L(\omega)$ 所示。期望特性的全部参数如下：

$$\omega_1 = 0.53 \text{ rad/s}, \quad \omega_2 = 3 \text{ rad/s}, \quad \omega_3 = 56.2 \text{ rad/s}$$

$$\omega_4 = 66.7 \text{ rad/s}, \quad \omega_c = 17.8 \text{ rad/s}, \quad h = 18.7$$

(5)确定校正装置的传递函数。将期望特性 $L(\omega)$ 与未校正系统渐近幅频特性 $L_0(\omega)$ 相减，便得到串联校正装置的渐近幅频特性 $L_c(\omega)$，由 $L_c(\omega)$ 很容易求出校正装置的传递函数为

$$G_c(s) = \frac{(1+0.33s)(1+0.1s)}{(1+1.89s)(1+0.018s)}$$

(6)验算性能指标。校正后系统的开环传递函数为

$$G(s) = G_0(s)G_c(s) = \frac{100}{s(1+0.1s)(1+0.015s)} \cdot \frac{(1+0.33s)(1+0.1s)}{(1+1.89s)(1+0.018s)}$$

由 $\omega_c = 17.8$ rad/s 可算出 $\gamma(\omega_c) = 49.3°$。

由 $h = 18.7$ 可算出 $M_r = \dfrac{h+1}{h-1} = 1.11 < 1.35$，则

$$\sigma_p = 0.16 + 0.4(M_r - 1) = 20\% < 30\%$$

$$t_s = \frac{\pi}{\omega_c}[2 + 1.5(M_r - 1) + 2.5(M_r - 1)^2] = 0.39\,\text{s} < 0.5\,\text{s}$$

由上述验算结果可见，系统通过校正已完全满足性能指标要求。

6.5.3　综合法串联校正的特点

综合法串联校正的优点如下。

(1)综合法串联校正的闭环幅频特性的频宽是最优的。

(2)综合法串联校正只用系统的开环渐近幅频特性，所以该方法简便易行。

综合法串联校正的不足如下。

综合法只适用于最小相位系统。因为最小相位系统的对数幅频特性和对数相频特性之间有着确定的关系，故按对数幅频特性设计就能确定系统的动态性能。应用综合法时，有可能得到传递函数具有比较复杂的形式的串联校正环节，从而给实现带来一定困难。

因为工程上的系统大多是最小相位系统，所以此方法在工程上有着广泛的应用。但在工程上应用此方法时，为了使期望特性进一步规范和简化，通常根据常见的恒值控制系统和随动系统的控制模型，将期望特性化为典型二阶、三阶最佳模型。然后按照最佳模型的性能指标关系，根据具体控制系统的模型选择相应控制规律的调节器 $G_c(s)$ 参数。这种设计方法简单，便于工程实现。有关此方面的内容将在自动控制系统课程或其他书籍中介绍。

6.6　综合法反馈校正

在工程实践中，除了采用串联校正来改善控制系统性能外，反馈校正也是广泛采用的校正方式。反馈校正能得到与串联校正相同的校正效果，还能利用反馈作用使系统具有某些特殊功能以利于改善系统性能。

6.6.1　反馈校正的功能

在控制系统中，对环节或元件进行局部反馈，利用不同的反馈元件和反馈形式，可以使原环节的性质或系统参数发生变化，从而改善环节甚至整个系统的性能。下面对一些基本反馈形式的功能加以说明。

(1)比例负反馈可以减弱被包围环节的惯性，扩展带宽，提高系统的快速性。

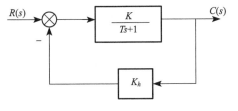

图 6-6-1　比例负反馈系统方框图

如图 6-6-1 所示，被比例负反馈(也称为位置负反馈)包围的惯性环节，其闭环传递函数为

$$\frac{C(s)}{R(s)} = \frac{K}{Ts + 1 + K_h K} = \frac{K'}{T's + 1}$$

式中，$K' = \dfrac{K}{1 + K_h K}$；$T' = \dfrac{T}{1 + K_h K}$。

可见，惯性环节采用比例负反馈后，其等效环节仍为惯性环节，但时间常数将减小（$T' < T$），即惯性将减弱，且比例负反馈作用越强，等效环节的惯性时间常数 T' 将越小。由于等效环节的时间常数减小，从而扩展了带宽，缩短了调节时间 t_s，提高了系统响应速度。但同时也看到，增益降低了 $1 + K_h K$，显然这是不希望的，通常可通过提高放大器的增益来进行补偿，以保持系统的开环增益不变。

总之，采用比例负反馈来减弱系统中较大的惯性，从而使系统的动态性能得到改善，是在控制系统设计中较常用的有效方法。

(2)微分负反馈可以改善系统的平稳性。

图 6-6-2(a)为微分负反馈(也称为速度负反馈)包围惯性环节，闭环传递函数为

$$\frac{C(s)}{R(s)} = \frac{K}{(T + KK_h)s + 1}$$

其等效环节仍为惯性环节，但时间常数增大，从而有效地改善了系统的平稳性。

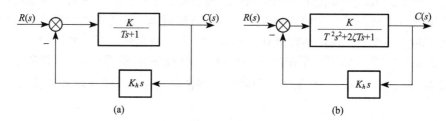

图 6-6-2　微分负反馈系统方框图

图 6-6-2(b)为微分负反馈包围二阶振荡环节，闭环传递函数为

$$\frac{C(s)}{R(s)} = \frac{K}{T^2 s^2 + (2\zeta T + KK_h)s + 1}$$

其等效环节仍为振荡环节，但阻尼比显著增大，从而有效地改善了系统的平稳性。应当指出，理想的微分环节很难实现，例如，速度检测元件——测速发电机的传递函数取 $K_h \cdot s/(T_1 s + 1)$ 更为确切，但只要时间常数 T_1 足够小，速度负反馈的阻尼效应就很明显，可以近似作为微分环节使用。

(3)负反馈可以减弱参数变化对系统性能的影响。

如图 6-6-3(a)所示的开环系统方框图，设其传递函数为 $G(s)$，则系统输出为

$$C(s) = G(s)R(s)$$

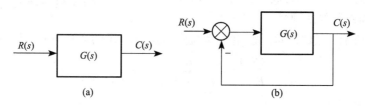

图 6-6-3　开环和闭环系统方框图

　　假设系统输入不变，由于系统参数的变化，传递函数 $G(s)$ 的变化量为 $\Delta G(s)$，相应的输出变化量为 $\Delta C(s)$，这时开环系统的输出为

$$C(s) + \Delta C(s) = [G(s) + \Delta G(s)]R(s)$$

因为 $C(s) = G(s)R(s)$，所以

$$\Delta C(s) = \Delta G(s)R(s) \tag{6-6-1}$$

　　式(6-6-1)表明，对于开环系统，参数变化对系统输出的影响 $\Delta C(s)$ 与传递函数的变化量 $\Delta G(s)$ 成正比。而对于如图 6-6-3(b)所示的加入负反馈的闭环系统，如果也同样发生上述参数变化，则闭环系统的输出为

$$C(s) + \Delta C(s) = \frac{G(s) + \Delta G(s)}{1 + G(s) + \Delta G(s)}R(s)$$

通常 $|G(s)| \gg |\Delta G(s)|$ 及 $|1+G(s)| \gg 1$，于是有

$$\Delta C(s) \approx \frac{\Delta G(s)}{1 + G(s)}R(s) \ll \Delta G(s)R(s) \tag{6-6-2}$$

　　式(6-6-2)表明，对于闭环系统，负反馈把参数变化对输出的影响减小到开环系统的 $\dfrac{1}{1+G(s)}$，所以负反馈能够大大减弱参数变化对系统性能的影响。因此，如果为了提高开环系统抑制参数变化这类干扰的能力，必须选用高精度元件，那么采用负反馈的闭环系统就可选用精度较低的元件。

　　类似地，负反馈可以削弱非线性的影响。因为非线性的影响相当于系统参数发生了变化，例如，系统由线性工作区进入饱和区相当于增益的变化，而负反馈可以减弱这些参数变化对系统性能的影响。

　　(4)反馈校正可以消除系统不可变部分中局部环节的不希望特性。

　　反馈校正在一定条件下，可以消除系统不可变部分中的不希望特性，即等效取代不希望的结构特性。图 6-6-4 给出了含有反馈校正的控制系统方框图，其中不可变部分中局部环节 $G_2(s)$ 被传递函数为 $G_c(s)$ 的负反馈通道所包围。包围后内反馈回路的等效传递函数为

$$G_2'(s) = \frac{G_2(s)}{1 + G_2(s)G_c(s)}$$

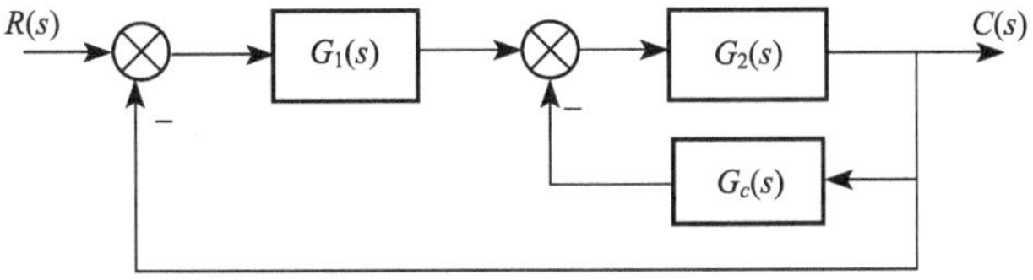

图 6-6-4　反馈校正系统方框图

　　若在感兴趣的频段内(接受校正的频段，一般在中频段与过渡段)有

$$|G_2(j\omega) \cdot G_c(j\omega)| \gg 1$$

则有

$$G_2'(j\omega) \approx \frac{1}{G_c(j\omega)} \tag{6-6-3}$$

式(6-6-3)表明，内反馈回路的特性几乎与被包围的环节 $G_2(s)$ 的特性无关。这样就可以用 $1/G_c(s)$ 取代不希望的 $G_2(s)$，通过适当选择反馈通道的传递函数 $G_c(s)$，实现所需要的特性。

负反馈校正的上述特点在系统设计中是很有意义的，因为一般来说，前向通道中系统不可变部分的特性包括被控对象的特性，其参数稳定性及变化特性大都与被控对象自身的因素有关，较难控制。而内反馈通道 $G_c(s)$ 的特性则是由设计者确定的，其参数稳定性及特性取决于所选用元件的质量，因此对内反馈通道所使用的元件若能恰当选择，就可保证控制系统特性的稳定及满足要求。

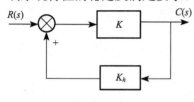

图 6-6-5　正反馈系统方框图

(5)正反馈可以提高反馈回路的增益。

对于图 6-6-5 所示的系统方框图，设前向通道由放大环节组成，其增益为 K，采用正反馈，反馈系数为 K_h，则闭环增益为 $\dfrac{K}{1-KK_h}$。

从闭环增益公式可以看出，若取 $K_h \approx 1/K$，则闭环增益将远大于前向通道的增益，这是正反馈所具有的重要特性之一。因此，有些航天系统的飞行器及部分机床等，为了增加前向通道的增益而采用局部正反馈。

6.6.2　综合法反馈校正参数的确定

1. 局部反馈频率特性的近似求取

反馈校正是采用局部反馈包围系统前向通道中的一部分环节以实现校正，它除了能够改善系统的动态性能外，还具有反馈控制的所有优点。为了应用反馈校正，首先要解决在有局部反馈时，系统开环频率特性如何求取的问题。求取有局部反馈的系统开环频率特性可以采用比较准确的方法，但这种方法在校正设计中是难以应用的。因此，常采用近似方法，只要使它在所研究的主要频段内不引起很大的误差就可以，而近似方法在分析和校正系统时能带来很大的便利。

设含有局部反馈校正的控制系统框图如图 6-6-6 所示，图中 $G_c(s)$ 为反馈校正装置的传递函数。由图可见，未校正系统的开环传递函数为

$$G_0(s) = G_1(s)G_2(s) \tag{6-6-4}$$

校正后系统的开环传递函数为

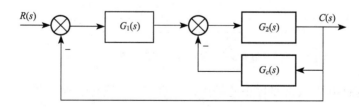

图 6-6-6　局部反馈校正系统方框图

$$G(s) = \frac{G_0(s)}{1 + G_2(s)G_c(s)} \tag{6-6-5}$$

按照式(6-6-5)进行准确的计算很麻烦，需要进行适当的简化与近似，下面讨论两种特殊情形。

(1)当 ω 取值使 $|G_2(j\omega)G_c(j\omega)| \ll 1$，即 $20\lg|G_2(j\omega)G_c(j\omega)| \ll 0\text{dB}$ 时，可以认为

$$G(j\omega) = \frac{G_0(j\omega)}{1 + G_2(j\omega)G_c(j\omega)} \approx G_0(j\omega)$$

即　　　　　　　　　　$$20\lg|G(j\omega)| \approx 20\lg|G_0(j\omega)| \tag{6-6-6}$$

这说明在 $20\lg|G_2(j\omega)G_c(j\omega)| \ll 0\text{dB}$ 的频段内，有局部反馈的系统的开环渐近幅频特性近似等于无局部反馈的系统的开环渐近幅频特性，即校正后系统的期望特性近似等于未校正系统的开环渐近幅频特性，因为反馈校正在此频段并不起作用。

(2)当 ω 取值使 $|G_2(j\omega)G_c(j\omega)| \gg 1$，即 $20\lg|G_2(j\omega)G_c(j\omega)| \gg 0\text{dB}$ 时，可以认为

$$G(j\omega) = \frac{G_0(j\omega)}{1 + G_2(j\omega)G_c(j\omega)} \approx \frac{G_0(j\omega)}{G_2(j\omega)G_c(j\omega)} \tag{6-6-7}$$

或者写为

$$G_2(j\omega)G_c(j\omega) \approx \frac{G_0(j\omega)}{G(j\omega)}$$

即　　　　$$20\lg|G_2(j\omega)G_c(j\omega)| \approx 20\lg|G_0(j\omega)| - 20\lg|G(j\omega)| \tag{6-6-8}$$

这说明在 $20\lg|G_2(j\omega)G_c(j\omega)| \gg 0\text{dB}$ 的频段内，只要将未校正系统的开环渐近幅频特性与满足全部性能指标要求的校正后系统的期望特性相减，就可以近似得到局部反馈回路(简称为"小闭环")的开环渐近幅频特性 $20\log|G_2(j\omega)G_c(j\omega)|$。由此进一步得到 $G_2(s)G_c(s)$，由于 $G_2(s)$ 是已知的，故可以求出 $G_c(s)$。可见，反馈校正在此频段内才是起有效作用的，校正装置 $G_c(s)$ 只由此频段内的关系式(6-6-8)确定。

需要注意一种特殊情形：当 $G_1(s) = 1$ 时，式(6-6-8)将变为 $20\lg|G_c(j\omega)| \approx -20\lg|G(j\omega)|$，即期望特性在 $20\lg|G_2(j\omega)G_c(j\omega)| \gg 0\text{dB}$ 频段内的倒特性近似等于 $20\lg|G_c(j\omega)|$。

需要说明的是，在反馈校正设计中，往往把简化条件 $|G_2(j\omega)G_c(j\omega)| \gg 1$ 简化为 $|G_2(j\omega)G_c(j\omega)| > 1$，这样做会产生误差，特别是在 $|G_2(j\omega)G_c(j\omega)| = 1$ 附近。由于校正后系统的动态性能主要取决于其对数幅频特性即期望特性在截止频率附近的形状，所以一般在该截止频率附近，只要满足条件 $20\lg|G_2(j\omega_c)G_c(j\omega_c)| \gg 0\text{dB}$，近似处理的结果还是足够准确的，最大误差在工程允许的误差范围之内。

2. 反馈校正参数的确定方法

在频域内进行反馈校正设计时，一般采用综合法比较方便。下面介绍用综合法进行反馈校正的一般步骤。

(1)根据稳态性能指标要求，绘制未校正系统的开环渐近幅频特性：

$$L_0(\omega) = 20\lg|G_0(j\omega)|$$

(2)根据给定性能指标要求，绘制校正后系统的期望特性：

$$L(\omega) = 20\lg|G(\mathrm{j}\omega)|$$

(3)将特性 $L_0(\omega)$ 减去特性 $L(\omega)$，即可得到局部反馈回路的开环渐近幅频特性及其对应的传递函数：

$$20\lg|G_2(\mathrm{j}\omega)G_c(\mathrm{j}\omega)| = L_0(\omega) - L(\omega)$$

(4) 找出 $20\lg|G_2(\mathrm{j}\omega)G_c(\mathrm{j}\omega)| > 0\,\mathrm{dB}$ 的频段，检验在期望特性截止频率 ω_c 附近 $20\lg|G_2(\mathrm{j}\omega)G_c(\mathrm{j}\omega)| > 0\,\mathrm{dB}$ 的程度是否符合近似条件以及小闭环的稳定性。小闭环的稳定性影响着系统调试及整个系统的稳定性。若期望特性的中频段位于 $20\lg|G_2(\mathrm{j}\omega)G_c(\mathrm{j}\omega)| > 0\,\mathrm{dB}$ 频段内，且 $20\lg|G_2(\mathrm{j}\omega_c)G_c(\mathrm{j}\omega_c)| \gg 0\,\mathrm{dB}$，则说明式(6-6-8)是满足的；若期望特性的低、高频段都位于 $20\lg|G_2(\mathrm{j}\omega)G_c(\mathrm{j}\omega)| < 0\,\mathrm{dB}$ 频段内，则说明式(6-6-6)是满足的，即反馈校正作用实际上已不存在。

(5)由 $G_2(s)G_c(s)$ 求出 $G_c(s)$。

(6)检验校正后系统是否满足全部性能指标要求。

【例 6-6-1】　设某控制系统方框图如图 6-6-6 所示，不可变部分的传递函数分别为

$$G_1(s) = \frac{K_1}{s}, \quad G_2(s) = \frac{20}{(1+0.05s)(1+0.005s)}$$

试设计局部反馈校正装置，使系统具有如下性能指标：静态速度误差系数 $K_v \geqslant 200\,\mathrm{s}^{-1}$；单位阶跃响应最大超调量 $\sigma_p \leqslant 30\%$；调节时间 $t_s \leqslant 0.3\,\mathrm{s}$。

解　(1)绘制未校正系统的开环渐近幅频特性。根据给定的稳态性能指标要求，可知要求的系统型别 $\nu = 1$ 及开环增益 $K_v = 20K_1 = 200$，所以 $K_1 = 10$，则未校正系统的开环传递函数为

$$G_0(s) = \frac{200}{s(1+0.05s)(1+0.005s)}$$

绘制未校正系统的开环渐近幅频特性，如图 6-6-7 中曲线①所示，可求得 $\omega_{c0} = 63.2\,\mathrm{rad/s}$，$\gamma_0(\omega_{c0}) = 0°$，故未校正系统处于临界稳定状态。

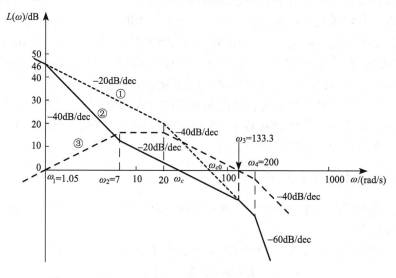

图 6-6-7　例 6-6-1 局部反馈校正前后的开环渐近幅频特性

(2)绘制校正后系统的期望特性。由经验公式得

$$\sigma_p = 0.16 + 0.4(M_r - 1) = 30\%$$

可求出 $M_r = 1.35$, $\gamma = \arcsin\dfrac{1}{M_r} = \arcsin\dfrac{1}{1.35} = 47.8°$ 。

为留有裕量,取 $\gamma = 50°$,此时 h 取值应为

$$h = \frac{1 + \sin\gamma}{1 - \sin\gamma} = \frac{1 + \sin 50°}{1 - \sin 50°} = 7.55$$

由 $t_s = \dfrac{\pi}{\omega_c}[2 + 1.5(M_r - 1) + 2.5(M_r - 1)^2]$,可得 $\omega_c = 29.6\,\text{rad/s}$,取 $\omega_c = 30\,\text{rad/s}$ 。

所以

$$\omega_2 \leqslant \omega_c \frac{2}{h + 1} = 30 \times \frac{2}{7.55 + 1} = 7.02(\text{rad/s})$$

$$\omega_3 \geqslant \omega_c \frac{2h}{h + 1} = 30 \times \frac{2 \times 7.55}{7.55 + 1} = 53(\text{rad/s})$$

这里取 $\omega_2 = 7\,\text{rad/s}$, ω_3 的实际取值见下面分析。

中频段:过 $\omega_c = 30\,\text{rad/s}$ 作斜率为–20dB/dec 的直线,使其与未校正系统的渐近幅频特性曲线①相交,交点频率为 $\omega_3 = 133.3\,\text{rad/s}$,即为中频段的上限频率。由于中频段的下限频率为 $\omega_2 = 7\,\text{rad/s}$,故 $h = \dfrac{\omega_3}{\omega_2} = \dfrac{133.3}{7} = 19$ 。

低频段:过 $\omega_2 = 7\,\text{rad/s}$ 作横轴垂线,在其与中频段斜率为–20dB/dec 的直线的交点处作斜率为–40dB/dec 的直线,该直线与低频段交于 $\omega_1 = 1.05\,\text{rad/s}$ 处,此频段为低中频过渡段。而在低频段 $\omega < \omega_1$ 内,根据式(6-6-6),期望特性曲线与未校正系统特性曲线①重合。这里的 ω_1 也可利用图 6-6-7 中的平行四边形的关系得到,即

$$\lg\frac{\omega_2}{\omega_1} = \lg\frac{\omega_3}{20} \quad \text{或} \quad \lg\frac{20}{\omega_1} = \lg\frac{\omega_3}{\omega_2}$$

高频段:由于未校正系统高频段已具有良好的抑制干扰的能力,因此在频段 $\omega > \omega_3$ 内,根据式(6-6-6),可使期望特性曲线与未校正系统特性曲线①重合。

这样便得到期望特性,如图 6-6-7 中曲线②所示。

(3)求小闭环的开环传递函数 $G_2(s)G_c(s)$ 。在图 6-6-7 中,根据式(6-6-8),作出特性曲线 $20\lg|G_2(\text{j}\omega)G_c(\text{j}\omega)| = L_0(\omega) - L(\omega)$,如图中曲线③=①–②所示。为简化校正装置, $20\lg|G_2(\text{j}\omega)G_c(\text{j}\omega)|$ 特性曲线在 $20\lg|G_2(\text{j}\omega)G_c(\text{j}\omega)| < 0\,\text{dB}$ 的低频段,用其斜率为 20dB/dec 的直线段的延长线代替;而在 $20\lg|G_2(\text{j}\omega)G_c(\text{j}\omega)| < 0\,\text{dB}$ 的高频段,应当与 $20\lg|G_0(\text{j}\omega)|$ 特性曲线一致,即 $20\lg|G_2(\text{j}\omega)G_c(\text{j}\omega)|$ 特性曲线向高频段延长至转折频率 $\omega_4 = 200\,\text{rad/s}$ 处,再转折为斜率是–40dB/dec 的直线。

由特性曲线③可以得到小闭环的开环传递函数:

$$G_2(s)G_c(s) = \frac{s}{\left(1 + \dfrac{1}{7}s\right)\left(1 + \dfrac{1}{20}s\right)\left(1 + \dfrac{1}{200}s\right)}$$

(4)检验小闭环的稳定性及近似条件。由 $G_2(s)$、$G_c(s)$ 构成的小闭环，其开环渐近幅频特性与横轴的交点为 $\omega_3 = 133.3\,\text{rad/s}$，此频率即为该回路的开环频率特性的截止频率。进一步求频率 ω_3 对应的相角裕度：

$$\gamma'(\omega_3) = 180° + 90° - \arctan\frac{1}{7}\omega_3 - \arctan\frac{1}{20}\omega_3 - \arctan\frac{1}{200}\omega_3 = 67.9°$$

故小闭环为稳定的。再检验小闭环在 $\omega_c = 30\,\text{rad/s}$ 处的开环对数幅频特性：

$$20\lg|G_2(\text{j}\omega_c)G_c(\text{j}\omega_c)| = 20\lg\frac{\omega_3}{\omega_c} = 13\,\text{dB}$$

说明可以满足 $20\lg|G_2(\text{j}\omega_c)G_c(\text{j}\omega_c)| \gg 0\,\text{dB}$ 的要求。

(5)求反馈校正装置的传递函数 $G_c(s)$。将已知的 $G_2(s)$ 代入求出的 $G_2(s)G_c(s)$ 中，可得

$$G_c(s) = \frac{G_2(s)G_c(s)}{G_2(s)} = \frac{0.05s}{1+0.14s}$$

(6)验算性能指标。由期望特性曲线②可得到校正后系统的开环传递函数为

$$G(s) = \frac{200(1+0.14s)}{s(1+0.95s)(1+0.0075s)(1+0.005s)}$$

由于近似条件满足，故可用经验公式来验算：

$$K_v = \lim_{s \to 0} sG(s) = 200\,\text{s}^{-1}$$

由 $h = \dfrac{\omega_3}{\omega_2} = \dfrac{133.3}{7} = 19$，得 $M_r = \dfrac{h+1}{h-1} = 1.11$，则 $\sigma_p = 0.16 + 0.4(M_r - 1) = 20\% < 30\%$。

由于 $\omega_c = 30\,\text{rad/s}$，所以 $t_s = \dfrac{\pi}{\omega_c}[2 + 1.5(M_r - 1) + 2.5(M_r - 1)^2] = 0.23\,\text{s} < 0.3\,\text{s}$。因此，完全满足性能指标要求。另外，$\gamma(\omega_c) = 180° - 90° + \arctan 0.14\omega_c - \arctan 0.95\omega_c - \arctan 0.0075\omega_c - \arctan 0.005\omega_c = 57.4°$，满足工程中 γ 为 $45° \sim 60°$ 的要求。

6.6.3　反馈校正与串联校正的比较

串联校正比反馈校正简单，且设计计算与调整实验简便，较易实现。串联校正装置多采用有源网络，并常置于系统前向通道能量较低的部位，以减少功率损耗。采用串联校正时，若系统中元件参数不稳定，则会影响校正效果。因而在采用串联校正时，通常要对系统元件的稳定性提出较高的要求。对系统要求不高的场合一般采用串联校正。

反馈校正对其所包围的环节要求不高，可以削弱非线性特性对参数变化的敏感性以及抑制干扰的影响。反馈校正置于反馈通道中，信号一般是从高功率点向低功率点传输的，所以可以不采用有源元件。当被控对象参数不稳定时，应采用反馈校正，但反馈校正要用到检测元件，如测速电机、陀螺等，故成本高、结构复杂。反馈校正装置本身的参数也必须稳定，否则同样影响校正效果。因此，在对系统要求较高的场合，可以选用反馈校正。

当一种校正方式难以满足全部性能指标要求时，可以同时采用串联校正和反馈校正，此时通常先选取一种串联校正装置，使系统固有特性得到一定改善，然后按反馈校正的步骤进一步完善系统的性能指标。

总之，究竟采用哪一种校正方式，在很大程度上取决于具体的系统结构、对系统性能

指标的要求以及被控对象的特性等。当然，能够满足性能指标要求的校正方案不是唯一的，方案的合理性与设计者的经验和水平有很大关系。

6.7　PID 控制器

PID 控制规律
对系统性能的
影响

以运算放大器为核心的控制器在自动控制系统中得到了广泛的应用，在工程上常称其为调节器。控制器的基本控制规律有比例(P)控制规律、微分(D)控制规律、积分(I)控制规律，工程上常用这些基本控制规律的不同组合来构成各种类型的控制器，如比例微分控制器、比例积分控制器、比例积分微分控制器。下面对各种控制器加以分析。

6.7.1　PID 控制器的结构及其作用

1. P 控制器

具有比例控制规律的控制器称为比例控制器，也称为 P 控制器，其方框图如图 6-7-1 所示。P 控制器的传递函数为

$$G_c(s) = \frac{U(s)}{E(s)} = K_p \tag{6-7-1}$$

式中，$E(s)$ 与 $U(s)$ 分别是控制器的输入误差信号 $e(t)$ 和输出信号 $u(t)$ 的拉氏变换；K_p 为比例系数，或称为 P 控制器的增益。

P 控制器的实质是具有可调增益的放大器，其作用是：如果增大 P 控制器的增益，那么可使系统的稳态误差减小(但无法消除)，稳态

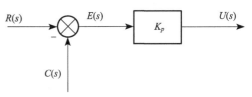

图 6-7-1　P 控制器方框图

精度提高，响应速度加快，但会使相对稳定性下降，甚至可能造成系统不稳定。因此，在系统校正设计中，很少单独采用比例控制规律。

2. PD 控制器

具有比例和微分控制规律的控制器称为比例微分控制器，又称为 PD 控制器，其传递函数为

$$G_c(s) = \frac{U(s)}{E(s)} = K_p(1 + T_d s) \tag{6-7-2}$$

式中，K_p 为比例系数；T_d 为微分时间常数。PD 控制器的方框图如图 6-7-2 所示。

图 6-7-3 为 PD 控制器($K_p > 1$)的 Bode 图，可以看出，PD 控制器属于相位超前校正。

PD 控制器的作用是改善系统的动态性能，同时也有利于提高系统的稳态性能。其中，比例控制规律的作用是使稳态性能提高，但会使相对稳定性下降；而微分控制规律能反映输入信号的变化趋势，故在输入信号的量值变得较大之前，PD 控制器就能敏感其变化趋势而具有预见性，因此可为系统引入一个有效的早期修正信号，以提高系统的阻尼程度，从而提高系统的稳定性。但 PD 控制器使系统的高频增益加大，抗干扰能力下降。

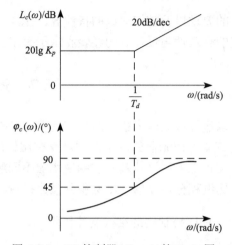

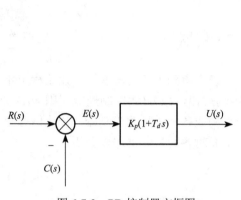

图 6-7-2　PD 控制器方框图　　　　图 6-7-3　PD 控制器($K_p > 1$)的 Bode 图

需注意的是，纯微分环节 $T_d s$ 对输入的高频信号特别敏感，而噪声等干扰大多是高频信号，因此容易堵塞放大器，对控制不利。另外，纯微分环节只对动态输入信号有反应，对于无变化或变化极其缓慢的输入信号，纯微分环节的输出为零，相当于开路，因此纯微分环节不能单独使用。

3. PI 控制器

具有比例和积分控制规律的控制器称为比例积分控制器，又称为 PI 控制器，其传递函数为

$$G_c(s) = \frac{U(s)}{E(s)} = K_p\left(1 + \frac{1}{T_i s}\right) = K_p \frac{T_i s + 1}{T_i s} \tag{6-7-3}$$

式中，K_p 为比例系数；T_i 为积分时间常数。PI 控制器的方框图如图 6-7-4 所示。

PI 控制器($K_p < 1$)的 Bode 图如图 6-7-5 所示，可以看出，PI 控制器属于相位滞后校正。

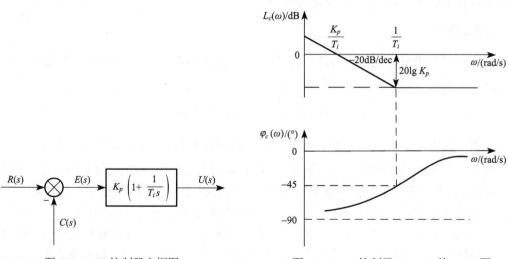

图 6-7-4　PI 控制器方框图　　　　图 6-7-5　PI 控制器($K_p < 1$)的 Bode 图

PI 控制器的输出信号 $u(t)$ 能同时成比例地反映输入信号 $e(t)$ 及其积分，PI 控制器的作用是在保证系统稳定的基础上，提高系统的型别，从而使系统稳态性能得以改善。这是因为 PI 控制器相当于在系统中增加了一个位于原点的开环极点，也增加了一个位于 s 平面左半部的开环负实零点。其中位于原点的极点可以提高系统的型别，减小或消除系统的稳态误差，从而改善稳态性能；而开环负实零点用来提高系统的阻尼程度，从而减少由位于原点的极点(积分环节)对系统稳定性和动态过程所产生的不利影响。也正因如此，在控制系统的校正设计中，通常不宜采用单一的积分控制器。但 PI 控制器会使系统的截止频率降低，使系统的快速性受到影响。

4. PID 控制器

由比例、积分、微分控制规律组合起来的控制器称为比例积分微分控制器，又称为 PID 控制器。这种组合具有三个基本控制规律各自的特点，其传递函数为

$$G_c(s) = \frac{U(s)}{E(s)} = K_p \left(1 + \frac{1}{T_i s} + T_d s \right) = K_p \frac{T_i T_d s^2 + T_i s + 1}{T_i s} \tag{6-7-4}$$

当 $T_i > 4T_d$ 时，式(6-7-4)可写成

$$G_c(s) = K_p \frac{T_i T_d s^2 + T_i s + 1}{T_i s} = K_p' \frac{(\tau_1 s + 1)(\tau_2 s + 1)}{\tau_1 s} \tag{6-7-5}$$

式中，$\tau_1 = \dfrac{T_i + \sqrt{T_i^2 - 4T_i T_d}}{2} > \tau_2 = \dfrac{T_i - \sqrt{T_i^2 - 4T_i T_d}}{2}$；$K_p' = \dfrac{K_p \tau_1}{T_i}$。PID 控制器的方框图如图 6-7-6 所示。

根据式(6-7-5)，PID 控制器($K_p' < 1$)的 Bode 图如图 6-7-7 所示。可以看出，PID 控制器属于相位滞后-超前校正，即比例微分项 $\tau_2 s + 1$ 为超前校正部分，而比例积分项 $\dfrac{\tau_1 s + 1}{\tau_1 s}$ 为滞后校正部分。在系统校正设计中，通常应使滞后校正部分发生在系统频率特性的低频段，以提高系统的稳态性能；而使超前校正部分发生在系统频率特性的中频段，以提高系统的动态性能。

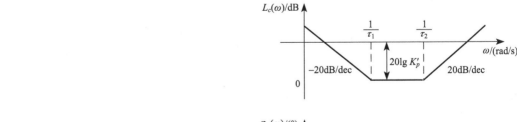

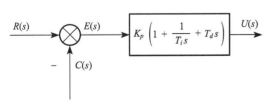

图 6-7-6　PID 控制器方框图

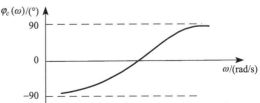

图 6-7-7　PID 控制器($K_p' < 1$)的 Bode 图

PID 控制器具有积分环节，可使系统的型别增加，提高系统稳态性能。同时，PID 控制器还提供两个负实零点，从而提高系统的相角裕度和相对稳定性。根据式(5-5-3)与式(5-5-21)，γ 增加，使 M_r 下降，从而使 t_s 下降，提高了系统的快速性。也就是说，如果合理选择 PID 控制器的参数，那么既可以提高系统的稳态性能，又可以提高系统的动态性能。因此，在控制要求较高的场合中多采用 PID 控制器。

需要说明的是，实现以上控制器的电路中所使用的运算放大器均被认为是理想的运算放大器，即认为运算放大器的输入阻抗为∞，输出阻抗为零，电压增益为∞，带宽为∞，输出与输入间成线性关系等。但实际使用的运算放大器并不是理想的运算放大器，表现为运算放大器的开环增益和带宽都不可能是∞，其输入与输出间的线性关系将受到运算放大器的电源限制(即饱和非线性关系)。这些实际使用中的问题使得由运算放大器构成的有源校正装置达不到理想的情况。当认为运算放大器是理想的时，PD 控制器的传递函数为

$$G_c(s) = K_p(1 + T_d s)$$

其 Bode 图如图 6-7-3 所示，其中 $K_p > 1$。若令 $K_p = 1$，则 Bode 图的低频段应与 0dB 线重合。

但实际测得的 PD 控制器对数幅频特性如图 6-7-8 所示。由图可见，在较低频段，即 $\omega < \omega_1$ 频段内，理想的特性与实际的特性基本一致，但在 $\omega > \omega_1$ 频段内，两者的特性就完全不同了，由于运算放大器输出饱和的限制，实际对数幅频特性曲线也就不能再随 ω 增大而上升了。在 $\omega = \omega_2$ 之后的高频段，实际对数幅频特性曲线随着 ω 增大而衰减，其原因是运算放大器的电子元件及线路存在各种结间电容，这些结间电容的值极小，对应的小惯性时间常数分布在高频段。实际上，在运算放大器的设计和制造之初，就在运算放大器的内部附加了校正装置，使其高频段成–20dB/dec 衰减，从而使运算放大器接入反馈网络形成闭环后能稳定地工作。

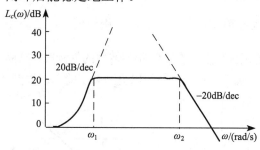

图 6-7-8 PD 控制器的实际对数幅频特性

根据图 6-7-8，实际运算放大器构成的 PD 控制器的传递函数用下式描述更为恰当：

$$G_c(s) = \frac{K_p(1 + T_d s)}{\left(\dfrac{1}{\omega_1}s + 1\right)\left(\dfrac{1}{\omega_2}s + 1\right)}$$

但以上的分析也说明，实际的与理想的 PD 控制器的频率特性在 $\omega < \omega_1$ 频段上所起的校正作用基本一致。因此，也不能完全否定实际 PD 控制器的作用，但也不能将两者等同起来。

实际上，对于用运算放大器构成的校正装置，凡是传递函数中分子部分的阶次高于分母者，都存在上述所分析的问题。对于传递函数分子阶次低于分母的有源校正装置，虽然实际特性与理想特性也有一定差异，但不会有本质的影响，可不予考虑。

6.7.2 PID 控制器设计举例

【例 6-7-1】 设负反馈控制系统的开环传递函数为

$$G_0(s) = \frac{K}{s(1 + 0.1s)}$$

要求系统的静态速度误差系数 $K_v \geqslant 200\,\mathrm{s}^{-1}$，相角裕度 $\gamma \geqslant 55°$，截止频率 $\omega_c \geqslant 50\,\mathrm{rad/s}$。试用 PD 控制器进行串联校正。

解　系统是 I 型的，取 $K = K_v = 200\,\mathrm{s}^{-1}$，未校正系统的开环渐近幅频特性如图 6-7-9 中曲线 $L_0(\omega)$ 所示。从图中可求出 $\omega_{c0} = 44.7\,\mathrm{rad/s}$，因此未校正系统的相角裕度为

$$\gamma_0(\omega_{c0}) = 180° - 90° - \arctan 0.1\omega_{c0} = 12.6°$$

可见未校正系统不能满足要求，现采用 PD 控制器进行校正。考虑到 K 值已满足稳态要求，故 PD 控制器的传递函数可选为

$$G_c(s) = 1 + T_d s$$

现分析 T_d 的选择。若选取 $\dfrac{1}{T_d} >$ ω_{c0}，则校正后的 $\omega_c = \omega_{c0}$ 将不变，满足不了对 ω_c 的要求，而且此时 $G_c(s)$ 在 ω_c 处的超前相角也小于 45°。

若选取 $\dfrac{1}{T_d} < \omega_{c0}$，则利用 $G_c(s)$ 的对

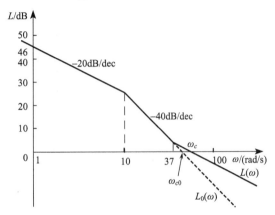

图 6-7-9　例 6-7-1 系统校正前后的开环渐近幅频特性

数幅频特性为正的频段使校正后的 ω_c 增大，以满足对 ω_c 的要求，此时 $G_c(s)$ 在 ω_c 处的超前相角也大于 45°。考虑到校正装置加入后 ω_c 将增大，因此未校正系统在 ω_c 处的迟后相角将增大，但 $G_c(s)$ 的超前相角也将随之增大，两者大致可以相互补偿。

根据以上分析，选取 $\dfrac{1}{T_d} = 37\,\mathrm{rad/s}$，则校正后系统的开环传递函数为

$$G(s) = G_c(s)G_0(s) = \frac{200(1 + 0.027s)}{s(1 + 0.1s)}$$

相应的开环渐近幅频特性如图 6-7-9 中曲线 $L(\omega)$ 所示，可求得 $\omega_c = 54\,\mathrm{rad/s}$，校正后系统的相角裕度为

$$\gamma(\omega_c) = 180° - 90° + \arctan 0.027\omega_c - \arctan 0.1\omega_c = 66°$$

满足设计要求。

可见，用 PD 控制器校正，会使系统的高频段变平，不利于抑制高频干扰信号。

【例 6-7-2】　某闭环调速系统的开环传递函数为

$$G_0(s) = \frac{56}{(1 + 0.05s)(1 + 0.025s)(1 + 0.002s)}$$

要求系统在阶跃信号输入下的稳态误差为 0，相角裕度 $\gamma \geqslant 45°$，试用 PI 控制器进行串联校正。

解　根据题中对稳态误差的要求，系统应为 I 型系统，现采用 PI 控制器校正，可使系

统开环传递函数中增加一个积分环节，原系统将变为 I 型系统，从而满足稳态误差要求。

未校正系统的开环渐近幅频特性如图 6-7-10 中曲线 $L_0(\omega)$ 所示，从图中可以求出

$$\omega_{c0} = 211.7 \text{ rad/ s}$$

故 $\gamma_0(\omega_{c0}) = 180° - \arctan 0.05\omega_{c0} - \arctan 0.025\omega_{c0} - \arctan 0.002\omega_{c0} = -6.8°$。可见，未校正系统是不稳定的。

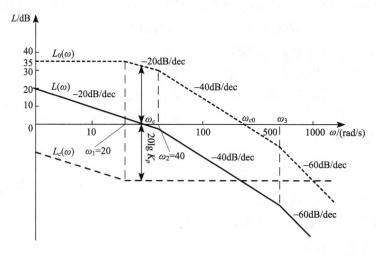

图 6-7-10　例 6-7-2 系统校正前后的开环渐近幅频特性

设 PI 控制器的传递函数为

$$G_c(s) = K_p \frac{T_i s + 1}{T_i s}, \quad K_p < 1$$

其 Bode 图应类似如图 6-7-5 所示的形状。由于未校正系统不稳定，表现为系统增益过大，截止频率 ω_{c0} 过高，应该设法把它们减小。因此，把 PI 控制器的转折频率 $\dfrac{1}{T_i}$ 设置在远低于未校正系统截止频率 ω_{c0} 处。本题中，为方便起见，可令 $T_i = 0.05$，使控制器 $G_c(s)$ 中的分子即比例微分项 $T_i s + 1$ 与未校正系统中的大惯性环节 $\dfrac{1}{1 + 0.05s}$ 抵消(并非必须如此)。

为了使校正后的系统具有足够的相对稳定性，其渐近幅频特性应以–20dB/dec 的斜率穿越 0dB 线，为此校正后的截止频率 $\omega_c < \omega_2 = 40$ rad/ s。取 $\omega_c = 30$ rad/ s，则未校正系统与 PI 控制器的渐近幅频特性在 ω_c 处应当有

$$20\lg |G_0(j\omega_c)| + 20\lg K_p = 0$$

由图 6-7-10 得

$$40\lg \frac{\omega_{c0}}{\omega_2} + 20\lg \frac{\omega_2}{\omega_c} = -20\lg K_p$$

所以

$$K_p = 0.027$$

故
$$G_c(s) = 0.027 \times \frac{1+0.05s}{0.05s} = \frac{1+0.05s}{1.85s}$$

PI 控制器的渐近幅频特性如图 6-7-10 中曲线 $L_c(\omega)$ 所示。

校正后系统的开环传递函数为
$$G(s) = G_0(s)G_c(s) = \frac{30.27}{s(1+0.025s)(1+0.002s)}$$

校正后系统的开环渐近幅频特性如图 6-7-10 中曲线 $L(\omega)$ 所示。

校正后系统的相角裕度为
$$\gamma(\omega_c) = 180° - 90° - \arctan 0.025\omega_c - \arctan 0.002\omega_c = 49.7° > 45°$$

满足系统要求。

【例 6-7-3】　已知负反馈系统的开环传递函数为
$$G_0(s) = \frac{K}{s(1+0.5s)(1+0.1s)}$$

要求系统 $K_v \geq 10\,\text{s}^{-1}$，$\gamma \geq 50°$，$\omega_c \geq 6\,\text{rad/s}$，试用 PID 控制器进行串联校正。

解　由题可知 $K_v = K = 10\,\text{s}^{-1}$，则未校正系统的开环传递函数为
$$G_0(s) = \frac{10}{s(1+0.5s)(1+0.1s)}$$

其开环渐近幅频特性如图 6-7-11 中曲线 $L_0(\omega)$ 所示。由此可算出 $\omega_{c0} = 4.47\,\text{rad/s}$，$\gamma_0(\omega_{c0}) = 0°$。显然，若增大开环增益 K，ω_{c0} 将提高，但 $\gamma_0(\omega_{c0})$ 将进一步变小，所以只通过调整开环增益 K 无法满足系统的全部要求。

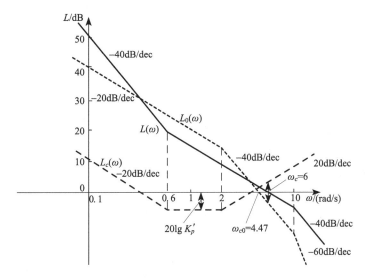

图 6-7-11　例 6-7-3 系统校正前后的开环渐近幅频特性

现采用 PID 控制器进行校正后，系统将由原来的 Ⅰ 型变为 Ⅱ 型，故 K_v 的要求肯定能满足。设 PID 控制器的传递函数为

$$G_c(s) = K_p' \frac{(\tau_1 s + 1)(\tau_2 s + 1)}{\tau_1 s}, \quad K_p' < 1$$

其 Bode 图应类似如图 6-7-7 所示的形状。由要求的 $\omega_c \geqslant 6 \, \text{rad/s}$，可初选校正后系统的截止频率 $\omega_c = 6 \, \text{rad/s}$。

控制器 $G_c(s)$ 中的相位超前部分，即其分子中的比例微分项 $\tau_2 s + 1$，主要用来提高系统的相角裕度。为降低系统的阶次，可选 $\tau_2 = 0.5 \, \text{rad/s}$，使该项 $\tau_2 s + 1$ 与未校正系统 $G_0(s)$ 中的惯性环节 $\frac{1}{1 + 0.5s}$ 相抵消。

控制器 $G_c(s)$ 中的相位滞后部分，即比例积分项 $\frac{\tau_1 s + 1}{\tau_1 s}$，应按 $\frac{1}{\tau_1} \ll \omega_c$ 来选择，以使这部分在 ω_c 处产生的迟后相角比较小，一般可选 $\frac{1}{\tau_1} = \frac{1}{10} \omega_c$，故选取 $\frac{1}{\tau_1} = 0.6 \, \text{rad/s}$，$\tau_1 = 1.67\text{s}$。

控制器 $G_c(s)$ 中的比例系数 K_p' 将由校正后 ω_c 的位置而定。图 6-7-11 中，在 ω_c 处应有

$$20\lg|G_0(\text{j}\omega_c)| + 20\lg|G_c(\text{j}\omega_c)| = 0$$

即

$$-40\lg \frac{\omega_c}{\omega_{c0}} + \left(20\lg \frac{\omega_c}{2} + 20\lg K_p' \right) = 0$$

所以

$$K_p' = \frac{2\omega_c}{\omega_{c0}^2} = \frac{2 \times 6}{4.47^2} = 0.6$$

经以上初选，可得 PID 控制器的传递函数为

$$G_c(s) = \frac{0.6(1.67s + 1)(0.5s + 1)}{1.67s} = \frac{(1.67s + 1)(0.5s + 1)}{2.78s}$$

其渐近幅频特性如图 6-7-11 中曲线 $L_c(\omega)$ 所示。

校正后系统的开环传递函数为

$$G(s) = G_0(s)G_c(s) = \frac{10(1.67s + 1)}{2.78s^2(0.1s + 1)} = \frac{3.6(1.67s + 1)}{s^2(0.1s + 1)}$$

其开环渐近幅频特性如图 6-7-11 中曲线 $L(\omega)$ 所示，相角裕度为

$$\gamma(\omega_c) = \arctan 1.67\omega_c - \arctan 0.1\omega_c = 53.3° > 50°$$

显然，校正后的系统全面满足指标要求。

6.8　基于 MATLAB 的控制器设计

MATLAB 不仅可以用于方便、直观地分析控制系统，而且还可以用来对控制系统进行设计，应用 MATLAB 的丰富语言和函数库可以方便地求取串联超前、滞后、滞后-超前控制器的传递函数，而且能够对控制系统校正前后的性能指标进行比较。

【例 6-8-1】　试应用 MATLAB 对例 6-2-1 系统进行串联超前校正设计。

解　(1)计算未校正系统的开环增益。取 $K = K_v$ 得 $K \geqslant 100$，取 $K = 100$。

(2)利用 MATLAB 程序通过调用函数 leadc 求出超前校正装置的传递函数，并绘制出校正前后系统的 Bode 图和阶跃响应曲线。程序设计时采用超前校正装置的传递函数为

$$G_c(s) = \frac{\alpha Ts + 1}{Ts + 1}, \quad \alpha > 1$$

```
MATLAB Program 61.m
ng0=1; dg0=conv([1,0],conv([0.01,1],[0.1,1]));
K=100;Gamma=30;wc=45;
G0=tf(K*ng0,dg0);
t=[0:0.001:0.5]; w=logspace(0,3);
[ngc,dgc]=leadc(ng0,dg0,K,Gamma,wc,w);
Gc=tf(ngc,dgc),G=tf(G0*Gc);
bode(G0,w), grid on, hold on;
bode(G,w), hold off
[Kg,Gamma,wg,wc]=margin(G), Kg_dB=20*log10(Kg)
sys0=feedback(G0,1); sys=feedback(G,1);
figure
step(sys0,t), grid on, hold on;
step(sys,t), hold off
```

运行结果：校正装置参数为 $\alpha = 8.43$，$\omega_m = 50.43\text{rad/s}$，$T = 0.0068\text{s}$。

超前校正装置的传递函数为 $G_c(s) = \dfrac{0.0576s + 1}{0.0068s + 1}$。

校正后系统的性能指标为

$$\gamma = 36.45°, \quad \omega_g = 113.38\text{rad/s}, \quad \omega_c = 50.43\text{rad/s}, \quad K_g = 11.45\text{dB}$$

显然，全面满足性能指标要求。校正前后系统的 Bode 图如图 6-8-1 所示，阶跃响应曲线如图 6-8-2 所示，其中虚线、实线分别表示校正前后对应的曲线。

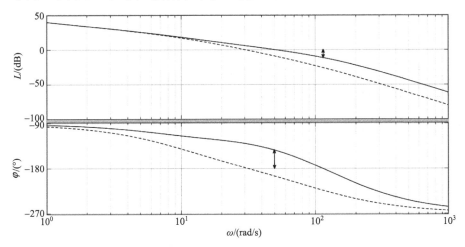

图 6-8-1　校正前后系统的 Bode 图

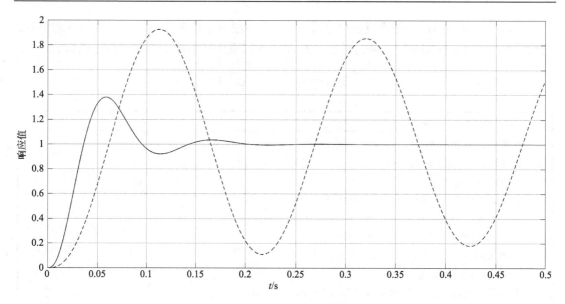

图 6-8-2　校正前后系统的阶跃响应曲线

类似地，可以用 MATLAB 对串联滞后校正、串联滞后-超前校正、反馈校正等进行设计和系统仿真，读者可参考有关的书籍。

串联超前校正装置参数计算函数 leadc：

```
MATLAB leadc.m
function [ngc,dgc]=leadc(ng0,dg0,K,Gamma,wc,w);%MATLAB function program
leadc.m
[L0,phi0]=bode(K*ng0,dg0,w);
ngv=polyval(K*ng0,j*wc);
dgv=polyval(dg0,j*wc);
g0_jwc=ngv/dgv; gamma0_wc=180+180*angle(g0_jwc)/pi;
phim_deg=ceil(Gamma-gamma0_wc+10); phim=(phim_deg)*pi/180;
alfa=(1+sin(phim))/(1-sin(phim)),
L0_dB=20*log10(L0); Lc_wm=10*log10(alfa);
wm=spline(L0_dB,w, -Lc_wm), T=1/(wm*sqrt(alfa)),
ngc=[alfa*T, 1]; dgc=[T, 1];
```

【例 6-8-2】　设系统不可变部分的开环传递函数为

$$G_0(s) = \frac{10}{(s+1)(s+2)(s+3)(s+4)}$$

针对系统不同类型的 PID 控制器，利用 MATLAB 分析不同控制规律对闭环系统性能的影响。

解　首先，对于给定的系统模型，采用工程整定的方法进行 PID 串联校正设计，得到 4 种不同类型的控制器，即 P、PI、PD、PID 控制器，它们的传递函数分别为

$$G_{c\_P}(s) = K_p = 7.8583$$

$$G_{c\_PI}(s) = K_p\left(1 + \frac{1}{T_i s}\right) = 8.3036\left(1 + \frac{1}{2.5305s}\right)$$

$$G_{c\_PD}(s) = K_p\left(1 + \frac{T_d s}{1 + T_d s / N}\right) = 9.0895\left(1 + \frac{0.1805s}{1 + 0.1805s / 10}\right)$$

$$G_{c\_PID}(s) = K_p\left(1 + \frac{1}{T_i s} + \frac{T_d s}{1 + T_d s / N}\right) = 10.0579\left(1 + \frac{1}{1.7419s} + \frac{0.2738s}{1 + 0.2738s / 10}\right)$$

然后，利用 MATLAB 程序对采用这些控制器的闭环系统进行仿真，绘制其单位阶跃响应曲线，如图 6-8-3 所示，其中采用 P、PI、PD、PID 控制器分别用虚线、点画线、短虚线、实线来表示。这些时间响应曲线的变化能够直观地反映比例、积分、微分基本控制规律及其不同组合 PI、PD、PID 对系统各种性能指标的具体影响，以便从稳定性、快速性、平稳性以及准确性等要求加以全面评价。

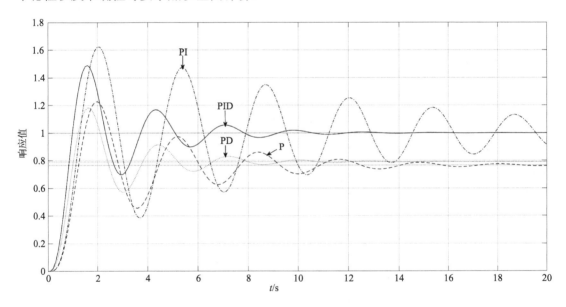

图 6-8-3　采用不同类型控制器时的系统单位阶跃响应曲线

习　题

6-1　试从物理概念上回答下列问题。

(1)有源校正装置与无源校正装置有何不同特点？在实现校正规律时它们的作用是否相同？

(2)串联超前校正为什么可以改善系统的动态特性？

(3)在什么情况下加串联滞后校正可以提高系统的稳定程度？

(4)如果想把 Ⅰ 型系统校正成 Ⅱ 型系统，并保证系统的稳定性，应采用哪种校正规律？

6-2　已知单位反馈系统的开环传递函数为

$$G(s) = \frac{K}{s(s+1)}$$

要求系统在输入信号为单位斜坡信号时，稳态误差 $e_{ss} \leqslant 0.1$，截止频率 $\omega_c \geqslant 4\,\text{rad/s}$，相角裕度 $\gamma \geqslant 45°$，试设计串联超前校正装置。

6-3　已知单位反馈系统的开环传递函数为

$$G(s) = \frac{10}{s(0.5s+1)(0.1s+1)}$$

(1)绘制系统的 Bode 图，并求相角裕度。

(2)采用传递函数为 $G_c(s) = \dfrac{0.33s+1}{0.033s+1}$ 的串联超前校正，试求校正后系统的相角裕度，并讨论校正后系统的性能有何改善。

6-4　已知单位反馈系统的开环传递函数为

$$G(s) = \frac{K}{s(0.5s+1)}$$

要求系统的静态速度误差系数 $K_v \geqslant 20$，相角裕度 $\gamma \geqslant 50°$，幅值裕度 $K_g \geqslant 10\text{dB}$，试设计串联超前校正装置。

6-5　已知单位反馈系统的开环传递函数为

$$G(s) = \frac{K}{s(0.2s+1)(0.05s+1)}$$

试确定串联超前校正环节 $G_c(s)$，使校正后系统开环增益不小于 12s^{-1}，超调量小于 30%，调节时间小于 3s。

6-6　设有 I 型系统，其固有部分的开环传递函数为

$$G(s) = \frac{K}{s(0.1s+1)(0.2s+1)}$$

试设计串联滞后校正装置，使系统满足性能指标：$K_v \geqslant 30\,\text{s}^{-1}$，$\gamma \geqslant 40°$，$\omega_c \geqslant 2.3\,\text{rad/s}$，$K_g \geqslant 10\,\text{dB}$。

6-7　已知单位反馈系统的开环传递函数为

$$G(s) = \frac{K}{s(0.1s+1)}$$

试设计串联滞后校正装置，使系统满足性能指标：$K_v \geqslant 200\,\text{s}^{-1}$，$\gamma \geqslant 50°$。

6-8　已知单位反馈系统的开环传递函数为

$$G(s) = \frac{4}{s(2s+1)}$$

试确定串联滞后校正装置 $G_c(s)$，使系统的相角裕度 $\gamma \geqslant 40°$，并保持原有的开环增益。

6-9　已知单位反馈系统的开环传递函数为

$$G(s) = \frac{K}{s(s+1)(0.2s+1)}$$

试确定串联滞后校正环节 $G_c(s)$，使系统的开环速度增益 $K_v \geqslant 8\,\mathrm{s}^{-1}$，相角裕度不小于 $40°$。

6-10　已知单位反馈系统的开环传递函数为

$$G(s) = \frac{K}{s(0.5s+1)(0.1s+1)(0.25s+1)}$$

要求系统的开环速度增益 $K_v \geqslant 12\,\mathrm{s}^{-1}$，超调量 $\sigma_p \leqslant 30\%$，调节时间 $t_s < 3\,\mathrm{s}$（$\varDelta = 5\%$），试确定串联滞后校正装置的传递函数。

6-11　已知单位反馈系统的开环传递函数为

$$G(s) = \frac{6}{s(s^2+4s+6)}$$

(1)计算校正前系统的截止频率和相角裕度。

(2)串联传递函数为 $G_c(s) = \dfrac{s+1}{0.2s+1}$ 的超前校正装置，求校正后系统的截止频率和相角裕度。

(3)串联传递函数为 $G_c(s) = \dfrac{10s+1}{100s+1}$ 的滞后校正装置，求校正后系统的截止频率和相角裕度。

(4)讨论串联超前校正、串联滞后校正的不同作用。

6-12　已知系统的开环传递函数为

$$G(s) = \frac{K}{s(0.5s+1)(0.1s+1)}$$

要求系统的 $K_v \geqslant 10\,\mathrm{s}^{-1}$，$\gamma \geqslant 50°$。

(1)试分析用单级串联超前校正装置能否满足系统要求。

(2)试设计满足系统要求的串联滞后校正装置。

6-13　已知单位反馈系统的开环传递函数为

$$G(s) = \frac{8}{s(2s+1)}$$

若采用滞后-超前校正装置 $G_c(s) = \dfrac{(10s+1)(2s+1)}{(100s+1)(0.2s+1)}$ 对系统进行串联校正，试绘制系统校正前后的对数幅频特性，并计算系统校正前后的相角裕度。

6-14　已知系统的开环传递函数为

$$G(s) = \frac{K}{s(0.01s+1)(0.1s+1)}$$

要求系统 $K_v \geqslant 250\,\mathrm{s}^{-1}$，$\gamma \geqslant 45°$，$\omega_c \geqslant 30\,\mathrm{rad/s}$，试设计串联校正装置。

6-15　设未校正系统固有部分的开环传递函数为

$$G(s) = \frac{K}{s(0.5s+1)(0.167s+1)}$$

试用期望特性法设计串联校正装置，使系统满足下列性能指标： $K_v \geqslant 180\,\mathrm{s}^{-1}$ ， $\gamma \geqslant 40°$ ，$3\,\mathrm{rad/s} < \omega_c < 5\,\mathrm{rad/s}$ 。

6-16　设系统方框图如题 6-16 图所示，已知

$$G_1(s) = \frac{K_1}{s}, \quad G_2(s) = \frac{1}{(1+0.5s)(1+0.01s)}$$

试设计反馈校正装置 $G_c(s)$ ，使系统满足下列性能指标： $K_v \geqslant 200\,\mathrm{s}^{-1}$ ， $\sigma_p \leqslant 30\%$ ， $t_s \leqslant 0.7\,\mathrm{s}$ 。

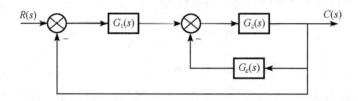

题 6-16 图　系统方框图(一)

6-17　已知系统方框图如题 6-17 图所示，其中，

$$G_1(s) = \frac{K_1}{0.014s+1}, \quad G_2(s) = \frac{12}{(1+0.1s)(1+0.02s)}, \quad G_3(s) = \frac{0.0025}{s}$$

K_1 在 600 以内可调，试设计反馈校正装置 $G_c(s)$ ，使校正后的系统满足如下指标：$K_v \geqslant 150\,\mathrm{s}^{-1}$ ， $\sigma_p \leqslant 40\%$ ， $t_s \leqslant 1\,\mathrm{s}$ 。

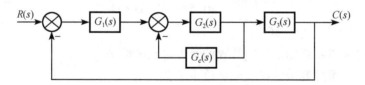

题 6-17 图　系统方框图(二)

6-18　设某控制系统方框图如题 6-18 图所示，为了使系统能够满足下列性能指标：

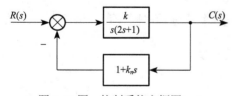

题 6-18 图　控制系统方框图(一)

(1)闭环极点的阻尼比等于 0.5；

(2) $t_s \leqslant 2\,\mathrm{s}$ ；

(3) $K_v \geqslant 50\,\mathrm{s}^{-1}$ ；

(4) $0.4 < k_n < 1$ 。

试确定反馈环节的参数 k_n 。

6-19　已知控制系统的方框图如题 6-19 图所示，满足下列要求：

(1)动态速度误差系数 $c_1 \geqslant 0.001\mathrm{s}$ ；

(2)动态加速度误差系数 $c_2 \geqslant 250\mathrm{s}^2$ ；

(3) $\sigma_p \leqslant 30\%$ ；

(4) $t_s \leqslant 0.25\mathrm{s}$ ($\varDelta = 5\%$)。

试确定反馈环节的参数 k_c 。

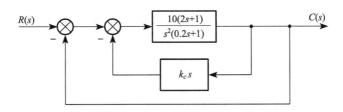

题 6-19 图　控制系统方框图(二)

第7章　非线性系统分析

在以上各章中，已经研究了线性系统分析与设计的各种问题。事实上，几乎所有的实际控制系统都存在非线性特性，如电动机的电枢电压与转速的静特性、晶闸管放大器输入输出特性、齿轮传动中的齿隙特性等。所谓非线性是指元件或环节的静特性不是按线性规律变化的。在一些系统中，人们甚至还有目的地应用非线性部件来改善系统性能或简化系统结构。当系统中的非线性程度不高时，在某一范围内或某些条件下可以利用线性化处理的方法，将系统近似为线性系统，称这种系统为非本质非线性系统。而如果系统的被控对象本身的工作特性是非线性的，或者系统的控制规律为非线性的，无法通过线性化方法近似处理为线性系统，称这种系统为本质非线性系统。下面重点讨论这种非线性系统的特点及分析方法。

7.1　非线性系统的数学描述

7.1.1　非线性系统的状态方程描述

若控制系统中包含一个或一个以上具有非线性静特性的元件或环节，则称为非线性系统。非线性系统的数学描述一般有两种形式：非线性微分方程和非线性代数方程。这里介绍非线性系统的非线性微分方程描述。

与第 2 章中介绍的线性系统的数学描述不同，大多数非线性系统可用 n 阶非线性微分方程来描述，其形式为

$$\frac{\mathrm{d}^n y(t)}{\mathrm{d}t^n} = h\left(t, y(t), \frac{\mathrm{d}y(t)}{\mathrm{d}t}, \cdots, \frac{\mathrm{d}^{n-1}y(t)}{\mathrm{d}t^{n-1}}, u(t)\right) \tag{7-1-1}$$

式中，$u(t)$ 为输入量；$y(t)$ 为输出量。函数 $h(\cdot)$ 中所包含的 $y(t)$ 及其各阶导数不全是一次的。

若定义变量为

$$\begin{cases} x_1(t) = y(t) \\ x_2(t) = \dfrac{\mathrm{d}y(t)}{\mathrm{d}t} \\ \vdots \\ x_n(t) = \dfrac{\mathrm{d}^{n-1}y(t)}{\mathrm{d}t^{n-1}} \end{cases} \tag{7-1-2}$$

则式(7-1-1)可表示为一阶微分方程组：

$$\begin{cases} \dot{x}_1(t) = x_2(t) \\ \dot{x}_2(t) = x_3(t) \\ \vdots \\ \dot{x}_{n-1}(t) = x_n(t) \\ \dot{x}_n(t) = h(t, x_1(t), x_2(t), \cdots, x_n(t), u(t)) \end{cases} \tag{7-1-3}$$

如果再定义 n 维向量为

$$\boldsymbol{x}(t) = \left[x_1(t), x_2(t), \cdots, x_n(t) \right]^{\mathrm{T}}$$

$$f\left(t, \boldsymbol{x}(t), u(t) \right) = \left[x_2(t), \cdots, x_n(t), h(t, x_1(t), \cdots, x_n(t), u(t)) \right]^{\mathrm{T}}$$

则式(7-1-3)就能写成一阶向量微分方程：

$$\dot{\boldsymbol{x}}(t) = f(t, \boldsymbol{x}(t), u(t)) \tag{7-1-4}$$

这就是非线性系统的状态方程描述。

　　显然，由于函数 $f(t, \boldsymbol{x}, u)$ 不是状态向量 $\boldsymbol{x}$ 的线性函数，所以非线性系统的微分方程不可能写成第 2 章所述线性系统微分方程的形式。

7.1.2　典型非线性特性

　　非线性特性是多种多样的，目前尚不存在统一的分析方法。下面介绍几种控制系统中常见的典型非线性特性。其中一些特性是组成控制系统的元件所固有的，如饱和特性、死区特性、间隙特性等，这些特性一般来说对控制系统的性能是不利的；另一些特性则是为了改善系统性能而人为加入的，如继电器特性、变增益特性等，在控制系统中加入这类非线性特性，可使系统具有比线性系统更为优良的性能。

　　1. 饱和特性

　　饱和特性如图 7-1-1 所示。图中 $e(t)$ 为非线性环节的输入信号，$x(t)$ 为非线性环节的输出信号。$|e(t)| \leqslant e_0$ 的区域是线性区；当 $|e(t)| > e_0$ 时进入饱和区。饱和特性的数学表达式为

$$x(t) = \begin{cases} ke(t), & |e(t)| \leqslant e_0 \\ M \operatorname{sign} e(t), & |e(t)| > e_0 \end{cases} \tag{7-1-5}$$

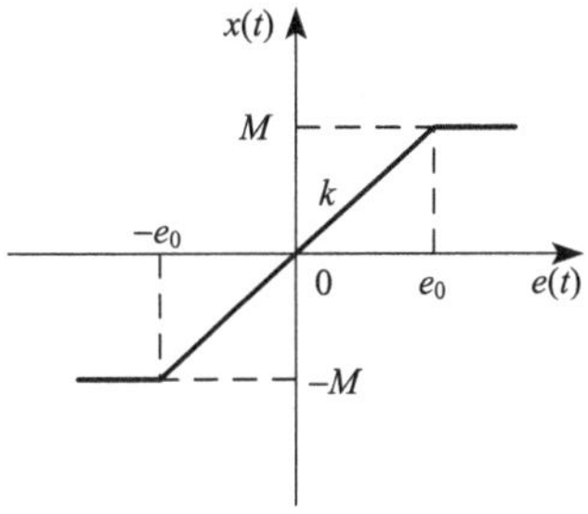

式中，e_0 为线性区的宽度；k 为线性区的斜率；$M = ke_0$；

$$\operatorname{sign} e(t) = \begin{cases} 1, & e(t) > 0 \\ -1, & e(t) < 0 \end{cases}。$$

图 7-1-1　饱和特性

　　各类饱和放大器、执行元件的功率，调节阀的行程限制，控制电机的转速与控制电压等，都具有饱和特性。饱和特性使系统在大信号作用下的等效增益降低，从而使其响应过程变长和稳态误差增大；在深度饱和的情况下，可能使系统丧失闭环控制的作用。但也可利用饱和特性作为信号限幅来限制某些物理量，以保证系统安全可靠地运行。

　　2. 死区特性

　　死区特性如图 7-1-2 所示。$|e(t)| \leqslant e_0$ 的区域称为死区或不灵敏区，当输入信号的绝对值小于 e_0 时，无输出信号；而当输入信号的绝对值大于 e_0 时，输出信号才随输入信号变化。

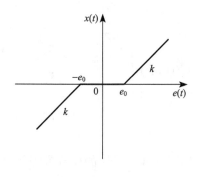

图 7-1-2　死区特性

死区特性的数学表达式为

$$x(t) = \begin{cases} 0, & |e(t)| \leqslant e_0 \\ k[e(t) - e_0 \text{sign} e(t)], & |e(t)| > e_0 \end{cases} \quad (7\text{-}1\text{-}6)$$

式中，e_0 为死区的宽度；k 为线性区的斜率。

　　控制系统中的测量元件、执行元件等一般都具有死区特性，例如，当输入电压小于启动电压时，作为执行元件的电动机仍处于静止状态；只有当输入电压大于启动电压时，电动机才开始运转。死区特性将导致系统产生稳态误差，影响控制精度；对于跟踪慢变输入信号的系统，死区特性将使系统的输出量在时间上产生滞后。但有时可利用死区特性滤除振幅小于死区的干扰信号，提高系统的抗干扰能力。

3. 间隙特性

　　间隙特性如图 7-1-3 所示，其数学表达式为

$$x(t) = \begin{cases} k[e(t) - \varepsilon], & \dot{x}(t) > 0 \\ k[e(t) + \varepsilon], & \dot{x}(t) < 0 \\ M \text{sign} e(t), & \dot{x}(t) = 0 \end{cases} \quad (7\text{-}1\text{-}7)$$

式中，2ε 为间隙的宽度；k 为间隙特性的斜率；
$M = k(e_0 - \varepsilon)$。

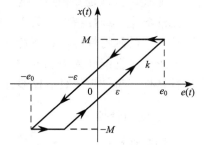

图 7-1-3　间隙特性

　　式(7-1-7)也可写成

$$x(t) = \begin{cases} k[e(t) - \varepsilon], & \dot{e}(t) > 0 \text{且} e(t) > -(e_0 - 2\varepsilon) \\ M, & \dot{e}(t) < 0 \text{且} e(t) > e_0 - 2\varepsilon \\ k[e(t) + \varepsilon], & \dot{e}(t) < 0 \text{且} e(t) < e_0 - 2\varepsilon \\ -M, & \dot{e}(t) > 0 \text{且} e(t) < -(e_0 - 2\varepsilon) \end{cases}$$

　　注意：$e(t) \in [-e_0, e_0]$，$e_0 - 2\varepsilon > 0$。

　　输出信号 $x(t)$ 不但与输入信号 $e(t)$ 的大小有关，而且与 $e(t)$ 的增加与减小的方向有关。

　　齿轮传动的齿隙、液压传动的油隙等都具有间隙特性。在齿轮传动中，由于齿隙的存在，当主动轮转动方向改变时，从动轮保持原位不动，直到间隙消除后才改变转动方向。间隙特性一般使系统的稳态误差增大，使频率响应的相位迟后也增大，从而降低系统的相对稳定性，或使系统产生自持振荡。

4. 继电器特性

　　继电器是广泛应用于控制系统和保护装置中的器件。一般情况下，继电器特性如图 7-1-4 所示，其数学表达式为

$$x(t) = \begin{cases} 0, & -me_0 < e(t) < e_0, \dot{e}(t) > 0 \\ 0, & -e_0 < e(t) < me_0, \dot{e}(t) < 0 \\ M\mathrm{sign}e(t), & |e(t)| \geqslant e_0 \\ M, & e(t) \geqslant me_0, \dot{e}(t) < 0 \\ -M, & e(t) \leqslant -me_0, \dot{e}(t) > 0 \end{cases} \quad (7\text{-}1\text{-}8)$$

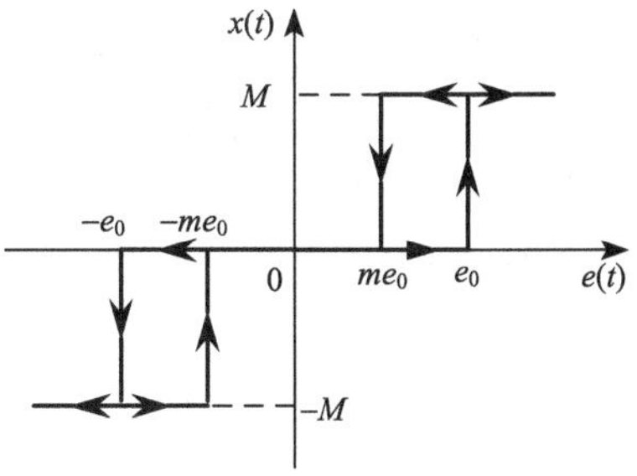

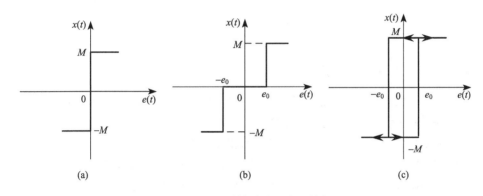

式中，e_0 为吸合电压；me_0 为释放电压；M 为饱和输出。

由于继电器吸合电压与释放电压不相等，继电器特性中包含了死区特性、饱和特性及滞环特性。其中，若

图 7-1-4　继电器特性

$e_0 = 0$，即继电器吸合电压和释放电压均为零的零值切换，称为理想继电器特性，如图 7-1-5(a)所示；若 $m = 1$，即吸合电压和释放电压相等，称为具有死区的单值继电器特性，如图 7-1-5(b)所示；如果 $m = -1$，即正向释放电压等于反向吸合电压及反向释放电压等于正向吸合电压，称为含滞环的继电器特性，如图 7-1-5(c)所示。

图 7-1-5　几种特殊的继电器特性

死区的存在是由于继电器线圈需要一定数量的电流才能产生吸合作用，滞环的存在是由于铁磁元件磁滞特性使继电器的吸合电流与释放电流不一样大。

继电器元件在控制系统中经常用来作为改善系统性能的切换元件，因此继电器特性在非线性系统的分析中占有重要地位。

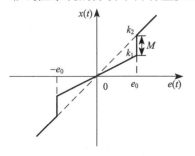

图 7-1-6　变增益特性

5. 变增益特性

变增益特性如图 7-1-6 所示，其数学表达式为

$$x(t) = \begin{cases} k_1 e(t), & |e(t)| \leqslant e_0 \\ k_2 e(t), & |e(t)| > e_0 \end{cases} \quad (7\text{-}1\text{-}9)$$

式中，k_1、k_2 为变增益特性斜率；e_0 为切换点；$M = (k_2 - k_1)e_0$。

变增益特性可以使系统在大误差信号时具有较大的增益，从而使系统响应迅速；而在小误差信号时具有较小的增益，从而提高系统的相对稳定性。

除上述典型非线性特性外，在控制系统中还可能会遇到一些更为复杂的非线性特性，有些特性可视为上述典型非线性特性的不同组合。例如，图7-1-7(a)所示为线性增益特性与理想继电器特性之和，图 7-1-7(b)所示为死区特性与有死区无滞环的继电器特性之和，图 7-1-7(c)所示为两种死区特性之差。

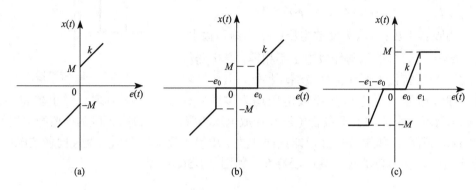

图 7-1-7　复杂非线性特性

7.1.3　非线性系统的特点和分析方法

非线性系统与线性系统相比，具有许多明显的特点，主要有以下几个方面。

(1)线性系统的稳定性完全取决于系统的结构和参数，而与系统的输入信号和初始条件无关。非线性系统的稳定性不仅与系统的结构和参数有关，而且与系统的输入信号和初始条件密切相关。对于同一个非线性系统，当输入信号不同或初始条件不同时，对其进行稳定性分析可能得出完全不同的结论。线性系统只有一个平衡状态，而非线性系统可以有多个平衡状态。

(2)线性系统围绕其平衡状态仅有发散与收敛两种运动形式。虽然有些线性系统在处于临界稳定的状态时，可能出现等幅振荡，但这种振荡是不稳定的，即系统受到微小的扰动时，振荡就会消失，转化为发散或收敛状态，同时其振幅由初始条件决定。而在非线性系统中，系统的运动形式除了发散和收敛外，即使无外部激励，也可能产生具有一定振幅和频率的持久稳定的等幅振荡，称这种振荡为自持振荡、自振荡或自激振荡。这种振荡的振幅既与初始条件无关，又不易受参数变化的影响。改变系统的结构和参数，就能够改变这种自持振荡的频率和振幅，这是非线性系统所具有的特殊现象，也是非线性系统研究的重要问题。

(3)线性微分方程的求解可以应用叠加原理，而非线性微分方程不能应用叠加原理，只有在个别情况下才有解析解，没有统一的求解方法。对于有些非线性特性不严重的系统，可以用小偏差线性化方法，将非线性运动方程中的非线性函数在系统期望工作点附近展开成泰勒级数，并截取其一阶导数项来近似，获得以变量的偏差为自变量的线性函数，从而将该系统转化为线性系统来分析求解。实际应用中，对非线性系统进行分析一般不必求得其时域响应的精确解，主要研究其时域响应的性质，如系统是否稳定、是否产生自持振荡以及如何消除自持振荡等。

(4)在线性系统中，当输入为正弦信号时，其稳态输出也是同频率的正弦信号，只是振幅和相位与输入不同，因此可以用频率特性表示系统本身的特性。对于非线性系统，在正弦输入信号的作用下，其输出通常是含高次谐波分量的非正弦周期函数，因而不能直接应用频率特性、传递函数等线性系统常用的概念来分析和设计。

由于非线性系统的特殊性和复杂性，很难有普遍适用的分析方法。在工程上，对于非本质非线性系统，可采用小偏差线性化方法来分析。对于一、二阶本质非线性系统，可用相平面法分析其稳定性及其时间响应的情况。对于含本质非线性的高阶非线性系统，可用描述函数法分析其稳定性。本书采用描述函数法和相平面法研究非线性环节对系统性能的影响。

7.2　描述函数法

描述函数法是基于谐波线性化概念的一种工程近似方法，其基本思想是：当非线性系统满足一定的假设条件时，系统中的非线性环节在正弦信号作用下的输出可用一次谐波分量来近似，由此导出非线性环节的近似等效频率特性，即描述函数。这样非线性系统就近似等效为一个线性系统，并可应用线性系统理论中的频率响应法对其进行频域分析。描述函数法不受系统阶次的限制，主要用来分析无外输入作用时非线性系统的稳定性，确定正弦信号作用下非线性闭环系统的输出特性。

7.2.1　谐波线性化的概念

设非线性系统的方框图如图 7-2-1 所示。若非线性环节 $N(A)$ 的输入信号 $e(t)$ 为正弦信号，则其稳态输出信号 $x(t)$ 将是具有与输入信号 $e(t)$ 相同的周期的非正弦周期函数，包含基波和各种高次谐波分量。如果忽略高次谐波分量的影响，而假设只有基波分量有意义，则可

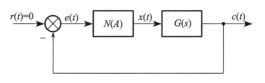

图 7-2-1　非线性系统的方框图

以将此时非线性环节的特性看成线性环节的一种近似，这就是谐波线性化的概念。这里的假设对于大多数的非线性系统都是成立的，这是因为在正弦输入信号作用下，非线性环节稳态输出中的高次谐波分量的振幅通常比基波分量的振幅小，而且非线性系统中的线性部分大都具有低通滤波特性，非线性环节稳态输出中的高次谐波分量在经过线性部分之后将大幅度衰减，因此可以忽略不计，而闭环通道内近似地只有基波信号的流通。

设非线性环节的输入为

$$e(t) = A \sin \omega t \tag{7-2-1}$$

则非线性环节的稳态输出也是周期函数，设其可用傅里叶级数表示为

$$x(t) = \frac{A_0}{2} + \sum_{n=1}^{\infty} (A_n \cos n\omega t + B_n \sin n\omega t)$$

$$= \frac{A_0}{2} + \sum_{n=1}^{\infty} X_n \sin(n\omega t + \varphi_n) \tag{7-2-2}$$

式中

$$A_n = \frac{1}{\pi} \int_0^{2\pi} x(t) \cos n\omega t \mathrm{d}(\omega t)$$

$$B_n = \frac{1}{\pi} \int_0^{2\pi} x(t) \sin n\omega t \mathrm{d}(\omega t)$$

$$X_n = \sqrt{A_n^2 + B_n^2}$$

$$\varphi_n = \arctan \frac{A_n}{B_n}$$

$$n = 1, 2, \cdots$$

$$A_0 = \frac{1}{\pi} \int_0^{2\pi} x(t) \mathrm{d}(\omega t)$$

如果非线性环节的特性是奇函数，则上式中 $A_0 = 0$，此时稳态输出信号 $x(t)$ 中的基波分量为

$$x_1(t) = A_1 \cos \omega t + B_1 \sin \omega t = X_1 \sin(\omega t + \varphi_1) \tag{7-2-3}$$

其中，$B_1 = X_1 \cos \varphi_1$；$A_1 = X_1 \sin \varphi_1$。

类似频率特性的概念，定义非线性环节稳态输出信号 $x(t)$ 中基波分量 $x_1(t)$ 的幅值和相位与输入信号 $e(t)$ 的幅值与相位的复数比为非线性特性的描述函数，即

$$N(A) = \frac{X_1}{A} \mathrm{e}^{\mathrm{j}\varphi_1} = \frac{1}{A}(B_1 + \mathrm{j}A_1) \tag{7-2-4}$$

对于不包含储能元件的非线性环节，其非线性特性是单值奇函数，对应式(7-2-4)中的系数 $A_1 = 0$，从而 $\varphi_1 = 0$，对应的描述函数为

$$N(A) = \frac{B_1}{A} \tag{7-2-5}$$

此时的描述函数是一个实函数，输出基波分量 $x_1(t)$ 与输入正弦信号 $e(t)$ 同相位。

应当指出，采用描述函数法分析非线性系统时，要求线性部分的传递函数 $G(s)$ 为最小相位的，具有较好的低通滤波特性，非线性部分的静特性与时间无关，其输出可只考虑基波分量。当然，一般系统均能满足。

此外，还需假设系统中只有一个非线性环节(若存在多个非线性环节，则可等效为一个非线性环节)、非线性环节是定常的(因为奈氏稳定判据只能用于定常系统)、非线性特性是奇函数(因为此时非线性环节稳态输出信号 $x(t)$ 中的 $A_0 = 0$)。显然，这些假设一般都能满足。

7.2.2 典型非线性特性的描述函数

1. 饱和特性的描述函数

饱和特性及其在正弦信号 $e(t) = A \sin \omega t$ 作用下的输入输出波形如图 7-2-2 所示。设 $A \geqslant e_0$，在 $\omega t \in (0, \pi)$ 的半个周期内，其输出信号的数学表达式为

$$x(t) = \begin{cases} kA\sin\omega t, & 0 < \omega t < \beta \\ ke_0, & \beta < \omega t < \pi - \beta \\ kA\sin\omega t, & \pi - \beta < \omega t < \pi \end{cases} \quad (7\text{-}2\text{-}6)$$

式中，$\beta = \arcsin\dfrac{e_0}{A}$。

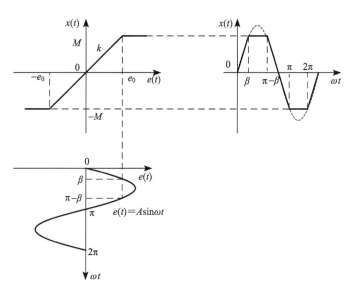

图 7-2-2　饱和特性及其正弦输入输出波形

由于饱和特性是单值奇函数，所以其描述函数应为式(7-2-5)的形式，其中

$$\begin{aligned} B_1 &= \frac{1}{\pi}\int_0^{2\pi} x(t)\sin\omega t\mathrm{d}(\omega t) = \frac{4}{\pi}\int_0^{\frac{\pi}{2}} x(t)\sin\omega t\mathrm{d}(\omega t) \\ &= \frac{4}{\pi}\left[\int_0^{\beta} kA\sin^2\omega t\mathrm{d}(\omega t) + \int_{\beta}^{\frac{\pi}{2}} ke_0\sin\omega t\mathrm{d}(\omega t)\right] \\ &= \frac{2kA}{\pi}\left[\arcsin\frac{e_0}{A} + \frac{e_0}{A}\sqrt{1-\left(\frac{e_0}{A}\right)^2}\right] \end{aligned}$$

于是饱和特性的描述函数为

$$N(A) = \frac{B_1}{A} = \frac{2k}{\pi}\left[\arcsin\frac{e_0}{A} + \frac{e_0}{A}\sqrt{1-\left(\frac{e_0}{A}\right)^2}\right], \quad A \geqslant e_0 \quad (7\text{-}2\text{-}7)$$

以 e_0/A 为自变量，以 $N(A)/k$ 为因变量，绘制式(7-2-7)对应的饱和特性描述函数的关系曲线，如图 7-2-3 所示。由图 7-2-3 可知，当 $e_0/A = 0$ 时 $N(A)/k = 0$，当 $e_0/A = 1$ 时 $N(A)/k = 1$，而当 $e_0/A > 1$ 时 $N(A)/k$ 仍为 1，说明此时的饱和特性可以看成一个线性增益特性。

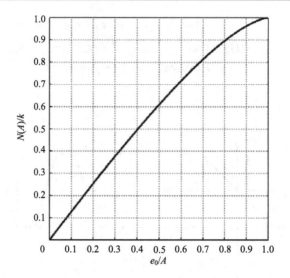

图 7-2-3　饱和特性 $N(A)/k$ 与 e_0/A 的关系曲线

2. 死区特性的描述函数

$$N(A) = \frac{B_1}{A} = k\left[1 - \frac{2}{\pi}\left(\arcsin\frac{e_0}{A} + \frac{e_0}{A}\sqrt{1 - \left(\frac{e_0}{A}\right)^2}\right)\right], \quad A \geqslant e_0 \tag{7-2-8}$$

3. 间隙特性的描述函数

$$N(A) = \frac{k}{\pi}\left[\frac{\pi}{2} + \arcsin\left(1 - \frac{2\varepsilon}{A}\right) + 2\left(1 - \frac{2\varepsilon}{A}\right)\sqrt{\frac{\varepsilon}{A}\left(1 - \frac{\varepsilon}{A}\right)}\right] + j\frac{4k\varepsilon}{\pi A}\left(\frac{\varepsilon}{A} - 1\right), \quad A = e_0 \geqslant \varepsilon \tag{7-2-9}$$

4. 继电器特性的描述函数

$$N(A) = \frac{2M}{\pi A}\left[\sqrt{1 - \left(\frac{e_0}{A}\right)^2} + \sqrt{1 - \left(\frac{me_0}{A}\right)^2}\right] + j\frac{2Me_0}{\pi A^2}(m - 1), \quad A \geqslant e_0 \tag{7-2-10}$$

当 $e_0 = 0$ 时，理想继电器特性的描述函数为

$$N(A) = \frac{4M}{\pi A}, \quad A \geqslant e_0 = 0 \tag{7-2-11}$$

当 $m = 1$ 时，死区继电器特性的描述函数为

$$N(A) = \frac{4M}{\pi A}\sqrt{1 - \left(\frac{e_0}{A}\right)^2}, \quad A \geqslant e_0 \tag{7-2-12}$$

当 $m = -1$ 时，滞环继电器特性的描述函数为

$$N(A) = \frac{4M}{\pi A}\sqrt{1 - \left(\frac{e_0}{A}\right)^2} - \mathrm{j}\frac{4Me_0}{\pi A^2}, \quad A \geqslant e_0 \tag{7-2-13}$$

需指出的是，如图 7-1-6 所示的变增益特性可以等效分解为线性增益特性、两种死区特性以及有死区无滞环的继电器特性的代数和，即由四个特性并联而成，如图 7-2-4 所示，其中 $M = (k_2 - k_1)e_0$，所以变增益特性的描述函数可以通过这四个特性的描述函数的代数和求得，即 $N(A) = N_{11}(A) - N_{12}(A) + N_{13}(A) + N_2(A)$。进一步可推广结论：多个非线性特性并联所得的等效非线性特性的描述函数等于各非线性特性的描述函数之和。显然，这种求取由典型非线性特性并联而成的等效非线性特性的描述函数的结论同样适用于图 7-1-7 所示的三种非线性特性。

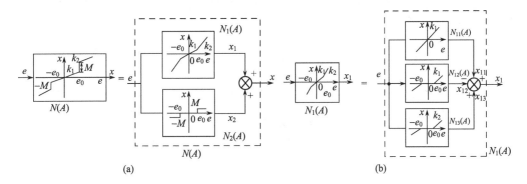

图 7-2-4　变增益特性的等效分解

7.2.3　非线性系统的描述函数分析

描述函数法可以用于分析非线性系统平衡状态的稳定性、是否产生自持振荡、确定自持振荡的振幅和频率以及消除自持振荡的方法等方面的内容。

设非线性系统方框图可以简化为图 7-2-1 所示的形式，即一个等效的线性环节和一个等效的非线性环节在闭环回路中串联的标准形式。如果非线性环节可以用其描述函数 $N(A)$ 近似描述，则系统的特征方程为

$$1 + N(A)G(s) = 0$$

系统在 $s = \mathrm{j}\omega$ 时的特征方程为

$$1 + N(A)G(\mathrm{j}\omega) = 0$$

或者写成

$$G(\mathrm{j}\omega) = -1 / N(A)$$

式中，$-1 / N(A)$ 为非线性环节的"负倒描述函数"。

在频域中，可应用奈氏稳定判据来判别线性系统的稳定性，即通过判断系统的开环频率特性 $G(\mathrm{j}\omega)$ 与复平面上 $(-1, \mathrm{j}0)$ 点的相对位置来判别闭环系统的稳定性。用描述函数法来分析非线性系统的稳定性可以看成线性系统奈氏稳定判据的推广，即将复平面上的临界稳定点 $(-1, \mathrm{j}0)$ 扩展为负倒描述函数 $-1 / N(A)$ 曲线，$-1 / N(A)$ 曲线就是临界稳定点的轨迹。

假设非线性系统的线性部分是最小相位的，即所有的零极点都在 s 平面左半部，则非线性系统稳定性判别的规则如下。

(1)如果线性部分的频率特性 $G(j\omega)$ 曲线不包围负倒描述函数 $-1/N(A)$ 曲线，如图 7-2-5(a)所示，则非线性系统是稳定的，$G(j\omega)$ 曲线离 $-1/N(A)$ 曲线越远，系统的相对稳定性越好。

(2)如果 $G(j\omega)$ 曲线包围 $-1/N(A)$ 曲线，如图 7-2-5(b)所示，则非线性系统是不稳定的，其响应是发散的。

(3)如果 $G(j\omega)$ 曲线与 $-1/N(A)$ 曲线相交，如图 7-2-5(c)所示，有两个交点 a 和 b，其中 a 点对应的频率和振幅为 ω_a 和 A_a，而 b 点对应的频率和振幅为 ω_b 和 A_b，说明系统中可能产生两个不同频率和振幅的周期振荡运动。稳定的周期振荡称为非线性系统的自持振荡，在图 7-2-5(c)中 a 和 b 两点是否产生自持振荡需要具体分析。

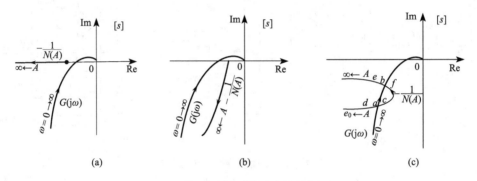

图 7-2-5　非线性系统稳定性的判别

采用扰动分析的方法判别周期振荡的稳定性。设系统原来工作在 a 点，如果因受到外界轻微的扰动而使非线性元件输入振幅 A 增加，则工作点沿着 $-1/N(A)$ 曲线上 A 增加的方向移到 c 点，此时 $G(j\omega)$ 曲线包围 c 点，系统不稳定，其响应是发散的，非线性元件输入振幅 A 逐渐增加，工作点沿着 $-1/N(A)$ 曲线上 A 增加的方向向 b 点转移。反之，如果因受到外界轻微的扰动而使非线性元件输入振幅 A 减小，则工作点移到 d 点，由于 d 点不被 $G(j\omega)$ 曲线包围，系统稳定，其响应是收敛的，非线性元件输入振幅 A 逐渐衰减为 e_0。因此，a 点对应的周期振荡不具有抑制扰动信号的稳定性，即是不稳定的，在 a 点不产生自持振荡。

若系统原来工作在 b 点，因受到外界轻微的扰动而使非线性元件输入振幅 A 增加，则工作点沿着 $-1/N(A)$ 曲线上 A 增加的方向移到 e 点，此时 $G(j\omega)$ 曲线不包围 e 点，系统稳定，其响应是收敛的，振幅 A 逐渐减小，工作点沿着 A 减小的方向又回到 b 点。反之，如果因受到外界轻微的扰动而使非线性元件输入振幅 A 减小，则工作点移到 f 点，由于 f 点被 $G(j\omega)$ 曲线包围，系统不稳定，其响应是发散的，振幅 A 逐渐增加，工作点沿着 A 增加的方向又回到 b 点。因此 b 点对应的周期振荡具有抑制扰动信号的稳定性，即是稳定的，在 b 点产生自持振荡。其中自持振荡的振幅由 b 点在 $-1/N(A)$ 曲线上对应的振幅决定，而角频率则由 b 点在 $G(j\omega)$ 曲线上对应的角频率决定。

由上面的分析可知，当图 7-2-5(c)所示的系统在非线性元件正弦输入信号的初始振幅 $A < A_a$ 时，非线性元件的正弦输入信号振幅将向 $A = e_0$ 收敛，使系统进入线性工作状态；而当初始振幅 $A > A_a$ 时，非线性元件正弦输入信号将趋向于自持振荡状态之下。系统的稳定性与初始条件及输入信号有关，这正是非线性系统与线性系统的不同之处。

当 $G(j\omega)$ 曲线与 $-1/N(A)$ 曲线相切或几乎相切时，不能用描述函数法分析非线性系统的稳定性。

【例 7-2-1】　含饱和特性的系统方框图如图 7-2-6 所示，其中饱和特性的参数 $e_0 = 1$，$k = 2$，试求：

(1)开环增益 $K = 15$ 时，自持振荡的振幅与角频率；

(2)系统不产生自持振荡时，开环增益 K 的最大值。

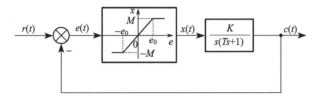

图 7-2-6　含饱和特性的系统方框图

解　饱和特性的描述函数为

$$N(A) = \frac{2k}{\pi} \left[\arcsin \frac{e_0}{A} + \frac{e_0}{A} \sqrt{1 - \left(\frac{e_0}{A} \right)^2} \right], \quad A \geqslant e_0$$

式中，$e_0 = 1$；$k = 2$，则负倒描述函数为

$$-\frac{1}{N(A)} = -\frac{\pi}{4 \left[\arcsin \frac{1}{A} + \frac{1}{A} \sqrt{1 - \left(\frac{1}{A} \right)^2} \right]}$$

由上式可得，$A = 1$ 时，$-\dfrac{1}{N(A)} = -0.5$；$A \to \infty$ 时，$-\dfrac{1}{N(A)} \to -\infty$。因此，$-\dfrac{1}{N(A)}$ 曲线在负实轴上位于 $-\infty \sim -0.5$。

系统线性部分的频率特性为

$$G(j\omega) = \frac{K}{s(0.1s+1)(0.2s+1)} \bigg|_{s=j\omega} = \frac{K[-0.3\omega - j(1 - 0.02\omega^2)]}{\omega(0.0004\omega^4 + 0.05\omega^2 + 1)}$$

令 $\mathrm{Im}[G(j\omega)] = 0$，即 $1 - 0.02\omega^2 = 0$，得 $G(j\omega)$ 曲线与负实轴交点对应的角频率 $\omega = \sqrt{50}$ rad/s。将 $\omega = \sqrt{50}$ rad/s 代入 $\mathrm{Re}[G(j\omega)]$，可求得 $G(j\omega)$ 曲线与负实轴的交点为

$$\mathrm{Re}[G(j\omega)] = \frac{-0.3K}{0.0004\omega^4 + 0.05\omega^2 + 1} \bigg|_{\omega=\sqrt{50} \text{ rad/s}} = \frac{-0.3K}{4.5}$$

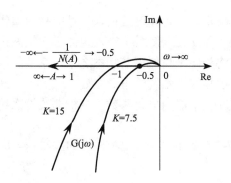

图 7-2-7　例 7-2-1 $G(j\omega)$ 曲线与 $-1/N(A)$ 曲线

(1)当 $K=15$ 时，$\mathrm{Re}[G(j\omega)] = -1$。图 7-2-7 绘出了 $K=15$ 时的 $G(j\omega)$ 曲线与 $-1/N(A)$ 曲线，两曲线交于 $(-1, j0)$点。显然，交点对应的是一个稳定的自持振荡，根据交点处幅值相等，即

$$-\dfrac{\pi}{4\left[\arcsin\dfrac{1}{A} + \dfrac{1}{A}\sqrt{1-\left(\dfrac{1}{A}\right)^2}\right]} = -1$$

求得与交点对应的振幅 $A = 2.48$。因此，当 $K=15$ 时系统处于自持振荡状态，其振幅 $A = 2.48$，振荡频率即为交点处的角频率 $\omega = \sqrt{50}\ \mathrm{rad/s}$。

(2)根据推广的奈氏稳定性判据，为使非线性系统不出现自持振荡，应使 $G(j\omega)$ 曲线不包围 $-1/N(A)$ 曲线，即

$$-0.5 \leqslant -\dfrac{0.3K}{4.5}$$

故

$$K \leqslant \dfrac{0.5 \times 4.5}{0.3} = 7.5$$

所以使系统不产生自持振荡的 K 值最大为 7.5。

【例 7-2-2】　设含理想继电器特性的系统方框图如图 7-2-8 所示，试确定系统是否产生自持振荡；如果存在自持振荡，求自持振荡的角频率 ω 和振幅 A。

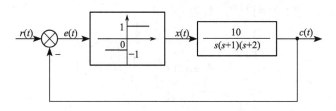

图 7-2-8　含理想继电器特性的系统方框图

解　当 $M = 1$ 时，理想继电器的负倒描述函数为

$$-\dfrac{1}{N(A)} = -\dfrac{\pi A}{4}, \quad A \geqslant 0$$

由上式可得，当 $A = 0$ 时，$-1/N(A) = 0$；当 $A \to \infty$ 时，$-1/N(A) \to -\infty$。因此 $-1/N(A)$ 曲线在整个负实轴上，如图 7-2-9 所示。

系统线性部分的频率特性为

$$G(j\omega) = \dfrac{-30}{\omega^4 + 5\omega^2 + 4} + j\dfrac{10(\omega^2 - 2)}{\omega(\omega^4 + 5\omega^2 + 4)}$$

令 $\mathrm{Im}[G(j\omega)] = 0$，求得 $G(j\omega)$ 曲线与负实轴交点对应的角频率 $\omega = \sqrt{2}\ \mathrm{rad/s}$。

将 $\omega = \sqrt{2}\,\text{rad}\,/\,\text{s}$ 代入上式，得 $\text{Re}[G(\text{j}\omega)] =$ $-\dfrac{5}{3}$，说明 $G(\text{j}\omega)$ 曲线与 $-1/N(A)$ 曲线交于实轴上 $\left(-\dfrac{5}{3},0\right)$ 点，故令 $-\dfrac{1}{N(A)} = -\dfrac{5}{3}$，可解得此时的振幅 $A = 2.1$，因此系统产生稳定的自持振荡，振荡频率为 $\omega = \sqrt{2}\text{rad}\,/\,\text{s}$，振幅为 $A = 2.1$。

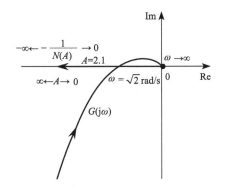

图 7-2-9 例 7-2-2 $G(\text{j}\omega)$ 曲线与 $-1/N(A)$ 曲线

【例 7-2-3】 设含有死区无滞环继电器特性的系统方框图如图 7-2-10 所示，试分析系统的稳定性。

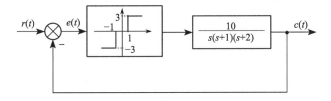

图 7-2-10 含有死区无滞环继电器特性的系统方框图

解 有死区无滞环继电器特性的负倒描述函数为

$$-\frac{1}{N(A)} = -\frac{1}{\dfrac{4M}{\pi A}\sqrt{1-\left(\dfrac{e_0}{A}\right)^2}}, \quad A \geqslant e_0$$

其对应的 $-1/N(A)$ 曲线如图 7-2-11 所示。

由 $\text{d}N(A)/\text{d}A = 0$ 求得 $A = \sqrt{2}e_0$，此时 $-1/N(A) = -\pi e_0/(2M)$。

从图 7-2-11 可见，$-1/N(A)$ 曲线为负实轴上的 $\left(-\infty, -\dfrac{\pi e_0}{2M}\right]$，$\left(-\infty, -\dfrac{\pi e_0}{2M}\right]$ 上的每个点都代表 $A < \sqrt{2}e_0$ 及 $A > \sqrt{2}e_0$ 的两个振幅值，$-1/N(A)$ 曲线在负实轴上的拐点坐标为 $\left(-\dfrac{\pi e_0}{2M}, \text{j}0\right)$，拐点处的振幅等于 $\sqrt{2}e_0$。

对于图 7-2-10 所示的含有死区无滞环继电器特性的系统方框图，知 $M = 3$，$e_0 = 1$，$-1/N(A)$ 曲线位于负实轴上的 $\left(-\infty, -\dfrac{\pi}{6}\right)$ 内，拐点坐标为 $\left(-\dfrac{\pi}{6}, \text{j}0\right)$，拐点处的振幅等于 $\sqrt{2}$，$-1/N(A)$ 曲线如图 7-2-12 所示。

图 7-2-10 中线性部分的频率特性为

$$G(\text{j}\omega) = -\frac{7.5}{0.25\omega^4 + 1.25\omega^2 + 1} + \text{j}\frac{5(0.5\omega^2 - 1)}{\omega(0.25\omega^4 + 1.25\omega^2 + 1)}$$

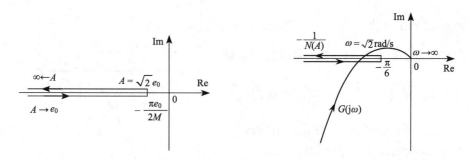

图 7-2-11　有死区无滞环继电器特性的 $-1/N(A)$ 曲线　　图 7-2-12　例 7-2-3 $G(\mathrm{j}\omega)$ 曲线与 $-1/N(A)$ 曲线

令 $\mathrm{Im}[G(\mathrm{j}\omega)]=0$ ，得 $\omega=\sqrt{2}\,\mathrm{rad/s}$ ，代入频率特性实部得 $\mathrm{Re}[G(\mathrm{j}\omega)]=-5/3$ 。由于 $-5/3<-\pi/6$ ，故 $G(\mathrm{j}\omega)$ 曲线与 $-1/N(A)$ 曲线相交。其两个交点对应的振荡角频率均为 $\omega=\sqrt{2}\,\mathrm{rad/s}$ ，但振幅值不同。由 $-1/N(A)=\mathrm{Re}[G(\mathrm{j}\sqrt{2})]=-5/3$ 可求得 $A_1=1.013$ ，$A_2=6.285$ ，其中 $A_2=6.285$ 对应的交点为使系统产生自振荡的点，故系统自振荡的振幅为 $A_2=6.285$ ，角频率为 $\omega=\sqrt{2}\,\mathrm{rad/s}$ 。

自持振荡是非线性系统特有的一种运动状态，它表示有限幅值又稳定的周期运动。由于描述函数法是一种近似分析方法，故基于该方法求得的自持振荡(极限环)往往是一种接近于正弦形式的周期振荡，而不是严格的正弦函数。尽管自持振荡不是渐近稳定的状态，但它的运动轨迹被限定在状态空间的有限区域内，如果这个区域在系统容许误差范围内，那么这种状态对于不能渐近稳定的系统来说很有意义。但是一般来说，控制系统不希望出现自持振荡。消除自持振荡的途径之一是改变非线性特性的参数，例如，调整继电器特性的死区值，以避免 $-1/N(A)$ 曲线与 $G(\mathrm{j}\omega)$ 曲线相交；另一种更可取的途径是对非线性系统的线性部分进行校正，以改变 $G(\mathrm{j}\omega)$ 曲线在某个频段内的形状，使其与 $-1/N(A)$ 曲线不接触，从而达到消除自持振荡和提高系统稳定性的目的。

7.3　相 平 面 法

相平面法的研究对象是二阶非线性系统，根据二阶系统的微分方程在相平面上建立系统解的几何图像，不需要直接求解非线性方程就可以分析不同初始状态下系统的动态和稳态性能及稳定性，从而获得二阶系统的运动特性。

设二阶系统自由运动的微分方程描述为

$$\ddot{x}+f(x,\dot{x})=0 \tag{7-3-1}$$

式中，$f(x,\dot{x})$ 为 x 和 $\dot{x}$ 的线性函数或非线性函数。

式(7-3-1)的时间解可用 x 与 t 的关系图来描述，也可以以 t 为参变量，用 $\dot{x}$ 和 x 的关系图来描述。如果用 $\dot{x}$ 和 x 作为平面的直角坐标轴，则称 x-$\dot{x}$ 平面为相平面。在每一时刻，系统的运动状态都对应相平面上的一个点，当时间 t 变化时，该点在相平面上便描绘出一条表征系统状态变化过程的轨迹线，称为相轨迹。用相轨迹表示系统的动态过程的方法称为相平面法。在相平面上，由一簇相轨迹组成的图像称为相平面图。

7.3.1　线性系统的相轨迹

设二阶线性系统自由运动的线性微分方程为

$$\ddot{x} + 2\zeta\omega_n\dot{x} + \omega_n^2 x = 0 \tag{7-3-2}$$

取变量 $x_1 = x$，$x_2 = \dot{x}$，则式(7-3-2)可用下面的方程组表示：

$$\begin{cases} \dot{x}_1 = x_2 \\ \dot{x}_2 = -\omega_n^2 x_1 - 2\zeta\omega_n x_2 \end{cases} \tag{7-3-3}$$

合并式(7-3-3)的两式，可得

$$\frac{\dot{x}_2}{\dot{x}_1} = -\frac{\omega_n^2 x_1 + 2\zeta\omega_n x_2}{x_2} \tag{7-3-4}$$

由于 $\dot{x}_1 = \dfrac{\mathrm{d}x_1}{\mathrm{d}t}$，$\dot{x}_2 = \dfrac{\mathrm{d}x_2}{\mathrm{d}t}$，式(7-3-4)又可改写为

$$\frac{\mathrm{d}x_2}{\mathrm{d}x_1} = -\frac{\omega_n^2 x_1 + 2\zeta\omega_n x_2}{x_2}$$

则二阶线性系统的相轨迹方程为

$$\frac{\mathrm{d}\dot{x}}{\mathrm{d}x} = -\frac{\omega_n^2 x + 2\zeta\omega_n \dot{x}}{\dot{x}} \tag{7-3-5}$$

式(7-3-5)实际上表示了二阶线性系统相轨迹上各点的斜率。从式(7-3-5)可以看出，在相平面的原点处，$x = 0$，$\dot{x} = 0$，有 $\mathrm{d}\dot{x}/\mathrm{d}x = 0/0$，说明原点处相轨迹的斜率不是定值，或者说可有无穷多条相轨迹通过该点。在相轨迹上，称 $\mathrm{d}\dot{x}/\mathrm{d}x$ 为不定值的点为奇点。由于奇点处的速度和加速度均为零，所以奇点与系统的平衡工作点相对应。

式(7-3-2)的特征方程为

$$\lambda^2 + 2\zeta\omega_n\lambda + \omega_n^2 = 0$$

其特征根为 $\lambda_{1,2} = -\zeta\omega_n \pm \omega_n\sqrt{\zeta^2 - 1}$。

下面对二阶线性系统在不同参数下的相平面图进行分析，并由此划分奇点的类型。

(1)当 $\zeta = 0$ 时，λ_1、λ_2 为一对共轭纯虚根，系统处于无阻尼运动状态，此时式(7-3-5)成为

$$\frac{\mathrm{d}\dot{x}}{\mathrm{d}x} = -\frac{\omega_n^2 x}{\dot{x}}$$

分离变量后，对上式两侧分别取积分得

$$x^2 + \left(\frac{\dot{x}}{\omega_n}\right)^2 = R^2$$

式中，$R = \sqrt{x_{10}^2 + (x_{20}/\omega_n)^2}$ 为初始状态 x_{10} 和 x_{20} 决定的常数项。上式表明，系统的相轨迹是一簇同心的椭圆，如图 7-3-1(a)所示。在相平面原点处有一孤立奇点，称这种奇点为中心点。每个椭圆对应一定频率下的等幅振荡过程，线性系统的等幅振荡实际上是不稳定的。

（2）当 $0<\zeta<1$ 时，λ_1、λ_2 为一对具有负实部的共轭复根，系统处于欠阻尼状态。其零输入响应为衰减振荡的，收敛于终值零。相应的相轨迹是一簇对数螺旋线，收敛于相平面原点，如图 7-3-1(b)所示。这时原点对应的奇点称为稳定焦点。

（3）当 $\zeta>1$ 时，λ_1、λ_2 为两个不等的负实根，系统处于过阻尼状态。其零输入响应为单调收敛的。相应的相轨迹是一簇趋向相平面原点的抛物线，如图 7-3-1(c)所示。相平面原点为奇点，并称为稳定节点。

（4）当 $-1<\zeta<0$ 时，λ_1、λ_2 为一对具有正实部的共轭复根，系统的零输入响应是振荡发散的。相应的相轨迹是由原点出发的发散的对数螺旋线，如图 7-3-1(d)所示。这时的奇点称为不稳定焦点。

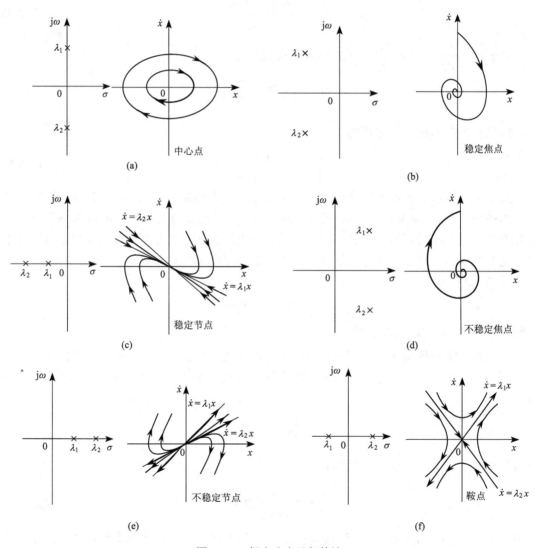

图 7-3-1　极点分布及相轨迹

（5）当 $\zeta<-1$ 时，λ_1、λ_2 为两个不等的正实根，系统的零输入响应为单调发散的。相应

的相轨迹是一簇从原点出发的发散的抛物线，如图 7-3-1(e)所示。相应的奇点称为不稳定节点。

(6)若系统的微分方程为 $\ddot{x}+2\zeta\omega_n\dot{x}-\omega_n^2x=0$ ，则无论 ζ 取值正负， λ_1 、 λ_2 均为两个符号相反的实根，此时系统的零输入响应是非周期发散的。相应的相轨迹如图 7-3-1(f)所示。这时的奇点称为鞍点，是不稳定的平衡状态。

由上可见，二阶线性系统的相轨迹和奇点的性质由系统的特征根决定，而与初始状态无关。不同的初始状态只能在相平面上形成一组形状相似的相轨迹，而不能改变相轨迹的性质。从不同初始状态出发的相轨迹不会相交，但有可能部分重合。只有在奇点处，才能有无数条相轨迹进入或离开该点。由于相轨迹的性质与系统的初始状态无关，从局部范围内相轨迹的性质就可以推知全局相轨迹的性质。

图 7-3-1 的相轨迹有一些共同的特点，这些特点可以为绘制相轨迹提供定性的信息。

(1)在相平面的上半平面，由于 $\dot{x}>0$ ，即 x 的变化率为正，随着时间的增长，相轨迹将向 x 轴的正方向运动，即向右运动；反之，在相平面的下半平面，相轨迹将随时间增长而向左运动。

(2)当相轨迹穿越 x 轴时，由于 $\dot{x}=0$ ， $\ddot{x}\neq0$ ，所以此时相轨迹的斜率 $\mathrm{d}\dot{x}/\mathrm{d}x$ 为无穷大，即相轨迹是垂直穿越横轴的。

(3)由于在非奇点处相轨迹的斜率为一定值，所以在非奇点处相轨迹不会相交，只有在奇点处才可以有多条相轨迹相交。

7.3.2　相轨迹的绘制

绘制相轨迹有两种方法：解析法和图解法。当系统的微分方程较为简单，便于用积分求解时，使用解析法绘制相轨迹；而当用解析法较难求解时，采用图解法。

1. 解析法

应用解析法绘制相轨迹的关键是求取相轨迹方程 $\dot{x}=g(x)$ 。相轨迹方程的求取一般有两种方法：第一种方法是先求出给定微分方程式(7-3-1)的斜率方程 $\mathrm{d}\dot{x}/\mathrm{d}x=-f(x,\dot{x})/\dot{x}$ ，然后对斜率方程进行直接积分得到相轨迹方程；第二种方法是根据所给的微分方程分别求出 $\dot{x}$ 和 x 对时间 t 的函数关系式，然后从这两个关系式中消去变量 t ，便得到相轨迹方程。

【例 7-3-1】　二阶系统的微分方程为 $\ddot{x}+M=0$ ，其中 M 为常量，并已知初始条件 $\dot{x}(0)=0$ 及 $x(0)=x_0$ ，试绘出其相平面图。

解法 1：系统微分方程可写为

$$\ddot{x}=\dot{x}\frac{\mathrm{d}\dot{x}}{\mathrm{d}x}=-M$$

用分离变量法积分可得

$$\dot{x}^2=-2Mx+c$$

代入初始条件，得

$$0=-2Mx_0+c$$

$$c = 2Mx_0$$

则相轨迹方程为

$$\dot{x}^2 = -2M(x - x_0)$$

解法 2：对系统微分方程 $\ddot{x} = -M$ 积分得

$$\dot{x} = -Mt + c_1 \tag{7-3-6}$$

对式(7-3-6)再进行一次积分得

$$x = -\frac{1}{2}Mt^2 + c_1 t + c_2 \tag{7-3-7}$$

代入初始条件，由式(7-3-6)、式(7-3-7)分别得出

$$c_1 = 0, \quad c_2 = x_0$$

则可得

$$x = -\frac{1}{2}Mt^2 + x_0 \tag{7-3-8}$$

式(7-3-6)和式(7-3-8)联立消去 t，整理得系统的相轨迹方程为

$$\dot{x}^2 = -2M(x - x_0)$$

可见，两种解法所得的结果一致。

根据相轨迹方程，在相平面 $x\text{-}\dot{x}$ 上分别绘制 $M = \pm1$ 时的相轨迹，如图 7-3-2 所示。由图可见，相平面图为一簇沿 x 轴方向平行移动的抛物线。

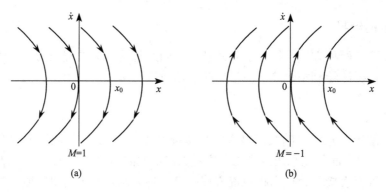

图 7-3-2　相平面图

2. 图解法

图解法就是不直接求微分方程，而是通过作图画出系统的相轨迹。常用的图解法有等倾线法等。

任何一条曲线都可以用一系列足够短的折线来逼近。若能求得相平面上任何一点处相轨迹的斜率，就可以绘出通过该点的相轨迹的切线，用小线段代替该点附近的相轨迹。等倾线法就是先确定相平面内相轨迹的斜率分布，再绘制相轨迹的方法。

设描述系统的微分方程为

$$\ddot{x} + f(x, \dot{x}) = 0$$

式中， $f(x,\dot{x})$ 为解析函数。由上式可得相轨迹的斜率方程为

$$\frac{\mathrm{d}\dot{x}}{\mathrm{d}x} = -\frac{f(x,\dot{x})}{\dot{x}}$$

若将上式的相轨迹斜率用常数 α 表示，即 $\alpha = \mathrm{d}\dot{x}/\mathrm{d}x$ ，则相轨迹斜率方程可改写成

$$\alpha = -\frac{f(x,\dot{x})}{\dot{x}} \tag{7-3-9}$$

式(7-3-9)表示了斜率为 α 的相轨迹的方程，称为等倾线方程。

给定不同的 α 值，可以绘出不同切线斜率的等倾线，画在等倾线上斜率为 α 的短线段就构成了相轨迹切线的方向场。若给定了初始状态，沿着切线场的方向将这些短线段用光滑连续的曲线连接起来，便得到给定系统的相轨迹。

【例 7-3-2】 用等倾线法绘制由微分方程

$$\ddot{x} + \dot{x} + x = 0$$

所描述系统的相轨迹。已知 $\dot{x}(0)=1$ ， $x(0)=0$ 。

解 相轨迹的斜率方程为

$$\frac{\mathrm{d}\dot{x}}{\mathrm{d}x} = \frac{-(\dot{x}+x)}{\dot{x}}$$

令 $\alpha = \mathrm{d}\dot{x}/\mathrm{d}x$ ，则得等倾线方程为

$$\dot{x} = \frac{-1}{\alpha+1}x$$

由上式可知等倾线是通过相平面坐标原点的直线。

当给定不同的 α 值后，在相平面上画出一簇等倾线，如图 7-3-3 所示。从给定初始状态点(0,1)出发，沿着切线的方向场，绘出系统相轨迹。为了提高绘图的准确度，等倾线的数目应适当地多一些，一般取相邻两条等倾线之间的夹角为 5°～10°。可以按平均斜率作图，例如，过(0,1)点的切线斜率为[(−1)+(−1.2)]/2=−1.1，依次类推。

等倾线法既适用于非线性特性能用数学表达式表示的非线性系统，也适用于线性系统。当等倾线为直线时，应用等倾线法绘制相轨迹比较方便。

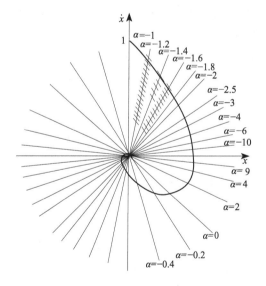

图 7-3-3 系统的相轨迹

7.3.3 非线性系统的相平面分析

在非线性系统中，虽然所包含的非线性特性有所不同，但大多数非线性系统都可以通过几个分段的线性系统来近似，这时整个相平面相应地划分成若干个区域，每个区域对应

一个线性工作状态。相邻区域的相轨迹的边界线称为开关线或切换线，它代表系统由一个线性微分方程所决定的相轨迹变为由另一个线性微分方程所决定的相轨迹的边界线。根据在相邻区域开关线上的点应具有相同工作状态的原则，将相邻区域的相轨迹连接起来，便获得整个非线性系统的相轨迹。

每个区域至多有一个奇点，若该奇点位于自身线性微分方程所对应的区域内，则称为实奇点，否则称为虚奇点。实奇点能按自己的运动轨迹回到自身线性微分方程所决定的区域内，虚奇点则不能。每个区域内奇点的类型与位置取决于在该区域内系统运动的微分方程，同时奇点的位置还与初始条件及输入信号的参数有关。在二阶非线性系统中，位于开关线之外的实奇点至多有一个，而在该实奇点所在区域之外的其他区域只可能有虚奇点。

当将系统输出信号 $c(t)$、$\dot{c}(t)$ 分别接到示波器的 x 轴、y 轴，并且系统满足一定的条件时，便能观察到极限环现象。极限环是非线性系统的重要特性之一，它在相平面上构成一个孤立的封闭轨迹。极限环将相平面分成内部和外部两部分，内部(或外部)的相轨迹不能穿越极限环进入它的外部(或内部)。如果在极限环两侧，起始于其外部或内部的相轨迹均收敛于该极限环，称这类极限环为稳定的极限环，即代表自持振荡；如果极限环两侧的相轨迹均离开而不收敛于该极限环，称为不稳定的极限环。例如，某非线性特性将整个相平面垂直分成三个区域，即Ⅰ、Ⅱ、Ⅲ，若原点(0,0)为中间区域Ⅰ的不稳定实奇点，同时又是两侧区域Ⅱ、Ⅲ的稳定虚奇点，则相轨迹具有的唯一形式是稳定的极限环，这是因为不稳定的实奇点无法使相轨迹终止于该奇点，而稳定的虚奇点又使相轨迹不能发散至无穷远处。对于稳定的极限环，其内部是不稳定区，而外部则为稳定区；对于不稳定的极限环，其内部是稳定区，该区的相轨迹收敛于环内的奇点，而外部则为不稳定区，该区的相轨迹发散至无穷远处。

应用相平面法分析含各种非线性特性的系统，一般分为以下步骤。

(1)将非线性特性用分段线性特性表示，写出相应分段的数学表达式。

(2)在相平面上选择合适的坐标，一般常用误差信号 e 及其导数 $\dot{e}$ 分别作为横坐标与纵坐标，然后根据非线性特性将相平面划分成若干区域，使非线性特性在每个区域内都呈线性特性。

(3)确定每个区域内奇点的类型和位置。

(4)在各个区域内分别画出各自的相轨迹。

(5)根据在相邻两区域开关线上的点具有相同工作状态的原则，将相邻区域的相轨迹连接起来，便得到整个非线性系统的相轨迹。

(6)根据相轨迹分析二阶非线性系统的动态和稳态特性。

下面以含饱和特性的二阶非线性系统为例进行相平面分析。

设含饱和特性的非线性系统方框图如图 7-3-4 所示。其中饱和特性的线性区斜率 $k=1$，同时假设系统开始处于静止状态。

图 7-3-4 中线性部分的微分方程为

$$T\ddot{c} + \dot{c} = Kx$$

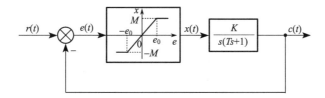

图 7-3-4　含饱和特性的非线性系统方框图

根据 $e = r - c$，上面的微分方程可改写成

$$T\ddot{e} + \dot{e} + Kx = T\ddot{r} + \dot{r} \tag{7-3-10}$$

图 7-3-4 中饱和特性的数学表达式为

$$\begin{cases} x = e, & |e| \leqslant e_0 \\ x = M, & e > e_0 \\ x = -M, & e < -e_0 \end{cases} \tag{7-3-11}$$

将式(7-3-11)代入式(7-3-10)得

$$\begin{cases} T\ddot{e} + \dot{e} + Ke = T\ddot{r} + \dot{r}, & |e| \leqslant e_0 & \text{(I)} \\ T\ddot{e} + \dot{e} + KM = T\ddot{r} + \dot{r}, & e > e_0 & \text{(II)} \\ T\ddot{e} + \dot{e} - KM = T\ddot{r} + \dot{r}, & e < -e_0 & \text{(III)} \end{cases} \tag{7-3-12}$$

式(7-3-12)中的三个线性方程把整个相平面划分成三个区域，即 I、II、III，分别构成三段相轨迹。

(1)取输入信号 $r(t) = R \cdot 1(t)$，其中 R 为常值。

由于 $t>0$ 时，$\ddot{r} = \dot{r} = 0$，式(7-3-12)可写成

$$\begin{cases} T\ddot{e} + \dot{e} + Ke = 0, & |e| \leqslant e_0 & \text{(I)} \\ T\ddot{e} + \dot{e} + KM = 0, & e > e_0 & \text{(II)} \\ T\ddot{e} + \dot{e} - KM = 0, & e < -e_0 & \text{(III)} \end{cases} \tag{7-3-13}$$

将 $\ddot{e} = \dfrac{\mathrm{d}\dot{e}}{\mathrm{d}e}\dot{e}$ 代入式(7-3-13)，得相轨迹的斜率方程为

$$\begin{cases} \dfrac{\mathrm{d}\dot{e}}{\mathrm{d}e} = -\dfrac{1}{T} \cdot \dfrac{\dot{e} + Ke}{\dot{e}}, & |e| \leqslant e_0 & \text{(I)} \\[3mm] \dfrac{\mathrm{d}\dot{e}}{\mathrm{d}e} = -\dfrac{1}{T} \cdot \dfrac{\dot{e} + KM}{\dot{e}}, & e > e_0 & \text{(II)} \\[3mm] \dfrac{\mathrm{d}\dot{e}}{\mathrm{d}e} = -\dfrac{1}{T} \cdot \dfrac{\dot{e} - KM}{\dot{e}}, & e < -e_0 & \text{(III)} \end{cases} \tag{7-3-14}$$

当非线性系统工作在饱和特性线性区，即 I 区域时，将 $e=0$ 及 $\dot{e}=0$ 代入式(7-3-14)，得到 $\mathrm{d}\dot{e}/\mathrm{d}e = 0/0$，说明相平面的原点(0,0)为 I 区域相轨迹的奇点，由于该奇点位于 I 区域内，故为实奇点。从式(7-3-13)可见，若 $1-4TK<0$，则系统在 I 区域工作于欠阻尼状态，此时的奇点(0,0)为稳定焦点，如图 7-3-5(a)所示；若 $1-4TK>0$，则系统在 I 区域工作于过阻尼状态，此时的奇点(0,0)为稳定节点。在以下分析中均假设 $1-4TK<0$。

当非线性系统工作于饱和区，即 II、III 区域时，记 $d\dot{e}/de = \alpha$，由式(7-3-14)得到 II、III 区域的等倾线方程为

$$\begin{cases} \dot{e} = -\dfrac{KM}{T\alpha+1}, & e > e_0 \qquad (\text{II}) \\[3mm] \dot{e} = \dfrac{KM}{T\alpha+1}, & e < -e_0 \qquad (\text{III}) \end{cases} \qquad (7\text{-}3\text{-}15)$$

应用等倾线法分别绘制 II、III 区域的一簇相轨迹，如图 7-3-5(b)所示。其中直线 $\dot{e} = -KM$ 和 $\dot{e} = KM$ 分别为 II、III 区域内 $\alpha = 0$ 的等倾线。由于 II 区域的全部相轨迹均渐近于 $\dot{e} = -KM$，III 区域的全部相轨迹均渐近于 $\dot{e} = KM$，故称 $\alpha = 0$ 的等倾线为相轨迹的渐近线。

基于图 7-3-5(a)、图 7-3-5(b)可以绘制出阶跃信号作用下含饱和特性的非线性系统的完整相轨迹，其中相轨迹的初始点有

$$e(0) = r(0) - c(0) = R$$
$$\dot{e}(0) = \dot{r}(0) - \dot{c}(0) = 0$$

图 7-3-5(c)所示为 $R > e_0$ 情况下非线性系统的完整相轨迹。

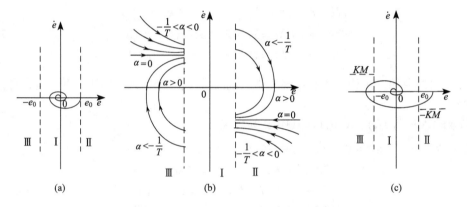

图 7-3-5　含饱和特性的非线性系统相轨迹

(2)取输入信号 $r(t) = R \cdot 1(t) + \upsilon t$，其中 R、υ 均为常值。

由于 $t > 0$ 时，$\dot{r} = \upsilon$，$\ddot{r} = 0$，非线性系统的运动方程(7-3-12)可写成

$$\begin{cases} T\ddot{e} + \dot{e} + Ke = \upsilon, & |e| \leqslant e_0 \qquad (\text{I}) \\ T\ddot{e} + \dot{e} + KM = \upsilon, & e > e_0 \qquad (\text{II}) \\ T\ddot{e} + \dot{e} - KM = \upsilon, & e < -e_0 \qquad (\text{III}) \end{cases} \qquad (7\text{-}3\text{-}16)$$

将 $\ddot{e} = \dfrac{d\dot{e}}{de}\dot{e}$ 代入式(7-3-16)，得相轨迹的斜率方程为

$$\begin{cases} \dfrac{d\dot{e}}{de} = -\dfrac{1}{T} \cdot \dfrac{\dot{e}+Ke-\upsilon}{\dot{e}}, & |e| \leqslant e_0 \quad (\text{I}) \\[3mm] \dfrac{d\dot{e}}{de} = -\dfrac{1}{T} \cdot \dfrac{\dot{e}+KM-\upsilon}{\dot{e}}, & e > e_0 \quad (\text{II}) \\[3mm] \dfrac{d\dot{e}}{de} = -\dfrac{1}{T} \cdot \dfrac{\dot{e}-KM-\upsilon}{\dot{e}}, & e < -e_0 \quad (\text{III}) \end{cases} \qquad (7\text{-}3\text{-}17)$$

当非线性系统工作于饱和特性线性区，即Ⅰ区域时，由式(7-3-17)根据 $d\dot{e}/de = 0/0$ 求得奇点坐标为($e = \upsilon/K, \dot{e} = 0$)，此奇点是稳定焦点。

当非线性系统工作于饱和区，即Ⅱ、Ⅲ区域时，记 $d\dot{e}/de = \alpha$，由式(7-3-17)得到Ⅱ、Ⅲ区域的等倾线方程为

$$\begin{cases} \dot{e} = \dfrac{\upsilon - KM}{T\alpha + 1}, & e > e_0 \quad (\text{Ⅱ}) \\[3mm] \dot{e} = \dfrac{\upsilon + KM}{T\alpha + 1}, & e < -e_0 \quad (\text{Ⅲ}) \end{cases} \tag{7-3-18}$$

由式(7-3-18)求得斜率 $\alpha = d\dot{e}/de = 0$ 时的渐近线方程分别为

$$\begin{cases} \dot{e} = \upsilon - KM, & e > e_0 \quad (\text{Ⅱ}) \\ \dot{e} = \upsilon + KM, & e < -e_0 \quad (\text{Ⅲ}) \end{cases} \tag{7-3-19}$$

下面分三种情况讨论各区域非线性系统相轨迹的绘制问题。

(1) $\upsilon > KM$。

在这种情况下，Ⅰ区域的奇点坐标为 $(e,\dot{e}) = (\upsilon/K > M = e_0, 0)$。由于该奇点位于Ⅱ区域，所以对Ⅰ区域来说它为虚奇点。又由于 $\upsilon > KM$，故从式(7-3-19)可见，相轨迹的两条渐近线均位于横轴之上，如图 7-3-6 所示。图中绘出了Ⅰ、Ⅱ、Ⅲ三个区域的相轨迹簇，并绘出了以 A 为初始点的含饱和特性的非线性系统响应输入信号 $r(t) = R \cdot 1(t) + \upsilon t$ 的完整相轨迹 $ABCD$。从图中可见，因为是虚奇点，所以给定非线性系统的平衡状态不可能是奇点($e > e_0, \dot{e} = 0$)，当 $t \to \infty$ 时相轨迹最终趋向渐近线 $\dot{e} = \upsilon - KM$，说明给定非线性系统响应 $R \cdot 1(t) + \upsilon t$ 的稳态误差为无穷大。

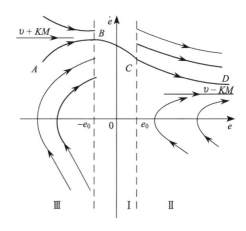

图 7-3-6　$\upsilon > KM$ 的相轨迹

(2) $\upsilon < KM$。

在这种情况下，Ⅰ区域的奇点坐标为 $(e,\dot{e}) = (\upsilon/K < M = e_0, 0)$，可见奇点为实奇点。由于 $\upsilon < KM$，故Ⅱ区域渐近线 $\dot{e} = \upsilon - KM$ 位于横轴之下，而Ⅲ区域渐近线 $\dot{e} = \upsilon + KM$ 位于横轴之上，如图 7-3-7 所示。图中绘出了以 A 为初始点的含饱和特性的非线性系统响应输入信号 $r(t) = R \cdot 1(t) + \upsilon t$ 的完整相轨迹 $ABCD$，因为是实奇点，所以相轨迹最终将进入Ⅰ区域而趋向奇点即点 D，从而使给定非线性系统的稳态误差取得小于 e_0 的常值。

(3) $\upsilon = KM$。

在这种情况下，奇点坐标为 $(e,\dot{e}) = (\upsilon/K = M = e_0, 0)$，该奇点恰好位于Ⅰ、Ⅱ区域之间的开关线上。对于Ⅱ区域，由式(7-3-16)求得其运动方程为

$$T\ddot{e} + \dot{e} = 0, \quad e > e_0 \qquad (\text{Ⅱ})$$

或写成

$$\dot{e}\left(T\frac{\mathrm{d}\dot{e}}{\mathrm{d}e}+1\right)=0,\quad e>e_0 \quad (\text{II}) \tag{7-3-20}$$

式(7-3-20)说明，在 $e>e_0$ 的 II 区域，给定非线性系统的相轨迹或为斜率为–1/T 的直线，或为 $\dot{e}=0$ 的直线。图 7-3-8 是始于初始点 A 的给定非线性系统的相轨迹 $ABCD$。由图可见，相轨迹由 I 区域进入 II 区域后不可能趋向奇点(e_0,0)，而是沿斜率为–1/T 的直线继续运动，最后终止于横轴上的 $e>e_0$ 区段内。由此可见，此时给定非线性系统的稳态误差介于 $e_0\sim\infty$，其值与相轨迹的初始点的位置有关。初始点 A 的坐标由初始条件来确定，即

$$e(0)=r(0)-c(0)=R$$
$$\dot{e}(0)=\dot{r}(0)-\dot{c}(0)=\upsilon$$

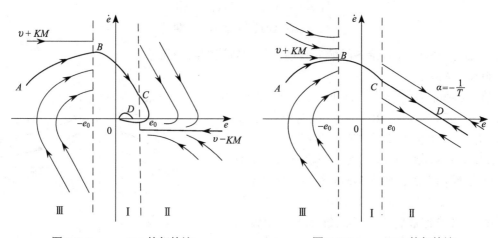

图 7-3-7　$\upsilon<KM$ 的相轨迹　　　　　　　图 7-3-8　$\upsilon=KM$ 的相轨迹

注意：图 7-3-6～图 7-3-8 中的相轨迹的初始点 A 的坐标均假设 $R<0$，$\upsilon>0$。

综上分析可见，含饱和特性的二阶非线性系统响应阶跃输入信号时的相轨迹收敛于稳定焦点或节点(0,0)，系统无稳态误差；响应匀速输入信号时，随着输入匀速值 υ 的不同，所得非线性系统在 $\upsilon>KM$、$\upsilon<KM$、$\upsilon=KM$ 情况下的相轨迹及相应稳态误差各异，特别是在 $\upsilon\le KM$ 时系统的平衡状态并不唯一，其确切位置取决于系统的参数与初始条件以及输入信号的参数。

【例 7-3-3】　含理想继电器特性的非线性系统方框图如图 7-3-9 所示，试用相平面法分析该系统。假设系统开始处于静止状态。

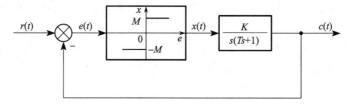

图 7-3-9　含理想继电器特性的非线性系统方框图

解　从图 7-3-9 写出以误差 e 为输出变量的系统运动方程为

$$T\ddot{e} + \dot{e} + Kx = T\ddot{r} + \dot{r} \tag{7-3-21}$$

由理想继电器特性可知

$$x = \begin{cases} M, & e > 0 \quad (\text{I}) \\ -M, & e < 0 \quad (\text{II}) \end{cases}$$

将其代入式(7-3-21)得

$$\begin{cases} T\ddot{e} + \dot{e} + KM = T\ddot{r} + \dot{r}, & e > 0 \quad (\text{I}) \\ T\ddot{e} + \dot{e} - KM = T\ddot{r} + \dot{r}, & e < 0 \quad (\text{II}) \end{cases} \tag{7-3-22}$$

相平面 e-$\dot{e}$ 分成两个区域，其中 I 区域对应 $e > 0$，II 区域对应 $e < 0$，纵轴 $e = 0$ 为两区域的开关线。

(1)取输入信号 $r(t) = R \cdot 1(t)$，其中 R 为常值。

在 $t > 0$ 时，有 $\ddot{r} = \dot{r} = 0$。由式(7-3-22)可知，I 区域内系统的相轨迹方程为

$$T\ddot{e} + \dot{e} + KM = 0 \quad (\text{I}) \tag{7-3-23}$$

由式(7-3-23)可得 I 区域的等倾线方程为

$$\dot{e} = -\frac{KM}{T\alpha + 1} \quad (\text{I})$$

取 $\alpha = 0$，求得 I 区域相轨迹的渐近线方程为 $\dot{e} = -KM$。

同理，由式(7-3-22)可知 II 区域内系统的相轨迹方程为

$$T\ddot{e} + \dot{e} - KM = 0 \quad (\text{II}) \tag{7-3-24}$$

由式(7-3-24)得 II 区域等倾线方程为

$$\dot{e} = \frac{KM}{T\alpha + 1} \quad (\text{II})$$

取 $\alpha = 0$，求得 II 区域相轨迹的渐近线方程为 $\dot{e} = KM$。

图 7-3-10 中实线 $ABCDE$ 为始于初始点 A、含理想继电器特性的非线性系统响应阶跃输入信号时误差变化的完整相轨迹，这里设 $R > 0$。从图可见，I、II 两区域的相轨迹经 $e = 0$ 开关线(纵轴)的若干次切换，最终趋向平衡状态 E 点(0,0)。这说明，系统的稳态误差为零。

(2)取输入信号 $r(t) = R \cdot 1(t) + \upsilon t$，其中 R、υ 为常值。

在 $t > 0$ 时，有 $\dot{r} = \upsilon$ 及 $\ddot{r} = 0$，则 I、II 两区域的相轨迹方程分别为

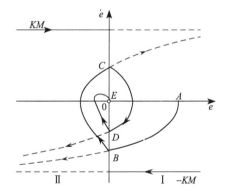

图 7-3-10　含理想继电器特性的非线性系统
的相平面图

$$T\ddot{e} + \dot{e} + KM = \upsilon, \quad e > 0 \quad (\text{I}) \tag{7-3-25}$$

$$T\ddot{e} + \dot{e} - KM = \upsilon, \quad e < 0 \quad (\text{II}) \tag{7-3-26}$$

由式(7-3-25)、式(7-3-26)分别求出两区域的等倾线方程分别为

$$\dot{e} = \frac{\upsilon - KM}{T\alpha + 1}, \quad e > 0 \quad （\text{I}）$$

$$\dot{e} = \frac{\upsilon + KM}{T\alpha + 1}, \quad e < 0 \quad （\text{II}）$$

由上两式可得两区域的渐近线方程分别为

$$\dot{e} = \upsilon - KM, \quad e > 0 \quad （\text{I}）$$

$$\dot{e} = \upsilon + KM, \quad e < 0 \quad （\text{II}）$$

图 7-3-11 所示为 $\upsilon > KM$ 时给定非线性系统的相平面图。从图中可以看到，始于初始点 A 的 II 区域相轨迹在向其渐近线 $\dot{e} = \upsilon + KM$ 逼近的过程中，经开关线 $e = 0$ 切换后，转为向渐近线 $\dot{e} = \upsilon - KM$ 逼近的 I 区域相轨迹，从而使系统响应输入信号 $r(t) = R \cdot 1(t) + \upsilon t$ 的稳态误差趋于无穷大。这说明，在 $\upsilon > KM$ 情况下，给定非线性系统不可能跟踪输入信号 $r(t) = R \cdot 1(t) + \upsilon t$。

图 7-3-12 所示为 $\upsilon < KM$ 时的相平面图。在这种情况下，始于初始点 A 的相轨迹经若干次切换最终趋向相平面原点(0,0)。这说明，给定非线性系统响应输入信号的误差 e 具有衰减振荡特性，其稳态值为零。

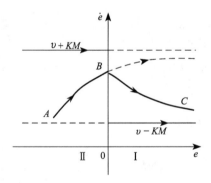

图 7-3-11　$\upsilon > KM$ 时的相平面图

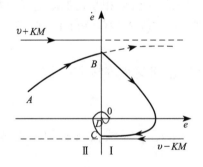

图 7-3-12　$\upsilon < KM$ 时的相平面图

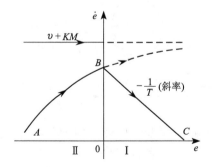

图 7-3-13　$\upsilon = KM$ 时的相平面图

图 7-3-13 所示为 $\upsilon = KM$ 时的相平面图。在这种情况下，始于初始点 A 的 II 区域相轨迹向其渐近线 $\dot{e} = \upsilon + KM$ 逼近，而 I 区域的相轨迹或为斜率等于 $-1/T$ 的直线，或为 $\dot{e} = 0$ 的直线，当 $t \to \infty$ 时终止于横轴 $0 \sim \infty$ 区段上的一点 C。这说明，在 $\upsilon = KM$ 情况下，给定非线性系统响应输入信号的稳态误差介于 $0 \sim \infty$，其值取决于系统的参数与初始条件及输入信号的参数。

注意：图 7-3-11～图 7-3-13 中的相轨迹的初始点 A 的坐标均假设 $R < 0$，$\upsilon > 0$。

7.4 利用非线性特性改善控制系统的性能

非线性特性通常对系统的控制性能产生不良影响，但是如果在控制系统中人为地引入某些非线性特性，有可能使控制系统的性能得到改善。这些人为地引入系统中的非线性环节称为非线性校正环节。与线性校正环节相比，非线性校正环节使用较简单的装置便能使控制系统性能得到大幅度提高，并能成功地解决系统快速性和振荡性之间的矛盾等，因此非线性校正在提高控制系统的性能方面得到了广泛的应用。

由于非线性系统的综合理论尚不完善，下面结合实例来说明利用非线性特性改善控制系统性能的问题。

【例 7-4-1】 二阶随动系统方框图如图 7-4-1 所示，试采用相平面法分析非线性反馈在改善系统性能方面的作用。其中，f_c 和 f_v 分别为干摩擦系数与黏性摩擦系数，对应图 7-4-1 所示非线性特性曲线中的截距和斜率。

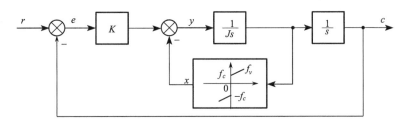

图 7-4-1 二阶随动系统的方框图

解 (1)无非线性反馈时，系统的开环传递函数为

$$G(s) = \frac{K}{Js^2}$$

相应的闭环传递函数为

$$\Phi(s) = \frac{K}{Js^2 + K}$$

可见阻尼比 $\zeta = 0$，故在 $e\text{-}\dot{e}$ 平面上的相轨迹为一簇代表等幅振荡的极限环。因此，给定系统在无非线性反馈时为实际上的不稳定系统。

(2)采用非线性反馈时，由图 7-4-1 可推导出系统的运动方程为

$$J\ddot{e} + Ke = J\ddot{r} + x \tag{7-4-1}$$

式中，x 为非线性反馈环节的输出，有

$$x = \begin{cases} -f_c + f_v\dot{c}, & \dot{c} < 0 \quad \text{(I)} \\ f_c + f_v\dot{c}, & \dot{c} > 0 \quad \text{(II)} \end{cases} \tag{7-4-2}$$

将式(7-4-2)代入式(7-4-1)，得以误差 e 为输出变量的系统运动方程为

$$J\ddot{e} + Ke = J\ddot{r} - f_c + f_v\dot{c}, \quad \dot{c} < 0 \qquad \text{(I)} \tag{7-4-3}$$

$$J\ddot{e} + Ke = J\ddot{r} + f_c + f_v\dot{c}, \quad \dot{c} > 0 \qquad \text{(II)} \tag{7-4-4}$$

当输入信号 $r(t) = R \cdot 1(t)$ 时，式(7-4-3)和式(7-4-4)可分别写为

$$J\ddot{e} + f_v\dot{e} + K\left(e + \frac{f_c}{K}\right) = 0, \quad \dot{e} > 0 \quad \text{(I)} \tag{7-4-5}$$

$$J\ddot{e} + f_v\dot{e} + K\left(e - \frac{f_c}{K}\right) = 0, \quad \dot{e} < 0 \quad \text{(II)} \tag{7-4-6}$$

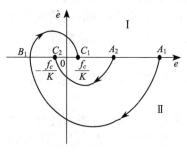

图 7-4-2　二阶随动系统的相轨迹

式(7-4-5)和式(7-4-6)的阻尼比 ζ 通常为 $0\sim1$，故代表欠阻尼运动状态。由式(7-4-5)可求出在 $e\text{-}\dot{e}$ 平面上半部($\dot{e} > 0$)的奇点 C_2 坐标为 $(e, \dot{e}) = (-f_c/K, 0)$，该奇点为稳定焦点，也是实奇点；由式(7-4-6)求出在 $e\text{-}\dot{e}$ 平面下半部($\dot{e} < 0$)的奇点 C_1 坐标为 $(e, \dot{e}) = (f_c/K, 0)$，该奇点是稳定焦点，也是实奇点。因此可以绘制含有非线性反馈时二阶随动系统的相轨迹，如图 7-4-2 所示。由图可见，误差信号是收敛于横轴上的线段 $-f_c/K \sim f_c/K$ 且衰减振荡的。横轴上的线段 $-f_c/K \sim f_c/K$ 代表系统的稳态误差区，系统的最大稳态误差等于 $\pm f_c/K$，增大开环增益 K 可以减小最大稳态误差。

通过分析可知，对于给定的随动系统来说，非线性反馈的作用在于增大系统的阻尼程度，使系统由无阻尼状态转变为欠阻尼状态。可见一种简单的非线性反馈能有效地将实际上的不稳定系统校正为实用的稳定系统。

7.5　MATLAB 在非线性系统中的应用

对于存在明显非线性的系统，必须按照非线性系统进行研究，应用 MATLAB 可方便地实现对非线性系统的分析与仿真。

【例 7-5-1】　对例 7-2-2 非线性系统的自持振荡现象进行 Simulink 仿真分析。

解　在 Simulink 仿真环境下，绘制如图 7-5-1 所示系统的仿真结构图，并设置各模块的参数：继电器模块(Relay)中闭合输出(Output when on)设为 1，断开输出(Output when off)设为–1，开关时间(Switch on point 和 Switch off point)均设为 eps，实现理想继电器特性；积分器(Integrator)的初始值(Initial condition)设为 4；XY Graph 示波器的变化范围设定为 $x=[-5,5]$，$y=[-5,5]$；仿真时间设为 $0\sim15\text{s}$。

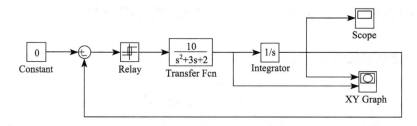

图 7-5-1　系统的 Simulink 仿真结构图

仿真完毕后,通过 XY Graph 示波器观察相平面图,如图 7-5-2 所示,通过示波器(Scope)

观察非线性系统的零输入响应曲线(图 7-5-3)。可见，该系统的零输入响应曲线反映了持续稳定的等幅振荡的变化，而相平面图则直观地反映了稳定的极限环，即自持振荡。

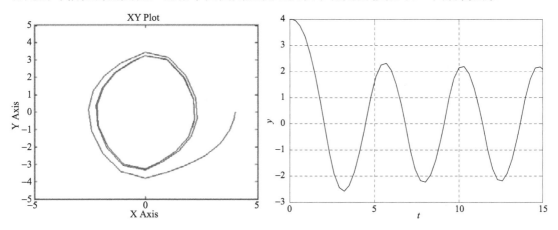

图 7-5-2　例 7-5-1 非线性系统的相平面图　　　　图 7-5-3　例 7-5-1 非线性系统的零输入响应曲线

【例 7-5-2】　试应用 MATLAB 对图 7-3-4 所示的含饱和特性的非线性系统进行相平面分析。这里，各参数的选取为 $K = 4$，$T = 1$，$e_0 = 0.2$，$k = 1$，$M = ke_0 = 0.2$。

解　下面仍分两种输入情形加以讨论分析。

(1)取输入信号 $r(t) = R \cdot 1(t)$，其中 $R = 2$。

在相平面分析时，需要求解如式(7-3-13)所示的微分方程，本例利用 MATLAB 函数程序 fun1.m 来完成。这里使用了 Runge-Kutta 微分求解算法 ode45，其调用格式为$[t,x]$=ode45('odefun', tspan, x_0)，其中参数 t、x 为返回的时间和方程的数值解，odefun 为微分方程函数文件名，tspan 为求解的时间范围，x_0 为初始值。

```
MATLAB fun1.m

%MATLAB function program fun1.m
function edot=fun1(t,e)
global K;global T;global e0;global k;global v;    %M=k*e0
edot(1)=e(2);                                      %de/dt
if(e(1)<-e0),edot(2)=(v+K*k*e0-e(2))/T;            %de'/dt
elseif(abs(e(1)<e0)), edot(2)=(v-K*e(1)-e(2))/T;
else edot(2)=(v-K*k*e0-e(2))/T;
end
edot=edot';
```

下面的 MATLAB Program 71 程序通过调用函数 fun1 来绘制非线性系统在相平面 e-$\dot{e}$ 上的相轨迹，如图 7-5-4 所示，同时也绘制出了误差 $\dot{e}$、e 随时间变化的曲线，分别对应图 7-5-5 中的上、下两条曲线。

```
MATLAB Program 71.m
global K;global T;global e0;global k;
K=4;T=1;e0=0.2;k=1;  %M=k*e0
t0=0;tf=10;
R=2;v=0;e_0=[R;v];
[t,e]=ode45('fun1',[t0,tf],e_0);
figure(1);plot(e(:,1),e(:,2));grid;
figure(2);subplot(2,1,1);plot(t,e(:,2));grid;subplot(2,1,2);plot(t,e(:,1));g
rid;
```

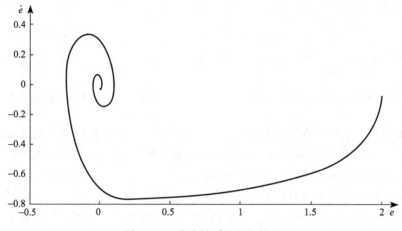

图 7-5-4　非线性系统的相轨迹

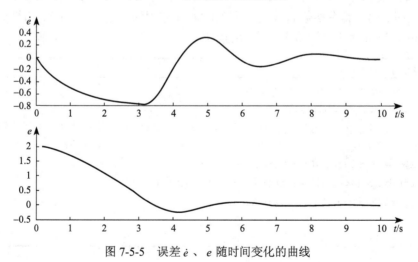

图 7-5-5　误差 $\dot{e}$、e 随时间变化的曲线

(2)取输入信号 $r(t) = R \cdot 1(t) + \upsilon t$，其中 $R = -2$，而 υ 的取值仍分三种情况，分别绘制对应的相轨迹。

①$\upsilon > KM$，其中 $\upsilon = 1$；

②$\upsilon < KM$，其中 $\upsilon = 0.4$；

③$\upsilon = KM$，其中 $\upsilon = 0.8$。

　　在相平面分析时，本例利用 MATLAB 函数程序 fun2.m 来求解如式(7-3-16)所示的微分方程。

```
MATLAB fun2.m
function edot=fun2(t,e)
global K;global T;global e0;global k;global v; global i;
edot(1)=e(2);                          %de/dt
if(e(1)<-e0),edot(2)=(v(i)+K*k*e0-e(2))/T;   %de'/dt
    elseif(abs(e(1<e0)), edot(2)=(v(i)-K*e(1)-e(2))/T;
        else edot(2)=(v(i)-K*k*e0-e(2))/T;
end
edot=edot';
```

　　类似地，通过调用函数 fun2 并按三种不同的 υ 取值，分别绘制非线性系统在相平面 $e\text{-}\dot{e}$ 上的相轨迹，如图 7-5-6 所示，其中用点画线、实线、虚线分别对应 $\upsilon > KM$ 、$\upsilon < KM$ 、$\upsilon = KM$ 的情况。

```
MATLAB Program 72.m
global K;global T;global e0;global k;global v; global i;
K=4;T=1;e0=0.2;k=1;  %M=k*e0
t0=0;tf=16;
R(1)=-2;v(1)=1;
R(2)=-2;v(2)=0.4;
R(3)=-2;v(3)=0.8;
for i=1:1:3
    [t,e]=ode45('fun2',[t0,tf],[R(i);v(i)]);
    plot(e(:,1),e(:,2));axis([-5,5,-0.5,1.8]);hold on;grid;
end
```

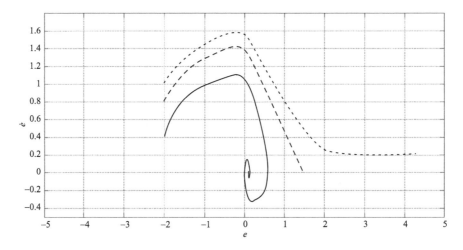

图 7-5-6　例 7-5-2 非线性系统的相轨迹

习 题

7-1 非线性系统的稳定性与线性系统的稳定性有什么不同？与哪些因素有关？

7-2 应用描述函数法分析非线性系统需要哪些条件？

7-3 设非线性系统方框图如题 7-3 图所示。已知 $e_0 = 0.2$，$M = 1$，线性部分的增益 $K = 10$，试应用描述函数法分析系统的稳定性。

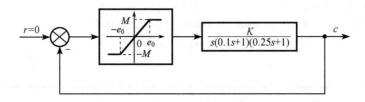

题 7-3 图 非线性系统方框图(一)

7-4 设非线性系统方框图如题 7-4 图所示，试用描述函数法分析系统的稳定性，若存在自持振荡，求出频率和振幅。

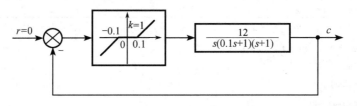

题 7-4 图 非线性系统方框图(二)

7-5 设非线性系统方框图如题 7-5 图所示，试应用描述函数法分析 $K = 10$ 时系统的稳定性，并求取增益 K 的临界值。

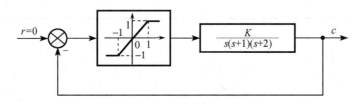

题 7-5 图 非线性系统方框图(三)

7-6 设非线性系统方框图如题 7-6 图所示，试确定自持振荡的频率和振幅。

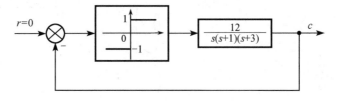

题 7-6 图 非线性系统方框图(四)

7-7　设非线性系统方框图如题 7-7 图所示。

(1)已知 $e_0 = 1$，$M = 3$，$K = 11$，试用描述函数法分析系统的稳定性。

(2)为消除自持振荡，继电器的参数 a 和 b 应如何调整？

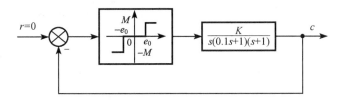

题 7-7 图　非线性系统方框图(五)

7-8　设非线性系统方框图如题 7-8 图所示，试用描述函数法分析系统的稳定性。

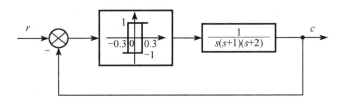

题 7-8 图　非线性系统方框图(六)

7-9　二阶非线性系统的运动方程为 $\ddot{e} + 0.5\dot{e} + 2e + e^2 = 0$，试确定奇点及其类型。

7-10　设二阶非线性系统的方框图如题 7-10 图所示，其中 $K = 4$，$T = 1\text{s}$，设系统原处于静止状态，试分别画出输入信号取下列函数时系统的相轨迹。

(1) $r(t) = 2 \cdot 1(t)$

(2) $r(t) = -2 \cdot 1(t) + 0.4t$

(3) $r(t) = -2 \cdot 1(t) + 0.8t$

(4) $r(t) = -2 \cdot 1(t) + 1.2t$

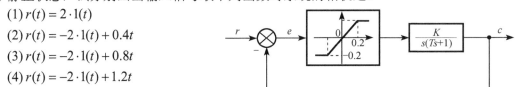

7-11　设非线性系统的方框图如
题 7-11 图所示，设系统原处于静止状
态，输入信号 $r(t) = 4 \cdot 1(t)$，试绘制系统在 e-$\dot{e}$ 平面的相轨迹，并分析系统的运动特点。

题 7-10 图　二阶非线性系统的方框图

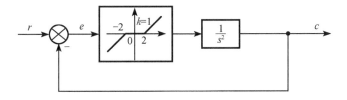

题 7-11 图　非线性系统方框图(七)

7-12　设非线性系统的方框图如题 7-12 图所示，试绘制

(1) $r(t) = R \cdot 1(t)$

(2) $r(t) = R \cdot 1(t) + vt$

时 $e\text{-}\dot{e}$ 平面相轨迹。其中 R、v 为常值，$c(0) = \dot{c}(0) = 0$。

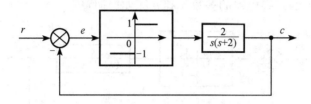

题 7-12 图　非线性系统方框图(八)

7-13　设控制系统采用非线性反馈时的方框图如题 7-13 图所示，试绘制系统响应 $r(t) = R \cdot 1(t)$ 时的相轨迹，其中 R 为常值。

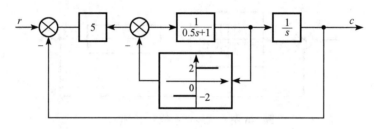

题 7-13 图　非线性反馈系统方框图

第8章 线性离散系统的分析与综合

近年来，由于脉冲技术、数字信号处理技术、数字计算机技术，尤其是微处理器的迅速发展，数字控制器在大多数场合取代了模拟控制器。而表示被控过程或被控对象的物理量大多数是连续时间变量，由于数字控制器的引入，对控制系统的分析与设计提出了一些新的问题。基于工程实践的需要，作为分析与设计数字控制系统的基础理论，离散系统控制理论也得到了迅速的发展。

离散系统与连续系统有着本质上的差别，但就其分析与设计的方法来说，与连续系统又有相似性。本章主要讨论线性离散系统的分析与设计方法，即系统分析与综合问题。首先简单介绍信号采样与信号保持的数学机理，然后以 z 变换为数学工具，以脉冲传递函数为数学模型，讨论数字控制系统分析与设计的基本方法。

8.1 采样过程与信号保持

上述各章所介绍的控制系统中，各处的信号均为时间的连续函数，这种在时间上连续，在幅值上也连续的信号称为连续信号或模拟信号，故称这类控制系统为连续时间系统。本章所介绍的控制系统中有一处或几处的信号不是时间的连续函数，而是在时间上离散的脉冲或数字序列，称为离散信号，故称这类系统为离散时间系统。在控制工程中，离散信号通常是按照一定的时间间隔对连续的模拟信号进行采样而得到的脉冲序列，故又称为采样信号，因此，称这类控制系统为采样控制系统或脉冲控制系统。

离散系统的最广泛的应用形式是以数字计算机为控制器的数字控制系统，也就是说，数字控制系统是一种以数字计算机为控制器去控制具有连续工作状态的被控对象的闭环控制系统，或称计算机控制系统。因此，数字控制系统包括工作于离散状态下的数字计算机和工作于连续状态下的被控对象两大部分，其结构框图如图 8-1-1(a)所示。首先数字控制系统对连续的误差信号 $e(t)$ 进行采样，其次通过模拟/数字(A/D)转换器把采样脉冲 $e^*(t)$ 变成数字信号 $e(k)$ 送给数字计算机，再次数字计算机根据这些数字信号按预定的控制规律进行运算，最后通过数字/模拟(D/A)转换器把运算结果转换成模拟量 $u_h(t)$ 去控制具有连续工作状态的被控对象，以使被控量 $c(t)$ 满足控制指标要求。图 8-1-1(b)所示为简化的等效框图，其中 A/D 转换器等效为一个理想采样开关，D/A 转换器等效为一个保持器，而数字控制器等效为一个数字校正装置与一个理想采样开关相串联，这种等效是在假设 A/D 转换器与 D/A 转换器的转换速度都足够快、转换精度都足够高的条件下进行的，以便于下面的系统分析与设计。

数字计算机具有运算速度快、精度高、功能丰富和使用灵活等特点，可以实现模拟控制器难以实现或不能实现的复杂控制规律，提高了控制系统的性能。因此，离散系统的控制精度一般要比连续系统高得多。又由于脉冲信号的抗干扰能力比较强，因此在条件复杂、环境较差、精度与可靠性要求比较高的情况下，在系统中采用数字控制器更为合理。

通常把采样控制系统和数字控制系统统称为离散控制系统。采样器与保持器是离散系统的两个基本环节，为了定量研究离散系统，必须对信号的采样过程和保持过程用数学的方法加以描述。

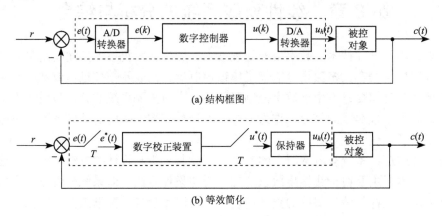

(a) 结构框图

(b) 等效简化

图 8-1-1　数字控制系统的结构框图及其等效简化

8.1.1　采样过程

由于数字计算机只能接收和处理时间上离散而且幅值上也离散的信号，即数字信号，因此，计算机要获取来自外部现场设备的原始信号信息时，需要使用 A/D 转换器，即对连续信号进行采样和量化。

1. 采样

把连续信号变换为脉冲序列的装置称为采样器，也称为采样开关。采样过程可以用一个周期性闭合的采样开关来表示，假设采样开关每隔 T 秒闭合一次，闭合的持续时间为 τ

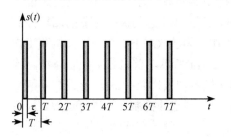

图 8-1-2　脉冲序列 $s(t)$

秒。采样器的输入为连续信号 $e(t)$，输出为宽度等于 τ 的调幅脉冲序列 $e^*(t)$。$t=0$ 时，采样器闭合 τ 秒，$t=\tau$ 以后，采样器断开，输出 $e^*(t)=0$。以后每隔 T 秒重复上述过程。采样信号 $e^*(t)$ 可以表示为

$$e^*(t) = e(t) \cdot s(t)，其中 s(t) = \begin{cases} 1, & nT \leqslant t \leqslant nT + \tau \\ 0, & t \text{为其他值} \end{cases}$$

脉冲序列 $s(t)$ 如图 8-1-2 所示，其信号转换过程如图 8-1-3 所示。其中 $e(t)$ 是模拟信号，$e^*(t)$ 是采样信号(离散模拟信号)，T 是采样周期，τ 为采样持续时间，$s(t)$ 为幅值不变(假定为 1)、宽度为 τ 的脉冲序列。

对于具有有限脉冲宽度的采样控制系统来说，要准确地进行数学分析是比较复杂的。在实际应用中，采样开关多为电子开关，其闭合的持续时间 τ 极短，一般远远小于采样周期 T 和系统连续部分的最大时间常数，因此在分析时，假定 $\tau \to 0$，会给分析带来极大的方便。这样，采样开关可以用理想采样器来代替，即视为理想脉冲发生器，而理想采样可

以看成对连续信号的脉冲调制过程。

理想采样时，若理想单位脉冲序列为

$$\delta_T(t) = \sum_{n=-\infty}^{\infty} \delta(t-nT)，其中$$

$$\delta(t-nT) = \begin{cases} \infty, & t = nT \\ 0, & t \neq nT \end{cases}$$

则理想采样信号为

$$e^*(t) = e(t)\delta_T(t) = e(t)\sum_{n=-\infty}^{\infty}\delta(t-nT)$$

$$= \sum_{n=0}^{\infty} e(nT)\delta(t-nT)$$

式中，$\delta(t-nT)$ 仅表示发生在 $t = nT(n = 0,1,2,\cdots)$ 时刻具有单位强度的脉冲；$e(nT)$ 表示发生在 nT 时刻的脉冲的强度，其值与被采样信号 $e(t)$ 在采样时刻 nT 的取值相等。这里由于实际系统 $t < 0$ 时，$e(t) = 0$，所以从 $t = 0$ 开始采样是合理的。需指出的是，具有无穷大幅值和时间为零的理想单位脉冲序列 $\delta_T(t)$ 纯属数学上的假设，不会在实际的物理系统中产生，因而在实际应用中只看其面积即强度才有意义。

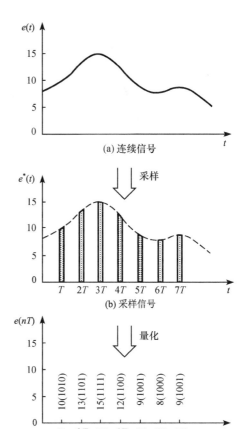

图 8-1-3　信号转换过程

2. 量化

对模拟信号 $e(t)$ 采样所得到的采样信号 $e^*(t)$ 的幅值仍是连续的，只是该信号在时间上是离散的，也称为离散模拟信号。为了得到用二进制表示的数字信号 $e(nT)$，必须将采样信号的连续幅值转换成离散幅值，即将采样信号转换成数字信号。数字信号的幅值是对采样信号连续幅值的近似，这种近似过程称为量化或编码。量化误差与二进制字长有关，二进制字长越长，由量化引起的误差越小。然而，字长总有一个限度且直接影响到 A/D 转换器的选择，因而必须允许有一定的误差。设 e_{max} 和 e_{min} 为采样信号 $e^*(t)$ 的最大值和最小值，q 为量化单位，即允许的误差尺度，则对所选定的二进制字长 i，即 A/D 转换器的位数，应有

$$i \geqslant \log_2\left(\frac{e_{max}-e_{min}}{q}+1\right)$$

8.1.2　采样周期的选取

1. 采样定理

香农(Shannon)采样定理：对一个具有有限频谱的连续信号进行采样，如果采样角频率

满足

$$\omega_s \geqslant 2\omega_{\max}$$

则采样后的离散信号能够无失真地恢复原来的连续信号,其中 $\omega_{\max}$ 为连续信号频谱的上限角频率。

采样定理可以通过理想采样过程推导出。理想单位脉冲序列 $\delta_T(t)$ 是以 T 为周期的周期函数,可以将其展开为指数形式的傅里叶级数,即

$$\delta_T(t) = \sum_{n=-\infty}^{\infty} C_n \mathrm{e}^{\mathrm{j}n\omega_s t}$$

式中,T 为采样周期;$\omega_s = \dfrac{2\pi}{T}$ 为采样角频率;C_n 为傅里叶级数的系数,而

$$C_n = \frac{1}{T} \int_{-\frac{T}{2}}^{\frac{T}{2}} \delta_T(t) \mathrm{e}^{-\mathrm{j}n\omega_s t} \mathrm{d}t$$

考虑到

$$\int_{-\infty}^{\infty} \delta_T(t) \mathrm{e}^{-\mathrm{j}n\omega_s t} \mathrm{d}t = \mathrm{e}^{-\mathrm{j}n\omega_s t} \big|_{t=0} = 1$$

所以

$$C_n = \frac{1}{T}$$

因此

$$\delta_T(t) = \frac{1}{T} \sum_{n=-\infty}^{\infty} \mathrm{e}^{\mathrm{j}n\omega_s t}$$

故

$$e^*(t) = e(t) \cdot \sum_{n=-\infty}^{\infty} \frac{1}{T} \mathrm{e}^{\mathrm{j}n\omega_s t} = \frac{1}{T} \sum_{n=-\infty}^{\infty} e(t) \mathrm{e}^{\mathrm{j}n\omega_s t}$$

对上式进行拉普拉斯变换,并根据拉氏变换的位移性质,有

$$E^*(s) = \frac{1}{T} \sum_{n=-\infty}^{\infty} E(s + \mathrm{j}n\omega_s)$$

再令 $s = \mathrm{j}\omega$,则直接得到理想采样时采样信号的傅里叶变换为

$$E^*(\mathrm{j}\omega) = \frac{1}{T} \sum_{n=-\infty}^{\infty} E\big[\mathrm{j}(\omega + n\omega_s)\big]$$

其中,$E(\mathrm{j}\omega)$ 为连续信号 $e(t)$ 的傅里叶变换。具有有限频谱的连续信号 $e(t)$ 的频谱 $|E(\mathrm{j}\omega)|$ 如图 8-1-4(a)所示,其上限角频率为 $\omega_{\max}$。经过理想采样后采样信号的频谱如图 8-1-4(b)、图 8-1-4(c)所示。其中图 8-1-4(b)对应于 $\omega_s \geqslant 2\omega_{\max}$ 的情况,即 $|E^*(\mathrm{j}\omega)|$ 为由无穷多个孤立的频谱组成的离散频谱,虚线代表理想滤波器的频谱,而图 8-1-4(c)对应于 $\omega_s < 2\omega_{\max}$ 的情况,即 $|E^*(\mathrm{j}\omega)|$ 已变成连续频谱。由于理想单位脉冲序列的傅里叶级数的系数 C_n 为常量 $1/T$,因此采样信号的频谱 $|E^*(\mathrm{j}\omega)|$ 是由连续信号的频谱 $|E(\mathrm{j}\omega)|$ 以 T 为周期等幅地周期延拓得到的,$n = 0$ 对应的项就相当于采样前原连续信号的频谱 $|E(\mathrm{j}\omega)|$,只是幅值变化为原来的 $1/T$。当 $\omega_s < 2\omega_{\max}$ 时会出现频谱混叠现象,为了使采样后信号频谱不发生畸变,必须使采样角频率 ω_s 足够高,使位于各频带的频谱彼此间互不重叠。需强调的是,连续信号的频谱 $|E(\mathrm{j}\omega)|$ 是孤立的、非周期的连续频谱,而采样信号的频谱 $|E^*(\mathrm{j}\omega)|$ 则是周期的离散频谱,如图 8-1-4(b)所示。

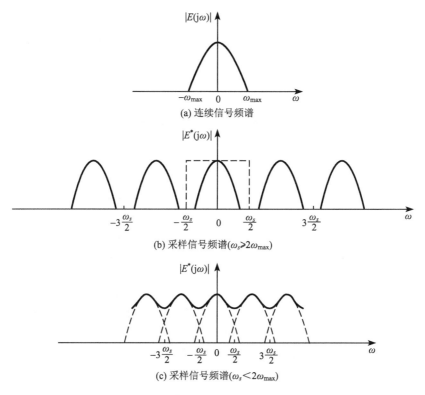

图 8-1-4　连续信号频谱和采样信号频谱

当采样角频率满足 $\omega_s \geqslant 2\omega_{max}$，即采样角频率大于或等于连续信号频谱的上限角频率的两倍时，才有可能通过理想滤波器将原信号完整地提取出来。在计算机控制系统中，常采用零阶保持器对信号进行实时复现，零阶保持器不是一个理想滤波器，而是一个低通滤波器，即使满足采样定理，也无法不失真地再现原来的连续信号，所以在工程实践中总取 $\omega_s \gg 2\omega_{max}$。

2. 采样周期的选取

采样周期的选取是数字控制系统设计的关键问题，香农采样定理为确定采样频率只给出了一个指导原则，即由采样脉冲序列无失真地复现原连续信号所允许的最大采样周期或最小采样频率，并未给出实际应用中的条件公式。

在理论上，采样系统要求得到所有的采样值后才能确定被采样的时间函数 $e(t)$，但对于连续运行的计算机控制系统来说，这一点却很难做到。因为在某一采样时刻，计算机虽然读取到了本次采样值和以前的各次采样值，但它必须在以后的采样动作尚未进行前就需要对生产过程进行计算和控制。

显然，采样周期 T 选得越小，也就是采样角频率 ω_s 选得越高，对控制过程的信息了解得就越多，对控制效果就越有利。但需注意，采样周期 T 选得过小，将增加不必要的计算负担，甚至不允许；而 T 选得过大，又会给控制过程带来较大误差，降低系统的动态性能，甚至有可能导致整个控制系统的不稳定。在实际工作中，一般根据经验数据选取，然后在试验中进行调整。

在多数的过程控制中，一般计算机所能提供的运算速度，对于采样周期的选择来说，回旋余地较大。工程实践证明，采样周期 T 根据表 8-1-1 给出的参考数据选取时，可取得较满意的效果。

表 8-1-1　选择采样周期参考表

控制回路类别	采样周期 T/s	备注
流量	1～5	优选 1～2
压力	3～10	优选 6～8
液位	5～8	优选 5～6
温度	15～20	优选 20
成分	15～20	优选 20

对于随动系统、调速系统等快速系统，要求响应快、抗干扰能力强，采样周期的选取在很大程度上取决于系统的动态性能指标要求。在一般情况下，控制系统的闭环频率响应具有低通滤波特性，当随动系统输入信号的频率高于其闭环幅频特性的谐振频率 ω_r 时，输入信号通过系统后其幅值将会快速衰减。在随动系统中，一般可近似认为开环幅频特性的截止频率 ω_c 与闭环幅频特性的谐振频率 ω_r 相接近，即 $\omega_c \approx \omega_r$。这就是说，通过随动系统的输入信号的最高频率分量为 ω_c，超过 ω_c 的分量通过随动系统时，将被大幅度衰减掉。根据工程实践经验，随动系统的采样角频率 ω_s 可选为

$$\omega_s = 10\omega_c$$

考虑到 $T = \dfrac{2\pi}{\omega_s}$，按上式选取的采样周期 T 与截止频率 ω_c 的关系为

$$T = \frac{\pi}{5\omega_c}$$

采样周期 T 也可以通过单位阶跃响应的上升时间 t_r 及调节时间 t_s 等时域性能指标要求，按下列经验关系选取：

$$T = \frac{1}{10}t_r$$

$$T = \frac{1}{40}t_s$$

8.1.3　信号保持

数字计算机作为系统的信息处理机构时，其输出同获取原始信息的输入一样，一般也有两种形式：一种是直接数字量输出，如开关控制、步进电机控制及显示记录等；另一种需要 D/A 转换器，用其输出信号去控制被控对象。D/A 转换器将数字信号转换成模拟信号，其过程包括信号解码和信号保持两部分。信号解码就是根据 D/A 转换器所采用的编码规则，

将数字信号折算为对应各采样时刻的电压或电流 $u^*(t)$ 的过程，而信号保持是把离散时间信号 $u^*(t)$ 转换为连续时间信号 $u_h(t)$ 的过程，也称为信号复现。在工程实践中，广泛采用信号保持器，它不仅实现了信号变换的作用，还起着信号复现滤波器的作用，有零阶、一阶和高阶之分。常用的 m 阶保持器是按多项式外推公式构成的，即按幂级数形式展开：

$$u_h(nT + \tau) = a_0 + a_1\tau + a_2\tau^2 + \cdots + a_m\tau^m$$

式中，$0 \leqslant \tau < T$；T 为采样周期；系数 $a_i\,(i = 0, 1, \cdots, m)$ 由过去各采样时刻的 $m+1$ 个离散信号值 $u^*[(n-i)T] = u[(n-i)T]$ 来唯一确定。从数学意义来说，保持器的任务就是解决各采样时刻之间的插值问题，从而使 $u_h[(n-i)T] = u[(n-i)T]$ $(i = 0, 1, \cdots, m)$。

1. 零阶保持器

零阶保持器的外推公式为

$$u_h(nT + \tau) = a_0, \quad m = 0$$

显然，$\tau = 0$ 时，$u_h(nT) = u(nT) = a_0$，从而

$$u_h(nT + \tau) = u(nT), \quad 0 \leqslant \tau < T$$

上式说明，零阶保持器是一种按常值外推的保持器，它把前一采样时刻 nT 的采样值 $u(nT)$ 一直保持到下一采样时刻 $(n+1)T$ 到来之前，从而使采样信号 $u^*(t)$ 变成阶梯信号 $u_h(t)$，其工作过程如图 8-1-5 所示。

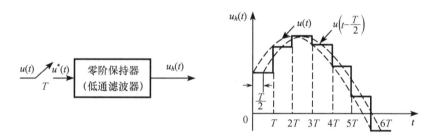

图 8-1-5　零阶保持器的工作过程

由于零阶保持过程是理想脉冲 $u(nT)\delta(t - nT)$ 作用的结果，所以先求出零阶保持器的脉冲响应函数 $g_h(t)$，即在理想单位脉冲信号 $\delta(t)$ 作用下保持器的输出响应，如图 8-1-6(a) 所示，它是高度为 1、宽度为 T 的矩形脉冲。高度为 1，说明采样值经过零阶保持器后幅值不变；而宽度为 T，说明零阶保持器对采样值只能保持一个采样周期。再由图 8-1-6(b) 可得零阶保持器的传递函数 $G_h(s)$ 为

$$G_h(s) = \frac{1 - e^{-Ts}}{s}$$

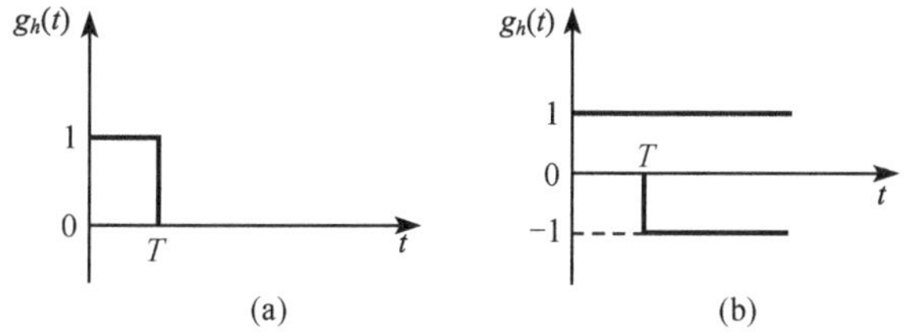

其频率特性为

图 8-1-6　零阶保持器的时域特性

$$G_h(\mathrm{j}\omega) = \frac{1 - \mathrm{e}^{-\mathrm{j}T\omega}}{\mathrm{j}\omega} = T\frac{\sin\dfrac{\omega T}{2}}{\dfrac{\omega T}{2}}\mathrm{e}^{-\mathrm{j}\frac{\omega T}{2}}$$

由图 8-1-5 可知，经由零阶保持器转换得到的连续信号 $u_h(t)$ 具有阶梯形状，它并不等于采样前的连续信号 $u(t)$。平均地看，由零阶保持器转换而得的连续信号 $u\left(t - \dfrac{T}{2}\right)$ 如图 8-1-5 中的虚线特性所示，在时间上要比采样前的连续信号 $u(t)$ 迟后 $T/2$。

零阶保持器相对于其他类型的保持器具有迟后时间小与实现容易等优点，在工程实践中可用输出寄存器实现，是在数字控制系统中广泛采用的一种保持器。

2. 一阶保持器

对于一阶保持器，其外推公式为

$$u_h(nT + \tau) = a_0 + a_1\tau, \quad m = 1$$

将 $\tau = 0$ 和 $\tau = -T$ 代入上式，得

$$\begin{cases} u(nT) = u_h(nT) = a_0 \\ u[(n-1)T] = u_h[(n-1)T] = a_0 - a_1 T \end{cases}$$

解方程组，得

$$a_0 = u(nT)$$

$$a_1 = \frac{a_0 - u[(n-1)T]}{T} = \frac{u(nT) - u[(n-1)T]}{T}$$

从而得 $\qquad u_h(nT + \tau) = u(nT) + \dfrac{u(nT) - u[(n-1)T]}{T}\tau, \quad 0 \leqslant \tau < T$

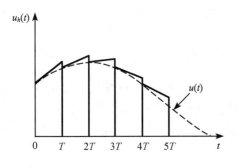

图 8-1-7　一阶保持器的工作过程

其工作过程如图 8-1-7 所示。可见，一阶保持器是利用最新的两个过去时刻的采样值，以线性外推的方法获得从本采样时刻至下一采样时刻的信号插值。

一阶保持器的输出在采样周期 T 内按线性规律变化，但由于其迟后相移较零阶保持器要大，数字控制系统一般很少采用一阶保持器，更不用高阶保持器，而普遍采用零阶保持器。

8.2　z 变　换

线性连续定常系统的动态特性由线性微分方程来描述，因此应用拉普拉斯变换作为数学工具、传递函数作为数学模型对系统进行分析与设计。与此类似，线性离散定常系统的动态特性用线性差分方程来描述，应用 z 变换作为数学工具、脉冲传递函数作为数学模型

对系统进行分析与设计。

设连续信号 $e(t)$ 的拉普拉斯变换为 $E(s)$，当 $e(t)$ 经过周期为 T 的采样开关后，变成采样信号 $e^*(t)$，即

$$e^*(t) = e(t)\sum_{n=-\infty}^{\infty}\delta(t-nT) = \sum_{n=-\infty}^{\infty}e(nT)\delta(t-nT)$$

对于系统中的实际信号，一般有 $t<0$ 时，$e(t)=0$，故上式亦可记为

$$e^*(t) = e(t)\sum_{n=0}^{\infty}\delta(t-nT) = \sum_{n=0}^{\infty}e(nT)\delta(t-nT)$$

对上式两端取拉普拉斯变换，有

$$E^*(s) = \int_{-\infty}^{\infty}e^*(t)\mathrm{e}^{-st}\mathrm{d}t = \int_{-\infty}^{\infty}\left[\sum_{n=0}^{\infty}e(nT)\delta(t-nT)\right]\mathrm{e}^{-st}\mathrm{d}t$$

$$= \sum_{n=0}^{\infty}e(nT)\left[\int_{-\infty}^{\infty}\mathrm{e}^{-st}\delta(t-nT)\right]\mathrm{d}t$$

$$= \sum_{n=0}^{\infty}e(nT)\mathrm{e}^{-snT}$$

z 变换与 z 反变换

若令 $z=\mathrm{e}^{sT}$，并将 $E^*(s)$ 记作 $E(z)$，则由上式得

$$E(z) = \sum_{n=0}^{\infty}e(nT)z^{-n}$$

上式为 z 变换的定义式，用符号 $Z[\ ]$ 来表示。可见，$E^*(s)$ 表示对误差信号 $e(t)$ 进行采样所得脉冲序列 $e^*(t)$ 的拉普拉斯变换，也就是离散误差序列 $e^*(t)$ 的 z 变换，即有 $E^*(s) = E(z)\big|_{z=\mathrm{e}^{sT}}$。因此，$z$ 变换又称为采样拉普拉斯变换，其定义式可重写为

$$E(z) = Z[e^*(t)] = \sum_{n=0}^{\infty}e(nT)z^{-n} \tag{8-2-1}$$

应当指出，在工程上对连续信号 $e(t)$ 取 z 变换是对其采样序列 $e^*(t)$ 进行 z 变换，也就是 $E(z) = Z[e^*(t)] = Z[e(t)]$。因此，$E(z)$ 与 $e(t)$ 不是一一对应关系。显然，假设两个不同的时间函数 $e_1(t)$ 和 $e_2(t)$ 的采样值完全相同，则其 z 变换是一样的，如 $1(t)$ 与 $\delta_T(t)$。应注意的是，$E(z)$ 与 $e^*(t)$、$E(s)$ 与 $e(t)$ 均为一一对应关系。

8.3 脉冲传递函数

与连续控制系统类似，离散控制系统的数学模型有时域中的差分方程和频域中的脉冲传递函数，二者之间可以相互转换。本节主要介绍离散系统的脉冲传递函数，它与连续系统中的传递函数同等重要。

8.3.1 线性常系数差分方程

线性定常离散系统可以用 n 阶线性常系数后向差分方程

$$a_0 c(kT) + a_1 c[(k-1)T] + \cdots + a_{n-1} c[(k-n+1)T] + a_n c[(k-n)T]$$
$$= b_0 r(kT) + b_1 r[(k-1)T] + \cdots + b_{m-1} r[(k-m+1)T] + b_m r[(k-m)T] \tag{8-3-1}$$

或前向差分方程

$$a_0 c[(k+n)T] + a_1 c[(k+n-1)T] + \cdots + a_{n-1} c[(k+1)T] + a_n c(kT)$$
$$= b_0 r[(k+m)T] + b_1 r[(k+m-1)T] + \cdots + b_{m-1} r[(k+1)T] + b_m r(kT)$$

来描述。其中, a_i 与 b_j 为常系数, $r[(k \pm j)T]$ 与 $c[(k \pm i)T]$ 分别表示系统的输入与输出, $i = 0,1,\cdots,n$, $j = 0,1,\cdots,m$, $n \geqslant m$ 。

下面举例说明采用 z 变换法求解上述差分方程, 其具体步骤为: 首先对差分方程两端取 z 变换, 并利用 z 变换的平移定理得到以 z 为变量的代数方程, 然后对代数方程的解 $C(z)$ 求取 z 反变换, 最终求得该差分方程的解, 即输出序列 $c(kT)$ 。

【例 8-3-1】 试用 z 变换法求解二阶齐次差分方程:

$$c(kT) - 8c[(k-1)T] + 12c[(k-2)T] = 0$$

已知初始条件为 $c(T) = 1$, $c(2T) = 3$ 。

解 对差分方程中的每一项进行 z 变换, 并根据平移定理, 有

$$Z\big[c(kT)\big] = C(z), \qquad Z\big[c[(k-1)T]\big] = z^{-1}C(z) + c(-T)$$

$$Z\big[c[(k-2)T]\big] = z^{-2}C(z) + z^{-1}c(-T) + c(-2T)$$

当 $k = 2$ 时, 由于 $c(2T) - 8c(T) + 12c(0) = 0$, 所以 $c(0) = \dfrac{5}{12}$ 。同样当 $k = 1,0$ 时, 可得 $c(-T) = \dfrac{7}{36}$, $c(-2T) = \dfrac{41}{432}$ 。

于是

$$C(z) - 8\big[z^{-1}C(z) + c(-T)\big] + 12\big[z^{-2}C(z) + z^{-1}c(-T) + c(-2T)\big] = 0$$

代入数值并整理得

$$C(z) = \frac{5/12 - 7/3 z^{-1}}{(1 - 2z^{-1})(1 - 6z^{-1})}$$

利用部分分式法, 可化成

$$C(z) = \frac{1/24}{1 - 6z^{-1}} + \frac{3/8}{1 - 2z^{-1}}$$

取 z 反变换得

$$c(kT) = \frac{1}{24} 6^k + \frac{3}{8} 2^k$$

差分方程的解可以提供线性定常离散系统在给定输入序列作用下的输出序列特性, 但

不便于研究系统参数变化对离散系统性能的影响。因此，需要研究线性定常离散系统的另一种数学模型，即脉冲传递函数。

8.3.2　脉冲传递函数的概念

1. 脉冲传递函数的定义

在零初始条件下，将线性定常离散系统或元件的输出脉冲序列 $c^*(t)$ 和输入脉冲序列 $r^*(t)$ 的 z 变换之比定义为该系统或元件的传递函数，即

$$G(z) = \frac{C(z)}{R(z)} = \frac{Z\left[c^*(t)\right]}{Z\left[r^*(t)\right]}$$

为了区别于连续系统，离散系统的传递函数称为脉冲传递函数或 z 传递函数。这里的零初始条件是指在 $t < 0$ 时，输入、输出脉冲序列的各采样值 $r(-T), r(-2T), \cdots$ 和 $c(-T), c(-2T), \cdots$ 均为零。

如果已知开环系统的脉冲传递函数 $G(z)$ 及输入脉冲序列的 z 变换 $R(z)$，如图 8-3-1(a) 所示，那么可求得输出的离散时间序列为

$$c^*(t) = Z^{-1}[C(z)] = Z^{-1}[G(z)R(z)]$$

实际上，大多数线性定常离散控制系统的输出信号往往是连续信号 $c(t)$ 而不是离散信号 $c^*(t)$，如图 8-3-1(b)所示。在这种情况下，为了应用脉冲传递函数的概念，可以在输出端虚设一个采样开关，如图 8-3-1(b)中的虚线表示。它与输入端采样开关一样以周期 T 同步工作。这样，尽管输出信号 $c^*(t)$ 并不存在，但是可以通过 $c^*(t)$ 来描述实际的输出信号 $c(t)$，以分析离散系统的相关性能。

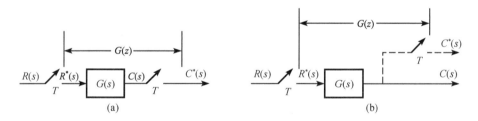

图 8-3-1　线性定常离散开环系统

2. 求脉冲传递函数的一般步骤

下面从系统单位脉冲响应的角度，通过脉冲传递函数的物理意义得出脉冲传递函数的求取步骤。已经知道，当线性定常连续系统 $G(s)$ 的输入为单位脉冲信号 $\delta(t)$ 时，其输出信号为单位脉冲响应 $g(t)$。当线性定常离散系统的输入信号为一个单位脉冲序列

$$r^*(t) = \delta(nT) = \begin{cases} 1, & n = 0 \\ 0, & n \neq 0 \end{cases}$$

时，系统的输出称为单位脉冲响应序列，记为$c(nT) = g(nT)$。由于线性定常离散系统的定常性，当系统输入的单位脉冲序列$\delta(nT)$沿着时间轴后移k个采样周期而成为$\delta[(n-k)T]$时，作为输出的单位脉冲响应序列$g(nT)$亦相应后移k个采样周期而成为$g[(n-k)T]$。

在线性定常离散系统中，如果输入的采样脉冲信号

$$r^*(t) = \sum_{k=0}^{\infty} r(kT)\delta(t-kT)$$

是任意的，各采样时刻（$t = 0, T, 2T, \cdots, kT, \cdots$）的输入脉冲值分别为$r(0)\delta(nT), r(T)\delta[(n-1)T], \cdots, r(kT)\delta[(n-k)T], \cdots$，那么相应的输出脉冲响应值分别为$r(0)g(nT), r(T)g[(n-1)T], \cdots, r(kT)g[(n-k)T], \cdots$。根据 z 变换的线性定理，系统的输出响应序列为这些输出脉冲响应之和：

$$c(nT) = r(0)g(nT) + r(T)g[(n-1)T] + \cdots + r(kT)g[(n-k)T] + \cdots = \sum_{k=0}^{\infty} r(kT)g[(n-k)T]$$

根据 z 变换的卷积定理，有$c(nT) = r(nT) * g(nT)$。又设$G(z) = \sum_{n=0}^{\infty} g(nT)z^{-n}$，则$C(z) = G(z) \cdot R(z)$，即$G(z) = C(z)/R(z)$。

因此，脉冲传递函数的物理意义为：系统脉冲传递函数$G(z)$等于系统单位脉冲响应函数$g(t)$对应的采样序列$g^*(t)$的 z 变换，即

$$G(z) = Z[g^*(t)] = \sum_{n=0}^{\infty} g(nT)z^{-n}$$

或

$$G(z) = Z[g(t)] = Z\{L^{-1}[G(s)]\}$$

$g(t)$与$g^*(t)$之间的关系如图 8-3-2 所示。

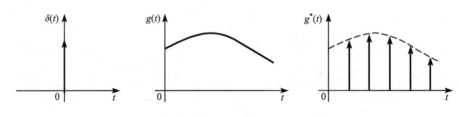

图 8-3-2　$g(t)$与$g^*(t)$之间的关系

由此可见，由已知的连续部分传递函数$G(s)$求取脉冲传递函数$G(z)$的步骤如下：

(1)求出连续部分的脉冲响应函数$g(t) = L^{-1}[G(s)]$；

(2)对$g(t)$进行采样，得离散时间序列$g^*(t)$；

(3)求脉冲响应序列$g^*(t)$的 z 变换$G(z)$。

【例 8-3-2】　已知如图 8-3-1(a)所示的开环系统的传递函数为

$$G(s) = \frac{k}{(s+a)(s+b)}$$

求其脉冲传递函数$G(z)$。

解　将系统传递函数展成下列部分分式和的形式：

$$G(s) = \frac{k}{b-a}\left[\frac{1}{s+a} - \frac{1}{s+b}\right]$$

系统的脉冲响应函数为

$$g(t) = \frac{k}{b-a}(e^{-at} - e^{-bt})$$

由　　　　　　　　　　　　　　$$G(z) = Z[g(t)]$$

得　　　　　　　　　　$$G(z) = Z\left[\frac{k}{b-a}(e^{-at} - e^{-bt})\right]$$

查 z 变换表，得

$$G(z) = \frac{k}{b-a}\left[\frac{z}{z - e^{-aT}} - \frac{z}{z - e^{-bT}}\right] = \frac{kz}{b-a} \cdot \frac{e^{-aT} - e^{-bT}}{(z - e^{-aT})(z - e^{-bT})} \tag{8-3-2}$$

由式(8-3-2)可知，脉冲传递函数与采样周期 T 有关。

3. 脉冲传递函数与差分方程的关系

线性定常离散系统的差分方程如式(8-3-1)，在零初始条件下对差分方程的两边取 z 变换，得

$$[a_0 + a_1 z^{-1} + \cdots + a_{n-1}z^{-(n-1)} + a_n z^{-n}]C(z) = [b_0 + b_1 z^{-1} + \cdots + b_{m-1}z^{-(m-1)} + b_m z^{-m}]R(z)$$

所以该离散系统的脉冲传递函数为

$$G(z) = \frac{C(z)}{R(z)} = \frac{b_0 + b_1 z^{-1} + \cdots + b_{m-1}z^{-(m-1)} + b_m z^{-m}}{a_0 + a_1 z^{-1} + \cdots + a_{n-1}z^{-(n-1)} + a_n z^{-n}}$$

这就是脉冲传递函数与差分方程的关系。由上可见，差分方程、单位脉冲响应序列和脉冲传递函数是对离散系统的三种不同的数学描述，它们之间可相互转化。

8.3.3　开环系统的脉冲传递函数

为了便于求取开环系统的脉冲传递函数，需要给出采样拉氏变换的两个性质，并简单证明。在图 8-3-1(b)所示的离散开环系统中，设 $R^*(s)$ 表示输入采样信号 $r^*(t)$ 的拉氏变换，也是输入信号 $r(t)$ 的采样拉氏变换，即 $R^*(s) = \sum\limits_{n=0}^{\infty} r(nT)e^{-snT}$，易知 $C(s) = G(s)R^*(s)$。

性质 1：采样信号的拉氏变换具有周期性，即

$$R^*(s) = R^*(s + jk\omega_s) \tag{8-3-3}$$

其中，ω_s 为采样角频率。

证明：由 8.1.2 节可知

$$R^*(s) = \frac{1}{T}\sum_{n=-\infty}^{\infty} R(s + jn\omega_s) \tag{8-3-4}$$

式中，T 为采样周期。令 $s = s + \mathrm{j}k\omega_s$，则有 $R^*(s + \mathrm{j}k\omega_s) = \dfrac{1}{T}\sum\limits_{n=-\infty}^{\infty} R[s + \mathrm{j}(n+k)\omega_s]$。

令 $m = n + k$，可得 $R^*(s + \mathrm{j}k\omega_s) = \dfrac{1}{T}\sum\limits_{m=-\infty}^{\infty} R(s + \mathrm{j}m\omega_s)$，即

$$R^*(s + \mathrm{j}k\omega_s) = \frac{1}{T}\sum_{n=-\infty}^{\infty} R(s + \mathrm{j}n\omega_s) = R^*(s)$$

证毕。

性质 2：若在采样信号的拉氏变换 $R^*(s)$ 与连续函数的拉氏变换 $G(s)$（即为传递函数）相乘后再采样，则 $R^*(s)$ 可以从采样符号中提出来，即

$$\left[G(s) \cdot R^*(s)\right]^* = G^*(s) \cdot R^*(s) \tag{8-3-5}$$

证明：根据式(8-3-4)，有

$$\left[G(s) \cdot R^*(s)\right]^* = \frac{1}{T}\sum_{n=-\infty}^{\infty} \left[G(s + \mathrm{j}n\omega_s) \cdot R^*(s + \mathrm{j}n\omega_s)\right]$$

再根据式(8-3-3)，有

$$\left[G(s) \cdot R^*(s)\right]^* = \frac{1}{T}\sum_{n=-\infty}^{\infty} \left[G(s + \mathrm{j}n\omega_s) \cdot R^*(s)\right] = R^*(s) \cdot \frac{1}{T}\sum_{n=-\infty}^{\infty} G(s + \mathrm{j}n\omega_s)$$

利用式(8-3-4)，得 $\left[G(s) \cdot R^*(s)\right]^* = G^*(s) \cdot R^*(s) = C^*(s)$。

证毕。考虑到 z 变换仅是一种在采样拉氏变换中取 $z = \mathrm{e}^{Ts}$ 的变量置换，所以对上式取 z 变换可得 $C(z) = Z[C^*(s)] = Z[G^*(s) \cdot R^*(s)] = G(z) \cdot R(z)$。

在线性连续系统中，如果两个环节相串联，其等效传递函数等于每个环节传递函数之积。对于离散系统而言，情况则有所不同，下面分别进行讨论。

1. 串联环节间没有同步采样开关隔离时的脉冲传递函数

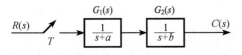

图 8-3-3　带一个采样器的开环系统

对于如图 8-3-3 所示的系统，连续部分的传递函数为

$$G(s) = G_1(s)G_2(s) = \frac{1}{s+a} \cdot \frac{1}{s+b}$$

于是

$$C^*(s) = \left[G_1(s)G_2(s) \cdot R^*(s)\right]^* = [G_1(s)G_2(s)]^* \cdot R^*(s) = G_1G_2^*(s) \cdot R^*(s)$$

式中，$G_1G_2^*(s) = [G_1(s)G_2(s)]^*$。通常，$G_1G_2^*(s) \neq G_1^*(s)G_2^*(s)$。

再取 z 变换得 $C(z) = G_1G_2(z) \cdot R(z)$，其中 $G_1G_2(z) = Z\left[G_1G_2^*(s)\right]$。由式(8-3-2)可知其脉冲传递函数为

$$G(z) = \frac{z(\mathrm{e}^{-aT} - \mathrm{e}^{-bT})}{(b-a)(z - \mathrm{e}^{-aT})(z - \mathrm{e}^{-bT})} \tag{8-3-6}$$

2. 串联环节间有同步采样开关隔离时的脉冲传递函数

系统带两个采样器，如图 8-3-4 所示。这两个采样器是同步的，具有相同的采样周期。由脉冲传递函数的定义，有

$$G(z) = G_1(z)G_2(z)$$

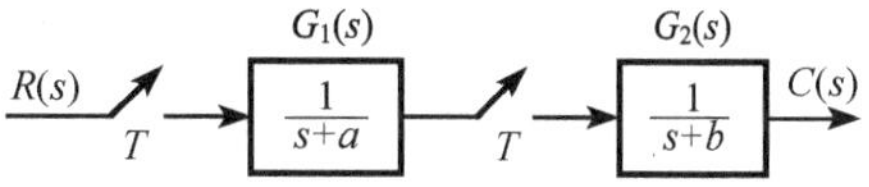

图 8-3-4　带两个同步采样器的开环系统

查 z 变换表，得

$$G(z) = \frac{z}{z - \mathrm{e}^{-aT}} \cdot \frac{z}{z - \mathrm{e}^{-bT}} = \frac{z^2}{(z - \mathrm{e}^{-aT})(z - \mathrm{e}^{-bT})} \tag{8-3-7}$$

比较式(8-3-6)与式(8-3-7)，可以看出两者并不相等，即二者极点相同而零点不同。因此，在求取离散系统的脉冲传递函数时，要注意在串联环节之间是否存在同步采样器，在图 8-3-4 中，$G_1(s)$ 与 $G_2(s)$ 的输入都是离散信号，故有 $G(z) = G_1(z)G_2(z)$；而对于图 8-3-3，则不然，由于 $G_2(s)$ 的输入不是离散信号，所以它不能直接进行 z 变换，只有和 $G_1(s)$ 相乘后才能进行 z 变换，因此，$G(z) = G_1G_2(z)$。式中，$G_1G_2(z)$ 相当于对 $G_1(s)G_2(s)$ 进行 z 变换。

显然，针对以上两种情况下的两个环节串联所得的脉冲传递函数 $G(z)$ 的结论完全可以推广到多个环节串联时的情况。而对于多个环节并联的情况，根据叠加原理易知，所得的脉冲传递函数等于各环节脉冲传递函数的和。

3. 具有零阶保持器时的脉冲传递函数

具有零阶保持器的开环系统如图 8-3-5 所示。

由于零阶保持器的传递函数为 $G_h(s) = \dfrac{1 - \mathrm{e}^{-Ts}}{s}$ 不是 s 的有理分式，因此用上述方法不能直接求出该开环系统的脉冲传递函数，需将其变换为等效开环系统，如图 8-3-6 所示。

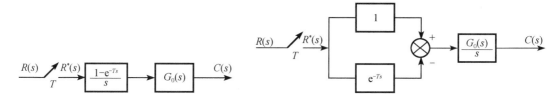

图 8-3-5　具有零阶保持器的开环系统　　　　图 8-3-6　具有零阶保持器的等效开环系统

由图 8-3-6，得

$$G(s) = \frac{G_0(s)}{s} - \frac{G_0(s)}{s}\mathrm{e}^{-Ts}$$

对上式两边取 z 变换，有

$$Z[G(s)] = Z\left[\frac{G_0(s)}{s} - \frac{G_0(s)}{s}\mathrm{e}^{-Ts}\right]$$

由 z 变换的性质，得

$$G(z) = Z\left[\frac{G_0(s)}{s}\right] - z^{-1}Z\left[\frac{G_0(s)}{s}\right]$$

$$= (1 - z^{-1})Z\left[\frac{G_0(s)}{s}\right] \qquad (8\text{-}3\text{-}8)$$

【例 8-3-3】　设系统如图 8-3-5 所示，已知

$$G_0(s) = \frac{a}{s(s+a)}$$

求 $G(z)$ 。

解　将 $\dfrac{G_0(s)}{s}$ 分解成部分分式和的形式：

$$\frac{G_0(s)}{s} = \frac{a}{s^2(s+a)} = \frac{1}{s^2} - \frac{\dfrac{1}{a}}{s} + \frac{\dfrac{1}{a}}{s+a}$$

由式(8-3-8)，得

$$G(z) = (1 - z^{-1})Z\left[\frac{G_0(s)}{s}\right] = (1 - z^{-1})Z\left[\frac{1}{s^2} - \frac{\dfrac{1}{a}}{s} + \frac{\dfrac{1}{a}}{s+a}\right]$$

查 z 变换表，得

$$G(z) = (1 - z^{-1})\left[\frac{Tz}{(z-1)^2} - \frac{\dfrac{1}{a}z}{z-1} + \frac{\dfrac{1}{a}z}{z - e^{-aT}}\right]$$

$$= \frac{\dfrac{1}{a}[(e^{-aT} + aT - 1)z + (1 - aTe^{-aT} - e^{-aT})]}{(z-1)(z - e^{-aT})} \qquad (8\text{-}3\text{-}9)$$

无零阶保持器时，开环系统的脉冲传递函数为

$$G(z) = Z[G_0(s)] = Z\left[\frac{a}{s(s+a)}\right] = Z\left[\frac{1}{s} - \frac{1}{s+a}\right]$$

$$= \frac{z}{z-1} - \frac{z}{z - e^{-aT}} = \frac{z(1 - e^{-aT})}{(z-1)(z - e^{-aT})}$$

　　将两种情况下开环系统的脉冲传递函数进行比较，可见，两者的极点完全相同，仅零点不同，因此零阶保持器不影响离散系统脉冲传递函数的极点。

8.3.4　闭环系统的脉冲传递函数

　　和开环系统一样，采样器的位置和个数不同，闭环系统的脉冲传递函数亦不同。实际系统可能有一个采样器，也可能有多个同步采样器，采样器可以位于前向通道中，也可以位于反馈通道中。因此，求闭环系统的脉冲传递函数时不像连续系统那样简便，它还要考虑采样器的影响。

1. 采样器在误差通道

设系统如图 8-3-7 所示，在该系统中，误差是被采样的。由图可知

$$E(s) = R(s) - C(s)H(s)$$

$$C(s) = E^*(s)G(s)$$

因此

$$E(s) = R(s) - E^*(s)G(s)H(s)$$

式中，$E^*(s)$ 表示 $E(s)$ 经过采样。对上式两边采样得

$$E^*(s) = R^*(s) - E^*(s)GH^*(s)$$

即 $E^*(s) = \dfrac{R^*(s)}{1 + GH^*(s)}$。因为

$$C^*(s) = E^*(s)G^*(s)$$

所以

$$C^*(s) = \dfrac{G^*(s)}{1 + GH^*(s)} R^*(s)$$

对上式进行 z 变换得

$$C(z) = \dfrac{G(z)}{1 + GH(z)} R(z) \qquad (8\text{-}3\text{-}10)$$

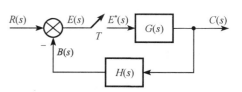

式中，$GH(z) = Z[G(s)H(s)]$。

需指出，同线性连续系统一样，线性离散闭环系统的开环脉冲传递函数定义为主反馈脉冲序列与误差脉冲序列的 z 变换之比，如图 8-3-7 所示的 $Y(z)/E(z) = GH(z)$。

图 8-3-7 采样器在误差通道

2. 采样器在反馈通道

设系统如图 8-3-8 所示，由图可知

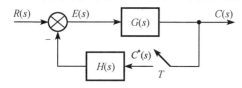

图 8-3-8 采样器在反馈通道

$$E(s) = R(s) - C^*(s)H(s)$$

$$C(s) = E(s)G(s)$$

消去 $E(s)$，得

$$C(s) = R(s)G(s) - C^*(s)G(s)H(s)$$

对上式两边采样并取 z 变换，得

$$C(z) = RG(z) - C(z)GH(z)$$

式中，$RG(z) = Z[R(s)G(s)]$。

因此

$$C(z) = \dfrac{RG(z)}{1 + GH(z)} \qquad (8\text{-}3\text{-}11)$$

此时令输出 $C(z)$ 的分母为零，可得到该系统的特征方程。

3. 在前向通道中有同步采样器

设系统如图 8-3-9 所示，由图可知

$$E(s) = R(s) - H(s)C^*(s) = R(s) - H(s)G^*(s)E^*(s)$$

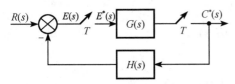

两边采样，得

$$E^*(s) = R^*(s) - G^*(s)H^*(s)E^*(s)$$

故

$$E^*(s) = \frac{R^*(s)}{1 + G^*(s)H^*(s)}$$

图 8-3-9　在前向通道中有同步采样器

又因为

$$C^*(s) = E^*(s)G^*(s)$$

消去 $E^*(s)$，得

$$C^*(s) = \frac{G^*(s)}{1 + G^*(s)H^*(s)} R^*(s)$$

对上式进行 z 变换，得

$$C(z) = \frac{G(z)}{1 + G(z)H(z)} R(z) \tag{8-3-12}$$

4. 在前向通道中有串联环节和同步采样器

设系统如图 8-3-10 所示，由图可知

$$E(s) = R(s) - E^*(s)G_1^*(s)G_2(s)H(s)$$

两边采样，得

$$E^*(s) = R^*(s) - E^*(s)G_1^*(s)G_2H^*(s)$$

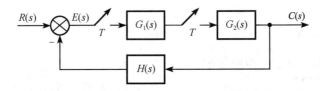

图 8-3-10　在前向通道中有串联环节和同步采样器

于是

$$E^*(s) = \frac{R^*(s)}{1 + G_1^*(s)G_2H^*(s)}$$

又因为

$$C(s) = E^*(s)G_1^*(s)G_2(s)$$

先对上式采样，再消去 $E^*(s)$，得

$$C^*(s) = \frac{G_1^*(s)G_2^*(s)R^*(s)}{1 + G_1^*(s)G_2H^*(s)}$$

对上式进行 z 变换，得

$$C(z) = \frac{G_1(z)G_2(z)}{1 + G_1(z)G_2H(z)} R(z) \tag{8-3-13}$$

式中, $G_2H(z) = Z[G_2(s)H(s)]$ 。

最后需强调的是,系统的闭环脉冲传递函数和开环脉冲传递函数之间没有固定的关系,不能直接由开环脉冲传递函数来求闭环脉冲传递函数;闭环脉冲传递函数 $\Phi(z)$ 和 $\Phi_e(z)$ 不能直接从 $\Phi(s)$ 和 $\Phi_e(s)$ 求取 z 变换得来;只要误差信号 $e(t)$ 处无采样器,输入采样信号 $r^*(t)$ (包括虚设的 $r^*(t)$)便不存在,此时不可能求出闭环脉冲传递函数 $\Phi(z)$,而只能求出输出脉冲序列 $c^*(t)$ 的 z 变换 $C(z)$ 。

8.4 稳定性分析

与连续系统类似,线性离散系统分析的主要内容有稳定性、动态特性和稳态特性。而稳定性是对控制系统最基本的要求。

对于线性定常连续系统,系统渐近稳定的充分必要条件是其特征方程的根全部位于 s 平面的左半部。而对于线性离散系统,若在有界输入序列作用下的输出序列也有界,则称该离散系统是稳定的。线性离散系统特征方程是由闭环脉冲传递函数的分母为零得到的,由特征根的位置可以判别系统是否稳定。为了在 z 平面上分析离散系统的稳定性,首先讨论 s 平面和 z 平面之间的映射关系。

8.4.1 s 平面与 z 平面的映射关系

由 z 变换的定义可知

$$z = e^{sT}$$

设

$$s = \sigma + j\omega$$

则

$$z = e^{(\sigma+j\omega)T} = e^{\sigma T} \cdot e^{j\omega T}$$

根据复数运算规则,复变量 z 的模为

$$|z| = e^{\sigma T} \tag{8-4-1}$$

而 z 的幅角为

$$\angle z = \omega T \tag{8-4-2}$$

由式(8-4-1),可以得到 σ 与 $|z|$ 存在的关系:

$$\begin{cases} \sigma > 0, & |z| > 1 \\ \sigma = 0, & |z| = 1 \\ \sigma < 0, & |z| < 1 \end{cases} \tag{8-4-3}$$

s 平面的虚轴,对应于复变量 s 的实部 $\sigma = 0$,当其虚部 ω 从 $-\infty$ 变化到 ∞ 时,由式(8-4-1)、式(8-4-2)可知,在 z 平面映射成按逆时针方向转过无穷多圈的单位圆周;s 平面的左半部,对应于 $\sigma < 0$,当 ω 由 $-\infty$ 变化到 ∞ 时,同理可知,映射在 z 平面的单位圆内;而 s 平面的右半部,对应于 $\sigma > 0$,当 ω 由 $-\infty$ 变化到 ∞ 时,显然映射在 z 平面的单位圆外,图 8-4-1 表示出上述的映射关系。

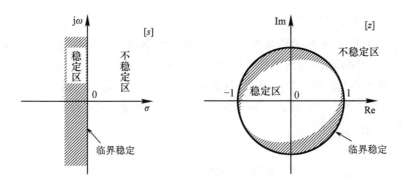

图 8-4-1 s 平面与 z 平面的映射关系

8.4.2   线性离散系统稳定的充要条件

设线性离散系统的方框图如图 8-4-2 所示。

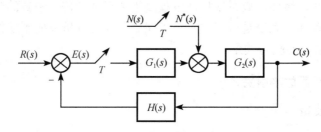

图 8-4-2   线性离散系统方框图

其闭环脉冲传递函数为

$$\frac{C(z)}{R(z)} = \frac{G_1 G_2(z)}{1 + G_1 G_2 H(z)}$$

则闭环系统的特征方程为

$$D(z) = 1 + G_1 G_2 H(z) = 0$$

设闭环系统的特征根或闭环脉冲传递函数的极点为 $z_1, z_2, \cdots, z_n$。已经知道,线性连续系统渐近稳定的充要条件是系统特征方程的全部根都位于 s 平面的左半部,即 $\sigma < 0$。由于 s 平面的左半部与 z 平面上单位圆的内部相对应,因此,线性离散系统渐近稳定的充要条件是:线性离散系统的全部特征根 z_i ($i = 1, 2, \cdots, n$) 均分布在 z 平面的单位圆内,或全部特征根的模必须小于 1,即 $|z_i| < 1$ ($i = 1, 2, \cdots, n$)。如果在上述特征根中有位于 z 平面上单位圆之外的,则该闭环系统是不稳定的。

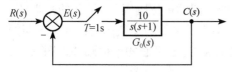

图 8-4-3   例 8-4-1 线性离散系统方框图

【例 8-4-1】   线性离散系统的方框图如图 8-4-3 所示,试分析系统稳定性。

解   将 $G_0(s)$ 写成部分分式和的形式:

$$G_0(s) = \frac{10}{s(s+1)} = 10\left(\frac{1}{s} - \frac{1}{s+1}\right)$$

则

$$G_0(z) = Z[G_0(s)] = 10Z\left[\frac{1}{s} - \frac{1}{s+1}\right] = 10\left[\frac{z}{z-1} - \frac{z}{z-\mathrm{e}^{-1}}\right] = \frac{10z(1-\mathrm{e}^{-1})}{(z-1)(z-\mathrm{e}^{-1})}$$

系统的闭环脉冲传递函数为

$$\frac{C(z)}{R(z)} = \frac{G_0(z)}{1+G_0(z)} = \frac{6.32z}{z^2 + 4.952z + 0.368}$$

解得特征根为 $z_1 = -0.076$，$z_2 = -4.876$。由于 $|z_2| = 4.876 > 1$，因此系统是不稳定的。

对于差分方程如式(8-3-1)所示的线性定常离散系统，其稳定的充分必要条件是特征方程所有特征根的模均小于 1，即特征方程 $a_0\lambda^n + a_1\lambda^{n-1} + \cdots + a_{n-1}\lambda + a_n = 0$ 所有根的模 $|\lambda_i| < 1(i=1,2,\cdots,n)$。

8.4.3　推广的劳斯稳定判据

对于高阶系统，直接对特征方程求根有一定的困难。在线性连续系统中，曾用劳斯稳定判据判断系统的稳定性，通过双线性变换 $z = \dfrac{\omega+1}{\omega-1}$，将其推广到线性离散系统中，可得推广的劳斯稳定判据。

设

$$\omega = \frac{z+1}{z-1} \text{ 或 } z = \frac{\omega+1}{\omega-1}$$

式中，z 与 ω 均为复变量。由于二者互为线性变换，故这种变换又称为双线性变换。

令

$$z = x + \mathrm{j}y$$
$$\omega = u + \mathrm{j}\upsilon$$

故

$$\omega = \frac{z+1}{z-1} = \frac{x+\mathrm{j}y+1}{x+\mathrm{j}y-1} = \frac{(x+\mathrm{j}y+1)(x-1-\mathrm{j}y)}{(x-1)^2+y^2}$$

$$= \frac{x^2+y^2-1}{(x-1)^2+y^2} - \mathrm{j}\frac{2y}{(x-1)^2+y^2} = u + \mathrm{j}\upsilon \tag{8-4-4}$$

因为采用的是线性变换，所以，z 平面与 ω 平面的映射关系是一一对应的，如图 8-4-4 所示。

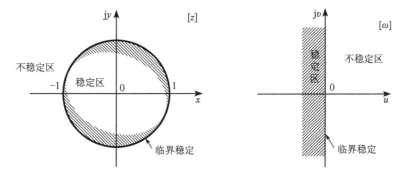

图 8-4-4　z 平面与 ω 平面的映射关系

z 平面上的单位圆为 $|z| = \sqrt{x^2 + y^2} = 1$ ，映射成 ω 平面的虚轴，即实部 $u = 0$ ，为临界稳定区域。

z 平面上的单位圆之外的区域为 $|z| = \sqrt{x^2 + y^2} > 1$ ，映射成 ω 平面的右半平面，即实部 $u > 0$ ，为不稳定区域。

z 平面上的单位圆之内的区域为 $|z| = \sqrt{x^2 + y^2} < 1$ ，映射成 ω 平面的左半平面，即实部 $u < 0$ ，为稳定区域。

因此，在线性离散系统中，可以通过双线性变换在 ω 平面上应用劳斯稳定判据判断系统的稳定性。为了区别于 s 平面上的劳斯稳定判据，称 ω 平面下的劳斯稳定判据为推广的劳斯稳定判据。

8.4.4 朱利稳定判据

朱利(Jury)稳定判据同劳斯稳定判据一样，根据系统特征方程的系数判断系统的稳定性，而不用求出特征方程的根，二者都属于稳定性的代数判据。朱利稳定判据的一个重要的优点是可以在 z 域直接进行，不必像推广的劳斯稳定判据那样需要进行双线性变换。但是推广的劳斯稳定判据不仅可以判断系统的稳定性，还可以确定出不稳定极点的个数，而朱利稳定判据则只能判断出系统是否稳定。

设 n 阶线性定常离散系统的特征方程为

$$D(z) = a_0 z^n + a_1 z^{n-1} + \cdots + a_{n-1} z + a_n = 0$$

式中， $a_0 > 0$ 。若 $a_0 < 0$ ，则用–1 乘上式的两边，使 a_0 变为正值。

利用特征方程的系数，按照下述方法构造 $2n - 3$ 行、 $n + 1$ 列的朱利阵列，如表 8-4-1 所示。

表 8-4-1　朱利阵列

行数	z^0	z^1	z^2	z^3	$\cdots$	z^{n-k}	$\cdots$	z^{n-2}	z^{n-1}	z^n
1	a_n	a_{n-1}	a_{n-2}	a_{n-3}	$\cdots$	a_k	$\cdots$	a_2	a_1	a_0
2	a_0	a_1	a_2	a_3	$\cdots$	a_{n-k}	$\cdots$	a_{n-2}	a_{n-1}	a_n
3	b_{n-1}	b_{n-2}	b_{n-3}	b_{n-4}	$\cdots$	b_{k-1}	$\cdots$	b_1	b_0	
4	b_0	b_1	b_2	b_3	$\cdots$	b_{n-k}	$\cdots$	b_{n-2}	b_{n-1}	
5	c_{n-2}	c_{n-3}	c_{n-4}	c_{n-5}	$\cdots$	c_{k-2}	$\cdots$	c_0		
6	c_0	c_1	c_2	c_3	$\cdots$	c_{n-k}	$\cdots$	c_{n-2}		
$\vdots$	$\vdots$	$\vdots$	$\vdots$	$\vdots$						
$2n - 5$	p_3	p_2	p_1	p_0						
$2n - 4$	p_0	p_1	p_2	p_3						
$2n - 3$	q_2	q_1	q_0							

在朱利阵列中，偶数行的各元是前一奇数行各元的反序排列，其中第 1 行的各元是按照特征方程中 z 的升幂次序直接列出各系数而无须计算，从第 3 行开始的各元用二阶行列式进行计算，其定义如下：

$$b_k = \begin{vmatrix} a_n & a_{n-k-1} \\ a_0 & a_{k+1} \end{vmatrix}, \quad k = n-1, n-2, \cdots, 1, 0$$

$$c_k = \begin{vmatrix} b_{n-1} & b_{n-k-2} \\ b_0 & b_{k+1} \end{vmatrix}, \quad k = n-2, n-3, \cdots, 1, 0$$

$$d_k = \begin{vmatrix} c_{n-2} & c_{n-k-3} \\ c_0 & c_{k+1} \end{vmatrix}, \quad k = n-3, n-4, \cdots, 1, 0$$

$$\vdots$$

$$q_2 = \begin{vmatrix} p_3 & p_0 \\ p_0 & p_3 \end{vmatrix}, \quad q_1 = \begin{vmatrix} p_3 & p_1 \\ p_0 & p_2 \end{vmatrix}, \quad q_0 = \begin{vmatrix} p_3 & p_2 \\ p_0 & p_1 \end{vmatrix}$$

一直计算到第 $2n-3$ 行为止。注意：表中最后一行即第 $2n-3$ 行，只含 3 个元素，因此当特征方程的阶次 $n=2$ 时，只需 1 行，而当 $n=3$ 时，只需 3 行。

朱利稳定判据：特征方程 $D(z)=0$ 的全部根位于 z 平面上的单位圆内的充分必要条件是 $D(1)>0$、$(-1)^n D(-1)>0$ 以及下列 $n-1$ 个约束条件：

$$a_0 > |a_n|, \ |b_0| < |b_{n-1}|, \ |c_0| < |c_{n-2}|, \ |d_0| < |d_{n-3}|, \ \cdots, \ |q_0| < |q_2|$$

成立。只有当上述诸条件均满足时（$a_0 > 0$），该离散系统才是稳定的，否则系统不稳定。

对于二阶、三阶系统的稳定条件，根据朱利稳定判据，可具体列出如下两点。

(1)二阶系统： $n=2$ ， $D(z) = a_0 z^2 + a_1 z + a_2 = 0$ ， $a_0 > 0$ 的稳定条件为 $a_0 + a_1 + a_2 > 0$ ， $a_0 - a_1 + a_2 > 0$ ， $a_0 > |a_2|$ 。

(2)三阶系统： $n=3$ ， $D(z) = a_0 z^3 + a_1 z^2 + a_2 z + a_3 = 0$ ， $a_0 > 0$ 的稳定条件为 $a_0 + a_1 + a_2 + a_3 > 0$ ， $a_0 - a_1 + a_2 - a_3 > 0$ ， $a_0 > |a_3|$ ， $|a_3 a_1 - a_2 a_0| < |a_3^2 - a_0^2|$ 。

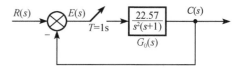

图 8-4-5 例 8-4-2 线性离散系统方框图

【例 8-4-2】 试分析如图 8-4-5 所示线性离散系统的稳定性。

解 由

$$G_0(z) = Z[G_0(s)] = \frac{22.57 z[(T-1+\mathrm{e}^{-T})z + (1-\mathrm{e}^{-T} - T\mathrm{e}^{-T})]}{(z-1)^2 (z-\mathrm{e}^{-T})}$$

得到系统的特征方程 $1 + G_0(z) = 0$ 为

$$z^3 + 5.94 z^2 + 7.7z - 0.368 = 0$$

(1)劳斯稳定判据。

将 $z = \dfrac{\omega+1}{\omega-1}$ 代入上式得

$$\left(\frac{\omega+1}{\omega-1}\right)^3 + 5.94 \left(\frac{\omega+1}{\omega-1}\right)^2 + 7.7 \left(\frac{\omega+1}{\omega-1}\right) - 0.368 = 0$$

进一步整理，得

$$14.27\omega^3 + 2.3\omega^2 - 11.74\omega + 3.13 = 0$$

列劳斯阵列表：

$$
\begin{array}{ccc}
\omega^3 & 14.27 & -11.74 \\
\omega^2 & 2.3 & 3.13 \\
\omega^1 & -31.1 & 0 \\
\omega^0 & 3.13 &
\end{array}
$$

由于第 1 列的符号改变两次，所以特征方程在 ω 平面右半部有两个根，它对应于 z 平面单位圆外，故该系统不稳定。

(2)朱利稳定判据。

特征方程为 $D(z) = a_0 z^3 + a_1 z^2 + a_2 z + a_3 = z^3 + 5.94 z^2 + 7.7z - 0.368 = 0$，其中，$a_0 = 1$，$a_1 = 5.94$，$a_2 = 7.7$，$a_3 = -0.368$。根据朱利稳定判据可知，系统稳定的条件 $a_0 + a_1 + a_2 + a_3 = 14.272 > 0$，$a_0 - a_1 + a_2 - a_3 = 3.128 > 0$，$1 = a_0 > |a_3| = 0.368$，$9.886 = |a_3 a_1 - a_2 a_0|$ $< |a_3^2 - a_0^2| = 0.865$ 必须全部满足。显然最后一条不满足，即系统不稳定。

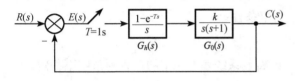

图 8-4-6 例 8-4-3 线性离散系统方框图

【例 8-4-3】 线性离散系统的方框图如图 8-4-6 所示，采样周期 $T=1\mathrm{s}$，试确定使闭环系统稳定的 k 的取值范围，其中 $k>0$。

解 由开环传递函数

$$
G(s) = \frac{1-\mathrm{e}^{-Ts}}{s} \cdot \frac{k}{s(s+1)}
$$

得开环脉冲传递函数

$$
G(z) = (1-z^{-1}) \cdot Z\left[\frac{1}{s}\frac{k}{s(s+1)}\right] = \frac{k(\mathrm{e}^{-1}z + 1 - 2\mathrm{e}^{-1})}{(z-1)(z-\mathrm{e}^{-1})} = \frac{k(0.368z + 0.264)}{(z-1)(z-0.368)}
$$

由特征方程 $1 + G(z) = 0$，得

$$
z^2 + (0.368k - 1.368)z + (0.264k + 0.368) = 0
$$

将 $z = \dfrac{\omega+1}{\omega-1}$ 代入上式得

$$
0.632k\omega^2 + (1.264 - 0.528k)\omega + (2.736 - 0.104k) = 0
$$

列劳斯阵列表：

$$
\begin{array}{ccc}
\omega^2 & 0.632k & 2.736 - 0.104k \\
\omega^1 & 1.264 - 0.528k & 0 \\
\omega^0 & 2.736 - 0.104k &
\end{array}
$$

由劳斯阵列表的第 1 列得到：

$$
0.632k > 0
$$
$$
1.264 - 0.528k > 0
$$
$$
2.736 - 0.104k > 0
$$

使闭环系统稳定的 k 的取值范围为

$$0 < k < 2.39$$

当然，也可利用朱利稳定判据确定使系统稳定的 k 的取值范围，即同时满足 $1 + (0.368k - 1.368) + (0.264k + 0.368) > 0$、$1 - (0.368k - 1.368) + (0.264k + 0.368) > 0$、$1 > |0.264k + 0.368|$，即 $k > 0$、$k < 26.3$、$-5.18 < k < 2.39$，故 $0 < k < 2.39$。

同样，当采样周期 $T = 0.5$s 时，可得

$$0 < k < 4.37$$

对于同一离散控制系统，减小开环增益或者缩短采样周期可提高其稳定性，反之亦然。这里应注意：若该系统中无采样开关及零阶保持器，则变成二阶线性连续系统，其稳定性与 k 的取值无关，即为稳定系统。

最后需说明的是，用推广的劳斯稳定判据判别离散系统的稳定性时，也会遇到某行首列为零而其余列不全为零、某行全为零的特殊情形，这两种特殊情形的处理方法同连续系统的处理方法类似。

8.5　时　域　分　析

如果系统的稳定性能够得到保证，那么问题就是系统的时域响应与稳态误差。下面首先讨论线性离散系统的时域响应。

8.5.1　闭环极点的位置及其对应的瞬态响应

线性离散系统闭环脉冲传递函数的全部极点都在 z 平面的单位圆内时，系统是稳定的。但在工程上，不仅要求系统是稳定的，而且希望系统具有良好的动态性能。而闭环极点在 z 平面上的位置决定了系统时域响应中各瞬态分量的类型。系统输入信号不同时，仅会对各瞬态分量的初值有影响，而不会改变其类型。

1. 在实轴上的单极点

设系统的闭环脉冲传递函数 $\varPhi(z) = C(z)/R(z)$ 在 z 平面的实轴上具有一个单极点 $z_i = a$，则系统输出 $C(z)$ (如单位阶跃响应)相应的部分分式展开式中必有一项形如

$$\frac{b_i z}{z - a}$$

式中，b_i 为待定的常系数。于是，对应这一项的输出瞬态分量序列为

$$c_i(nT) = Z^{-1}\left[\frac{b_i z}{z - a}\right] = b_i a^n$$

根据闭环极点 a 的不同位置，将有不同的输出瞬态分量序列 $c_i(nT)$，如图 8-5-1 所示。

(1) $a > 1$，闭环极点在单位圆外的正实轴上，$c_i(nT)$ 是单调发散序列；

(2) $a = 1$，闭环极点在单位圆周的正实轴上，$c_i(nT)$ 是等幅脉冲序列；

(3) $0 < a < 1$，闭环极点在单位圆内的正实轴上，$c_i(nT)$ 是单调衰减序列；

(4) $-1 < a < 0$，闭环极点在单位圆内的负实轴上，$c_i(nT)$ 是正负相间的衰减振荡序列；

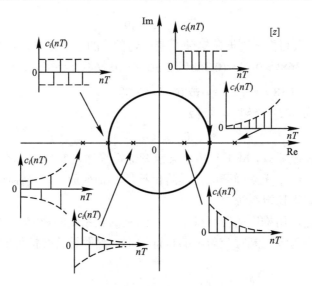

图 8-5-1　闭环单实极点对应的输出瞬态分量序列

(5) $a = -1$，闭环极点在单位圆周的负实轴上，$c_i(nT)$ 是正负相间的等幅振荡序列；

(6) $a < -1$，闭环极点在单位圆外的负实轴上，$c_i(nT)$ 是正负相间的发散振荡序列。

显然，当闭环单实极点 a 在单位圆内时，序列 $c_i(nT)$ 是收敛的，而且 $|a|$ 越小，$c_i(nT)$ 衰减得越快。

2. 共轭复极点

设系统的闭环极点中有一对共轭复极点 $z_{i,i+1} = a \pm \mathrm{j}b$，而 $r = \sqrt{a^2+b^2}$，$\theta = \pm\arctan\dfrac{b}{a}$，那么系统输出 $c(nT)$ (如单位阶跃响应) 中对应的输出瞬态分量序列为

$$c_i(nT) = A_i z_i^n + A_{i+1} z_{i+1}^n$$

式中，A_i 和 A_{i+1} 为待定的常系数且互为共轭的复数。将 $z_i = r\mathrm{e}^{\mathrm{j}\theta}$、$z_{i+1} = r\mathrm{e}^{-\mathrm{j}\theta}$、$A_i = |A_i|\mathrm{e}^{\mathrm{j}\theta_{A_i}}$、$A_{i+1} = |A_i|\mathrm{e}^{-\mathrm{j}\theta_{A_i}}$ 代入上式，得到这一对共轭复极点所对应的输出瞬态分量序列为

$$c_i(nT) = 2|A_i| r^n \cos(n\theta + \theta_{A_i}), \quad n \geqslant 1$$

式中，$|A_i|$ 与 θ_{A_i} 为复数 A_i 的模与幅角。可见，系统共轭复极点的幅角 θ 决定了该复极点所对应的输出瞬态响应分量在其每个振荡周期内的采样次数，即为 $2\pi/\theta$。

闭环极点 $z_{i,i+1}$ 在 z 平面上的位置由 a、b 确定。对于不同的 a、b 值，即闭环极点在不同的位置，系统输出(如单位阶跃响应)也分为几种不同的情况，如图 8-5-2 所示。

(1) $\sqrt{a^2+b^2} > 1$ 且 $\theta \neq 0$ 和 π 时，闭环极点在单位圆外，$c_i(nT)$ 是发散振荡序列；

(2) $\sqrt{a^2+b^2} = 1$ 且 $\theta \neq 0$ 和 π 时，闭环极点在单位圆周上，$c_i(nT)$ 是等幅振荡序列；

(3) $\sqrt{a^2+b^2} < 1$ 且 $\theta \neq 0$ 和 π 时，闭环极点在单位圆内，$c_i(nT)$ 是衰减振荡序列。

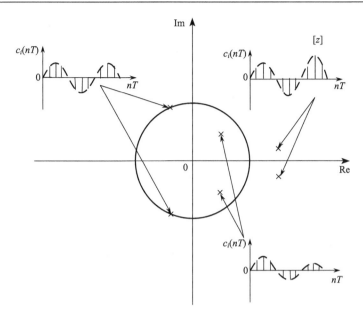

图 8-5-2　闭环共轭复极点对应的输出瞬态分量序列

从图 8-5-2 可知，为使系统的瞬态响应过程中超调量小和调节时间短，系统的复极点应分布在 z 平面单位圆内正实轴原点附近。若系统瞬态响应具有衰减振荡的形式，依据工程经验，应按照每个振荡周期采样 6～10 次的准则来选取采样周期。一般来说，采样周期大对系统稳定性不利，对系统的动态性能也不利。

对于脉冲传递函数零极点分布对性能指标的影响，可以通过离散系统的根轨迹法、频率响应法、状态空间法等来进行分析。

8.5.2　时域响应

应用 z 变换方法分析线性离散控制系统时，需根据其闭环脉冲传递函数 $\Phi(z) = \dfrac{C(z)}{R(z)}$，通过给定输入信号的 z 变换 $R(z) = Z[r(t)]$，求取被控信号的 z 变换 $C(z)$，最后经过 z 反变换求取被控信号的脉冲序列 $c^*(t)$，$c^*(t)$ 代表线性离散系统对给定输入信号的时域响应，据此便可分析系统的动态与稳态性能，如超调量 σ_p、调节时间 t_s、上升时间 t_r 以及稳态误差等，这里的给定输入信号通常假定为单位阶跃信号。若无法求出 $\Phi(z)$，而由于 $r(t)$ 是已知的，$C(z)$ 的表达式总是可写出的，则 $c^*(t)$ 也是能求取出来的。

【例 8-5-1】　试用 z 变换方法分析如图 8-4-6 所示的线性离散系统，设 $r(t) = 1(t)$，$k=1$。

解　由 $r(t) = 1(t)$，$R(z) = \dfrac{z}{z-1}$，并考虑到例 8-4-3 的计算结果，得

$$C(z) = \Phi(z)R(z) = \frac{G(z)}{1+G(z)}R(z) = \frac{0.368z^2 + 0.264z}{z^3 - 2z^2 + 1.632z - 0.632}$$

通过长除法，将 $C(z)$ 展成无穷级数形式，即

$$C(z) = 0.368z^{-1} + z^{-2} + 1.4z^{-3} + 1.4z^{-4} + 1.147z^{-5} + 0.895z^{-6}$$
$$+ 0.802z^{-7} + 0.868z^{-8} + 0.993z^{-9} + 1.077z^{-10} + 1.081z^{-11}$$
$$+ 1.032z^{-12} + 0.981z^{-13} + 0.961z^{-14} + \cdots$$

根据 z 变换的定义，由上式求得被控制信号 $c(t)$ 在各采样时刻上的数值 $c(nT)$（$n = 0,1,2,\cdots$）为

$c(0) = 0$	$c(T) = 0.368$	$c(2T) = 1$
$c(3T) = 1.4$	$c(4T) = 1.4$	$c(5T) = 1.147$
$c(6T) = 0.895$	$c(7T) = 0.802$	$c(8T) = 0.868$
$c(9T) = 0.993$	$c(10T) = 1.077$	$c(11T) = 1.081$
$c(12T) = 1.032$	$c(13T) = 0.981$	$c(14T) = 0.961$
$\vdots$	$\vdots$	$\vdots$

根据以上 $c(nT)$ 数值绘出给定线性离散系统的单位阶跃响应 $c^*(t)$，如图 8-5-3 所示。从图中可求出该系统的动态性能指标如下：$\sigma_p = 40\%$，$t_s = 12\mathrm{s}$（以误差小于 5% 计算），$t_r = 2\mathrm{s}$，$N = 1.5$ 次。

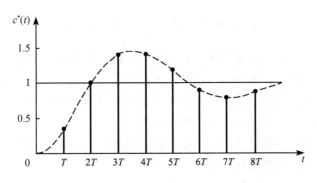

图 8-5-3　线性离散系统单位阶跃响应

注意：由于 z 变换不能给出相邻两采样时刻之间的数值，所以图 8-5-3 中只能画出各采样时刻上的值，即离散系统的时域性能指标只能按采样值来计算，从而是近似的。图中的虚线只表示一种近似曲线。

8.5.3　稳态误差计算

1. 查曲线法

根据线性离散系统时域响应的输出曲线 $c^*(t)$ 或误差曲线 $e^*(t)$，在 $t \geqslant t_s$ 时，由 $r^*(t)$ 与 $c^*(t)$ 的差值或直接由误差曲线 $e^*(t)$ 求取系统的稳态误差 $e_{ss}^*(t)$。这里，t_s 为系统时域响应的调节时间。注意：$e_{ss}^*(t)$ 是从 $t = t_s$ 开始计算的，是随时间变化的函数，但在工程上，一般取 $t = t_s$（t_s 正好是采样点）或 t 略大于 t_s（t_s 不是采样点）的采样点所对应的时间来求取。例如，在例 8-5-1 中，稳态误差取值为 3.2%（$\Delta = 0.05$）。

2. 终值定理法

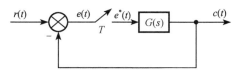

如图 8-5-4 所示的单位负反馈误差采样系统中，$e(t)$ 为系统误差信号，$e^*(t)$ 为采样后的误差序列。系统闭环脉冲传递函数为

图 8-5-4　单位负反馈误差采样系统方框图

$$\Phi(z) = \frac{C(z)}{R(z)} = \frac{G(z)}{1+G(z)}$$

系统误差脉冲传递函数为

$$\Phi_e(z) = \frac{E(z)}{R(z)} = \frac{1}{1+G(z)}$$

如果 $E(z)$ 不含 $z=1$ 的二重以上极点且在 z 平面单位圆外无极点，则由终值定理可求出该系统的稳态误差为

$$e_{ss}^*(\infty) = \lim_{t\to\infty} e_{ss}^*(t) = \lim_{z\to1}\left[(z-1)E(z)\right] = \lim_{z\to1}\frac{(z-1)R(z)}{1+G(z)} \tag{8-5-1}$$

【例 8-5-2】　试求当 $r(t)=1(t)$ 和 $r(t)=t$ 时如图 8-5-5 所示线性离散系统的稳态误差。

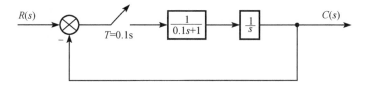

图 8-5-5　例 8-5-2 线性离散系统方框图

解
$$G(s) = \frac{1}{s(0.1s+1)}$$

相应的 z 变换为

$$G(z) = Z\left[\frac{1}{s(0.1s+1)}\right] = Z\left[\frac{1}{s} - \frac{1}{s+10}\right] = \frac{z(1-e^{-1})}{(z-1)(z-e^{-1})}$$

系统误差脉冲传递函数为

$$\Phi_e(z) = \frac{1}{1+G(z)} = \frac{(z-1)(z-0.368)}{z^2 - 0.736z + 0.368}$$

易知，系统的闭环极点为 $z_{1,2} = 0.368 \pm j0.4823$，$|z_{1,2}| = 0.6067 < 1$，即系统是稳定的。

(1) 当 $r(t)=1(t)$ 时，$R(z) = \dfrac{z}{z-1}$，则

$$e_{ss}^*(\infty) = \lim_{z\to1}\left[(z-1)\frac{R(z)}{1+G(z)}\right] = \lim_{z\to1}\left[(z-1)\frac{\dfrac{z}{z-1}(z-1)(z-0.368)}{z^2 - 0.736z + 0.368}\right] = 0$$

(2)当 $r(t)=t$ 时，$R(z)=\dfrac{Tz}{(z-1)^2}$ ，则

$$e_{ss}^{*}(\infty)=\lim_{z\to 1}\left[(z-1)\frac{Tz}{(z-1)^2}\cdot\frac{(z-1)(z-0.368)}{z^2-0.736z+0.368}\right]=T=0.1$$

注意：用 z 变换的终值定理求得的终值稳态误差，仅代表由极限 $\lim_{t\to\infty}e_{ss}^{*}(t)$ 决定的一个数值，而不是时间 t 的函数。

单位负反馈误差采样系统的稳态误差不仅与系统本身的结构和参数有关，也与外加信号作用形式和作用位置有关。同线性连续系统一样，也可根据系统型别与开环增益的概念来求取线性离散系统的稳态误差。

3. 静态误差系数法

在线性连续系统中，将开环传递函数 $G(s)$ 含有的 $s=0$ 的开环极点个数作为划分系统型别的标准。根据 z 变换的定义，若 $G(s)$ 含有一个 $s=0$ 的开环极点，则 $G(z)$ 就对应有一个 $z=1$ 的开环极点。因此，在线性离散系统中，也可以把开环脉冲传递函数 $G(z)$ 含有的 $z=1$ 的开环极点个数 ν 作为划分系统型别的标准，即把 $G(z)$ 中 $\nu=0,1,2$ 的系统分别称为 0 型、Ⅰ 型和 Ⅱ 型离散系统，其中 $G(z)=\dfrac{K}{(z-1)^\nu}G_0(z)$ ，$\lim_{z\to 1}G_0(z)=1$ ，K 为开环增益。

定义 0 型、Ⅰ 型、Ⅱ 型系统的开环增益分别称为开环位置、速度、加速度增益，亦称为静态位置、速度、加速度误差系数，分别为

$$K_p=\lim_{z\to 1}G(z),\quad \nu=0$$
$$K_v=\lim_{z\to 1}(z-1)G(z),\quad \nu=1$$
$$K_a=\lim_{z\to 1}(z-1)^2G(z),\quad \nu=2$$

对于稳定的单位负反馈误差采样系统，$t\to\infty$ 时的稳态误差、输入信号的形式、开环增益及无差度的关系列于表 8-5-1。

表 8-5-1 单位负反馈误差采样系统的稳态误差 $e_{ss}^{*}(\infty)$

系统型别 ν	静态误差系数			阶跃输入信号 $r(t)=R\cdot 1(t)$	斜坡输入信号 $r(t)=Rt$	加速度输入信号 $r(t)=\frac{1}{2}Rt^2$
	K_p	K_v	K_a	位置误差：$\dfrac{R}{1+K_p}$	速度误差：$\dfrac{RT}{K_v}$	加速度误差：$\dfrac{RT^2}{K_a}$
0 型	K	0	0	$\dfrac{R}{1+K}$	∞	∞
Ⅰ 型	∞	K	0	0	$\dfrac{RT}{K}$	∞
Ⅱ 型	∞	∞	K	0	0	$\dfrac{RT^2}{K}$

由表 8-5-1 可知：

(1)0 型系统在 $t \to \infty$ 时不能跟踪斜坡信号和匀加速信号；Ⅰ型系统在 $t \to \infty$ 时不能跟踪匀加速信号；

(2)提高开环增益或增加系统的无差度都可以减少或消除稳态误差；

(3)表 8-5-1 只适用于求稳定的单位负反馈误差采样系统在 $t \to \infty$ 时的稳态误差，但不能给出时间 t 的表达式 $e_{ss}^*(t)$。与连续系统类似，为了区分在阶跃、速度(斜坡)、加速度输入信号作用下的系统在采样时刻存在的非零有限值的稳态位置误差，分别将其称为位置、速度、加速度误差。

需要指出的是，表 8-5-1 表明稳态误差也与采样周期 T 有关，但实际上对于具有零阶保持器的离散系统，在被控对象与零阶保持器一起离散化后，系统的稳态误差与采样周期 T 之间没有必然的联系。也就是说，如果被控对象中含有与系统型别 ν 相同数量的积分环节(即对于Ⅰ型系统，被控对象含有 1 个积分环节；对于Ⅱ型系统，被控对象含有 2 个积分环节；以此类推)，那么系统稳态误差与采样周期无关；反之，如果被控对象中未含足够多的积分环节，则稳态误差将与采样周期有关，采样周期越小，稳态误差也就越小。

4. 动态误差系数法

采用前三种方法求取稳态误差时，无法得到 $e_{ss}^*(t)$。而在离散系统的分析与设计中，重要的是过渡过程结束后的有限时间内系统稳态误差随时间变化的规律。通过动态误差系数就可以获取稳态误差随时间变化的信息，而且对单位反馈和非单位反馈都适用，还可以计算由扰动信号所引起的稳态误差。

设 $\Phi_e(z)$ 为闭环系统误差脉冲传递函数，根据 z 变换的定义，将 $z = e^{Ts}$ 代入 $\Phi_e(z)$，得到以 s 为自变量的误差脉冲传递函数：

$$\Phi_e^*(s) = \Phi_e(z)\big|_{z=e^{Ts}}$$

将 $\Phi_e^*(s)$ 展开成泰勒级数的形式，有 $\Phi_e^*(s) = \alpha_0 + \alpha_1 s + \alpha_2 s^2 + \cdots$。其中，$\alpha_i = \dfrac{1}{i!} \dfrac{d^i \Phi_e^*(s)}{ds^i}\bigg|_{s=0}$ 定义为动态误差系数，$i = 0,1,2,\cdots$。那么，过渡过程结束后($t > t_s$)，系统在采样时刻的稳态误差为 $e_{ss}^*(nT) = \alpha_0 r(nT) + \alpha_1 \dot{r}(nT) + \alpha_2 \ddot{r}(nT) + \cdots, (nT > t_s)$。这与连续系统采用动态误差系数计算稳态误差的方法类似。

【例 8-5-3】 试采用静态误差系数法、动态误差系数法，分别求取如图 8-4-6 所示线性离散系统响应输入信号 $r(t) = t^2/2$ 时的稳态误差，设 $k = 1$，$T = 1s$。

解 由例 8-4-3，得

$$G(z) = \frac{1 - 2e^{-1} + e^{-1}z}{(z-1)(z - e^{-1})} = \frac{0.368z + 0.264}{z^2 - 1.368z + 0.368}$$

系统特征方程为 $1 + G(z) = 0$，即 $z^2 - z + 0.632 = 0$，闭环极点为 $z_{1,2} = 0.5 \pm j0.6181$，$|z_{1,2}| = 0.7950 < 1$，系统稳定。

(1)用静态误差系数法求终值稳态误差 $e_{ss}^*(\infty)$。

$$K_a = \lim_{z \to 1}(z-1)^2 G(z) = 0$$

采样周期对系
统性能的影响

当 $r(t) = t^2/2$ 时，终值稳态误差为

$$e_{ss}^*(\infty) = \frac{T^2}{K_a} = \infty$$

(2)用动态误差系数法求取稳态误差 $e_{ss}^*(t)$。

闭环系统误差脉冲传递函数为

$$\Phi_e(z) = \frac{1}{1+G(z)} = \frac{z^2 - 1.368z + 0.368}{z^2 - z + 0.632}$$

由于 $t > 0$ 时，$\dot{r}(t) = t$，$\ddot{r}(t) = 1$，$\dddot{r}(t) = 0$，所以对于动态误差系数只需求出 α_0、α_1 和 α_2。

于是　　　　　$\Phi_e^*(s) = \Phi_e(z)\Big|_{z=e^{Ts}} = \dfrac{e^{2s} - 1.368e^s + 0.368}{e^{2s} - e^s + 0.632}$

进一步有　　$\alpha_0 = \Phi_e^*(s)\Big|_{s=0} = 0,$　　$\alpha_1 = \dfrac{\mathrm{d}\Phi_e^*(s)}{\mathrm{d}s}\bigg|_{s=0} = 1,$　　$\alpha_2 = \dfrac{1}{2!}\dfrac{\mathrm{d}^2\Phi_e^*(s)}{\mathrm{d}s^2}\bigg|_{s=0} = 0.5$

当 $r(t) = t^2/2$ 时，系统稳态误差在采样时刻的值为

$$e_{ss}^*(nT) = \alpha_0 r(nT) + \alpha_1 \dot{r}(nT) + \alpha_2 \ddot{r}(nT) = nT + 0.5$$

由此可见，系统稳态误差 $e_{ss}^*(t)$ 是随时间线性增大的，当 $t \to \infty$ 时终值稳态误差为 $e_{ss}^*(\infty) = \infty$。还可求取在某一采样时刻的稳态误差，例如，当 $t = 20\text{s}$ 时，$e_{ss}^*(20) = 20.5$。

最后，对于本例系统属于 I 型系统，而被控对象含有 1 个积分环节，分析系统响应速度输入信号的稳态误差 $e_{ss}^*(\infty)$ 与采样周期 T 无关：先假设 T 未知，则

$$G(z) = (1 - z^{-1})Z\left[\frac{1}{s^2(s+1)}\right] = \frac{(T - 1 + e^{-T})z + (1 - e^{-T} - Te^{-T})}{(z-1)(z - e^{-T})}$$

此时 $K_v = \lim\limits_{z \to 1}(z-1)G(z) = T$，所以当 $r(t) = t$ 时，$e_{ss}^*(\infty) = \dfrac{T}{K_v} = 1$，即与 T 无关。

8.6　系　统　综　合

对于具有连续被控对象的线性离散系统，设计数字控制器一般有两种方法：一种称为连续化设计方法；另一种称为离散化设计方法。连续化设计方法就是首先根据系统所要求的性能指标，应用连续系统控制理论设计连续控制器，然后将连续控制器进行离散化。而离散化设计方法是将连续被控对象离散化，应用离散系统控制理论直接设计数字控制器。这里，首先介绍数字控制器的离散化设计方法。

8.6.1　数字控制器的离散化设计方法

1. 数字控制器的脉冲传递函数

典型的线性离散控制系统如图 8-6-1(a)所示。图中零阶保持器 $G_h(s)$ 与被控对象 $G_0(s)$ 合记为 $G(s) = G_h(s)G_0(s)$，称为广义被控对象。为方便起见，将图 8-6-1(a)等效为图 8-6-1(b)

的简化形式。

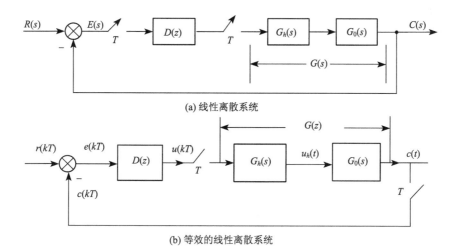

(a) 线性离散系统

(b) 等效的线性离散系统

图 8-6-1 具有数字控制器的线性离散系统方框图及其简化

对于图 8-6-1(b)所示的单位反馈线性离散系统，其闭环脉冲传递函数为

$$\Phi(z) = \frac{C(z)}{R(z)} = \frac{D(z)G(z)}{1 + D(z)G(z)} \tag{8-6-1}$$

$$\Phi_e(z) = \frac{E(z)}{R(z)} = \frac{1}{1 + D(z)G(z)} \tag{8-6-2}$$

式中，$G(z) = Z[G(s)]$ 为广义被控对象的脉冲传递函数；$D(z)$ 为数字控制器的脉冲传递函数。在计算机控制系统中，$D(z)$ 是由计算机软件实现的。易知，$\Phi(z) = 1 - \Phi_e(z)$。

由式(8-6-1)或式(8-6-2)可以求出数字控制器的脉冲传递函数为

$$D(z) = \frac{\Phi(z)}{G(z)[1 - \Phi(z)]} \tag{8-6-3}$$

或

$$D(z) = \frac{1 - \Phi_e(z)}{G(z)\Phi_e(z)} \tag{8-6-4}$$

式(8-6-3)及式(8-6-4)表明，根据线性离散系统广义被控对象的脉冲传递函数 $G(z)$ 以及闭环脉冲传递函数 $\Phi(z)$ 或误差脉冲传递函数 $\Phi_e(z)$，可以确定数字控制器的脉冲传递函数 $D(z)$。而控制系统性能指标的要求可归结为对 $\Phi(z)$ 或 $\Phi_e(z)$ 的要求。也就是说，在采用离散化方法设计数字控制器时，首先要根据系统性能指标的要求和其他的限制条件，确定期望的 $\Phi(z)$ 或期望的 $\Phi_e(z)$。

2. 最少拍控制系统的脉冲传递函数

在采样过程中，通常称一个采样周期为一拍。在典型输入信号的作用下，能在最少个采样周期内结束动态响应过程，且在各采样时刻上无稳态误差而实现完全跟踪的离散控制系统称为最少拍控制系统。最少拍控制的实质是时间最优控制，系统可以在经过最少个采样周期后实现各采样时刻上的无稳态误差。下面根据这个准则，导出数字控制器的脉冲传递函数 $D(z)$。

典型输入信号，如阶跃信号、匀速信号与匀加速信号的 z 变换分别为

$$Z[1(t)] = \frac{1}{1-z^{-1}}$$

$$Z[t] = \frac{Tz^{-1}}{(1-z^{-1})^2}$$

$$Z\left[\frac{t^2}{2}\right] = \frac{T^2 z^{-1}(1+z^{-1})}{2(1-z^{-1})^3}$$

其一般形式可记为

$$R(z) = \frac{A(z)}{(1-z^{-1})^q} \tag{8-6-5}$$

式中，$A(z)$ 为不含 $1-z^{-1}$ 因子的以 z^{-1} 为变量的多项式，$q=1,2,3$。

根据 z 变换的定义：

$$E(z) = e(0) + e(T)z^{-1} + \cdots + e(nT)z^{-n} + \cdots = \sum_{n=0}^{\infty} e(nT)z^{-n}$$

要求系统经过最少拍数在各采样时刻实现完全跟踪，即要求在典型输入信号的作用下，$e(nT)$ 尽快达到 0 并保持为 0。也就是说，$E(z)$ 多项式只有有限项，且项数最少。

由终值定理，得

$$e_{ss}^*(\infty) = \lim_{z \to 1}(1-z^{-1})\Phi_e(z)R(z) = \lim_{z \to 1}(1-z^{-1})\Phi_e(z)\frac{A(z)}{(1-z^{-1})^q}$$

先构造

$$\Phi_e(z) = (1-z^{-1})^q F(z)$$

式中，$F(z)$ 是不含 $1-z^{-1}$ 因子的以 z^{-1} 为变量的多项式。

对于单位负反馈系统，有

$$\Phi(z) = 1 - \Phi_e(z)$$

由

$$C(z) = \Phi(z)R(z)$$

得

$$C(z) = [1-\Phi_e(z)]R(z) = R(z) - (1-z^{-1})^q F(z)\frac{A(z)}{(1-z^{-1})^q}$$

$$= R(z) - F(z)A(z)$$

又因为

$$E(z) = R(z) - C(z) = F(z)A(z)$$

为使 $E(z)$ 含有的项数最少，即满足系统时域响应在最少拍内实现完全跟踪的控制要求，取 $F(z)=1$，则

$$\Phi_e(z) = (1-z^{-1})^q \tag{8-6-6}$$

$$\Phi(z) = 1 - (1-z^{-1})^q \tag{8-6-7}$$

这就是最少拍控制系统的闭环误差脉冲传递函数 $\Phi_e(z)$ 和闭环脉冲传递函数 $\Phi(z)$ 的表达式，即使 $\Phi_e(z)$ 与 $\Phi(z)$ 所含 z^{-1} 的项数最少。其中，幂指数 q 与系统输入信号的类型有关，系统响应阶跃输入信号、匀速输入信号和匀加速输入信号时，q 分别取为 1、2 和 3。

下面分析最少拍控制系统响应阶跃、匀速与匀加速等典型参考输入信号时的情况。

(1)单位阶跃信号输入时，$r(t) = 1(t)$，$q = 1$，有

$$E(z) = \Phi_e(z)R(z) = (1 - z^{-1})^q \frac{1}{1 - z^{-1}} = 1$$

由 z 变换定义 $E(z) = \sum_{n=0}^{\infty} e(nT)z^{-n}$，有

$$e(0) = 1, \quad e(kT) = 0, \quad k = 1, 2, \cdots$$

进一步有 $c(0) = 0$，$c(kT) = 1(k = 1, 2, \cdots)$。输出序列 $c^*(t)$ 如图 8-6-2 所示。可见最少拍控制系统经过一拍后就可完全跟踪单位阶跃输入信号 $r(t) = 1(t)$，其调节时间为 $t_s = T$。

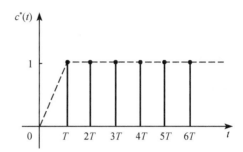

图 8-6-2　单位阶跃信号输入时的输出序列

(2)单位匀速信号输入时，$r(t) = t$，$q = 2$，有

$$E(z) = \Phi_e(z)R(z) = (1 - z^{-1})^q \frac{Tz^{-1}}{(1 - z^{-1})^2}$$

$$= (1 - z^{-1})^2 \frac{Tz^{-1}}{(1 - z^{-1})^2} = Tz^{-1}$$

由 z 变换定义 $E(z) = \sum_{n=0}^{\infty} e(nT)z^{-n}$，有

$$e(0) = 0, \quad e(T) = T, \quad e(kT) = 0, \quad k = 2, 3, \cdots$$
$$c(0) = 0, \quad c(T) = 0, \quad c(kT) = kT, \quad k = 2, 3, \cdots$$

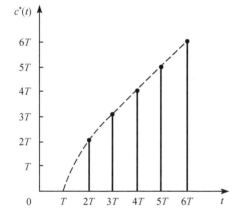

图 8-6-3　单位匀速信号输入时的输出序列

输出序列 $c^*(t)$ 如图 8-6-3 所示。由图可知，单位匀速信号输入时最少拍控制系统的调节时间为 $t_s = 2T$。

(3)单位匀加速信号输入时，$r(t) = \dfrac{t^2}{2}$，$q = 3$，有

$$E(z) = \Phi_e(z)R(z) = (1 - z^{-1})^q \frac{T^2 z^{-1}(1 + z^{-1})}{2(1 - z^{-1})^3}$$

$$= (1 - z^{-1})^3 \frac{T^2 z^{-1}(1 + z^{-1})}{2(1 - z^{-1})^3} = \frac{T^2}{2} z^{-1} + \frac{T^2}{2} z^{-2}$$

由 z 变换定义 $E(z) = \sum_{n=0}^{\infty} e(nT)z^{-n}$，有

$$e(0) = 0, \quad e(T) = T^2 / 2, \quad e(2T) = T^2 / 2, \quad e(kT) = 0, \quad k = 3, 4, \cdots$$

$$c(0) = 0, \quad c(T) = 0, \quad c(2T) = 3T^2/2, \quad c(kT) = k^2T^2/2, \quad k = 3,4,\cdots$$

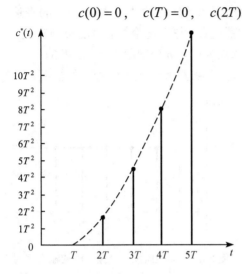

图 8-6-4　单位匀加速信号输入时的输出序列

输出序列 $c^*(t)$ 如图 8-6-4 所示。由图可知，单位匀加速信号输入时最少拍控制系统的调节时间为 $t_s = 3T$。

将上述结果用表 8-6-1 表示。对于表 8-6-1 所示的三种情况，由式(8-6-4)求得数字控制器的脉冲传递函数 $D(z)$ 分别为

$$D(z) = \frac{z^{-1}}{1 - z^{-1}} \cdot \frac{1}{G(z)}, \quad r(t) = 1(t) \qquad (8\text{-}6\text{-}8)$$

$$D(z) = \frac{2z^{-1} - z^{-2}}{(1 - z^{-1})^2} \cdot \frac{1}{G(z)}, \quad r(t) = t \qquad (8\text{-}6\text{-}9)$$

$$D(z) = \frac{3z^{-1} - 3z^{-2} + z^{-3}}{(1 - z^{-1})^3} \cdot \frac{1}{G(z)}, \quad r(t) = t^2/2$$
$$(8\text{-}6\text{-}10)$$

表 8-6-1　最少拍控制系统的闭环脉冲传递函数及调节时间(取 $F(z) = 1$)

典型输入信号		闭环脉冲传递函数		调节时间
$r(t)$	$R(z)$	$\Phi_e(z)$	$\Phi(z)$	t_s
$1(t)$	$\dfrac{1}{1 - z^{-1}}$	$1 - z^{-1}$	z^{-1}	T
t	$\dfrac{Tz^{-1}}{(1 - z^{-1})^2}$	$(1 - z^{-1})^2$	$2z^{-1} - z^{-2}$	$2T$
$\dfrac{t^2}{2}$	$\dfrac{T^2 z^{-1}(1 + z^{-1})}{2(1 - z^{-1})^3}$	$(1 - z^{-1})^3$	$3z^{-1} - 3z^{-2} + z^{-3}$	$3T$

【例 8-6-1】　设线性离散系统如图 8-6-1 所示，连续被控对象为 $G_0(s) = \dfrac{10}{s(0.1s + 1)}$，零阶保持器为 $G_h(s) = \dfrac{1 - e^{-Ts}}{s}$，采样周期 $T = 0.1\mathrm{s}$，试求取单位匀速信号 $r(t) = t$ 输入时，最少拍控制系统的数字控制器 $D(z)$。

解　广义对象的脉冲传递函数为

$$G(z) = Z[G_h(s)G_0(s)] = (1 - z^{-1})Z\left[\frac{10}{s^2} - \frac{1}{s} + \frac{1}{s + 10}\right] = \frac{0.368z^{-1}(1 + 0.717z^{-1})}{(1 - z^{-1})(1 - 0.368z^{-1})}$$

当单位匀速信号输入时，$q = 2$，即选择 $\Phi_e(z) = (1 - z^{-1})^2$，则最少拍控制系统的闭环脉冲传递函数为
$$\Phi(z) = 2z^{-1} - z^{-2}$$

于是
$$D(z) = \frac{\Phi(z)}{G(z)\Phi_e(z)} = \frac{5.435(1 - 0.5z^{-1})(1 - 0.368z^{-1})}{(1 - z^{-1})(1 + 0.717z^{-1})}$$

而
$$C(z) = \Phi(z)R(z) = (2z^{-1} - z^{-2})\frac{Tz^{-1}}{(1-z^{-1})^2} = 2Tz^{-2} + 3Tz^{-3} + 4Tz^{-4} + \cdots$$

根据 z 变换的定义，输出脉冲序列为
$$c(0) = 0, \quad c(T) = 0, \quad c(2T) = 2T, \quad c(3T) = 3T, \quad c(4T) = 4T, \quad \cdots$$

经过两个采样周期后，$c(nT)$ 就完全跟踪了 $r(nT)(n = 2,3,\cdots)$。输出序列 $c^*(t)$ 如图 8-6-3 所示。

下面讨论针对单位匀速输入信号设计的最少拍控制器在其他形式的典型输入信号作用下的输出响应。

(1)当单位阶跃信号输入时，$r(t) = 1(t)$，有
$$C(z) = \Phi(z)R(z) = (2z^{-1} - z^{-2})\frac{1}{1-z^{-1}} = 2z^{-1} + z^{-2} + z^{-3} + \cdots$$

输出序列 $c^*(t)$ 为
$$c(0) = 0, \quad c(T) = 2, \quad c(kT) = 1, \quad k = 2,3,\cdots$$

如图 8-6-5(a)所示，经过两个采样周期以后，输出能完全跟踪输入，但在 $t = T$ 时刻，其超调量达到 100%。

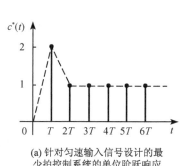

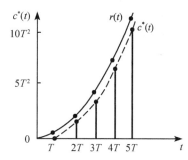

(a) 针对匀速输入信号设计的最少拍控制系统的单位阶跃响应

(b) 针对匀速输入信号设计的最少拍控制系统的单位加速度响应

图 8-6-5　针对匀速输入信号设计的最少拍控制系统对其他两种典型输入信号的响应

(2)当单位匀加速信号输入时，$r(t) = \dfrac{t^2}{2}$，有
$$C(z) = \Phi(z)R(z) = (2z^{-1} - z^{-2})\frac{T^2z^{-1}(1+z^{-1})}{2(1-z^{-1})^3}$$
$$= T^2z^{-2} + 3.5T^2z^{-3} + 7T^2z^{-4} + 11.5T^2z^{-5} + \cdots$$

输出序列 $c^*(t)$ 如图 8-6-5(b)所示，将输入、输出及误差序列列入表 8-6-2。

表 8-6-2　单位匀加速信号输入时，输入、输出及误差序列

nT	0	T	$2T$	$3T$	$4T$	$5T$	$\cdots$
$r(nT)$	0	$T^2/2$	$2T^2$	$4.5T^2$	$8T^2$	$12.5T^2$	$\cdots$
$c(nT)$	0	0	T^2	$3.5T^2$	$7T^2$	$11.5T^2$	$\cdots$
$e(nT)$	0	$T^2/2$	T^2	T^2	T^2	T^2	$\cdots$

由表 8-6-2 可见，调节时间仍然为 2 拍，但输入与输出序列之间出现了常值稳态误差 T^2。

以上输出序列的结果是必然的，由

$$E(z) = \Phi_e(z)R(z) = (1 - z^{-1})^2 R(z)$$

根据 z 变换的终值定理，当 $r(nT) = 1(nT)$ 和 $r(nT) = nT$ 时，可求出 $e_{ss}^*(\infty) = 0$；而当单位匀加速信号即 $r(nT) = (nT)^2/2$ 输入时，有

$$e_{ss}^*(\infty) = \lim_{z \to 1}\left[(1 - z^{-1})(1 - z^{-1})^2 \frac{T^2 z^{-1}(1 + z^{-1})}{2(1 - z^{-1})^3}\right] = \lim_{z \to 1}\left[\frac{T^2}{2} z^{-1}(1 + z^{-1})\right] = T^2$$

即系统的稳态误差 $e_{ss}^*(\infty) = T^2$。

由以上讨论可以得出结论：按某种典型输入信号设计的最少拍控制系统对其他形式的输入信号适应性较差，使最少拍控制系统的应用受到限制。

3. 最少拍控制器设计的一般方法

在上述讨论过程中，对被控对象没有提出具体限制。实际上，只有当广义对象 $G(z)$ 的所有零极点在 z 平面的单位圆内且不含有纯滞后环节时，才适用表 8-6-1 所示的设计原则，即允许 $F(z) = 1$。如果 $G(z)$ 不满足此条件，则需对上面所讲的 $\Phi(z)$、$\Phi_e(z)$ 做相应的限制。

设广义被控对象为

$$G(z) = Z\left[G_h(s)G_0(s)\right] = \frac{z^{-(d+1)} \prod_{i=1}^{m}(1 - z_i z^{-1})}{\prod_{i=1}^{n}(1 - p_i z^{-1})} \tag{8-6-11}$$

式中，z_i 是 $G(z)$ 的零点；p_i 是 $G(z)$ 的极点；d 为正整数，$\tau = dT$ 为连续对象 $G_0(s)$ 的纯滞后时间常数，则

$$D(z) = \frac{\Phi(z)}{G(z)[1 - \Phi(z)]} = \frac{\Phi(z)}{G(z)\Phi_e(z)} = \frac{z^{d+1} \prod_{i=1}^{n}(1 - p_i z^{-1})\Phi(z)}{\prod_{i=1}^{m}(1 - z_i z^{-1})\Phi_e(z)} \tag{8-6-12}$$

根据式(8-6-12)，设计最少拍控制器 $D(z)$ 时，需要满足的限制条件如下。

(1)若 $D(z)$ 中存在 z^d 环节，则表示数字控制器具有超前特性，即在环节施加输入信号之前的 d 个采样周期内，数字控制器就应当有输出，但这是不可能实现的，所以当 $G(z)$ 分子中含有 $z^{-(d+1)}$ 因子时，必须使闭环脉冲传递函数 $\Phi(z)$ 中至少含有 z^{-d} 因子(注意：此时 $\Phi(z)$ 应具有 $z^{-d}(m_1 z^{-1} + \cdots + m_s z^{-s})$ 的形式)，以抵消掉 $G(z)$ 中的 $z^{-(d+1)}$ 因子，从而保证 $D(z)$ 物理上的可实现性；同时，为保证 $D(z)$ 物理上的可实现性，$D(z)$ 的零点数目应不能大于极点数目。

(2)若广义对象 $G(z)$ 存在单位圆上或单位圆外的零点，$D(z)$ 是发散的，所以只能把 $G(z)$ 中单位圆上或单位圆外的零点作为 $\Phi(z)$ 的零点，从而保证数字控制器 $D(z)$ 的稳定性。

(3)若广义对象 $G(z)$ 存在单位圆上(除 $z=1$ 外)或单位圆外的极点，为了保证系统的稳定性，$G(z)$ 中单位圆上或单位圆外的极点必须由 $\Phi_e(z)$ 的零点抵消掉。

(4)考虑到 $\Phi_e(z) = 1 - \Phi(z)$，$\Phi_e(z)$、$\Phi(z)$ 应分别为包含常数项 1、0 的同阶次的 z^{-1} 多项式。

综上所述，设计最少拍控制器时，必须考虑 $D(z)$ 的物理可实现性以及合理选择 $\Phi_e(z)$ 和 $\Phi(z)$。实际上，在例 8-6-1 中所设计出的数字控制器 $D(z)$ 已满足上述所有的限制条件，因此其能达到最少拍控制的要求。

【例 8-6-2】 设单位反馈线性离散系统如图 8-6-1 所示，其中被控对象和零阶保持器的传递函数分别为

$$G_0(s) = \frac{10}{s(s+1)(0.1s+1)}, \quad G_h(s) = \frac{1-\mathrm{e}^{-Ts}}{s}$$

$r(t) = 1(t)$，采样周期 $T = 0.5\mathrm{s}$，要求按最少拍设计数字控制器 $D(z)$。

解　由已知条件得到广义对象的脉冲传递函数为

$$G(z) = Z[G_0(s)G_h(s)] = (1-z^{-1}) \cdot Z\left[\frac{10}{s^2} - \frac{11}{s} + \frac{100/9}{s+1} - \frac{1/9}{s+10}\right]$$

$$= (1-z^{-1})\left[\frac{5z^{-1}}{(1-z^{-1})^2} - \frac{11}{1-z^{-1}} + \frac{100/9}{1-\mathrm{e}^{-0.5}z^{-1}} - \frac{1/9}{1-\mathrm{e}^{-5}z^{-1}}\right]$$

$$= \frac{0.7385z^{-1}(1+1.5159z^{-1})(1+0.0517z^{-1})}{(1-z^{-1})(1-0.6065z^{-1})(1-0.0067z^{-1})}$$

显然，$G(z)$ 的分子中存在单位圆外的零点 $z = -1.5159$。因此，闭环脉冲传递函数 $\Phi(z)$ 应选择 $\Phi(z) = m_1 z^{-1}(1+1.5159z^{-1})$，其中 m_1 为待定系数。

根据 $r(t) = 1(t)$，$\Phi_e(z)$ 应选为 $1 - z^{-1}$，已含 $G(z)$ 单位圆上的极点 $z = 1$，又因为 $\Phi_e(z) = 1 - \Phi(z)$，因此，$\Phi_e(z)$ 和 $\Phi(z)$ 应该是阶次相同的多项式，所以 $\Phi_e(z)$ 还应包含 $1 + f_1 z^{-1}$，即构造 $\Phi_e(z)$ 为 $\Phi_e(z) = (1-z^{-1})(1+f_1 z^{-1})$。

于是，根据 $\Phi_e(z) = 1 - \Phi(z)$，有

$$\Phi(z) = 1 - \Phi_e(z) = 1 - (1-z^{-1})(1+f_1 z^{-1}) = m_1 z^{-1}(1+1.5159z^{-1})$$

对比系数，可得

$$\begin{cases} m_1 = 1 - f_1 \\ f_1 = 1.5159m_1 \end{cases}$$

解得

$$m_1 = 0.3975, \quad f_1 = 0.6025$$

则

$$\Phi(z) = 0.3975z^{-1}(1+1.5159z^{-1})$$

$$\Phi_e(z) = (1-z^{-1})(1+0.6025z^{-1})$$

可求得最少拍控制器 $D(z)$ 为

$$D(z) = \frac{\Phi(z)}{G(z)\Phi_e(z)} = \frac{0.5383(1-0.6065z^{-1})(1-0.0067z^{-1})}{(1+0.6025z^{-1})(1+0.0517z^{-1})} \tag{8-6-13}$$

当 $r(t) = 1(t)$ 时，系统单位阶跃响应的 z 变换为

$$C(z) = \Phi(z)R(z) = 0.3975z^{-1}(1 + 1.5159z^{-1})\frac{1}{1 - z^{-1}} = \frac{0.3975z^{-1} + 0.6025z^{-2}}{1 - z^{-1}}$$

$$= 0.3975z^{-1} + z^{-2} + z^{-3} + \cdots$$

即
$$c(0) = 0, \quad c(T) = 0.3975, \quad c(2T) = c(3T) = \cdots = 1$$

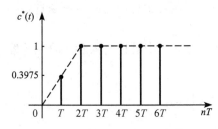

图 8-6-6 有不稳定零点时的单位阶跃响应

输出序列如图 8-6-6 所示。由于 $G(z)$ 存在单位圆外的零点 $z = -1.5159$，于是要求 $\Phi(z)$ 含有因子 $1 + 1.5159z^{-1}$，因此调节时间比表 8-6-1 给出的结果增加了一拍。一般来说，最少拍控制系统调节时间的增加与广义对象 $G(z)$ 含有的单位圆上或单位圆外零极点的个数成比例。

需要强调的是，按照上述方法设计最少拍控制系统只能保证在各采样时刻上稳态误差为零，而在各采样时刻之间的系统输出有可能会产生围绕给定输入的波动，这种系统称为有纹波系统。纹波的存在不仅会引起误差，而且会增加功耗与机械磨损，这是许多快速系统所不允许的。适当增加调节时间即增加动态响应的拍数，便能设计出既能输出无纹波又能达到最少拍的系统。关于无纹波最少拍控制器的设计请参阅有关文献。

4. 数字控制器的实现

如果线性离散系统的控制装置采用数字计算机，构成计算机控制系统，那么数字控制器的脉冲传递函数 $D(z)$ 就可以由计算机程序来实现。下面简单介绍通过程序实现数字控制器 $D(z)$ 的一般方法。

设数字控制器的脉冲传递函数 $D(z)$ 具有如下一般形式，即

$$D(z) = \frac{b_0 + b_1 z^{-1} + b_2 z^{-2} + \cdots + b_m z^{-m}}{1 + a_1 z^{-1} + a_2 z^{-2} + \cdots + a_n z^{-n}} = \frac{U(z)}{E(z)}, \quad n \geq m \quad (8\text{-}6\text{-}14)$$

式中，$E(z)$ 与 $U(z)$ 分别为数字控制器的输入与输出序列的 z 变换。将式(8-6-14)改写为

$$(1 + a_1 z^{-1} + a_2 z^{-2} + \cdots + a_n z^{-n})U(z) = (b_0 + b_1 z^{-1} + b_2 z^{-2} + \cdots + b_m z^{-m})E(z)$$

对上式两端取 z 的反变换，整理得

$$u(kT) = \sum_{i=0}^{m} b_i e[(k-i)T] - \sum_{i=1}^{n} a_i u[(k-i)T], \quad k = 0, 1, 2, \cdots \quad (8\text{-}6\text{-}15)$$

式中，kT 表示当前的采样时刻；$(k-i)T$ 表示过去的采样时刻，与当前的采样时刻相距 i 个采样周期。

【例 8-6-3】 试写出例 8-6-2 所设计出的数字控制器 $D(z)$ 的实现表达式。

解 将式(8-6-13)改写成

$$D(z) = \frac{U(z)}{E(z)} = \frac{0.5383 - 0.3301z^{-1} + 0.0022z^{-2}}{1 + 0.6542z^{-1} + 0.0312z^{-2}}$$

整理得
$$U(z) = 0.5383E(z) - 0.3301z^{-1}E(z) + 0.0022z^{-2}E(z)$$
$$- 0.6542z^{-1}U(z) - 0.0312z^{-2}U(z)$$

对上式等号两边取 z 反变换，得
$$u(kT) = 0.5383e(kT) - 0.3301e[(k-1)T] + 0.0022e[(k-2)T]$$
$$- 0.6542u[(k-1)T] - 0.0312u[(k-2)T], \quad k = 0, 1, 2, \cdots$$

最后需指出的是，最少拍控制系统在工程实际中应用时还存在一定的局限性，有待进一步研究和完善。

8.6.2　数字控制器的连续化设计方法

前已述及，线性离散控制系统的连续化设计方法是应用连续系统控制理论(如频率响应法、根轨迹法等)设计连续控制器 $D(s)$，然后将 $D(s)$ 离散化，得到数字控制器 $D(z)$，再用计算机的软件来实现。

$D(z)$ 逼近 $D(s)$ 的程度取决于采样频率与相应的离散化方法，只要选择较高的采样频率，离散系统就可近似看成连续系统，即可用连续化设计方法设计数字控制器，这种连续化设计方法广泛应用于工程实践中。由于连续控制器设计方法在第 6 章已详细讨论，这里只介绍几种常用的离散化方法。

1. 脉冲响应不变法

脉冲响应不变法也称为 z 变换法，可记为
$$D(z) = Z[D(s)] \tag{8-6-16}$$
脉冲响应不变法的优点是 $D(z)$ 与 $D(s)$ 在采样点上的脉冲响应是一样的，如果 $D(s)$ 稳定，则 $D(z)$ 也稳定，但 $D(z)$ 的频率特性可能与 $D(s)$ 的不同。

2. 阶跃响应不变法

阶跃响应不变法也称为零阶保持器法，可记为
$$D(z) = (1 - z^{-1})Z\left[\frac{D(s)}{s}\right] \tag{8-6-17}$$
当 $D(s)$ 稳定时，$D(z)$ 也稳定，但 $D(z)$ 的脉冲响应与频率特性与 $D(s)$ 的不同。

3. 前向差分法

前向差分法可记为
$$D(z) = D(s)\Big|_{s = \frac{z-1}{T}} \tag{8-6-18}$$
这种方法应用方便，但当 $D(s)$ 稳定时，不能保证 $D(z)$ 也稳定，也不能保证 $D(z)$ 的脉

冲响应与频率特性与 $D(s)$ 的相同。

4. 后向差分法

后向差分法可记为

$$D(z) = D(s)\Big|_{s = \frac{z-1}{Tz}} \tag{8-6-19}$$

这种方法应用方便，当 $D(s)$ 稳定时，可以保证 $D(z)$ 也稳定，但不能保证 $D(z)$ 的脉冲响应与频率特性与 $D(s)$ 的相同。

5. 双线性变换法

双线性变换法可记为

$$D(z) = D(s)\Big|_{s = \frac{2}{T}\frac{z-1}{z+1}} \tag{8-6-20}$$

这种方法在工程上应用较多，当 $D(s)$ 稳定时，可以保证 $D(z)$ 也稳定，但不能保证 $D(z)$ 的脉冲响应与频率特性与 $D(s)$ 的相同。

对于采用上述五种离散化方法得到的数字控制器 $D(z)$，可以由计算机实现其控制规律。如果系统要求的截止频率为 ω_c，则采样角频率 ω_s 应选择为 $\omega_s > 10\omega_c$。当采样角频率 ω_s 比较高，即采样周期 T 比较小时，这五种离散化方法的效果相差不多。而当采样角频率 ω_s 逐渐减小时，这些方法得出的控制效果也逐渐变差。但相对来说，双线性变换法的效果比较好，因而得到了广泛的应用。

【例 8-6-4】 已知 $D(s) = \dfrac{K}{s+a}$，试用上述方法求取数字控制器的脉冲传递函数 $D(z)$。

解 (1)脉冲响应不变法：

$$D(z) = Z[D(s)] = \frac{K}{1 - e^{-aT}z^{-1}}$$

(2)阶跃响应不变法：

$$D(z) = (1 - z^{-1})Z\left[\frac{D(s)}{s}\right] = (1 - z^{-1})\frac{K}{a}\left(\frac{1}{1 - z^{-1}} - \frac{1}{1 - e^{-aT}z^{-1}}\right)$$

$$= \frac{K}{a}\frac{(1 - e^{-aT})z^{-1}}{1 - e^{-aT}z^{-1}}$$

(3)前向差分法：

$$D(z) = D(s)\Big|_{s = \frac{z-1}{T}} = \frac{KTz^{-1}}{1 - (1 - aT)z^{-1}}$$

式中，$|1 - aT|$ 可能大于 1。

(4)后向差分法：

$$D(z) = D(s)\Big|_{s=\frac{z-1}{Tz}} = \frac{KT}{1+aT-z^{-1}}$$

(5)双线性变换法：

$$D(z) = D(s)\Big|_{s=\frac{2}{T}\frac{z-1}{z+1}} = \frac{KT(1+z^{-1})}{aT+2+(aT-2)z^{-1}}$$

8.7　MATLAB 在线性离散系统中的应用

利用 MATLAB 软件中的控制系统工具箱可以方便地对线性定常离散系统进行分析、设计以及仿真。

1. 连续系统的离散化

可以利用函数 c2dm 直接对连续时间控制系统的数学模型进行离散化。该函数的调用格式为

$$\text{sysd=c2dm(sysc,ts,'method')}$$

功能说明：在离散控制系统中，可对连续控制器和连续系统不可变部分的传递函数或状态空间模型进行离散化转换。在输入参数中，ts 表示采样周期 T；sysc 表示传递函数或状态空间模型；method 用于指定离散化的方式，其中 zoh、foh、tustin、prewarp 分别表示采用零阶保持器、一阶保持器、双线性变换、指定转折频率的双线性变换方法，其转折频率 Wc 由 c2dm(sysc,ts,'prewarp',Wc)确定，系统默认为零阶保持器法。返回参数 sysd 为离散化的传递函数或状态空间模型。

2. 离散系统的数学描述

脉冲传递函数是分析设计离散系统的数学基础，应用 MATLAB 可以直接对离散系统的脉冲传递函数进行建模。

脉冲传递函数分子、分母多项式系数向量的形式为

$$(\text{numd,dend})=([b_0,b_1,\cdots,b_m],[a_0,a_1,\cdots,a_n])$$

$$(\text{Zd,Pd,Kd})=([z_{d1},\cdots,z_{dm}],[p_{d1},\cdots,p_{dn}],K_d)$$

则脉冲传递函数的数学描述为

$$\text{sysd=tf(numd,dend,ts)}$$

$$\text{sysd=zpk(Zd,Pd,Kd,ts)}$$

式中，ts 为采样周期；Zd、Pd、Kd 分别为脉冲传递函数的零点、极点和增益。两种形式之间可利用 tf2zp 和 zp2tf 进行转换。

3. 离散系统的仿真

针对连续控制系统的大部分 MATLAB 命令在离散控制系统中都有对应，通常以字母 d 开头，其用法与格式与连续控制系统几乎相同。

1)函数 dstep

函数调用格式：

$$\text{dstep(numd,dend,n)}, \quad \text{[y,x]=dstep(numd,dend,n)}$$

功能说明：对离散系统进行单位阶跃响应分析，给出一组阶跃响应的数据，并绘制响应曲线，其中 n 为采样点数。其他类似的函数为 dimpulse、dinitial、dlsim 等。

2)函数 dbode

函数调用格式：

$$\text{dbode(numd,dend,ts)}, \quad \text{[magd,phased]=dbode(numd,dend,ts)}$$

功能说明：绘制离散系统的频率特性曲线。其他类似的函数为 dnyquist、dnichols。

【例 8-7-1】 已知离散系统的方框图如图 8-7-1 所示，采样周期 T=0.25s，试绘制该系统的单位阶跃响应曲线。

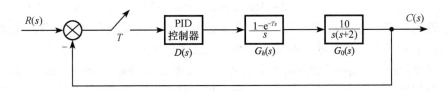

图 8-7-1　例 8-7-1 离散系统的方框图

解　首先设定连续 PID 控制器的传递函数为 $D(s) = K_p + \dfrac{K_i}{s} + K_d s$ 及其各参数的数值，然后将系统中的被控对象 $G_0(s)$ 采用零阶保持器法进行离散化，最后采用一阶后向差分法将 $D(s)$ 离散化为 $D(z)$，即用矩形面积求和代替积分，而用后向差分代替微分，于是得到数字控制器的脉冲传递函数 $D(z)$ 为

$$D(z) = \frac{(K_d + K_p T + K_i T^2)z^2 - (2K_d + K_p T)z + K_d}{Tz^2 - Tz}$$

利用 MATLAB Program 81 程序得到离散系统的单位阶跃响应曲线如图 8-7-2 所示。

```
MATLAB Program 81.m

nG0_c=10;dG0_c=[1,2,0];T=0.25;

Kp=1.0468;Kd=0.2134;Ki=1.2836;

[nG0_d,dG0_d]=c2dm(nG0_c,dG0_c,T);

nD_d=[Kd+Kp*T+Ki*T*T,-(2*Kd+Kp*T),Kd];dD_d=[T,-T,0];
```

```
[nG_d,dG_d]=series(nD_d,dD_d,nG0_d,dG0_d);
[nSys_d,dSys_d]=cloop(nG_d,dG_d,-1);
dstep(nSys_d,dSys_d);grid;
```

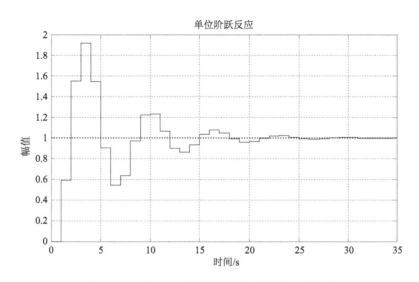

图 8-7-2　例 8-7-1 离散系统的单位阶跃响应曲线

【例 8-7-2】　试应用 Simulink 绘制例 8-6-2 系统的单位阶跃响应曲线。

解　在 Simulink 环境下，绘制如图 8-7-3 所示的离散系统仿真结构图，双击示波器 (Scope)得到如图 8-7-4 所示的离散系统单位阶跃响应曲线。从中可看出，广义被控对象使用连续、离散形式的模型时，系统输出的时间响应曲线也具有不同的形式，当使用连续形式的模型时系统输出响应曲线在各采样时刻之间产生了纹波现象。

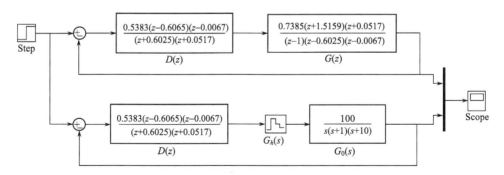

图 8-7-3　例 8-7-2 离散系统 Simulink 仿真结构图

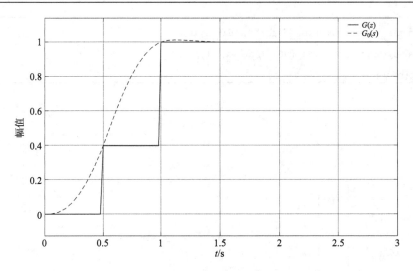

图 8-7-4　例 8-7-2 离散系统的单位阶跃响应曲线

习　题

8-1　设 $f(t)$ 是下列时间函数，求其 z 变换，采样周期为 T 。已知 $t<0$ 时，有 $f(t)=0$ ，而当 $t>0$ 时：

(1) $f(t)=0$ 　　　　　　　　　　　　(2) $f(t)=\mathrm{e}^{-at}$

(3) $f(t)=t\mathrm{e}^{-at}$ 　　　　　　　　　(4) $f(t)=\sin\omega t$

8-2　求下列拉普拉斯变换的 z 变换。

(1) $F(s)=\dfrac{1}{s(s+1)}$ 　　　　　　　(2) $F(s)=\dfrac{1-\mathrm{e}^{-Ts}}{s^{2}(s+1)}$

(3) $F(s)=\dfrac{1}{(s+a)(s+b)}$ 　　　　(4) $F(s)=\dfrac{\omega}{s^{2}+\omega^{2}}$

8-3　对下列 z 变换，求其反变换。

(1) $F(z)=\dfrac{z^{-1}(1-\mathrm{e}^{-aT})}{(1-z^{-1})(1-\mathrm{e}^{-aT}z^{-1})}$ 　　　　(2) $F(z)=\dfrac{2z}{(z-1)(z-2)}$

8-4　用三种方法对

$$F(z)=\dfrac{10}{(z-1)(z-2)}$$

进行 z 反变换。

8-5　已知连续时间系统的传递函数 $G(s)$ ，求其相应的脉冲传递函数。

(1) $G(s)=\dfrac{1}{s}$ 　　　　　　　　　(2) $G(s)=\dfrac{a}{s+a}$

(3) $G(s)=\dfrac{a(1-\mathrm{e}^{-Ts})}{s(s+a)}$ 　　　　(4) $G(s)=\dfrac{a(1-\mathrm{e}^{-Ts})}{s^{2}(s+a)}$

8-6　求题 8-6 图所示系统的脉冲传递函数。

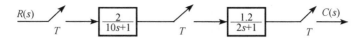

图 8-6 题　线性离散系统方框图(一)

8-7　试求题 8-7 图所示线性离散系统的闭环脉冲传递函数 $C(z)/R(z)$。

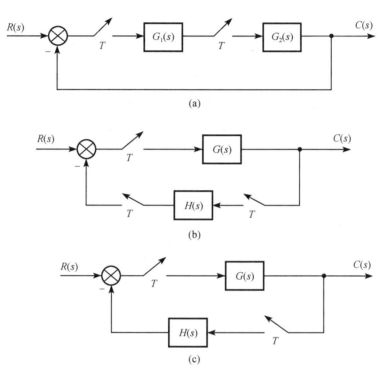

题 8-7 图　线性离散系统方框图(二)

8-8　试求题 8-8 图所示线性离散系统的闭环脉冲传递函数 $C(z)/R(z)$。

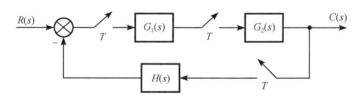

题 8-8 图　线性离散系统方框图(三)

8-9　设某线性离散系统的方框图如题 8-9 图所示,试求取该系统的单位阶跃响应。已知 $G_1(s) = \dfrac{2}{s+1}$,　$G_2(s) = \dfrac{1}{s}$,采样周期 $T = 1\text{s}$。

8-10　当题 8-9 中 $G_1(s) = \dfrac{1}{s(s+1)}$ 时,试求取该系统的单位阶跃响应。

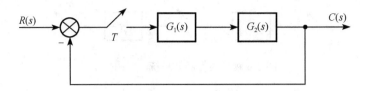

题 8-9 图　线性离散系统方框图(四)

8-11　设某线性离散系统的方框图如题 8-11 图所示，已知 $G_1(s) = \dfrac{k}{s+1}$ ，试分析该系统的稳定性，并确定使系统稳定的参数 k 的取值范围。设 $k > 0$ ， $T = 1\text{s}$ 。

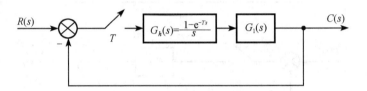

题 8-11 图　线性离散系统方框图(五)

8-12　当题 8-11 中 $G_1(s) = \dfrac{k}{s(s+a)}$ （ k 、 a 都是正实数)时，试分析该系统的稳定性，并确定 k 值的稳定范围。

8-13　已知采样周期 $T = 0.2\text{s}$ ，试分析如题 8-13 图所示线性离散系统的稳定性。

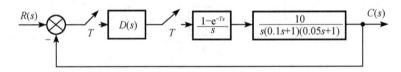

题 8-13 图　线性离散系统方框图(六)

8-14　设某线性离散系统的方框图如题 8-14 图所示，已知开环传递函数 $G(s) = \dfrac{1-\mathrm{e}^{-Ts}}{s(10s+1)}$ ，试分析闭环系统的稳定性。

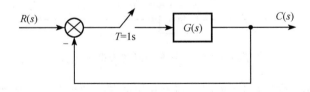

题 8-14 图　线性离散系统方框图(七)

8-15　试计算如题 8-15 图所示线性离散系统响应 $r(t) = 1(t)$, t , t^2 时的稳态误差。设采样周期 $T = 1\text{s}$ 。

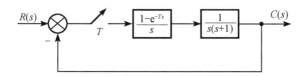

题 8-15 图　线性离散系统方框图(八)

8-16　试计算如题 8-16 图所示线性离散系统响应 $r(t)=1(t)$ ，t 时的稳态误差。

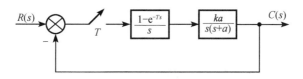

题 8-16 图　线性离散系统方框图(九)

8-17　设某线性离散系统方框图如题 8-17 图所示，其中采样周期 $T=1$ s，试设计使系统响应输入信号 $r(t)=r_0\cdot 1(t)+r_1\cdot t$ 时无稳态误差，且在有限拍内结束响应过程的数字控制器 $D(z)$ ，其中 r_0、r_1 均为常数。

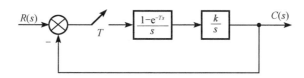

题 8-17 图　线性离散系统方框图(十)

8-18　设线性离散系统方框图如题 8-18 图所示，其中采样周期 $T=0.2$s，试设计 $r(t)=t$ 时最少拍控制系统中的数字控制器 $D(z)$ 。

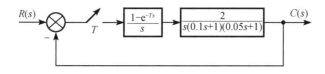

题 8-18 图　线性离散系统方框图(十一)

8-19　设未校正的线性离散系统方框图如题 8-19 图所示，其中采样周期 $T=0.1$s，要求设计一个校正装置，使系统满足下列要求：

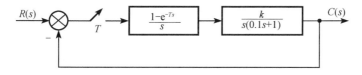

题 8-19 图　线性离散系统方框图(十二)

(1)幅值裕度 ≥ 16dB；

(2)相角裕度 ≥ 40°；

(3)静态速度误差系数 $K_v \geqslant 3$。

8-20　设线性离散系统方框图如题 8-20 图所示，其中采样周期 $T = 0.1\text{s}$，试设计数字控制器 $D(z)$，使系统阶跃响应达到稳态，并具有较快的上升速度和较小的超调量。

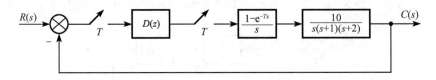

题 8-20 图　线性离散系统方框图(十三)

8-21　设连续校正环节的传递函数如下，求数字控制器的脉冲传递函数 $D(z)$。

$$(1)\ D(s) = \frac{a}{s+a} \qquad\qquad (2)\ D(s) = \frac{s+c}{(s+a)(s+b)}$$

附录　拉氏变换表与 z 变换表

附表 1　拉氏变换表

$x(t)$	$X(s)$
$\delta(t)$	1
$1(t)$	$\dfrac{1}{s}$
t	$\dfrac{1}{s^2}$
e^{-at}	$\dfrac{1}{s+a}$
$t\mathrm{e}^{-at}$	$\dfrac{1}{(s+a)^2}$
$\sin \omega t$	$\dfrac{\omega}{s^2+\omega^2}$
$\cos \omega t$	$\dfrac{s}{s^2+\omega^2}$
$\dfrac{1}{n!}t^n\,(n=1,2,3\cdots)$	$\dfrac{1}{s^{n+1}}$
$\dfrac{1}{n!}t^n\mathrm{e}^{-at}\,(n=1,2,3\cdots)$	$\dfrac{1}{(s+a)^{n+1}}$
$\dfrac{1}{b-a}(\mathrm{e}^{-at}-\mathrm{e}^{-bt})$	$\dfrac{1}{(s+a)(s+b)}$
$\mathrm{e}^{-at}\sin \omega t$	$\dfrac{\omega}{(s+a)^2+\omega^2}$
$\mathrm{e}^{-at}\cos \omega t$	$\dfrac{s+a}{(s+a)^2+\omega^2}$
$\dfrac{1}{a^2}(at-1+\mathrm{e}^{-at})$	$\dfrac{1}{s^2(s+a)}$
$\dfrac{\omega_n}{\sqrt{1-\zeta^2}}\mathrm{e}^{-\zeta\omega_n t}\sin(\omega_n\sqrt{1-\zeta^2}\,t)$	$\dfrac{\omega_n^2}{s^2+2\zeta\omega_n s+\omega_n^2}$

附表 2　z 变换表

$x(t)$	$X(s)$	$X(z)$
$\delta(t)$	1	1
$1(t)$	$\dfrac{1}{s}$	$\dfrac{z}{z-1}$
t	$\dfrac{1}{s^2}$	$\dfrac{Tz}{(z-1)^2}$
$\dfrac{1}{2}t^2$	$\dfrac{1}{s^3}$	$\dfrac{T^2}{2}\cdot\dfrac{z(z+1)}{(z-1)^3}$
e^{-at}	$\dfrac{1}{s+a}$	$\dfrac{z}{z-e^{-aT}}$
te^{-at}	$\dfrac{1}{(s+a)^2}$	$\dfrac{Tze^{-aT}}{(z-e^{-aT})^2}$
$\sin\omega t$	$\dfrac{\omega}{s^2+\omega^2}$	$\dfrac{z\sin\omega T}{z^2-2z\cos\omega T+1}$
$\cos\omega t$	$\dfrac{s}{s^2+\omega^2}$	$\dfrac{z(z-\cos\omega T)}{z^2-2z\cos\omega T+1}$
$\delta(t-nT)$	e^{-nTs}	z^{-n}
$a^{t/T}$	$\dfrac{1}{s-\dfrac{1}{T}\ln a}$	$\dfrac{z}{z-a}$

参 考 文 献

陈复扬, 2013. 自动控制原理[M]. 2 版. 北京: 国防工业出版社.

程鹏, 2003. 自动控制原理[M]. 北京: 高等教育出版社.

董景新, 赵长德, 郭美凤, 等, 2003. 控制工程基础[M]. 北京: 清华大学出版社.

DORF R C, BISHOP R H , 2015. 现代控制系统[M]. 12 版. 谢红卫, 孙志强, 宫二玲, 等译. 北京: 电子工
业出版社.

顾春蕾, 陈中, 陈冲, 2016. 电力拖动自动控制系统与 MATLAB 仿真[M]. 2 版. 北京: 清华大学出版社.

胡寿松, 2019. 自动控制原理[M]. 7 版. 北京: 科学出版社.

李友善, 2005. 自动控制原理[M]. 3 版. 北京: 国防工业出版社.

李友善, 梅晓榕, 王彤, 2002. 自动控制原理 470 题[M]. 哈尔滨: 哈尔滨工业大学出版社.

刘胜, 2012. 自动控制原理[M]. 北京: 国防工业出版社.

卢京潮, 2013. 自动控制原理[M]. 北京: 清华大学出版社.

梅晓榕, 2017. 自动控制原理[M]. 4 版. 北京: 科学出版社.

孟庆明, 2003. 自动控制原理[M]. 北京: 高等教育出版社.

裴润, 宋申民, 2006. 自动控制原理[M]. 哈尔滨: 哈尔滨工业大学出版社.

阮毅, 陈伯时, 2009. 电力拖动自动控制系统——运动控制系统[M]. 4 版. 北京: 机械工业出版社.

王海英, 李双全, 管宇, 2019. 控制系统的 MATLAB 仿真与设计[M]. 2 版. 北京: 高等教育出版社.

王艳东, 程鹏, 邱红专, 等, 2022. 自动控制原理(第 3 版)学习辅导与习题解答[M]. 北京: 高等教育出版社.

吴仲阳, 2005. 自动控制原理[M]. 北京: 高等教育出版社.

徐薇莉, 田作华, 1995. 自动控制理论与设计[M]. 上海: 上海交通大学出版社.

薛定宇, 1996. 控制系统计算机辅助设计: MATLAB 语言及应用[M]. 北京: 清华大学出版社.

颜文俊, 陈素琴, 林峰, 2017. 控制理论 CAI 教程[M]. 3 版. 北京: 科学出版社.

余成波, 张莲, 胡晓倩, 等, 2006. 自动控制原理[M]. 北京: 清华大学出版社.